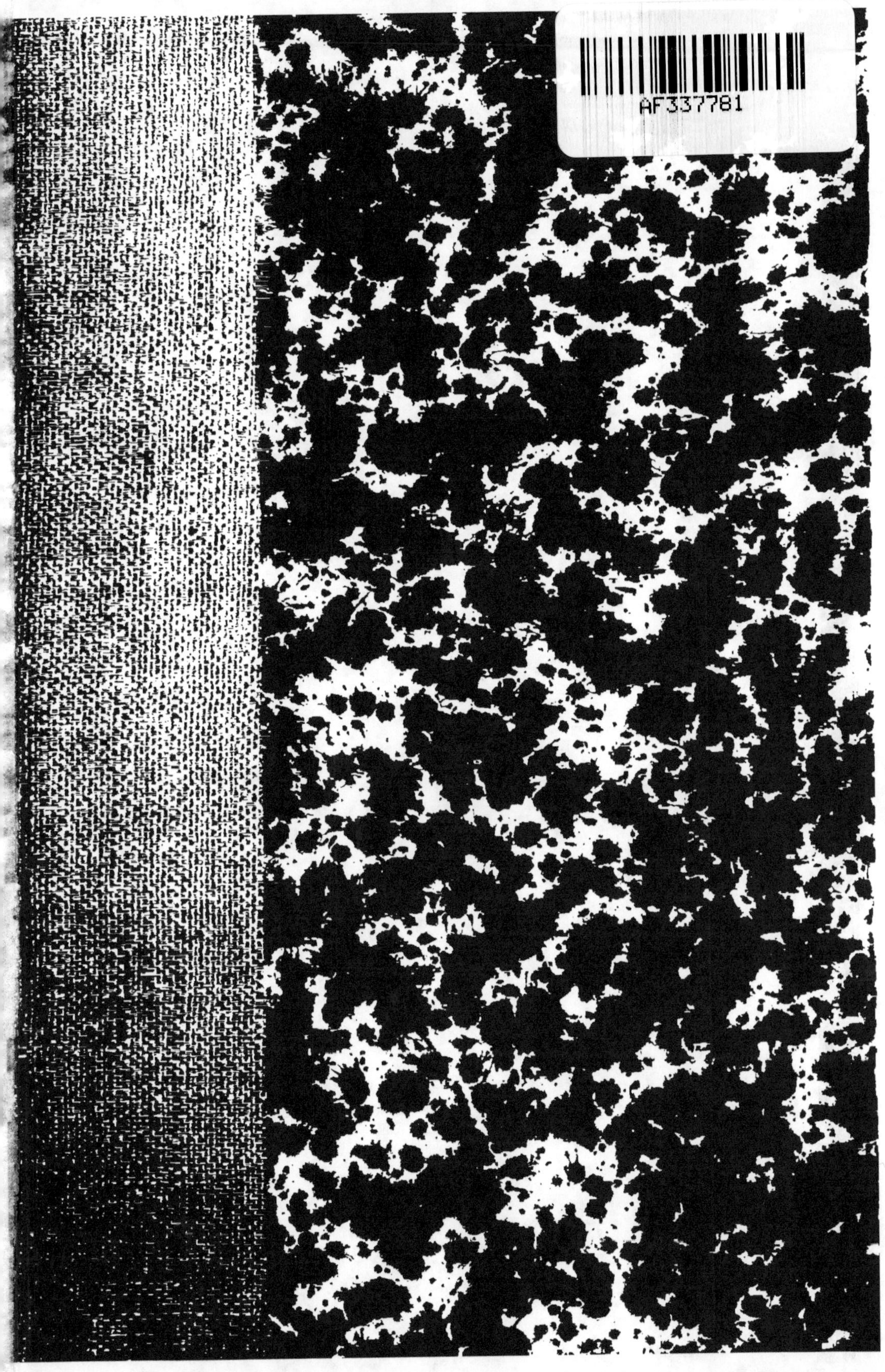
AF337781

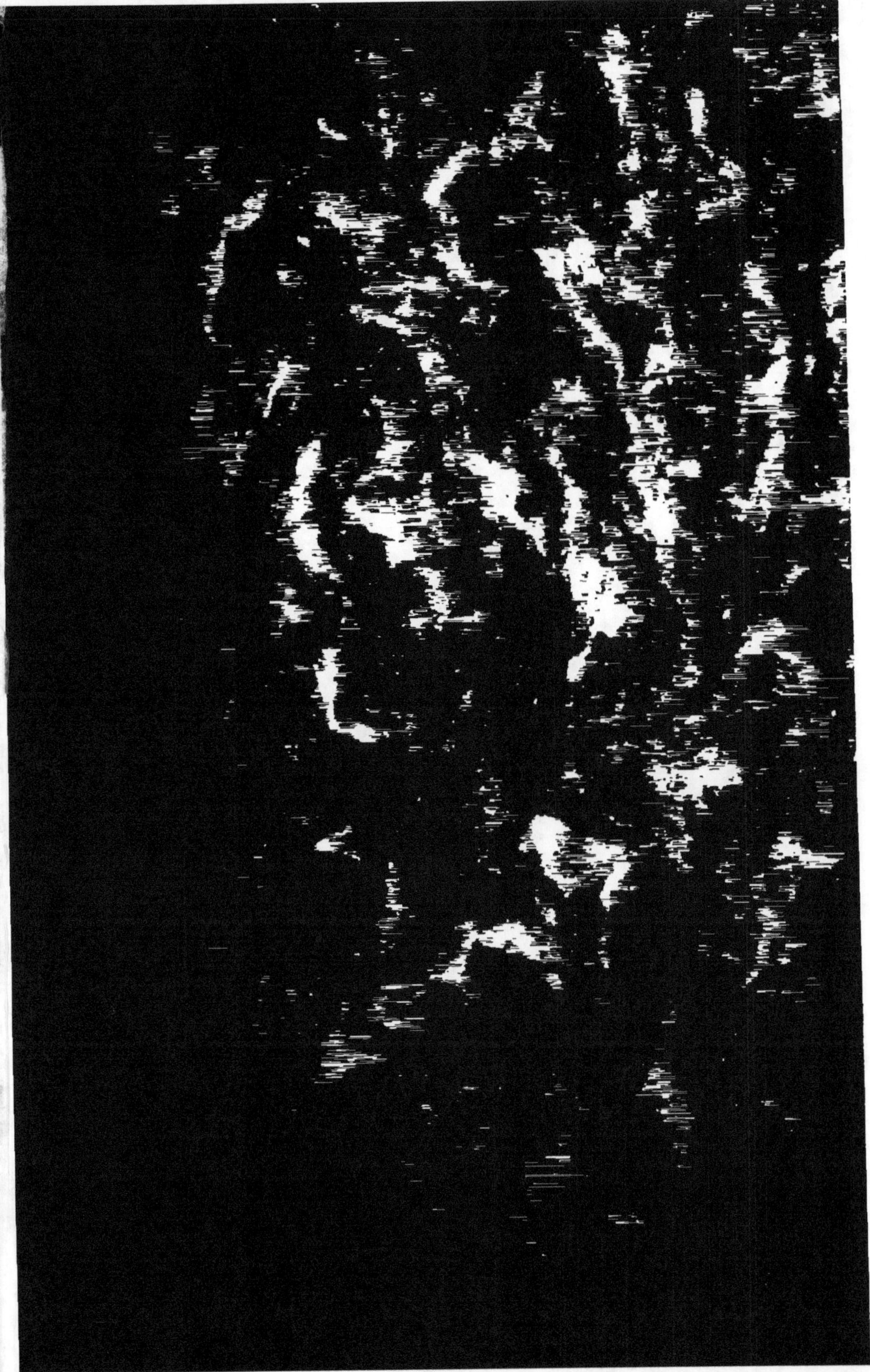

TABLES

DE CONVERSION

DE

TOUTES LES ANCIENNES MESURES

DU DÉPARTEMENT

DE LOIR ET CHER.

AVIS
DE L'AUTEUR.

J'ASSURE qu'il n'y a pas de Table dans cet Ouvrage dont l'exactitude ne m'ait été prouvée par une infinité d'opérations.

La Correction des épreuves de ces mêmes Tables a été faite particulièrement trois fois avec l'attention la plus scrupuleuse, et je peux affirmer qu'elles sont exemptes de fautes d'impression.

Je mets cet Ouvrage sous la protection des Lois. Deux exemplaires ont été remis à la Bibliothèque impériale pour assurer ma propriété; et je déclare contre-façon tout exemplaire qui ne sera pas signé de moi.

Cet Ouvrage a été déposé dans les Bureaux de M. le PRÉFET du département, et a reçu son approbation.

TABLES

DE CONVERSION

DE

TOUTES LES ANCIENNES MESURES

DU DÉPARTEMENT

DE LOIR ET CHER,

En Mesures nouvelles, et des Mesures nouvelles en anciennes; avec les prix comparatifs et une opération à chaque Table.

OUVRAGE NÉCESSAIRE A TOUTES LES CLASSES DE LA SOCIÉTÉ.

Par **L. G. BELLANGÉ**, ancien Notaire.

PRIX : *9 francs, broché.*

A BLOIS,

De l'imprimerie de P. D, VERDIER, rue des Trois-Marchands.

1806.

Se trouve {
à *Blois*, chez la veuve ADAM et LEMAIGNEN, Libraires, Grande - Rue.
à *Vendôme*, chez SOUDRY, Imprimeur-Libraire.
à *Romorantin*, chez BOISSARD, Imprimeur-Libraire.
}

INSTRUCTION.

L'UNIFORMITÉ des Poids et Mesures, dans toute la France, était un projet formé depuis long-tems par l'ancien Gouvernement, il n'appartenait qu'à celui sous lequel nous vivons, de le voir réalisé.

Pour y parvenir, il a fallu imaginer un système nouveau dont les bases fussent immuables, et qui pût s'appliquer à toutes les opérations administratives et commerciales. Les Savans ont puisé ces bases dans la nature même, en mesurant avec toute l'exactitude que peuvent donner les instrumens et les méthodes les plus modernes, l'arc du méridien de la France. Ils ont conclu de cette opération la distance qui se trouve entre le pôle et l'équateur, et ils ont pris pour unité fondamentale cette distance, qui, divisée par le nombre 10 jusqu'au dix-millionième, a donné une longueur de 5 pieds 11 lignes 296 millièmes, point où ils se sont arrêtés, comme ayant plus de rapport avec l'aune et la demi-toise. Cette longueur à laquelle on a donné le nom de *Mètre*, est le prototype de toutes les mesures.

Ainsi tout le système des mesures nouvelles repose sur les deux bases suivantes :

La distance du pôle à l'équateur est l'unité fondamentale ;

Le nombre dix est le diviseur unique.

INSTRUCTION.

On a ensuite divisé les mesures en cinq classes principales, et on a donné à chacune d'elles un nom.

PREMIERE CLASSE : Les mesures *linéaires* ou *de longueur*, auxquelles on a donné le nom de *METRE* (1).

SECONDE CLASSE : Les mesures *agraires* ou *de superficie*, auxquelles on a donné le nom d'*ARE* (2)

TROISIEME CLASSE : Les mesures de *capacité*, tant pour les liquides que pour les matières sèches, auxquelles on a donné le nom de *LITRE* (3).

QUATRIEME CLASSE : Les mesures de *pesanteur* ou *les poids*, auxquelles on a donné le nom de *GRAMME* (4).

---

(1) Le mot *METRE* signifie *mesure*, ce mot est reçu en ce sens dans notre langue, à la fin des mots baromètre, thermomètre et autres semblables.

(2) *ARE* vient du mot latin *area* surface, ou de celui *arare* labourer : il a de l'analogie avec arpent, et du rapport avec l'objet qu'il représente.

(3) *LITRE* est le nom que portait chez les anciens une espèce de mesure pour les liquides ; le mot litron paraît dériver de celui-là.

(4) *GRAMME* est le nom grec du poids que les Romains nommaient *scrupule* ou *scripule*, et qui différait peu de celui qui a reçu ce nom parmi nous.

INSTRUCTION.

CINQUIEME CLASSE : Les mesures de *valeur* ou *les monnaies*, auxquelles on a donné le nom de FRANC.

Ces cinq classes dérivent les unes des autres. La classe monétaire dérive de celle des poids ; celle des poids dérive de celle des mesures de capacité ; les mesures de capacité et de superficie dérivent des mesures linéaires ; les mesures linéaires dérivent du mètre, et le mètre de la longueur du quart du méridien.

Il y a aussi le nom de STERE, qui signifie *solide* en général, donné par la loi du 18 germinal an 3, au mètre cube considéré comme mesure de bois de chauffage, de pierres dures et de moëllons. Pour les bois de charpente, le stère est divisé en dix parties ègales nommées *solives*.

Chaque classe, comme on voit, est désignée par un seul nom primitif qui lui est propre, et qui lui sert d'unité génériqne.

Pour exprimer des valeurs *dix* fois, *cent* fois, *mille* fois, *dix mille* fois plus grandes ; et *dix* fois, *cent* fois et *mille* fois plus petites que l'unité générique, on a cherché des mots, qui, en désignant ces valeurs, pussent s'adapter au nom primitif, ou à l'unité générique de chaque classe dans l'échelle ascendante et descendante. On a tiré du grec, pour l'échelle ascendante,

INSTRUCTION.

les noms numériques *deca*, *hecto*, *kilo* et *myria*; et du latin, pour l'échelle descendante, ceux de *deci*, *centi* et *milli*. Tous ces noms numériques, placés avant les noms primitifs de *mètre*, *gramme*, etc., servent de prénoms à ces derniers.

Par exemple : dans l'échelle ascendante, le nom numérique grec *déca*, qui signifie *dix fois* la chose, étant placé devant les mots *mètre*, *are*, *litre*, *gramme* et *stère*, donne naissance aux mots composés de *décamètre*, valeur de dix mètres ; *décare*, valeur de dix ares; *décalitre*, valeur de dix litres; *décagramme*, valeur de dix grammes; *decastère*, valeur de dix stères.

Le nom numérique grec *hecto*, qui signifie *cent fois* la chose, étant placé devant les mêmes noms génériques, donne les mots composés de *hectomètre*, valeur de cent mètres ; *hectare*, valeur de cent ares; *hectolitre*, valeur de cent litres ; *hectogramme*, valeur de cent grammes.

Le nom numérique grec *kilo*, qui signifie *mille fois* la chose, placé devant les mêmes noms primitifs, donne les mots composés de *kilomètre*, valeur de mille mètres; *kilolitre*, valeur de mille litres; *kilogramme*, valeur de mille grammes.

Et le nom numérique grec *myria*, qui signifie *dix mille fois* la chose, placé devant les mêmes noms, donne les mots composés de *myriamètre*

INSTRUCTION.

valeur de dix mille mètres; *myrialitre*, valeur de dix mille litres; *myriagramme*, valeur de dix mille grammes.

Dans l'échelle descendante, le mot *deci*, qui signifie *un dixième de la chose*, placé devant les mêmes noms primitifs, donne naissance aux mots composés de *décimètre*, dixième du mètre: *déciare*, dixième de l'are; *décilitre*, dixième du litre; *décigramme*, dixième du gramme; *décistère*, dixième du stère.

Le mot *centi*, qui signifie *un centième de la chose*, placé devant les mêmes noms, donne les mots composés de *centimètre*, centième du mètre; *centiare*, centième de l'are; *centilitre*, centième du litre; *centigramme*, centième du gramme.

Enfin le mot *milli*, qui signifie *un millième de la chose*, placé devant les mêmes noms primitifs, donne les mots composés de *millimètre*, millième du mètre; *millilitre*, millième du litre; *milligramme*, millième du gramme (1).

(1) On a excepté de cette loi générale les pièces de monnaie. On a jugé inutile de dire décifranc et centifranc; les noms de décimes et centimes étant consacrés par plusieurs lois, pour exprimer les parties décimales du franc.

Le stère n'a pour multiple que le *décastère*, et pour sous-multiple que le *décistère*.

INSTRUCTION.

Par ce moyen, la terminaison du mot annonce toujours la classe des mesures à laquelle il appartient, et le commencement du mot annonce le rang que l'espèce occupe dans l'échelle, soit ascendante, soit descendante.

Ainsi la nomenclature systématique se compose seulement de douze mots ; savoir : les cinq noms génériques, qui sont : *mètre*, pour les mesures de longueur ; *are*, pour les mesures agraires ; *litre*, pour les mesures de capacité, tant pour les liquides que pour les matières sèches ; *gramme*, pour les poids, et *stère*, pour e bois de chauffage et toutes mesures de solidité, et de sept prénoms spécifiques ; savoir : quatre pour l'échelle ascendante, qui sont *deca*, pour exprimer dix fois plus grand ; *hecto*, cent fois plus grand ; *kilo*, mille fois plus grand, et *myria*, dix mille fois plus grand. Et pour l'échelle descendante, trois seulement, qui sont *deci*, pour exprimer dix fois plus petit ; *centi*, cent fois plus petit, et *milli*, mille fois plus petit

Quelque simple que soit le nouveau système des poids et mesures, son admission a éprouvé bien des difficultés par des hommes instruits, qui, dirigés par des intérêts particuliers, ont fait les plus grands efforts pour le déprécier ; par d'autres peu instruits, qui ne pouvant conséquemment en connaître tous les avantages, ont

INSTRUCTION.

soutenu qu'il était défectueux et impraticable ;
et par d'autres enfin qui se sont refusés absolument à toute instruction à cet égard, parce qu'ils
tenaient avec opiniâtreté à leurs vieilles habitudes ;
mais ils n'ont pas réfléchi que ce nouveau systéme
a été médité par des hommes éclairés dont les
talens font honneur à la France, et que plusieurs
Savans envoyés par les Puissances amies, ont
donné leur assentiment à ce travail.

Le plus grand obstacle qui se soit présenté
lors de l'exécution de ce systême, a été la nomenclature nouvelle qu'on avait adoptée. Il est certain
en effet que cette nomenclature, hérissée de grec,
devait d'abord effrayer et donner de la répugnance
pour les nouvelles mesures. On était accoutumé
aux mots de *muid*, *setier*, *boisseau*; *velte*,
pinte; *millier*, *quintal*, *livre*, *once*, *gros*,
grain; *arpent*, *perche*; *lieue*, pourquoi les
changer, disait-on ? pourquoi fabriquer de nouveaux mots pour les remplacer ? Comment croire
que la classe du peuple, toujours la moins ins-
truite, puisse se les rappeler et s'en former une
idée fixe ? Ces considérations ont déterminé les
Consuls à prendre un arrêté le 13 brumaire an 9,
par lequel on a la faculté de substituer des noms
connus aux noms systématiques ; ensorte que
dans les actes publics comme dans les usages
habituels, on peut se servir des mots français

INSTRUCTION.

précédemment usités, en ajoutant le mot *métrique*; Mais la dénomination *mètre* n'a pas de synonime dans la désignation de l'unité fondamentale du nouveau systême.

Voici la teneur de l'arrêté qui fixe les nouvelles dénominations des poids et mesures.

Du 13 brumaire an 9.

LES CONSULS DE LA RÉPUBLIQUE, sur le rapport du Ministre de l'intérieur; le Conseil d'État entendu,

ARRÊTENT:

ARTICLE PREMIER.

Conformément à la loi du 1.er vendémiaire an 4, le systême décimal des poids et mesures sera définitivement mis à exécution dans toute la République, à compter du 1.er vendémiaire an 10.

II.

Pour faciliter cette exécution, les dénominations données aux mesures et aux poids, pourront, dans les actes publics comme dans les usages habituels, être traduits par les noms français qui suivent :

INSTRUCTION.

	NOMS systématiques.	TRADUCTION.	VALEUR.
Mesures itinéraires.	Myriamètre...	Lieue.....	10,000 mètres.
	Kilomètre....	Mille.......	1,000 mètres.
	Décamètre...	Perche.....	10 mètres.
Mesures de longueur.	Mètre........		Unité fondamentale des poids et mesures; dix-millionnième partie du quart du méridien terrestre.
	Décimètre...	Palme.....	Dixième de mètre.
	Centimètre...	Doigt.....	Centième de mètr.
	Millimètre...	Trait.....	Millième de mètre
Mesures agraires.	Hectare....	Arpent..	10,000 mètr. quar.
	Are.....	Perche quarrée.	100 mètr. quar.
	Centiare....	Mètre quarré.	
Mesures de capacité pour les liquides.	Décalitre...	Velte.....	10 décimètr cub.
	Litre.....	Pinte.....	1 décimètr. cub.
	Décilitre....	Verre.....	Dixième de décimètre cube.
Mesures de capacité pour les matières sèches.	Kilolitre....	Muid.....	1 mètre cube, ou 1000 décimètres cubes.
	Hectolitre...	Setier.....	100 décimètr. cub.
	Décalitre....	Boisseau....	10 décimètr. cub.
	Litre....	Pinte.....	1 décimètr. cub.
Mesures de solidité.	Stère.....		1 mètre cube.
	Décistère....	Solive....	Dixième de mètre cube.
Poids.	....	Millier.....	1000 livres (poids du tonneau de mer.
	....	Quintal.....	100 livres.
	Kilogramme.	Livre.....	Poids de l'eau sous le volume du décimètre cube; contient 10 onc.
	Hectogramme.	Once.....	Dixième de la livr. contient 10 gros.
	Décagramme.	Gros.....	Dixième de l'once; cont. 10 deniers.
	Gramme....	Dénier.....	Dixième de gros; cont. 10 grains.
	Décigramme.	Grain.....	Dixième de denier

INSTRUCTION.

I I I.

La dénomination *mètre* n'aura point de synonime dans la désignation de l'unité fondamentale des poids et mesures : aucune mesure ne pourra recevoir de dénomination publique, qu'elle ne soit un multiple ou un dividende de cette unité.

I V.

Le mesurage des étoffes sera fait par mètre, dixième et centième de mètre.

V.

La dénomination de *stère* continuera d'être employée dans le mesurage du bois de chauffage, et dans la désignation des mesures de solidité : dans les mesures des bois de charpente, on pourra diviser le *stère* en dix parties, qui seront nommées *solives*.

V I.

Les dénominations énoncées dans l'article II pourront être écrites à côté des noms systématiques, sur les mesures et les poids déjà fabriqués : elles pourront être inscrites ou seules, ou à côté des premiers noms, sur les poids et mesures qui seront fabriqués par la suite.

INSTRUCTION.

V I I.

Dans tout acte public d'achat ou de vente, de pesage ou de mesurage, on pourra, suivant les dispositions précédentes, se servir de l'une ou de l'autre nomenclature.

V I I I.

Le Ministre de l'intérieur adressera, dans le plus court délai, à tous les Préfets et Sous-Préfets, des mesures-matrices pour servir de modèles : elles seront déposées au secrétariat Ces mesures-modèles seront prises dans les poids et mesures aujourd'hui appartenant à la République : le surplus sera vendu, et toute fabrication pour le compte du Gouvernement cessera.

I X.

Le Ministre de l'intérieur présentera aux Consuls, dans le plus court délai, d'après l'avis des Préfets, le tableau des communes dans lesquelles il doit être établi des Vérificateurs, en exécution de l'article 13 de la loi du 1.er vendémiaire an 4.

Il fera rédiger et publier les tableaux et instructions nécessaires à l'exécution des articles précédens.

INSTRUCTION.

X.

Le Ministre de l'intérieur est chargé de l'exécution du présent arrêté, qui sera inséré au bulletin des lois.

Le premier Consul, *signé* BONAPARTE.

Par le premier Consul,
Le *Secrétaire d'Etat*, signé, H. B. MARET.
Le *Ministre de l'intérieur*, LUCIEN BONAPARTE.

Un des avantages réels des nouvelles mesures, est leur division décimale (1). Quelle facilité, quelle simplicité dans les calculs ! Toutes les opératious sont les mêmes pour chaque genre de mesure, et se font comme si les nombres étaient simples ou entiers. On additionne, on soustrait, on multiplie, on divise, les *mètres*, les *litres*, les *grammes*, etc., comme les francs et centimes. On ne peut, à cet égard, disconvenir que la méthode du calcul décimal adaptée aux mesures nouvelles, ne soit préférable à cette complication qui existait dans le calcul

---

(1) Les nouvelles mesures sont décimales, parce que si l'on considère celles d'un même genre rangées par ordre de décroissement, chacune est dix fois plus petite que celle qui la précède immédiatement, et dix fois plus grande que celle qui la suit.

INSTRUCTION.

à deux décimales, on aura 27 centièmes, et on n'augmentera pas le chiffre 7 dernier conservé, parce que le premier des chiffres qu'on néglige est 3, nombre au-dessous de 5 ou demi.

Lorsqu'on n'a que des décimales à écrire, on doit représenter les unités ou entiers par un o (zéro) suivi du point, et placer ensuite les décimales. Ainsi o . 25 signifie 25 centièmes; o . 359 signifie 359 millièmes.

S'il ne se trouve pas de dixièmes dans les fractions à exprimer, comme dans 8 centièmes, il faut remplacer par un zéro la place des dixièmes : on doit donc écrire o. 08 ; s'il ne se trouve ni dixièmes ni centièmes, comme dans neuf millièmes, on doit remplacer par des zéros la place des dixièmes et celle des centièmes, et il faut écrire o. 009.

Lorsqu'il y a dans un nombre plusieurs décimales de suite, au lieu de donner à chacune son nom particulier, on est dans l'usage de les rapporter toutes à la plus petite espèce. Ainsi, si on avait 1 mètre 724 on ne dirait pas 1 mètre 7 décimètres 2 centimètres 4 millimètres, mais simplement 1 mètre 724 millimètres.

Tout le monde sait qu'on multiplie un nombre entier par dix, par cent, par mille, etc., en écrivant à sa droite, un, deux ou trois zéros, et ainsi de suite. On divise ce nombre par dix,

par

INSTRUCTION.

en supposant l'unité suivie de six décimales, comme sont celles-ci :

Unité.	Point décimal.	Dixièmes.	Centièmes.	Millièmes.	Dix-millièmes.	Cent-millièmes.	Millionième.
1	•	2	7	3	8	9	1

Il en résulte que si cette unité représente 1 mètre, 1 are, 1 litre ou une quantité encore plus petite, les six décimales ne valent jamais ni ce mètre, ni cet are, ni ce litre. On peut donc ne conserver que les deux ou trois premières décimales, qui seront des centièmes ou des millièmes de l'unité, et retrancher toutes les autres, sans craindre que ce retranchement donne une erreur sensible ou préjudiciable ; il est encore à remarquer qu'il faut augmenter d'une unité le dernier chiffre que l'on conserve, toutes les fois que le premier de ceux qu'on néglige est 5 ou surpasse 5 ou demi. Par exemple : si des six décimales proposées on veut se restreindre à trois, on aura 274 millièmes au lieu de 273, parce que le premier des chiffres qu'on supprime étant 8, nombre qui surpasse 5 ou demi, on augmente d'une unité le chiffre 3 dernier qu'on conserve : si on veut se restreindre

INSTRUCTION.

pour toutes , puisque leurs divisions sont toutes dans un ordre semblable : chacun est donc intéressé à connaître ce calcul , et doit se le rendre familier.

Pour en donner l'intelligence , il est nécessaire d'en exposer les principes , de dire un mot sur les *décimales* , et de donner un précis sur la manière de les écrire et de les exprimer.

On appelle *décimales* ou *fractions décimales* , les parties d'un tout divisé en dixièmes , centièmes , millièmes , dix-millièmes , etc. On les écrit à la suite des unités , en plaçant entre deux un point qu'on nomme *point décimal* , pour les séparer les unes des autres. Les unités sont à la gauche du point , et les décimales à sa droite.

Chaque chiffre à la droite du point est décimal, et a toujours une valeur dix fois plus petite que le chiffre qui le précède , quelque rang qu'il occupe. En conséquence , le premier chiffre ou la première décimale à la droite du point, se nomme *dixième* de l'unité ; le second , *centième* ; le troisième, *millième* ; le quatrième, *dix-millième* ; le cinquième, *cent-millième* ; le sixième , *millionnième* ; le septième , *dix-millionnième* , etc.

Il est un principe que toutes les décimales qui sont à la droite du point, n'égalent jamais la valeur de l'unité à laquelle on s'arrête. Ainsi ,

INSTRUCTION.

des anciennes. Etait-on obligé d'additionner une longue série de poids , il fallait réduire les grains par 72, pour les réduire en gros ; les gros par 8 , pour les réduire en onces : les onces par 16 , pour les réduire en livres. Avait-on à additionner des mesures de longueur , il fallait diviser les lignes par 12, pour les réduire en pouces ; les pouces par 12 , pour les réduire en pieds , et les pieds par 6 , pour les réduire en toises. Quelle difficulté , et principalement dans les mesures carrées et cubiques !

Dans quel embarras ne se trouvait-on pas encore , lorsqu'on voulait faire l'addition de différens nombres fractionnaires , tels que $\frac{1}{8}$, $\frac{1}{3}$, $\frac{4}{16}$, $\frac{3}{16}$, $\frac{1}{5}$, etc. Une des propriétés précieuses du calcul décimal est de faire disparaître cette complication , en ramenant tous les calculs à la même méthode de ceux des unités , ou des nombres entiers. On opère sur les nombres fractionnaires comme sur les nombres entiers ; ainsi , en adoptant le calcul décimal , l'étude de l'arithmétique se trouve dépouillée de tout ce qu'elle avait d'épineux , et la pratique du calcul est rendue plus facile , plus abrégée et moins sujette à erreur.

On connaîtra d'autant mieux le prix du nouveau calcul , que, quand on saura opérer pour un genre de mesure , on le saura également

INSTRUCTION.

par cent, par mille, en lui retranchant un,
deux ou trois zéros, s'il en a à sa droite.

Par une raison semblable, on rend dix fois
plus grand un nombre qui a des décimales,
en reculant le point décimal d'un rang vers la
droite : le nombre sera cent fois plus grand,
si on recule le point de deux rangs; mille fois,
si c'est de trois rangs; dix mille fois, si c'est
de quatre rangs, etc.

Unité. décimales.

EXEMPLE. Supposons 1 . 328 millièmes.

Si on veut multiplier cette unité et ces décimales par 10, on reculera seulement le point
d'un rang vers la droite, le produit sera 13 . 28
c'est-à-dire 13 unités et 28 centièmes d'unité;
si on veut les multiplier par cent, on reculera
le point de deux rangs, et l'on aura 132 . 8 .
c'est-à-dire, 132 unités et 8 dixièmes d'unité;
si on veut les multiplier par mille, on reculera
le point de trois rangs, ce qui donnera 1328.
c'est-à-dire, 1328 unités.

Par l'inverse, un nombre deviendra successivement dix fois, cent fois, mille fois plus petit,
si on avance le point décimal d'un, de deux ou
de trois rangs vers la gauche.

Unités.

EXEMPLE. Supposons. 8463.

Si on veut diviser ce nombre par dix, on
avancera le point décimal d'un rang vers la

INSTRUCTION.

gauche, on aura 846. 5 , c'est-à-dire , 846 unités
et 3 dixièmes d'unité ; si on veut le diviser par
cent, on avancera le point de deux rangs, ce
qui donnera 84. 63, c'est-à-dire, 84 unités et
63 centièmes d'unité ; si on veut le diviser par
mille , on avancera le point décimal de trois
rangs, le produit sera 8. 463 , c'est-à-dire ,
8 unités 465 millièmes d'unité ; enfin , si on veut
le diviser par dix mille , on avancera le point
décimal de quatre rangs, et l'on aura o . 8,63,
c'est-à-dire, 8463 dix-millièmes d'unité.

Le point décimal a donc trois propriétés qui
lui sont particulières :

La première, de faire connaître les unités et
les décimales , en les séparant les unes des autres.

La seconde , de *multiplier*, en le *reculant vers
la droite* , d'un , de deux, de trois ou de quatre
rangs, si on veut rendre le nombre dix fois ,
cent fois, mille fois et dix mille fois plus grand.

Et la troisième, de *diviser*, en *l'avançant vers
la gauche* ,, d'un, de deux, ou de trois rangs,
si on veut rendre le nombre dix fois , cent fois
et mille fois plus petit.

Ce principe étant bien conçu , en l'adaptant
aux nouvelles mesures qui sont décimales, c'est-
à-dire, qui sont progressivement dix fois plus
grandes, ou successivement dix fois plus petites
les unes que les autres, on ne sera point em-

INSTRUCTION.

barrassé pour avoir le prix de toutes les divisions de chaque mesure, lorsque le prix de cette mesure sera connu.

Supposons que le mètre de drap vaille 28$^{fr.}$ 3c. ; combien vaudront le décimètre et le centimètre de ce même drap.

Le décimètre étant la dixième partie du mètre, et le centimètre la centième partie, il faut nécessairement diviser le prix du mètre par dix pour connaître le prix du décimètre, et par cent pour avoir le prix du centimètre. Il est bon d'observer que les francs étant des unités, et les centimes des décimales, on doit, en chiffrant le prix du mètre, placer le point décimal entre les francs et les centimes; après quoi cette division est bien facile : suivant le principe ci-dessus établi, pour diviser un nombre par dix, il ne s'agit que d'avancer le point décimal d'un rang vers la gauche, cette simple opération donnera pour le prix du décimètre 2$^{fr.}$ 83c. ; pour diviser un nombre par cent, il faut avancer le point décimal de deux rangs, on aura donc pour le prix du centimètre 28 centimes et 30 centièmes de centime.

Opération.

	fr.	c.
Prix du mètre	28.	30
Prix du décimètre . .	2.	830
Prix du centimètre . .	0.	2830

INSTRUCTION.

Opérons par l'inverse.

Supposons que telle marchandise se vende 1^{fr}. 35^c. le décagramme ou le gros nouveau, combien coûteront, de cette même marchandise, l'hectogramme ou l'once nouvelle, et le kilogramme ou la livre nouvelle.

L'hectogramme ayant une valeur dix fois plus grande que le décagramme, et le kilogramme une valeur cent fois plus grande, on doit juger qu'il faut multiplier le prix du décagramme par dix pour avoir le prix de l'hectogramme, et par cent pour connaître le prix du kilogramme : cette multiplication est bien simple. On a posé en principe que pour multiplier un nombre par dix, il faut reculer le point décimal d'un rang vers la droite; on aura conséquemment pour le prix de l'hectogramme 13^{fr}. 5 décimes ou 50 centimes; et que pour multiplier par cent, il faut reculer le point de deux rangs, le prix du kilogramme sera donc 135^{fr}.

Opération.

	fr.	c.
Prix du décagramme ou gros nouveau . .	1 .	35
Prix de l'hectogramme ou de l'once nouvelle	13 .	5
Prix du kilogramme ou de la livre nouvelle	135 .	

Ces deux opérations suffisent pour démontrer l'avantage du calcul décimal adapté aux nouvelles mesures.

INSTRUCTION.

Les tables qui composent cet ouvrage ont été dressées sur les bases fixées par la Commission des poids et mesures de ce département. Elles donnent la conversion de nos anciennes mesures en nouvelles et des nouvelles en anciennes. J'ai cherché à réunir, autant que possible, la clarté à l'exactitude, et à les rendre sensibles à la classe nombreuse des ouvriers et des cultivateurs. Les tables qui ont paru jusqu'à ce jour étaient trop scientifiques, et on supposait instruits dans le calcul décimal, ceux qui avaient besoin de les consulter. C'est au contraire, à l'usage de ceux qui n'en ont pas la moindre notion, que celles que je donne sont destinées. Je les ai dechargées de ce grand nombre de décimales, nécessaires sans doute pour un calcul rigoureux, mais qui ont deux inconvéniens très-graves, l'un d'embarrasser la mémoire fort inutilement, quand on n'a besoin que d'une approximation assez exacte pour être certain de ne commettre aucune erreur sensible ; l'autre, d'effrayer ceux qui, ne connaissant pas ce calcul, ignorent la valeur de chacune de ces décimales, et ne peuvent leur donner aucune dénomination.

Pour se servir de ces tables, il ne faut connaître que l'addition : on aura soin de placer les unités sous les unités, les dixièmes à la colonne des dixièmes, les centièmes à celle

INSTRUCTION.

des centièmes, et les millièmes à celle des millièmes; ensuite on additionnera, pour toutes espèces de mesures, les unités et les décimales ou les parties fractionnaires, comme si on n'avait que des nombres simples ou entiers. Ceux qui voudront s'assurer si leur opération est juste, en feront la preuve, ce qui sera très-facile. Chaque mesure a deux tables principales; la première, qui convertit l'ancienne mesure en nouvelle, et la seconde, qui convertit la nouvelle en ancienne : ces deux tables se servent mutuellement de preuve, ensorte que si on veut convertir l'ancienne mesure en nouvelle, on se servira de la première table pour faire l'opération, et on fera la preuve par la seconde. Si, au contraire, on veut convertir la nouvelle mesure en ancienne, on opérera par la deuxième table, et on fera la preuve par la première; car si une toise équivaut à 1 mètre 949 millimètres, nécessairement 1 mètre 949 millimètres doivent équivaloir à une toise.

J'ai encore dressé d'autres tables, les unes qui donnent le prix de la nouvelle mesure, comparativement au prix de l'ancienne, c'est-à-dire, à *tant* l'ancienne mesure, la nouvelle *vaut*; et les autres qui donnent le prix de l'ancienne mesure comparativement au prix de la nouvelle, c'est-à-dire, à *tant* la nouvelle mesure, l'ancienne

INSTRUCTION.

vaut..... Ces tables qui se servent aussi mutuellement de preuve, seront d'une grande utilité tant pour le marchand dans ses ventes et achats, que pour le consommateur relativement à ses besoins, qui, les uns et les autres, n'ont fait, jusqu'à ce moment, que des évaluations approximatives, et empêcheront en outre les fraudes que la mauvaise foi peut faire commettre.

Pour faciliter l'usage de ces tables, j'ai donné à la suite de chacune d'elles une opération, et j'ai établi à chaque mesure le rapport de deux tableaux correspondans, afin de démontrer plus sensiblement la manière de faire les preuves.

Les personnes qui ne connaissent pas les règles du calcul décimal, croiront appercevoir des erreurs dans les tables. Elles verront, par exemple, dans la première table des mesures de longueur, qu'*une ligne* vaut *2 millimètres*; *2 lignes*, *5 millimètres*; *4 lignes*, *9 millimètres*. Beaucoup de gens seront portés à penser et à dire que, si *une ligne* vaut *2 millimètres*, *2 lignes* doivent en valoir 4, *4 lignes* doivent en valoir 8, etc. Je crois, pour les rassurer, devoir les prévenir que ces différences sont occasionnées par les décimales qu'on néglige, et pour raison desquelles on ajoute une unité toutes les fois qu'elles excèdent 5, valeur de la moitié d'une unité, ainsi que je l'ai dit plus haut.

INSTRUCTION.

C'est encore par cette raison qu'on trouvera quelquefois dans le rapport de deux tables comparatives, une différeuce d'un ou de deux centiemes, d'un ou de deux millièmes, soit en plus, soit en moins ; mais cette différence est inévitable, en ce que dans le calcul décimal il se trouve toujours une erreur au dernier chiffre. On doit sentir que cette erreur, qui ne se rencontre que dans un résultat, et qui n'existe, pour ainsi dire, que dans des valeurs idéales, ne peut être d'aucune conséquence. D'ailleurs, dès qu'au moyen du calcul décimal, on peut approcher de très-près la valeur de toutes les mesures, même celle de toutes les fractions ordinaires, on a tout ce qui peut être utile dans la pratique. L'exactitude rigoureuse et mathématique est une pure abstraction de l'esprit ; elle existerait réellement, que nos sens, les instrumens les plus parfaits, les méthodes les plus ingénieuses ne nous permettraient point de la reconnaître, à plus forte raison dans l'usage ordinaire de la vie. Ce serait donc une pure chicane que de ne pas se contenter de la précision que donne le calcul décimal, sous prétexte que dans le résultat d'une grande opération, on peut trouver de plus ou de moins un centième ou un millième de la plus petite valeur d'une mesure, telle que d'une ligne, d'un grain, etc. On doit donc regarder

INSTRUCTION.

comme nombre égaux à l'unité, 98 et 99 centièmes, 998 et 999 millièmes, et ne pas avoir
égard à un centième ou millième qu'on pourra
trouver de plus dans un résultat, lorsqu'on
établira le rapport. Telles sont les règles du
calcul décimal.

Je n'ai rien négligé pour donner à cet ouvrage
un degré d'exactitude propre à mériter la plus
entière confiance. Encouragé par les Autorités
constituées, et particulièrement par M. Corbigny,
Préfet de ce département, à qui il a été présenté,
je m'empresse de l'offrir au public, persuadé
qu'il lui sera d'une grande utilité.

PREMIERE TABLE GÉNÉRALE

Qui convertit les fractions ordinaires en fractions décimales.

Fractions ordinaires.	Fractions décimales.	Fractions ordinaires.	Fractions décimales.
1/2 équivaut à	0. 500	3/11	0. 273
1/3	0. 333	3/13	0. 231
1/4	0. 250	3/14	0. 214
1/5	0. 200	3/16	0. 188
1/6	0. 167	3/17	0. 176
1/7	0. 143	3/19	0. 158
1/8	0. 125	3/20	0. 150
1/9	0. 111		
1/10	0. 100	4/5	0. 800
1/11	0. 091	4/7	0. 571
1/12	0. 083	4/9	0. 444
1/13	0. 077	4/11	0. 364
1/14	0. 071	4/13	0. 308
1/15	0. 067	4/15	0. 267
1/16	0. 063	4/17	0. 235
1/17	0. 059	4/19	0. 211
1/18	0. 056		
1/19	0. 053	5/6	0. 833
1/20	0. 050	5/7	0. 714
		5/8	0. 625
2/3	0. 667	5/9	0. 556
2/5	0. 400	5/11	0. 455
2/7	0. 286	5/12	0. 417
2/9	0. 222	5/13	0. 385
2/11	0. 182	5/14	0. 357
2/13	0. 154	5/16	0. 313
2/15	0. 133	5/17	0. 294
2/17	0. 118	5/18	0. 278
2/19	0. 105	5/19	0. 263
3/4	0. 750	6/7	0. 857
3/5	0. 600	6/11	0. 545
3/7	0. 429	6/13	0. 462
3/8	0. 375	6/17	0. 353
3/10	0. 300	6/19	0. 316

Suite de la Table générale qui convertit les fractions ordinaires en fractions décimales.

Fractions ordinaires	Fractions décimales.	Fractions ordinaires.	Fractions décimales.
7/8 équiv. à	0. 875	11/12	0. 917
7/9	0. 778	11/13	0. 846
7/10	0. 700	11/14	0. 786
7/11	0. 636	11/15	0. 733
7/12	0. 583	11/16	0. 688
7/13	0. 538	11/17	0. 647
7/15	0. 467	11/18	0. 611
7/16	0. 438	11/19	0. 579
7/17	0. 412	11/20	0. 550
7/18	0. 389	12/13	0. 923
7/19	0. 368	12/17	0. 706
7/20	0. 350	12/19	0. 632
8/9	0. 889	13/14	0. 929
8/11	0. 727	13/15	0. 867
8/13	0. 615	13/16	0. 813
8/15	0. 533	13/17	0. 765
8/17	0. 471	13/18	0. 722
8/19	0. 421	13/19	0. 684
9/10	0. 900	13/20	0. 650
9/11	0. 818	14/15	0. 933
9/13	0. 692	14/17	0. 824
9/14	0. 643	14/19	0. 737
9/16	0. 563	15/16	0. 938
9/17	0. 529	15/17	0. 882
9/19	0. 474	15/19	0. 789
9/20	0. 450	16/17	0. 941
10/11	0. 909	16/19	0. 842
10/13	0. 769	17/18	0. 944
10/17	0. 588	17/19	0. 895
10/19	0. 526	17/20	0. 850
		18/19	0. 947
		19/20	0. 950

DEUXIEME TABLE GÉNÉRALE
Qui convertit les fractions décimales en fractions ordinaires.

Fractions décimales.	Fractions ordinaires.	Fractions décimales.	Fractions ordinaires.
0. 050 équiv. à..	1/20	0. 250	1/4
0. 053	1/19	0. 263	5/19
0. 056	1/18	0. 267	4/15
0. 059	1/17	0. 273	3/11
0. 063	1/16	0. 278	5/18
0. 067	1/15	0. 286	2/7
0. 071	1/14	0. 294	5/17
0. 077	1/13	0. 300	3/10
0. 083	1/12	0. 308	4/13
0. 091	1/11	0. 313	5/16
0. 100	1/10	0. 316	6/19
0. 105	2/19	0. 333	1/3
0. 111	1/9	0. 350	7/20
0. 118	2/17	0. 353	6/17
0. 125	1/8	0. 357	5/14
0. 133	2/15	0. 364	4/11
0. 143	1/7	0. 368	7/19
0. 150	3/20	0. 375	3/8
0. 154	2/13	0. 385	5/13
0. 158	3/19	0. 389	7/18
0. 167	1/6	0. 400	2/5
0. 176	3/17	0. 412	7/17
0. 182	2/11	0. 417	5/12
0. 188	3/16	0. 421	8/19
0. 200	1/5	0. 429	3/7
0. 211	4/19	0. 438	7/16
0. 214	3/14	0. 444	4/9
0. 222	2/9	0. 450	9/20
0. 231	3/13	0. 455	5/11
0. 235	4/17	0. 462	6/13

Suite de la Table générale, qui convertit les fractions décimales en fractions ordinaires.

Fractions décimales.	Fractions ordinaires.	Fractions décimales.	Fractions ordinaires.
0. 467 équiv. à...	7/15	0. 733	11/15
0. 471	8/17	0. 737	14/19
0. 474	9/19	0. 750	3/4
0. 500	1/2	0. 765	13/17
0. 526	10/19	0. 769	10/13
0. 529	9/17	0. 778	7/9
0. 533	8/15	0. 786	11/14
0. 538	7/13	0. 789	15/19
0. 545	6/11	0. 800	4/5
0. 550	11/20	0. 813	13/16
0. 556	5/9	0. 818	9/11
0. 563	9/16	0. 824	14/17
0. 571	4/7	0. 833	5/6
0. 579	11/19	0. 842	16/19
0. 583	7/12	0. 846	11/13
0. 588	10/17	0. 850	17/20
0. 600	3/5	0. 857	6/7
0. 611	11/18	0. 867	13/15
0. 615	8/13	0. 875	7/8
0. 625	5/8	0. 882	15/17
0. 632	12/19	0. 889	8/9
0. 636	7/11	0. 895	17/19
0. 643	9/14	0. 900	9/10
0. 647	11/17	0. 909	10/11
0. 650	13/20	0. 917	11/12
0. 667	2/3	0. 923	12/13
0. 684	13/19	0. 929	13/14
0. 688	11/16	0. 933	14/15
0. 692	9/13	0. 938	15/16
0. 700	7/10	0. 941	16/17
0. 706	12/17	0. 944	17/18
0. 714	5/7	0. 947	18/19
0. 722	13/18	0. 950	19/20
0. 727	8/11		

TROISIEME TABLE GÉNERALE
Qui convertit les fractions ordinaires en centièmes de l'unité ou de l'entier.

Fractions ordinaires.	Centièmes.	Fractions ordinaires.	Centièmes.
1/2 équivaut à .	0 . 50	4/5	0 . 80
1/3	0 . 33	4/7	0 . 57
1/4	0 . 25	4/9	0 . 44
1/5	0 . 20	4/11	0 . 36
1/6	0 . 17	4/13	0 . 31
1/7	0 . 14	4/15	0 . 27
1/8	0 . 13	4/17	0 . 24
1/9	0 . 11	4/19	0 . 21
1/10	0 . 10	5/6	0 . 83
1/11	0 . 09	5/7	0 . 71
1/12	0 . 08	5/8	0 . 63
1/14	0 . 07	5/9	0 . 56
1/16	0 . 06	5/11	0 . 45
1/20	0 . 05	5/12	0 . 42
		5/13	0 . 38
2/3	0 . 67	5/14	0 . 36
2/5	0 . 40	5/16	0 . 31
2/7	0 . 29	5/17	0 . 29
2/9	0 . 22	5/18	0 . 28
2/11	0 . 18	5/19	0 . 26
2/13	0 . 15	6/7	0 . 86
2/15	0 . 13	6/11	0 . 55
2/17	0 . 12	6/13	0 . 46
2/19	0 . 11	6/17	0 . 35
		6/19	0 . 32
3/4	0 . 75	7/8	0 . 88
3/5	0 . 60	7/9	0 . 78
3/7	0 . 43	7/10	0 . 70
3/8	0 . 38	7/11	0 . 64
3/10	0 . 30	7/12	0 . 58
3/11	0 . 27	7/13	0 . 54
3/13	0 . 23	7/15	0 . 47
3/14	0 . 21	7/16	0 . 44
3/16	0 . 19	7/17	0 . 41
3/17	0 . 18	7/18	0 . 39
3/19	0 . 16	7/19	0 . 37
3/20	0 . 15	7/20	0 . 35

Suite de la Table générale qui convertit les fractions ordinaires en centièmes de l'unité ou de l'entier.

Fractions ordinaires.	Centièmes.	Fractions ordinaires.	Centièmes.
8/9	0 . 89	12/13	0 . 92
8/11	0 . 73	12/17	0 . 71
8/13	0 . 62	12/19	0 . 63
8/15	0 . 53		
8/17	0 . 47	13/14	0 . 93
8/19	0 . 42	13/15	0 . 87
		13/16	0 . 81
9/10	0 . 90	13/17	0 . 76
9/11	0 . 82	13/18	0 . 72
9/13	0 . 69	13/19	0 . 68
9/14	0 . 64	13/20	0 . 65
9/16	0 . 56		
9/17	0 . 53	14/15	0 . 93
9/19	0 . 47	14/17	0 . 82
9/20	0 . 45	14/19	0 . 74
10/11	0 . 91	15/16	0 . 94
10/13	0 . 77	15/17	0 . 88
10/17	0 . 59	15/19	0 . 79
10/19	0 . 53		
		16/17	0 . 94
11/12	0 . 92	16/19	0 . 84
11/13	0 . 85		
11/14	0 . 79	17/18	0 . 94
11/15	0 . 73	17/19	0 . 89
11/16	0 . 69	17/20	0 . 85
11/17	0 . 65		
11/18	0 . 61	18/19	0 . 95
11/19	0 . 58		
11/20	0 . 55	19/20	0 . 95

QUATRIÈME TABLE GÉNÉRALE

Qui convertit les centièmes de l'unité ou de l'entier en fractions ordinaires.

Centièmes.	Fractions ordinaires.	Centièmes.	Fractions ordinaires.
0 . 02	1/50	0 . 39	7/18
0 . 03	1/33	0 . 40	2/5
0 . 04	1/25	0 . 41	7/17
0 . 05	1/20	0 . 42	5/12
0 . 06	1/16	0 . 43	3/7
0 . 07	1/14	0 . 44	4/9
0 . 08	1/12	0 . 45	9/20
0 . 09	1/11	0 . 46	6/13
0 . 10	1/10	0 . 47	8/17
0 . 11	1/9	0 . 50	1/2
0 . 12	2/17	0 . 53	8/15
0 . 13	1/8	0 . 54	7/13
0 . 14	1/7	0 . 55	11/20
0 . 15	3/20	0 . 56	5/9
0 . 16	3/19	0 . 57	4/7
0 . 17	1/6	0 . 58	7/12
0 . 18	2/11	0 . 59	10/17
0 . 19	3/16	0 . 60	3/5
0 . 20	1/5	0 . 61	11/18
0 . 21	4/19	0 . 62	8/13
0 . 22	2/9	0 . 63	5/8
0 . 23	3/13	0 . 64	7/11
0 . 24	4/17	0 . 65	13/20
0 . 25	1/4	0 . 67	2/3
0 . 26	5/19	0 . 68	13/19
0 . 27	3/11	0 . 69	9/13
0 . 28	5/18	0 . 70	7/10
0 . 29	2/7	0 . 71	5/7
0 . 30	3/10	0 . 72	13/18
0 . 31	4/13	0 . 73	8/11
0 . 32	6/19	0 . 74	14/19
0 . 33	1/3	0 . 75	3/4
0 . 35	7/20	0 . 76	13/17
0 . 36	4/11	0 . 77	10/13
0 . 37	7/19	0 . 78	7/9
0 . 38	3/8	0 . 79	11/14

Suite de la Table générale qui convertit les centièmes de l'unité ou de l'entier en fractions ordinaires.

Centièmes.	Fractions ordinaires.	Centièmes.	Fractions ordinaires.
0 . 80	4 5	0 . 88	7 8
0 . 81	13,16	0 . 89	8 9
0 . 82	9,11	0 . 90	9,10
0 . 83	5,6	0 . 91	10 11
0 . 84	16 19	0 . 92	11 12
0 . 85	17 20	0 . 93	13,14
0 . 86	6 7	0 . 94	15 16
0 . 87	13,15	0 . 95	19,20

1.ère Opération.

Soit à convertir en millièmes les nombres fractionnaires qui suivent, savoir : 2/3, 3/4, 1/10, 4/5, 1/8, 3/7 et 1/5 ; cherchez sur la première Table générale 2/3, vous trouverez qu'ils équivalent en millièmes à 0. 667

	Millièmes.
3/4 à	0. 750
1/10 à	0. 100
4/5 à	0. 800
1/8 à	0. 125
3/7 à	0. 429
et 1/5 à	0. 200

T O T A L 3. 071

Vous additionnerez ces millièmes comme nombres entiers, c'est-à-dire, comme les francs et centimes, et vous aurez pour résultat 3 unités ou entiers, et 71 millièmes d'unité.

En cherchant sur la 2.me Table générale 071, vous trouverez qu'ils équivalent à 1/14 : le produit sera donc 3 unités et 1/14.

2.ème Opération.

A convertir en centièmes 2/5, 1/4, 1/2, 3/8, 2/3, 1/9 et 4/5 ; cherchez sur la 5.me Table générale 2,5, vous trouverez qu'ils équivalent en centièmes à 0. 40

	Centièmes.
1/4 à	0. 25
1/2 à	0. 50
3/8 à	0. 38
2/3 à	0. 67
1/9 à	0. 11
et 4/5 à	0. 80

T O T A L 3. 11

En additionnant ces centièmes comme nombres entiers, vous aurez pour résultat 3 unités ou entiers et 11 centièmes d'unité.

En cherchant ensuite sur la 4.me Table 11 centièmes, vous trouverez qu'ils équivalent à 1/9 : le résultat sera donc 3 unités ou entiers et 1/9.

MONNAIES,

Et titres des matières et ouvrages d'Or et d'Argent.

PREMIERE PARTIE.

L'ANCIENNE Monnaie qui a cours encore aujourd'hui, est la *Livre tournois* (1).

La *Livre tournois* se divise en vingt parties égales nommées *Sous*.

Le *Sou*, en douze parties égales nommées *Deniers*.

Ainsi une Livre tournois est égale à $\begin{cases} 20 \text{ Sous tournois.} \\ 240 \text{ Deniers tournois.} \end{cases}$

L'ancienne Monnaie est divisée en quatre classes : la première comprend les espèces d'or ; la seconde, celles d'argent ; la troisième, celles de billon, et la quatrième, celles de cuivre.

ESPECES D'OR.

Les espèces d'or en circulation sont : 1.º le *double Louis*, qui vaut 48 livres tournois ;

2.º Le *Louis*, qui vaut 24 livres tournois ;

3.º Et le *demi Louis*, qui vaut 12 livres tournois.

Le titre des Monnaies d'or a été fixé, par la déclaration du 30 octobre 1785, à 22 karats, à la taille de 32 au marc. La pièce d'or de 24 livres tourno

---

(1) Le nom de *tournois* fut donné à la monnaie de Tours, pour la distinguer de celle de Paris qu'on nommait *parisis* : il n'est plus question depuis long-tems de cette dernière. La monnaie de Paris était plus forte que celle de Tours ; 5 livres tournois ne valaient que 4 livres parisis.

MONNAIES.

devrait peser 2 gros ; mais le remède de loi (1) de $\frac{12}{32}$ de fin, et celui de poids fixé à 15 grains par marc, ont réduit le titre à 21 karats vingt trente-deuxièmes ; en conséquence, le poids de la pièce d'or de 24 livres tournois est de 1 gros 71 grains quinze trente-deuxièmes, c'est-à-dire, 2 gros moins un demi-grain environ.

ESPÈCES D'ARGENT

Les espèces d'argent de notre ancienne monnaie sont : les *Écus, demi-écus, cinquièmes, dixièmes* et *vingtièmes d'écus*. On peut encore y comprendre les pièces de *trente sous* et de *quinze sous*, fabriquées pendant la révolution, attendu qu'elles ne circulent que comme ancienne monnaie.

L'*écu* vaut 6 livres tournois.

Le *demi-écu*, plus connu généralement sous le nom de *petit écu*, vaut 3 livres tournois.

Le *cinquième d'écu* ou pièce de *vingt-quatre sous*, vaut 1 livre 4 sous tournois.

Le *dixième d'écu* ou pièce de *douze sous*, vaut douze sous tournois.

Le *vingtième d'écu* ou pièce de *six sous*, vaut six sous tournois.

Le *quart d'écu* ou pièce de *trente sous*, vaut une livre dix sous tournois.

Et le *huitième d'écu* ou pièce de *quinze sous*, vaut quinze sous tournois.

Le titre des monnaies d'argent a été fixé par un

---

(1) On entend par *remède* une certaine marge accordée aux artistes pour faciliter leurs opérations ; il leur était défendu de l'excéder, mais ils pouvaient l'employer en entier sans contrevenir aux réglemens.

MONNAIES.

édit antérieur à celui du 30 octobre 1785 à 11 deniers de fin, et à la taille de 8 $\frac{3}{10}$ au marc pour les écus de six livres : ainsi chacune de ces pièces devrait péser 7 gros 51 grains environ ; mais le remède de loi de 3 deniers de fin, et celui de poids fixé à 36 grains par marc, ne donnent, pour le titre, que 10 deniers 21 grains, et pour le poids d'un écu de six livres, 7 gros 47 grains environ.

ESPECES DE BILLON.

Les espèces de billon sont : la pièce de 2 sous, qui vaut 24 deniers tournois ;

Et la pièce de six liards, qui vaut 18 deniers tournois.

ESPECES DE CUIVRE.

Les espèces de cuivre sont :

1.º Le *sou*, qui vaut 12 deniers tournois ;

2.º Le *double liard* ou pièce de *deux liards*, qui vaut six deniers tournois ;

3.º Et le *liard*, qui vaut 3 deniers tournois.

NOUVELLES MONNAIES.

La nouvelle monnaie est le *Franc*.

Le *Franc* se divise en dix parties égales, qu'on nomme *Décimes*.

Le *Décime* se divise aussi en dix parties égales, qu'on nomme *Centimes*.

Ainsi le franc est égal à . . . $\begin{cases} \text{10 décimes,} \\ \text{100 centimes.} \end{cases}$

La manière de calculer en centimes étant la plus facile et la plus prompte, il faut exprimer toutes les fractions du franc seulement en centimes ; en conséquence, au lieu d'un décime, il faut dire et

MONNAIES.

écrire 10 centimes , etc., comme dans l'exemple suivant.

Décimes.		Centimes.		Francs. Centim.
I est égal à	10 qu'il faut écrire ainsi	. 0 . . 10
2	20	. . 0 . . 20
3	30	. . 0 . . 30
4	40	. . 0 . . 40
5	50	. 0 . . 50
6	60	. . 0 . . 60
7	70	. 0 . . 70
8	80	. . 0 . . 80
9	90	. 0 . . 90

Par la même raison , il faut dire et écrire 28 centimes, au lieu de 2 décimes 8 centimes ; 53 centimes, au lieu de 5 décimes 3 centimes ; 89 centimes, au lieu de 8 décimes 9 centimes, etc.

Une loi sur la fabrication et la vérification des nouvelles monnaies, du 7 germinal de l'an XI , porte qu'il y aura des pièces d'or, d'argent et de cuivre.

O R.

1.º La pièce de 40 francs, qui est à la taille de 77 pièces et demie au kilogramme.

2.º Et la pièce de 20 francs, qui est à la taille de 155 pièces au kilogramme.

Leur titre est fixé à neuf dixièmes de fin et un dixième d'alliage.

La tolérance de poids est fixée à deux millièmes en dehors, autant en dedans.

La tolérance du titre est fixée de même à deux millièmes en dehors, autant en dedans.

A R G E N T.

Les pièces d'argent sont de six espèces, au titre de neuf dixièmes de fin et un dixième d'alliage.

MONNAIES.

La première, d'*un quart de franc* (25 centimes), qui pèse un gramme 25 centigrammes ; la tolérance de poids de cette pièce est de dix millièmes en dehors, autant en dedans.

La deuxième, d'un *demi-franc* (50 centimes), qui pèse deux grammes cinq décigrammes ; la tolérance de poids est de sept millièmes en dehors, autant en dedans.

La troisième, de *trois quarts de franc* (75 centimes), qui pèse trois grammes soixante-quinze centigrammes ; la tolérance de poids est également de sept millièmes en dehors, autant en dedans.

La quatrième, d'*un franc*, qui pèse cinq grammes ; la tolérance de poids est de cinq millièmes en dehors, autant en dedans.

La cinquième, de *deux francs*, qui pèse dix grammes ou un décagramme ; la tolérance de poids est aussi de cinq millièmes en dehors, autant en dedans.

Et la sixième, de *cinq francs*, qui pèse 25 grammes ou 2 décagrammes et 5 grammes ; la tolérance de poids est de trois millièmes en dehors, autant en dedans.

Au besoin, les nouvelles monnaies d'argent peuvent servir de poids, par exemple ; quatre pièces de 5 francs, faisant une somme de 20 francs, pèseront un hectogramme ou une once nouvelle.

Vingt pièces de 5 francs, faisant 100 francs, pèseront 5 hectogrammes ou 5 onces nouvelles.

Quarante pièces de 5 francs, faisant 200 francs, pèseront un kilogramme ou une livre nouvelle.

Deux cents pièces de 5 francs, faisant 1000 francs, pèseront 5 kilogrammes ou 5 livres nouvelles.

MONNAIES.

CUIVRE.

Les nouvelles pièces de cuivre sont de trois espèces.

La première, de *deux centièmes de franc* (2 centimes), dont le poids est de 4 grammes.

La seconde, de *trois centièmes de franc* (3 centimes), dont le poids est de six grammes.

Et la troisième, de *cinq centièmes de franc* (5 centimes), qui pèse 10 grammes ou un décagramme.

La tolérance de poids de ces trois pièces de cuivre est d'un cinquantième en dehors.

La monnaie de cuivre ne peut servir de poids, à moins que ce soit pour des objets de peu de valeur, étant moins exacte que la monnaie d'argent.

Les monnaies fabriquées ne sont mises en circulation qu'après vérification de leur titre et de leur poids ; cette vérification est faite sous les yeux de l'administration des monnaies.

Tant que les anciennes monnaies circuleront, on aura souvent besoin de convertir les *livres tournois* en *francs*, et les *francs* en *livres tournois.* D'après la loi du 17 floréal an 7, une obligation contractée avant le 1.er vendémiaire an 8, n'est payable qu'en livres tournois ; or, si on veut payer avec des pièces de la nouvelle monnaie, on a droit de convertir le montant de l'obligation en francs.

Si, au contraire, l'obligation est contractée après le 1.er vendémiaire an 8, on est obligé de payer en francs, lorsque l'obligation le porte, ou de convertir les francs en livres tournois, quand le paiement s'effectue en ancienne monnaie.

Dans ces cas, on fera usage des deux tables qui suivent.

MONNAIES.

PREMIÈRE TABLE, qui convertit les livres, sous et deniers tournois en francs et centimes.

LIVRES (20 sous tourn.)	Francs.	Centimes.	100.es de cent.
1......	0	98	77
2......	1	97	55
3......	2	96	30
4......	3	95	06
5......	4	93	83
6......	5	92	59
7......	6	91	36
8......	7	90	12
9......	8	88	89
10......	9	87	65
20......	19	75	31
30......	29	62	96
40......	39	50	62
50......	49	38	27
60......	59	25	93
70......	69	13	58
80......	79	01	23
90......	88	88	89
100......	98	76	54
200......	197	53	09
300......	296	29	63
400......	395	06	17
500......	493	82	72
600......	592	59	26
700......	691	35	80
800......	790	12	35
900......	888	88	89
1,000......	987	65	43
2,000......	1,975	50	86
3,000......	2,962	96	30
4,000......	3,950	61	73
5,000......	4,938	27	16
6,000......	5,925	92	59
7,000......	6,913	58	02
8,000......	7,901	23	46
9,000......	8,888	88	89
10,000......	9,876	54	32
20,000......	19,753	08	64

LIVRES (20 sous tourn.)	Francs.	Centimes.	100.es de cent.
30,000......	29,629	62	96
40,000......	39,506	17	28
50,000......	49,382	71	61
60,000......	59,259	25	93
70,000......	69,135	80	25
80,000......	79,012	34	57
90,000......	88,888	88	89
100,000......	98,765	43	21
200,000......	197,530	86	42
300,000......	296,296	29	63
400,000......	395,061	72	84
500,000......	493,827	16	05
600,000......	592,592	59	26
700,000......	691,358	02	47
800,000......	790,123	45	68
900,000......	888,888	88	89
1,000,000......	987,654	32	10

Sois (12 deniers tournois).

	Francs.	Centimes.	100.es de cent.
1......	0	04	94
2......	0	09	88
3......	0	14	81
4......	0	19	75
5......	0	24	69
6......	0	29	63
7......	0	34	57
8......	0	39	51
9......	0	44	44
10......	0	49	38
11......	0	54	32
12......	0	59	26
13......	0	64	20
14......	0	69	14
15......	0	74	07
16......	0	79	01
17......	0	83	95
18......	0	88	89
19......	0	93	83

MONNAIES.

DENIERS TOURNOIS.	Francs.	Centimes.	100.es de centime.
1.....	0	00	41
2.....	0	00	82
3.....	0	01	23
4.....	0	01	65
5.....	0	02	06
6.....	0	02	47
7.....	0	02	88
8.....	0	03	29
9.....	0	03	70
10.....	0	04	12
11.....	0	04	53

CENTIÈMES de denier.	Francs.	Centimes.	100.es de centime.
1.....	0	00	00
2.....	0	00	01
3.....	0	00	01
4.....	0	00	02
5.....	0	00	02
6.....	0	00	02
7.....	0	00	03
8.....	0	00	03
9.....	0	00	04
10.....	0	00	04
20.....	0	00	08
30.....	0	00	12
40.....	0	00	16
50.....	0	00	21
60.....	0	00	25
70.....	0	00	29
80.....	0	00	33
90.....	0	00	37

Opération.

	Francs.	Centimes.	100.es de cent.
Soit à convertir en francs et centimes 22,874 liv. 17 sous 8 deniers tournois ; cherchez sur cette Table 20,000 livres, vous trouverez qu'elles équivalent à..	19,755	98	64
2000 livres à...................................	1,975	50	86
800 livres à....................................	790	12	55
70 livres à.....................................	69	13	58
4 livres à......................................	3	95	06
17 sous à......................................	0	83	95
Et 8 deniers à.................................	0	03	29
TOTAL......................................	22,592	47	73

22,874 l. 17 sous 8 deniers tournois ne valent donc que 22,592 francs 47 centimes et 73 centièmes de centime.

En suprimant les centièmes de centime, vous aurez 22,592 francs 48 centimes, parce qu'il faut augmenter d'une unité le nombre des centimes, lorsque les centièmes de centime qu'on retranche excèdent 49 ; (*voyez l'Instruction*, page XV).

MONNAIES.

DEUXIEME TABLE, qui convertit les francs et centimes en livres, sous et deniers tournois.

FRANCS.	Livres.	Sous.	Deniers.	100.es de den.
1......	1	0	3	00
2......	2	0	6	00
3......	3	0	9	00
4......	4	1	0	00
5......	5	1	3	00
6......	6	1	6	00
7......	7	1	9	00
8......	8	2	0	00
9......	9	2	3	00
10......	10	2	6	00
20......	20	5	0	00
30......	30	7	6	00
40......	40	10	0	00
50......	50	12	6	00
60......	60	15	0	00
70......	70	17	6	00
80......	81	0	0	00
90......	91	2	6	00
100......	101	5	0	00
200......	202	10	0	00
300......	303	15	0	00
400......	405	0	0	00
500......	506	5	0	00
600......	607	10	0	00
700......	708	15	0	00
800......	810	0	0	00
900......	911	5	0	00
1000......	1012	10	0	00
2000......	2025	0	0	00
3000......	3037	10	0	00
4000......	4050	0	0	00
5000......	5062	10	0	00
6000......	6075	0	0	00
7000......	7087	10	0	00
8000......	8100	0	0	00
9000......	9112	10	0	00
10,000......	10,125	0	0	00
20,000......	20,250	0	0	00
30,000......	30,375	0	0	00
40,000......	40,500	0	0	00

FRANCS.	Livres.	Sous.	Deniers.	100.es de den.
50,000.	50,625	0	0	00
60,000.	60,750	0	0	00
70,000.	70,875	0	0	00
80,000.	81,000	0	0	00
90,000.	91,125	0	0	00
100,000.	101,250	0	0	00
200,000.	202,500	0	0	00
300,000.	303,750	0	0	00
400,000.	405,000	0	0	00
500,000.	506,250	0	0	00
600,000.	607,500	0	0	00
700,000.	708,750	0	0	00
800,000.	810,000	0	0	00
900,000.	911,250	0	0	00
1,000,000.	1,012,500	0	0	00

CENTIMES.

	Livres.	Sous.	Deniers.	100.es de den.
1 équivaut à	0	0	2	43
2..........	0	0	4	86
3..........	0	0	7	29
4..........	0	0	9	72
5..........	0	1	0	15
6..........	0	1	2	58
7..........	0	1	5	01
8..........	0	1	7	44
9..........	0	1	9	87
10 (1 décime)	0	2	0	50
20 (2)	0	4	0	60
30 (3)	0	6	0	90
40 (4)	0	8	1	20
50 (5)	0	10	1	50
60 (6)	0	12	1	80
70 (7)	0	14	2	10
80 (8)	0	16	2	40
90 (9)	0	18	2	70

M O N N A I E S.

CENTIÉMES de centime.	Livres.	Sous.	Deniers.	100.es de den.	CENTIÈMES de centime.	Livres.	Sous.	Deniers.	100.es de den.
1 équivaut à..	0	0	0	02	10..............	0	0	0	24
2...............	0	0	0	05	20..............	0	0	0	49
3..............	0	0	0	07	30..............	0	0	0	73
4..............	0	0	0	10	40..............	0	0	0	97
5..............	0	0	0	12	50..............	0	0	1	22
6..............	0	0	0	15	60..............	0	0	1	46
7..............	0	0	0	17	70..............	0	0	1	70
8..............	0	0	0	19	80..............	0	0	1	94
9..............	0	0	0	22	90..............	0	0	2	19

En additionnant cette Table, on divisera les deniers par 12, pour les convertir en sous ; et les sous par 20 , pour les convertir en livres tournois.

Opération.

	Livres.	Sous.	Deniers.	100.es de den.
Soit à convertir en livres, sous et deniers tournois 856 francs 82 centimes ; cherchez sur cette Table 800 francs, vous verrez qu'ils équivalent à.	810	0	0	00
50 francs à....................................	50	12	6	00
6 francs à....................................	6	1	6	00
80 centimes à.................................	0	16	2	40
Et 2 centimes à.................................	0	0	4	86
TOTAL................................	867	10	7	26

856 francs 82 centimes valent donc 867 liv. 10 sous 7 deniers tournois et 26 centièmes de denier qu'on néglige; (*Voyez l'Instruction ,* page xv.

MONNAIES.

Rapport des 1.ʳᵉ et 2.ᵉ Tables.

Opération.

PREMIÈRE TABLE.

Soit à convertir en francs et centimes 1533 liv. 6 sous 9 deniers tournois ;

	Francs.	Centimes.	Centièmes.
cherchez 1000 liv, qui valent....................	987	65	43
500 liv...	493	82	72
30 liv..	29	62	96
3 liv...	2	96	50
6 sous..	0	29	63
et 9 deniers....................................	0	03	70
TOTAL...	1514	40	74

Preuve.

DEUXIÈME TABLE.

Soit à convertir en liv., sous et deniers tournois 1514 francs 40 centimes et 74 centièmes de centime ;

	Livres.	Sous.	Deniers.	Centièmes.
cherchez, 1000 fr., vous aurez..................	1012	10	0	00
500 francs.....................................	506	5	0	00
10 francs......................................	10	2	6	00
4 francs.......................................	4	1	0	00
40 centimes....................................	0	8	1	20
70 centièmes de centime........................	0	0	1	70
4 idem...	0	0	0	10
TOTAL ÉGAL.....................................	1533	6	9	00

Opération.

DEUXIÈME TABLE.

Soit à convertir en livres, sous et deniers tournois 2345 francs 75 centimes ;

	Livres.	Sous.	Deniers.	Centièmes.
cherchez 2000 francs, vous aurez...............	2025	0	0	00
300 francs.....................................	303	15	0	00
40 francs......................................	40	10	0	00
5 francs.......................................	5	1	3	00
70 centimes....................................	0	14	2	10
et 5 centimes..................................	0	1	0	15
TOTAL...	2375	1	5	25

Preuve.

PREMIÈRE TABLE.

Soit à convertir en francs et centimes 2375 livres 1 sou 5 deniers et 25 centièmes de denier ;

	Francs.	Centimes.	Centièmes.
cherchez 2000 livres, vous aurez...............	1975	30	86
300 livres.....................................	296	29	63
70 livres......................................	69	13	58
5 livres.......................................	4	93	83
1 sou..	0	04	94
5 deniers......................................	0	02	06
20 centièmes de denier.........................	0	00	08
et 5 idem......................................	0	00	02
TOTAL ÉGAL.....................................	2345	75	00

TITRES

DES MATIERES ET OUVRAGES

D'OR ET D'ARGENT.

SI, après avoir pesé une portion quelconque d'un lingot d'or ou d'argent, vous parvenez, par une opération chimique, à épurer cette portion, en la dépouillant des métaux étrangers qu'elle peut contenir, le poids de la portion épurée, divisé par son poids primitif, exprimera le titre du lingot.

L'or et l'argent qui ne renferment pas un atôme d'autre métal susceptible d'être mêlé avec eux, sont donc purs.

Il y avait deux marcs : l'un servait à connaître le poids seulement ; et l'autre s'appelait *marc d'aloi*, et servait à indiquer le titre de l'or et de l'argent, c'est-à-dire le degré de pureté de ces deux métaux. C'est de ce dernier dont il va être parlé.

Le marc d'aloi pour l'or se divisait en 24 parties égales nommées *karats*.

Le *karat* se divisait en trente-deux parties égales qu'on nommait *trente-deuxièmes*.

Lorsque l'or était à 24 karats de fin, il était pur et sans alliage (1).

Le marc d'aloi pour l'argent se divisait en 12 *deniers*, et le *denier* en 24 *grains*.

---

(1) Le métal qui s'allie ordinairement avec l'or est l'argent.

TITRES

DES MATIERES ET OUVRAGES D'OR ET D'ARGENT.

Lorsque l'argent était à 12 deniers de fin, il était sans mélange d'aucun autre métal (1).

Une loi du 19 brumaire an 6 veut que le titre et la qualité de fin contenus dans chaque pièce, soient exprimées en *millièmes*; en conséquence, que les anciennes dénominations de karats et de deniers, pour exprimer le degré de pureté des métaux précieux, n'aient plus lieu.

Quand le titre de l'or et celui de l'argent seront à 1000 millièmes de fin, ils seront dans leur plus grand degré de pureté, c'est-à-dire, sans aucun alliage.

La même loi du 19 brumaire an 6, admet pour les ouvrages d'or trois titres légaux; le premier, de 920 millièmes; le second, de 840 millièmes; et le troisième, de 750 millièmes.

Et deux pour les ouvrages d'argent; le premier, de 950 millièmes; et le second, de 800 millièmes.

La tolérance des titres pour l'or est de 3 millièmes; celle des titres pour l'argent est de 5 millièmes.

Les fabricans peuvent employer à leur gré l'un des titres ci-dessus, respectivement, pour les ouvrages d'or et d'argent, quelque soit la grosseur ou l'espèce des pièces fabriquées.

La garantie du titre des ouvrages et matières d'or et d'argent est assurée par trois poinçons différens, appliqués sur chaque pièce, après un essai de la

---

(1) Le métal qui s'allie ordinairement avec l'argent, est le cuivre.

TITRES

DES MATIERES ET OUVRAGES D'OR ET D'ARGENT.

matière, savoir; celui du fabricant (1), celui du titre (2), et celui du bureau de garantie (3).

Il y a deux petits poinçons, l'un pour les menus ouvrages d'or (4), et l'autre pour les menus ouvrages d'argent (5) trop petits pour recevoir l'empreinte des trois poinçons précédens.

Il y a de plus un poinçon particulier pour les vieux ouvrages, dits *de hasard* (6).

Un autre pour les ouvrages venant de l'étranger (7).

Un troisième pour les ouvrages doublés ou plaqués d'or et d'argent (8).

---

(1) Le poinçon du fabricant porte la lettre initiale dé son nom, avec un symbole : il doit être gravé selon les formes et proportions établies par l'Administration des monnaies.

(2) Les poinçons de titre ont pour empreinte un coq, avec l'un des chiffres arabes 1, 2, 3, indicatif des premier, second et troisième titres ci-dessus admis. Ces poinçons sont uniformes dans toute la France : chaque sorte de ces poinçons a d'ailleurs une forme particuliere qui la différencie aisément à l'œil.

(3) Le poinçon de chaque bureau de garantie a un signe caractéristique particulier, qui est déterminé par l'Administration des monnaies : ce signe est changé toutes les fois qu'il est nécessaire, pour prevenir les effets d'un vol ou d'une infidélité.

(4) Ce poinçon représente une tête de coq.

(5) Ce poinçon contient un faisceau.

(6) Ce poinçon porte pour empreinte une hache.

(7) Ce poinçon porte les lettres E T.

(8) Le poinçon de chaque fabricant de doublé ou de plaqué a une forme particuliere déterminée par l'Administration des monnaies ; le fabricant ajoute en outre, sur chacun de ses ouvrages les chiffres indicatifs de la quantité d'or et d'argent qu'il contient.

TITRES

DES MATIÈRES ET OUVRAGES D'OR ET D'ARGENT.

Un quatrième, dit *poinçon de recense*, qui s'applique par autorité publique, lorsqu'il s'agit d'empêcher l'effet de quelque infidélité relative aux titres et aux poinçons (1).

Enfin, un poinçon particulier pour marquer les lingots d'or ou d'argent affinés (2).

TITRE DE L'OR.

PREMIÈRE TABLE, qui convertit les karats et les trente-deuxièmes en millièmes.

KARATS.	Millièmes.	Centièmes de millième.	KARATS.	Millièmes.	Centièmes de millième.
1	41	67	13	541	67
2	83	33	14	583	33
3	125	00	15	625	00
4	166	67	16	666	67
5	208	33	17	708	33
6	250	00	18	750	00
7	291	67	19	791	67
8	333	33	20	833	33
9	375	00	21	875	00
10	416	67	22	916	67
11	458	33	23	958	33
12	500	00	24	1,000	00

(1) Le poinçon de recense est également déterminé par l'Administration des monnaies, qui le différencie à raison des circonstances.

(2) Ce poinçon est aussi déterminé par l'Administration des monnaies : il est uniforme dans toute la France.

TITRES

DES MATIÈRES ET OUVRAGES D'OR ET D'ARGENT.

TRENTE-DEUXIÈMES.	Millièmes.	Centièmes de millième.	TRENTE-DEUXIÈMES.	Millièmes.	Centièmes de millième.
1	1	30	27	35	16
2	2	60	28	36	46
3	3	91	29	37	76
4	5	21	30	39	06
5	6	51	31	40	36
6	7	81	**CENTIÈMES de trente-deuxième.**		
7	9	11	1	0	01
8	10	42	2	0	03
9	11	72	3	0	04
10	13	02	4	0	05
11	14	32	5	0	07
12	15	63	6	0	08
13	16	93	7	0	09
14	18	23	8	0	10
15	19	53	9	0	12
16	20	83	10	0	13
17	22	14	20	0	26
18	23	44	30	0	39
19	24	74	40	0	52
20	26	04	50	0	65
21	27	34	60	0	78
22	28	65	70	0	91
23	29	95	80	1	04
24	31	25	90	1	17
25	32	55			
26	33	85			

On additionnera cette Table comme les francs et centimes.

Opération.

	Millièmes.	Centièmes.
Soit à convertir en millièmes 19 karats 25 trente-deuxièmes ; cherchez 19 karats, vous trouverez qu'ils équivalent à	791	67
et 25 trente-deuxièmes à	32	55
TOTAL	824	22

19 karats 25 trente-deuxièmes équivalent donc à 824 millièmes et 22 centièmes de millième.

TITRES
DES MATIÈRES ET OUVRAGES D'OR ET D'ARGENT.

DEUXIÈME TABLE, qui convertit les millièmes en karats et trente-deuxièmes.

MILLIÉMES.	Karats.	Trente-deuxièmes.	Centièmes.	MILLIÈMES	Karats.	Trente-deuxièmes.	Centièmes.
1	0	0	77	700	16	25	60
2	0	1	54	800	19	6	40
3	0	2	30	900	21	19	20
4	0	3	07	1000	24	0	00
5	0	3	84	**CENTIÈMES**			
6	0	4	61	**de millième.**			
7	0	5	38	1	0	0	01
8	0	6	14	2	0	0	02
9	0	6	91	3	0	0	02
10	0	7	68	4	0	0	03
20	0	15	36	5	0	0	04
30	0	23	04	6	0	0	05
40	0	30	72	7	0	0	05
50	1	6	40	8	0	0	06
60	1	14	08	9	0	0	07
70	1	21	76	10	0	0	08
80	1	29	44	20	0	0	15
90	2	5	12	30	0	0	23
100	2	12	80	40	0	0	31
200	4	25	60	50	0	0	38
300	7	6	40	60	0	0	46
400	9	19	20	70	0	0	54
500	12	0	00	80	0	0	61
600	14	12	80	90	0	0	69

En additionnant cette table, on divisera les trente-deuxièmes par 32, pour les convertir en karats.

Opération

	Karats.	Trente-deuxièmes.	Centièmes.
Soit à convertir en karats et trente-deuxiémes 843 millièmes ; cherchez 800 millièmes, vous trouverez qu'ils équivalent à..................	19	6	40
40 millièmes à.............................	0	30	72
et 3 millièmes à..............................	0	2	30
TOTAL...........................	20	7	42

843 millièmes équivalent donc à 20 karats 7 trente-deuxièmes et 42 centièmes de trente-deuxième.

TITRES
DES MATIÈRES ET OUVRAGES D'OR ET D'ARGENT.

Rapport des 1.re et 2.e Tables.

Opération

PREMIÈRE TABLE.

	Millièmes.	Centièmes.
Soit à convertir en millièmes 23 karats 26 trente-deuxièmes ; cherchez 23 karats, vous verrez qu'ils équivalent à....................................	958	33
et 26 trente-deuxièmes..........................	33	85
TOTAL..............................	992	18

Preuve.

DEUXIEME TABLE.

	Karats.	Trente-deuxièmes.	Centièmes.
Soit à convertir en karats et trente-deuxièmes 992 millièmes et 18 centièmes de millième ; cherchez 900 millièmes, vous trouverez qu'ils équivalent à....................................	21	19	20
90 millièmes à..........................	2	5	12
2 *idem* à..............................	0	1	54
10 centièmes de millième à..................	0	0	08
et 8 *idem* à..............................	0	0	06
TOTAL ÉGAL..........................	23	26	00

Opération.

DEUXIEME TABLE.

	Karats.	Trente-deuxièmes.	Centièmes.
Soit à convertir en karats et trente-deuxièmes 914 millièmes ; cherchez 900 millièmes, vous trouverez qu'ils équivalent à....................................	21	19	20
10 millièmes à..........................	0	7	68
et 4 *idem* à..............................	0	3	07
TOTAL..............................	21	29	95

Preuve.

PREMIERE TABLE.

	Millièmes.	Centièmes.
Soit à convertir en millièmes 21 karats 29 trente-deuxièmes et 95 centièmes de trente-deuxième ; cherchez 21 karats, vous trouverez qu'ils équiv. à.	875	00
29 trente-deuxièmes à.......................	37	76
90 centièmes de trente-deuxième à...........	1	17
et 5 *idem* à.............................	0	07
TOTAL ÉGAL......................	914	00

TITRE DE L'ARGENT.

PREMIÈRE TABLE, qui convertit les deniers et les grains en millièmes.

DENIERS.	Millièmes.	Centièmes de millième.
1	83	33
2	166	67
3	250	00
4	333	33
5	416	67
6	500	00
7	583	33
8	666	67
9	750	00
10	833	33
11	916	67
12	1000	00

GRAINS.	Millièmes.	Centièmes de millième.
1	3	47
2	6	94
3	10	42
4	13	89
5	17	36
6	20	83
7	24	31
8	27	78
9	31	25
10	34	72
11	38	19
12	41	67
13	45	14
14	48	61
15	52	08

GRAINS.	Millièmes.	Centièmes de millième.
16	55	56
17	59	03
18	62	50
19	65	97
20	69	44
21	72	92
22	76	39
23	79	86

Centièmes de grain,	Millièmes.	Centièmes de millième.
1	0	03
2	0	07
3	0	10
4	0	14
5	0	17
6	0	21
7	0	24
8	0	28
9	0	31
10	0	35
20	0	69
30	1	04
40	1	39
50	1	74
60	2	08
70	2	43
80	2	78
90	3	12

On additionnera cette table comme les francs et centimes.

	mill.^{es}	cent.^{es} de millièm.
Opération.		
Soit à convertir en millièmes 11 deniers 21 grains ; cherchez 11 deniers, vous trouverez qu'ils équiv. à.	916	67
et 21 grains à	72	92
TOTAL.	989	59

11 deniers 21 grains équivalent donc à 989 millièmes et 59 centièmes de millième.

C

TITRES
DES MATIERES ET OUVRAGES D'OR ET D'ARGENT.

DEUXIEME TABLE, qui convertit les millièmes en deniers et grains.

MILLIEMES.	Deniers.	Grains.	100.e de grain	MILLIEMES.	Deniers.	Grains.	100.e de grain
1	0	0	29	700	8	9	60
2	0	0	58	800	9	14	40
3	0	0	86	900	10	19	20
4	0	1	15	1,000	12	0	00
5	0	1	44	CENTIEMES de millième.			
6	0	1	73	1	0	0	00
7	0	2	02	2	0	0	01
8	0	2	30	3	0	0	01
9	0	2	59	4	0	0	01
10	0	2	88	5	0	0	01
20	0	5	76	6	0	0	02
30	0	8	64	7	0	0	02
40	0	11	52	8	0	0	02
50	0	14	40	9	0	0	03
60	0	17	28	10	0	0	03
70	0	20	16	20	0	0	06
80	0	23	04	30	0	0	09
90	1	1	92	40	0	0	12
100	1	4	80	50	0	0	14
200	2	9	60	60	0	0	17
300	3	14	40	70	0	0	20
400	4	19	20	80	0	0	23
500	6	0	00	90	0	0	26
600	7	4	80				

En additionnant cette table, on divisera les grains par 24 pour les convertir en deniers.

Opération.

	Deniers.	Grains.	Centièmes.
Soit à convertir en deniers et grains 871 millièmes ; cherchez 800 millièmes, vous trouverez qu'ils équivalent à	9	14	40
70 millièmes.	0	20	16
et 1 millième.	0	0	29
TOTAL	10	10	85

871 millièmes équiv. donc à 10 den. 10 grains et 85 centièmes de gr.

TITRES
DES MATIÈRES ET OUVRAGES D'OR ET D'ARGENT.

Rapport des 1.re et 2.e Tables.

Opération

PREMIÈRE TABLE.

	Millièmes.	Centièmes.
Soit à convertir en millièmes 10 deniers 18 grains ; cherchez 10 deniers, vous verrez qu'ils équivalent à......	855	33
et 18 grains à........................	62	50
TOTAL..........................	895	83

Preuve.

DEUXIEME TABLE.

	Deniers.	Grains.	Centièmes.
Soit à convertir en deniers et grains 895 millièmes et 83 centièmes de millième ; cherchez 800 mil. imes, vous trouverez qu'ils équivalent à...............	9	14	40
90 millièmes à.....................	1	1	92
5 idem à........................	0	1	44
80 centièmes de millième à............	0	0	23
t 3 idem à........................	0	0	01
TOTAL ÉGAL......................	10	18	00

Opération.

DEUXIEME TABLE.

	Deniers.	Grains.	Centièmes.
Soit à convertir en deniers et grains 974 mil-imes ; cherchez 900 millièmes, vous trouverez qu'ils équivalent à...............	10	19	20
70 millièmes à.....................	0	20	16
t 4 idem à........................	0	1	15
TOTAL.........................	11	16	51

Preuve.

PREMIERE TABLE.

	Millièmes.	Centièmes.
Soit à convertir en millièmes 11 deniers 16 grains 51 centièmes de grain ; cherchez 11 deniers, vous trouverez qu'ils équiv. à.	916	67
16 grains à........................	55	56
50 centièmes de grain à...............	1	74
t 1 idem à........................	0	03
TOTAL ÉGAL......................	974	00

MESURES LINÉAIRES

OU DE LONGUEUR.

DEUXIEME PARTIE.

De la Toise (1).

Les anciennes mesures de longueur consistaient en toise, pieds, pouces et lignes.

La *Toise* contenait *6 pieds* dits *de Roi.*

Le *Pied* contenait *12 pouces.*

Le *Pouce* contenait *12 lignes.*

Ainsi la toise équivalait à
$$\begin{cases} 6 \text{ pieds.} \\ 72 \text{ pouces.} \\ 864 \text{ lignes.} \end{cases}$$

Le pied à . . . .
$$\begin{cases} 12 \text{ pouces.} \\ 144 \text{ lignes.} \end{cases}$$

Le pouce à . . . . 12 lignes.

(1) L'homme ayant un penchant naturel à rapporter tout à lui, sa main, son bras, ses pas, la hauteur de sa taille étaient devenus anciennement pour lui autant de mesures de longueur : de-là les noms de palme, coudée, pied, pouce, brasse, etc. Ces mesures étaient commodes pour chaque individu, mais on ne pouvait en étendre l'usage qu'en prenant pour prototype la stature et les proportions du corps de quelque personnage remarquable : c'est ce que le respect et la flatterie ont souvent suggéré. Les anciens avaient un pied HERCULIEN, un pied PHILETERIEN; les Anglais ont leur YARD conforme à la grandeur du bras de Henri premier, un de leurs rois; c'est ce qui fait penser à quelques-uns que notre toise est une mesure qui paraît avoir été prise d'après la stature de Charlemagne; d'autres pensent qu'elle nous est venue des Francs.

Notions élémentaires sur le nouveau systéme des mesures.

MESURES LINÉAIRES.

Le MÈTRE, qui est la dix-millionnième partie du quart du méridien, est maintenant l'unité des mesures de longueur.

Le *Mètre* contient 10 *décimètres* ou *palmes*.

Le *Décimètre* ou *palme* contient 10 *centimètres* ou *doigts*,

Le *Centimètre* ou *doigt* contient 10 *millimètres* ou *traits*.

Ainsi le Mètre est égal à
{
10 décimètres ou palmes.
100 centimètres ou doigts.
1000 millimètres ou traits.

Le Décimètre ou palme à
{
10 centimètres ou doigts.
100 millimètres ou traits.

Le Centimètre ou doigt à   10 millimètres ou traits.

Les instrumens actuels de mesurage sont,

1.º Le *Double - Mètre*. Il contient 1 toise 1 pouce 10 lignes 592 millièmes, environ 6 dixièmes de ligne. Il diffère peu de l'ancienne toise de Paris, et peut être employé dans tous les cas où l'on se servait de la toise, et pour mesurer avec plus de promptitude des longueurs un peu considérables.

2.º Le *Mètre*. Il contient 3 pieds 11 lignes 296 millièmes, environ 3 dixièmes de ligne. C'est une règle de bois de deux centimètres d'équarrissage, garnie à chaque extrémité d'un fer en étrier, et divisée dans toute sa longueur en centimètres marqués de dix en dix par les chiffres 10, 20, 30, etc. Il fait la hauteur ordinaire d'une canne, que chacun peut avoir à la main, et il sert pour l'aunage des étoffes et pour les toisés; ainsi on peut, avec le même instrument, mesurer la hauteur d'une chambre, la longueur d'une planche, et une pièce d'étoffe ou de ruban : auner et toiser seront une même chose, et l'on n'aura plus deux noms différens pour deux opérations aussi sem-

MESURES LINÉAIRES.

blables ; on substituera à tous les deux le mot de *mesurer*.

3.º Le *Demi-Mètre* [5 décimètres]. Il contient 1 pied 6 pouces 5 lignes 648 millièmes, un peu plus que 6 dixièmes de ligne. C'est une règle divisée en centimètres et millimètres.

4.º Et le *Double - Décimètre*. Il contient 7 pouces 4 lignes 659 millièmes, environ 7 dixièmes de ligne. Cet instrument, qui est également divisé en centimètres et millimètres, est une mesure de poche très-commode et d'une grandeur suffisante pour tous les usages auxquels on faisait servir le pied de Roi.

Le double-mètre, le demi-mètre et le double-décimètre ne doivent jamais être considérés comme unités ; il faut les rapporter tous au mètre, à moins que l'objet mesuré ne comporte que ses dimensions soient désignées en décimètres on en centimètres.

Lorsqu'on mesurera une étendue avec le Double-Mètre, on aura l'attention de doubler le nombre des longueurs trouvées avec cet instrument. Par exemple, soit un mur dont la longueur a été trouvée de 13 doubles-mètres plus 23 centimètres ; on doublera les 13 doubles-mètres, et on aura 26 mètres 23 centimètres.

Lorsqu'on mesurera avec le demi-mètre, on prendra au contraire la moitié du nombre des demi-mètres trouvés ; et s'il reste un demi-mètre, ce demi-mètre valant 5 décimètres, on aura soin d'augmenter de 5 unités les décimètres. Soit une longueur exprimée par 21 demi-mètres plus 37 centimètres ; on prendra la moitié des 21 demi-mètres, qui est 10 pour 20, et comme il reste un demi-mètre qui vaut 5 décimètres,

MESURES LINÉAIRES.

on augmentera de 5 unités le chiffre 3 qui représente des décimètres, et l'on aura 10 mètres 87 centimètres.

	Demi-mètres.	Décimètres.	Centimètres.
EXEMPLE. Longueur trouvée.	21	5	7
Prendre la moitié du nombre des demi-mètres. .	10		
Le demi-mètre qui reste valant 5 décimètres, ajouter aux décimètres 5 unités.		5	

	mèt.	cent.
On aura.	10	87

Nota. Pour la facilité des ouvriers et des personnes les moins habituées au calcul décimal, j'ai donné la conversion en nouvelles mesures, des pieds, pouces et lignes réunis jusqu'à la toise.

Ceux qui auront une certaine quantité de pieds à convertir, les réduiront en toises avant d'opérer, ce qu'ils feront aisément en divisant les pieds par 6.

PREMIERE TABLE, qui convertit les toises, pieds, pouces et lignes en mètres, décimètres, centimètres et millimètres.

DIXIEMES de ligne.	Mètres.	Décimètres.	Centimètres.	Millimètres.	LIGNES.	Mètres.	Décimètres.	Centimètres.	Millimètres.
1...	0	0	0	0	1...	0	0	0	2
2...	0	0	0	0	2...	0	0	0	5
3...	0	0	0	1	3...	0	0	0	7
4...	0	0	0	1	4...	0	0	0	9
5...	0	0	0	1	5...	0	0	1	1
6...	0	0	0	1	6...	0	0	1	4
7...	0	0	0	2	7...	0	0	1	6
8...	0	0	0	2	8...	0	0	1	8
9...	0	0	0	2	9...	0	0	2	0
					10...	0	0	2	3
					11...	0	0	2	5

MESURES LINEAIRES.

	Mètres.	Décimètres.	Centimètres.	Millimètres.
1 pouce	0.	0	2	7
1 pouce 1 lig.	0.	0	2	9
2...	0.	0	3	2
3...	0.	0	3	4
4...	0.	0	3	6
5...	0.	0	3	8
6...	0.	0	4	1
7...	0.	0	4	3
8...	0.	0	4	5
9...	0.	0	4	7
10...	0.	0	5	0
11...	0.	0	5	2
2 pouces	0.	0	5	4
2 pouces 1 lig.	0.	0	5	6
2...	0.	0	5	9
3...	0.	0	6	1
4...	0.	0	6	3
5...	0.	0	6	5
6...	0.	0	6	8
7...	0.	0	7	0
8...	0.	0	7	2
9...	0.	0	7	4
10...	0.	0	7	7
11...	0.	0	7	9
3 pouces	0.	0	8	1
3 pouces 1 lig.	0.	0	8	3
2...	0.	0	8	6
3...	0.	0	8	8
4...	0.	0	9	0
5...	0.	0	9	2
6...	0.	0	9	5
7...	0.	0	9	7
8...	0.	0	9	9
9...	0.	1	0	2
10...	0.	1	0	4
11...	0.	1	0	6

	Mètres.	Décimètres.	Centimètres.	Millimètres.
4 pouces	0.	1	0	8
4 pouces 1 lig.	0.	1	1	1
2...	0.	1	1	3
3...	0.	1	1	5
4...	0.	1	1	7
5...	0.	1	2	0
6...	0.	1	2	2
7...	0.	1	2	4
8...	0.	1	2	6
9...	0.	1	2	9
10...	0.	1	3	1
11...	0.	1	3	3
5 pouces....	0.	1	3	5
5 pouces 1 lig.	0.	1	3	8
2...	0.	1	4	0
3...	0.	1	4	2
4...	0.	1	4	4
5...	0.	1	4	7
6...	0.	1	4	9
7...	0.	1	5	1
8...	0.	1	5	3
9...	0.	1	5	6
10...	0.	1	5	8
11...	0.	1	6	0
6 pouces	0.	1	6	2
6 pouces 1 lig.	0.	1	6	5
2...	0.	1	6	7
3...	0.	1	6	9
4...	0.	1	7	1
5...	0.	1	7	4
6...	0.	1	7	6
7...	0.	1	7	8
8...	0.	1	8	0
9...	0.	1	8	3
10...	0.	1	8	5
11...	0.	1	8	7

MESURES LINEAIRES.

	Mètres.	Décimètres.	Centimètres.	Millimètres.
7 pouces	0	1	8	9
7 pouces 1 lig.	0	1	9	2
2	0	1	9	4
3	0	1	9	6
4	0	1	9	9
5	0	2	0	1
6	0	2	0	3
7	0	2	0	5
8	0	2	0	8
9	0	2	1	0
10	0	2	1	2
11	0	2	1	4
8 pouces	0	2	1	7
8 pouces 1 lig.	0	2	1	9
2	0	2	2	1
3	0	2	2	3
4	0	2	2	6
5	0	2	2	8
6	0	2	3	0
7	0	2	3	2
8	0	2	3	5
9	0	2	3	7
10	0	2	3	9
11	0	2	4	1
9 pouces	0	2	4	4
9 pouces 1 lig.	0	2	4	6
2	0	2	4	8
3	0	2	5	0
4	0	2	5	3
5	0	2	5	5
6	0	2	5	7
7	0	2	5	9
8	0	2	6	2
9	0	2	6	4
10	0	2	6	6
11	0	2	6	8

	Mètres.	Décimètres.	Centimètres.	Millimètres.
10 pouces	0	2	7	1
10 pouces 1 lig.	0	2	7	3
2	0	2	7	5
3	0	2	7	7
4	0	2	8	0
5	0	2	8	2
6	0	2	8	4
7	0	2	8	6
8	0	2	8	9
9	0	2	9	1
10	0	2	9	3
11	0	2	9	6
11 pouces	0	2	9	8
11 pouces 1 lig.	0	3	0	[illegible]
2	0	3	0	[illegible]
3	0	3	0	[illegible]
4	0	3	0	[illegible]
5	0	3	0	[illegible]
6	0	3	1	[illegible]
7	0	3	1	[illegible]
8	0	3	1	[illegible]
9	0	3	1	[illegible]
10	0	3	2	[illegible]
11	0	3	2	[illegible]
1 pied	0	3	2	[illegible]
1 pied 1 lig.	0	3	2	[illegible]
2	0	3	2	[illegible]
3	0	3	3	[illegible]
4	0	3	3	[illegible]
5	0	3	3	[illegible]
6	0	3	3	[illegible]
7	0	3	4	[illegible]
8	0	3	4	[illegible]
9	0	3	4	[illegible]
10	0	3	4	[illegible]
11	0	3	5	[illegible]

MESURES LINEAIRES.

	Mètres.	Décimètres.	Centimètres.	Millimètres.
pied 1 pouce	0.	3	5	2
pied 1 pouce 1 lig.	0.	3	5	4
2...	0.	3	5	6
3...	0.	3	5	9
4...	0.	3	6	1
5...	0.	3	6	3
6...	0.	3	6	5
7...	0.	3	6	8
8...	0.	3	7	0
9...	0.	3	7	2
10...	0.	3	7	4
11...	0.	3	7	7
pied 2 pouces.....	0.	3	7	9
pied 2 pouces 1 lig.	0.	3	8	1
2...	0.	3	8	3
3...	0.	3	8	6
4...	0.	3	8	8
5...	0.	3	9	0
6...	0.	3	9	3
7...	0.	3	9	5
8...	0.	3	9	7
9...	0.	3	9	9
10...	0.	4	0	2
11...	0.	4	0	4
pied 3 pouces.....	0.	4	0	6
pied 3 pouces 1 lig.	0.	4	0	8
2...	0.	4	1	1
3...	0.	4	1	3
4...	0.	4	1	5
5...	0.	4	1	7
6...	0.	4	2	0
7...	0.	4	2	2
8...	0.	4	2	4
9...	0.	4	2	6
10...	0.	4	2	9
11...	0.	4	3	1

	Mètres.	Décimètres.	Centimètres.	Millimètres.
1 pied 4 pouces.....	0.	4	3	5
1 pied 4 pouces 1 lig.	0.	4	3	6
2...	0.	4	3	8
3...	0.	4	4	0
4...	0.	4	4	2
5...	0.	4	4	4
6...	0.	4	4	7
7...	0.	4	4	9
8...	0.	4	5	1
9...	0.	4	5	3
10...	0.	4	5	6
11...	0.	4	5	8
1 pied 5 pouces	0.	4	6	0
1 pied 5 pouces 1 lig.	0.	4	6	2
2...	0.	4	6	5
3...	0.	4	6	7
4...	0.	4	6	9
5...	0.	4	7	2
6...	0.	4	7	4
7...	0.	4	7	6
8...	0.	4	7	8
9...	0.	4	8	0
10...	0.	4	8	3
11...	0.	4	8	5
1 pied 6 pouces	0.	4	8	7
1 pied 6 pouces 1 lig.	0.	4	9	0
2...	0.	4	9	2
3...	0.	4	9	4
4...	0.	4	9	6
5...	0.	4	9	9
6...	0.	5	0	1
7...	0.	5	0	3
8...	0.	5	0	5
9...	0.	5	0	8
10...	0.	5	1	0
11...	0.	5	1	2

MESURES LINEAIRES.

		Mètres.	Décimètres.	Centimètres.	Millimètres.
1 pied 7 pouces		0.	5	1	4
1 pied 7 pouces	1 lig.	0.	5	1	7
	2...	0.	5	1	9
	3...	0.	5	2	1
	4...	0.	5	2	3
	5...	0.	5	2	6
	6...	0.	5	2	8
	7...	0.	5	3	0
	8...	0.	5	3	2
	9...	0.	5	3	5
	10...	0.	5	3	7
	11...	0.	5	3	9
1 pied 8 pouces		0.	5	4	1
1 pied 8 pouces.	1 lig.	0.	5	4	4
	2...	0.	5	4	6
	3...	0.	5	4	8
	4...	0.	5	5	0
	5...	0.	5	5	3
	6...	0.	5	5	5
	7...	0.	5	5	7
	8...	0.	5	5	9
	9...	0.	5	6	2
	10...	0.	5	6	4
	11...	0.	5	6	6
1 pied 9 pouces		0.	5	6	8
1 pied 9 pouces	1 lig.	0.	5	7	1
	2...	0.	5	7	3
	3...	0.	5	7	5
	4...	0.	5	7	8
	5...	0.	5	8	0
	6...	0.	5	8	2
	7...	0.	5	8	4
	8...	0.	5	8	7
	9...	0.	5	8	9
	10...	0.	5	9	1
	11...	0.	5	9	3

		Mètres.	Décimètres.	Centimètres.	Millimètres.
1 pied 10 pouces		0.	5	9	6
1 pied 10 pouces	1 lig.	0.	5	9	8
	2...	0.	6	0	0
	3...	0.	6	0	2
	4...	0.	6	0	5
	5...	0.	6	0	7
	6...	0.	6	0	9
	7...	0.	6	1	1
	8...	0.	6	1	4
	9...	0.	6	1	6
	10...	0.	6	1	8
	11...	0.	6	2	0
1 pied 11 pouces		0.	6	2	3
1 pied 11 pouces	1 lig.	0.	6	2	5
	2...	0.	6	2	7
	3...	0.	6	2	9
	4...	0.	6	3	2
	5...	0.	6	3	4
	6...	0.	6	3	6
	7...	0.	6	3	8
	8...	0.	6	4	1
	9...	0.	6	4	3
	10...	0.	6	4	5
	11...	0.	6	4	7
2 pieds		0.	6	5	0
2 pieds	1 lig.	0.	6	5	2
	2...	0.	6	5	4
	3...	0.	6	5	6
	4...	0.	6	5	9
	5...	0.	6	6	1
	6...	0.	6	6	3
	7...	0.	6	6	5
	8...	0.	6	6	8
	9...	0.	6	7	0
	10...	0.	6	7	2
	11...	0.	6	7	4

MESURES LINEAIRES.

	Mètres.	Décimètres.	Centimètres.	Millimètres.
2 pieds 1 pouce	0.	6	7	7
2 pieds 1 pouce 1 lig.	0.	6	7	9
2...	0.	6	8	1
3...	0.	6	8	3
4...	0.	6	8	6
5...	0.	6	8	8
6...	0.	6	9	0
7...	0.	6	9	3
8...	0.	6	9	5
9...	0.	6	9	7
10...	0.	6	9	9
11...	0.	7	0	2
2 pieds 2 pouces.....	0.	7	0	4
2 pieds 2 pouces 1 lig.	0.	7	0	6
2...	0.	7	0	8
3...	0.	7	1	1
4...	0.	7	1	3
5...	0.	7	1	5
6...	0.	7	1	7
7...	0.	7	2	0
8...	0.	7	2	2
9...	0.	7	2	4
10...	0.	7	2	6
11...	0.	7	2	9
pieds 3 pouces.....	0.	7	3	1
pieds 3 pouces 1 lig.	0.	7	3	3
2...	0.	7	3	5
3...	0.	7	3	8
4...	0.	7	4	0
5...	0.	7	4	2
6...	0.	7	4	4
7...	0.	7	4	7
8...	0.	7	4	9
9...	0.	7	5	1
10...	0.	7	5	3
11...	0.	7	5	6

	Mètres.	Décimètres.	Centimètres.	Mill. mètres.
2 pieds 4 pouces.....	0.	7	5	8
2 pieds 4 pouces 1 lig.	0.	7	6	0
2...	0.	7	6	2
3...	0.	7	6	5
4...	0.	7	6	7
5...	0.	7	6	9
6...	0.	7	7	1
7...	0.	7	7	4
8...	0.	7	7	6
9...	0.	7	7	8
10...	0.	7	8	1
11...	0.	7	8	3
2 pieds 5 pouces.....	0.	7	8	5
2 pieds 5 pouces 1 lig.	0.	7	8	7
2...	0.	7	9	0
3...	0.	7	9	2
4...	0.	7	9	4
5...	0.	7	9	6
6...	0.	7	9	9
7...	0.	8	0	1
8...	0.	8	0	3
9...	0.	8	0	5
10...	0.	8	0	8
11...	0.	8	1	0
2 pieds 6 pouces.....	0.	8	1	2
2 pieds 6 pouces 1 lig.	0.	8	1	4
2...	0.	8	1	7
3...	0.	8	1	9
4...	0.	8	2	1
5...	0.	8	2	3
6...	0.	8	2	6
7...	0.	8	2	8
8...	0.	8	3	0
9...	0.	8	3	2
10...	0.	8	3	5
11...	0.	8	3	7

MESURES LINÉAIRES.

	Mètres.	Décimètres.	Centimètres.	Millimètres.
2 pieds 7 pouces.....	0.	8	3	9
2 pieds 7 pouces 1 lig.	0.	8	4	1
2...	0.	8	4	4
3...	0.	8	4	6
4...	0.	8	4	8
5...	0.	8	5	0
6...	0.	8	5	3
7...	0.	8	5	5
8...	0.	8	5	7
9...	0.	8	5	9
10...	0.	8	6	2
11...	0.	8	6	4
2 pieds 8 pouces.....	0.	8	6	6
2 pieds 8 pouces 1 lig.	0.	8	6	8
2...	0.	8	7	1
3...	0.	8	7	3
4...	0.	8	7	5
5...	0.	8	7	8
6...	0.	8	8	0
7...	0.	8	8	2
8...	0.	8	8	4
9...	0.	8	8	7
10...	0.	8	8	9
11...	0.	8	9	1
2 pieds 9 pouces.....	0.	8	9	3
2 pieds 9 pouces 1 lig.	0.	8	9	6
2...	0.	8	9	8
3...	0.	9	0	0
4...	0.	9	0	2
5...	0.	9	0	5
6...	0.	9	0	7
7...	0.	9	0	9
8...	0.	9	1	1
9...	0.	9	1	4
10...	0.	9	1	6
11...	0.	9	1	8

	Mètres.	Décimètres.	Centimètres.	Millimètres.
2 pieds 10 pouc......	0.	9	2	0
2 pieds 10 pouc. 1 lig.	0.	9	2	3
2...	0.	9	2	5
3...	0.	9	2	7
4...	0.	9	2	9
5...	0.	9	3	2
6...	0.	9	3	4
7...	0.	9	3	6
8...	0.	9	3	8
9...	0.	9	4	1
10...	0.	9	4	3
11...	0.	9	4	5
2 pieds 11 pouc......	0.	9	4	8
2 pieds 11 pouc. 1 lig.	0.	9	5	0
2...	0.	9	5	2
3...	0.	9	5	4
4...	0.	9	5	6
5...	0.	9	5	9
6...	0.	9	6	1
7...	0.	9	6	3
8...	0.	9	6	5
9...	0.	9	6	8
10...	0.	9	7	0
11...	0.	9	7	2
3 pieds..............	0.	9	7	5
3 pieds....... 1 lig.	0.	9	7	7
2...	0.	9	7	9
3...	0.	9	8	1
4...	0.	9	8	3
5...	0.	9	8	6
6...	0.	9	8	8
7...	0.	9	9	0
8...	0.	9	9	3
9...	0.	9	9	5
10...	0.	9	9	7
11...	0.	9	9	9

MESURES LINEAIRES.

	Mètres.	Décimètres.	Centimètres.	Millimètres.
3 pieds 1 pouce.....	1	0	0	2
3 pieds 1 pouce 1 lig.	1	0	0	4
2...	1	0	0	6
3...	1	0	0	8
4...	1	0	1	1
5...	1	0	1	3
6...	1	0	1	5
7...	1	0	1	7
8...	1	0	2	0
9...	1	0	2	2
10...	1	0	2	4
11...	1	0	2	6
3 pieds 2 pouces.....	1	0	2	9
3 pieds 2 pouces 1 lig.	1	0	3	1
2...	1	0	3	3
3...	1	0	3	5
4...	1	0	3	8
5...	1	0	4	0
6...	1	0	4	2
7...	1	0	4	4
8...	1	0	4	7
9...	1	0	4	9
10...	1	0	5	1
11...	1	0	5	3
3 pieds 3 pouces.....	1	0	5	6
3 pieds 3 pouces 1 lig.	1	0	5	8
2...	1	0	6	0
3...	1	0	6	2
4...	1	0	6	5
5...	1	0	6	7
6...	1	0	6	9
7...	1	0	7	2
8...	1	0	7	4
9...	1	0	7	6
10...	1	0	7	8
11...	1	0	8	1

	Mètres.	Décimètres.	Centimètres.	Millimètres.
3 pieds 4 pouces.....	1	0	8	3
3 pieds 4 pouces 1 lig.	1	0	8	5
2...	1	0	8	7
3...	1	0	9	0
4...	1	0	9	2
5...	1	0	9	4
6...	1	0	9	6
7...	1	0	9	9
8...	1	1	0	1
9...	1	1	0	3
10...	1	1	0	5
11...	1	1	0	8
3 pieds 5 pouces.....	1	1	1	0
3 pieds 5 pouces 1 lig.	1	1	1	2
2...	1	1	1	4
3...	1	1	1	7
4...	1	1	1	9
5...	1	1	2	1
6...	1	1	2	3
7...	1	1	2	6
8...	1	1	2	8
9...	1	1	3	0
10...	1	1	3	2
11...	1	1	3	5
3 pieds 6 pouces.....	1	1	3	7
3 pieds 6 pouces 1 lig.	1	1	3	9
2...	1	1	4	1
3...	1	1	4	4
4...	1	1	4	6
5...	1	1	4	8
6...	1	1	5	0
7...	1	1	5	3
8...	1	1	5	5
9...	1	1	5	7
10...	1	1	5	9
11...	1	1	6	2

MESURES LINEAIRES.

	Mètres.	Décimètres.	Centimètres.	Millimètres.
3 pieds 7 pouces.....	1.	1	6	4
3 pieds 7 pouces 1 lig.	1.	1	6	6
2...	1.	1	6	9
3...	1.	1	7	1
4...	1.	1	7	3
5...	1.	1	7	5
6...	1.	1	7	8
7...	1.	1	8	0
8...	1.	1	8	2
9...	1.	1	8	4
10...	1.	1	8	7
11...	1.	1	8	9
3 pieds 8 pouces.....	1.	1	9	1
3 pieds 8 pouces 1 lig.	1.	1	9	3
2...	1.	1	9	6
3...	1.	1	9	8
4...	1.	2	0	0
5...	1.	2	0	2
6...	1.	2	0	5
7...	1.	2	0	7
8...	1.	2	0	9
9...	1.	2	1	1
10...	1.	2	1	4
11...	1.	2	1	6
3 pieds 9 pouces.....	1.	2	1	8
3 pieds 9 pouces 1 lig.	1.	2	2	0
2...	1.	2	2	3
3...	1.	2	2	5
4...	1.	2	2	7
5...	1.	2	2	9
6...	1.	2	3	2
7...	1.	2	3	4
8...	1.	2	3	6
9...	1.	2	3	8
10...	1.	2	4	1
11...	1.	2	4	3

	Mètres.	Décimètres.	Centimètres.	Millimètres.
3 pieds 10 pouces.....	1.	2	4	5
3 pieds 10 pouces 1 lig.	1.	2	4	7
2...	1.	2	5	0
3...	1.	2	5	2
4...	1.	2	5	4
5...	1.	2	5	6
6...	1.	2	5	9
7...	1.	2	6	1
8...	1.	2	6	3
9...	1.	2	6	6
10...	1.	2	6	8
11...	1.	2	7	0
3 pieds 11 pouces.....	1.	2	7	2
3 pieds 11 pouces 1 lig.	1.	2	7	5
2...	1.	2	7	7
3...	1.	2	7	9
4...	1.	2	8	1
5...	1.	2	8	4
6...	1.	2	8	6
7...	1.	2	8	8
8...	1.	2	9	0
9...	1.	2	9	3
10...	1.	2	9	5
11...	1.	2	9	7
4 pieds............	1.	2	9	9
4 pieds...... 1 lig.	1.	3	0	2
2...	1.	3	0	4
3...	1.	3	0	6
4...	1.	3	0	8
5...	1.	3	1	1
6...	1.	3	1	3
7...	1.	3	1	5
8...	1.	3	1	7
9...	1.	3	2	0
10...	1.	3	2	2
11...	1.	3	2	4

MESURES LINEAIRES.

	Mètres.	Décimètres.	Centimètres.	Millimètres.
4 pieds 1 pouce	1.	3	2	6
4 pieds 1 pouce 1 lig.	1.	3	2	9
2...	1.	3	3	1
3...	1.	3	3	3
4...	1.	3	3	5
5...	1.	3	3	8
6...	1.	3	4	0
7...	1.	3	4	2
8...	1.	3	4	4
9...	1.	3	4	7
10...	1.	3	4	9
11...	1.	3	5	1
4 pieds 2 pouces	1.	3	5	3
4 pieds 2 pouces 1 lig.	1.	3	5	6
2...	1.	3	5	8
3...	1.	3	6	0
4...	1.	3	6	3
5...	1.	3	6	5
6...	1.	3	6	7
7...	1.	3	6	9
8...	1.	3	7	2
9...	1.	3	7	4
10...	1.	3	7	6
11...	1.	3	7	8
4 pieds 3 pouces	1.	3	8	1
4 pieds 3 pouces 1 lig.	1.	3	8	3
2...	1.	3	8	5
3...	1.	3	8	7
4...	1.	3	9	0
5...	1.	3	9	2
6...	1.	3	9	4
7...	1.	3	9	6
8...	1.	3	9	9
9...	1.	4	0	1
10...	1.	4	0	3
11...	1.	4	0	5

	Mètres.	Décimètres.	Centimètres.	Millimètres.
4 pieds 4 pouc.	1.	4	0	8
4 pieds 4 pouc. 1 lig.	1.	4	1	0
2...	1.	4	1	2
3...	1.	4	1	4
4...	1.	4	1	7
5...	1.	4	1	9
6...	1.	4	2	1
7...	1.	4	2	3
8...	1.	4	2	6
9...	1.	4	2	8
10...	1.	4	3	0
11...	1.	4	3	2
4 pieds 5 pouc.	1.	4	3	5
4 pieds 5 pouc. 1 lig.	1.	4	3	7
2...	1.	4	3	9
3...	1.	4	4	1
4...	1.	4	4	4
5...	1.	4	4	6
6...	1.	4	4	8
7...	1.	4	5	0
8...	1.	4	5	3
9...	1.	4	5	5
10...	1.	4	5	7
11...	1.	4	6	0
4 pieds 6 pouces	1.	4	6	2
4 pieds 6 pouces 1 lig.	1.	4	6	4
2...	1.	4	6	6
3...	1.	4	6	9
4...	1.	4	7	1
5...	1.	4	7	3
6...	1.	4	7	5
7...	1.	4	7	8
8...	1.	4	8	0
9...	1.	4	8	2
10...	1.	4	8	4
11...	1.	4	8	7

MESURES LINEAIRES.

	Mètres.	Décimètres.	Centimètres.	Millimètres.
4 pieds 7 pouces	1.	4	8	9
4 pieds 7 pouces 1 lig.	1.	4	9	1
2	1.	4	9	3
3	1.	4	9	6
4	1.	4	9	8
5	1.	5	0	0
6	1.	5	0	2
7	1.	5	0	5
8	1.	5	0	7
9	1.	5	0	9
10	1.	5	1	1
11	1.	5	1	4
4 pieds 8 pouces	1.	5	1	6
4 pieds 8 pouces 1 lig.	1.	5	1	8
2	1.	5	2	0
3	1.	5	2	3
4	1.	5	2	5
5	1.	5	2	7
6	1.	5	2	9
7	1.	5	3	2
8	1.	5	3	4
9	1.	5	3	6
10	1.	5	3	8
11	1.	5	4	1
4 pieds 9 pouces	1.	5	4	3
4 pieds 9 pouces 1 lig.	1.	5	4	5
2	1.	5	4	7
3	1.	5	5	0
4	1.	5	5	2
5	1.	5	5	4
6	1.	5	5	7
7	1.	5	5	9
8	1.	5	6	1
9	1.	5	6	3
10	1.	5	6	6
11	1.	5	6	8

	Mètres.	Décimètres.	Centimètres.	Millimètres.
4 pieds 10 pouc	1.	5	7	0
4 pieds 10 pouc. 1 lig.	1.	5	7	2
2	1.	5	7	5
3	1.	5	7	7
4	1.	5	7	9
5	1.	5	8	1
6	1.	5	8	4
7	1.	5	8	6
8	1.	5	8	8
9	1.	5	9	0
10	1.	5	9	3
11	1.	5	9	5
4 pieds 11 pouc	1.	5	9	7
4 pieds 11 pouc. 1 lig.	1.	5	9	9
2	1.	6	0	2
3	1.	6	0	4
4	1.	6	0	6
5	1.	6	0	8
6	1.	6	1	1
7	1.	6	1	3
8	1.	6	1	5
9	1.	6	1	7
10	1.	6	2	0
11	1.	6	2	2
5 pieds	1.	6	2	4
5 pieds 1 lig.	1.	6	2	6
2	1.	6	2	9
3	1.	6	3	1
4	1.	6	3	3
5	1.	6	3	5
6	1.	6	3	8
7	1.	6	4	0
8	1.	6	4	2
9	1.	6	4	4
10	1.	6	4	7
11	1.	6	4	9

MESURES LINEAIRES.

	Mètres.	Décimètres.	Centimètres.	Millimètres.
5 pieds 1 pouce	1.	6	5	1
5 pieds 1 pouce 1 lig.	1.	6	5	4
2	1.	6	5	6
3	1.	6	5	8
4	1.	6	6	0
5	1.	6	6	3
6	1.	6	6	5
7	1.	6	6	7
8	1.	6	6	9
9	1.	6	7	2
10	1.	6	7	4
11	1.	6	7	6
5 pieds 2 pouces	1.	6	7	8
5 pieds 2 pouces 1 lig.	1.	6	8	1
2	1.	6	8	3
3	1.	6	8	5
4	1.	6	8	7
5	1.	6	9	0
6	1.	6	9	2
7	1.	6	9	4
8	1.	6	9	6
9	1.	6	9	9
10	1.	7	0	1
11	1.	7	0	3
5 pieds 3 pouces	1.	7	0	5
5 pieds 3 pouces 1 lig.	1.	7	0	8
2	1.	7	1	0
3	1.	7	1	2
4	1.	7	1	4
5	1.	7	1	7
6	1.	7	1	9
7	1.	7	2	1
8	1.	7	2	3
9	1.	7	2	6
10	1.	7	2	8
11	1.	7	3	0

	Mètres.	Décimètres.	Centimètres.	Millimètres.
5 pieds 4 pouces	1.	7	3	2
5 pieds 4 pouces 1 lig.	1.	7	3	5
2	1.	7	3	7
3	1.	7	3	9
4	1.	7	4	2
5	1.	7	4	4
6	1.	7	4	6
7	1.	7	4	8
8	1.	7	5	1
9	1.	7	5	3
10	1.	7	5	5
11	1.	7	5	7
5 pieds 5 pouces	1.	7	6	0
5 pieds 5 pouces 1 lig.	1.	7	6	2
2	1.	7	6	4
3	1.	7	6	6
4	1.	7	6	9
5	1.	7	7	1
6	1.	7	7	3
7	1.	7	7	5
8	1.	7	7	8
9	1.	7	8	0
10	1.	7	8	2
11	1.	7	8	4
5 pieds 6 pouces	1.	7	8	7
5 pieds 6 pouces 1 lig.	1.	7	8	9
2	1.	7	9	1
3	1.	7	9	3
4	1.	7	9	6
5	1.	7	9	8
6	1.	8	0	0
7	1.	8	0	2
8	1.	8	0	5
9	1.	8	0	7
10	1.	8	0	9
11	1.	8	1	1

MESURES LINÉAIRES.

	Mètres.	Décimètres.	Centimètres.	Millimètres.
5 pieds 7 pouc.	1.	8	1	4
5 pieds 7 pouc. 1 lig.	1.	8	1	6
2...	1.	8	1	8
3...	1.	8	2	0
4...	1.	8	2	3
5...	1.	8	2	5
6...	1.	8	2	7
7...	1.	8	2	9
8...	1.	8	3	2
9...	1.	8	3	4
10...	1.	8	3	6
11...	1.	8	3	9
5 pieds 8 pouc.	1.	8	4	1
5 pieds 8 pouc. 1 lig.	1.	8	4	3
2...	1.	8	4	5
3...	1.	8	4	8
4...	1.	8	5	0
5...	1.	8	5	2
6...	1.	8	5	4
7...	1.	8	5	7
8...	1.	8	5	9
9...	1.	8	6	1
10...	1.	8	6	3
11...	1.	8	6	6
5 pieds 9 pouc.	1.	8	6	8
5 pieds 9 pouc. 1 lig.	1.	8	7	0
2...	1.	8	7	2
3...	1.	8	7	5
4...	1.	8	7	7
5...	1.	8	7	9
6...	1.	8	8	1
7...	1.	8	8	4
8...	1.	8	8	6
9...	1.	8	8	8
10...	1.	8	9	0
11...	1.	8	9	3

	Mètres.	Décimètres.	Centimètres.	Millimètres.
5 pieds 10 pouc.	1.	8	9	5
5 pieds 10 pouc. 1 lig.	1.	8	9	7
2...	1.	8	9	9
3...	1.	9	0	2
4...	1.	9	0	4
5...	1.	9	0	6
6...	1.	9	0	8
7...	1.	9	1	1
8...	1.	9	1	3
9...	1.	9	1	5
10...	1.	9	1	7
11...	1.	9	2	0
5 pieds 11 pouc.	1.	9	2	2
5 pieds 11 pouc. 1 lig.	1.	9	2	4
2...	1.	9	2	6
3...	1.	9	2	9
4...	1.	9	3	1
5...	1.	9	3	3
6...	1.	9	3	6
7...	1.	9	3	8
8...	1.	9	4	0
9...	1.	9	4	2
10...	1.	9	4	5
11...	1.	9	4	7
TOISES. 1...	1.	9	4	9
2...	3.	8	9	8
3...	5.	8	4	7
4...	7.	7	9	6
5...	9.	7	4	5
6...	11.	6	9	4
7...	13.	6	4	3
8...	15.	5	9	2
9...	17.	5	4	1
10...	19.	4	9	0
11...	21.	4	3	9
12...	23.	3	8	8

MESURES LINÉAIRES.

Suite des Toises.

	Mètres.	Décimètres.	Centimètres.	Millimètres.		Mètres.	Décimètres.	Centimètres.	Millimètres.
13...	25.	3	3	7	51...	99.	4	0	1
14...	27.	2	8	7	52...	101.	3	5	0
15...	29.	2	3	6	53...	103.	2	9	9
16...	31.	1	8	5	54...	105.	2	4	8
17...	33.	1	3	4	55...	107.	1	9	7
18...	35.	0	8	3	56...	109.	1	4	6
19...	37.	0	3	2	57...	111.	0	9	5
20...	38.	9	8	1	58...	113.	0	4	4
21...	40.	9	3	0	59...	114.	9	9	3
22...	42.	8	7	9	60...	116.	9	4	2
23...	44.	8	2	8	61...	118.	8	9	1
24...	46.	7	7	7	62...	120.	8	4	0
25...	48.	7	2	6	63...	122.	7	8	9
26...	50.	6	7	5	64...	124.	7	3	8
27...	52.	6	2	4	65...	126.	6	8	7
28...	54.	5	7	3	66...	128.	6	3	6
29...	56.	5	2	2	67...	130.	5	8	5
30...	58.	4	7	1	68...	132.	5	3	4
31...	60.	4	2	0	69...	134.	4	8	4
32...	62.	3	6	9	70...	136.	4	3	3
33...	64.	3	1	8	71...	138.	3	8	2
34...	66.	2	6	7	72...	140.	3	3	1
35...	68.	2	1	6	73...	142.	2	8	0
36...	70.	1	6	5	74...	144.	2	2	9
37...	72.	1	1	4	75...	146.	1	7	8
38...	74.	0	6	3	76...	148.	1	2	7
39...	76.	0	1	2	77...	150.	0	7	6
40...	77.	9	6	1	78...	152.	0	2	5
41...	79.	9	1	0	79...	153.	9	7	4
42...	81.	8	6	0	80...	155.	9	2	3
43...	83.	8	0	9	81...	157.	8	7	2
44...	85.	7	5	8	82...	159.	8	2	1
45...	87.	7	0	7	83...	161.	7	7	0
46...	89.	6	5	6	84...	163.	7	1	9
47...	91.	6	0	5	85...	165.	6	6	8
48...	93.	5	5	4	86...	167.	6	1	7
49...	95.	5	0	3	87...	169.	5	6	6
50...	97.	4	5	2	88...	171.	5	1	5

MESURES LINÉAIRES.

Suite des Toises.

Toises	Mètres.	Décimètres.	Centimètres.	Millimètres.		Toises	Mètres.	Décimètres.	Centimètres.	Millimètres.
89...	173.	4	6	4		500...	974.	5	1	8
90...	175.	4	1	3		600...	1169.	4	2	2
91...	177.	3	6	2		700...	1364.	3	2	5
92...	179.	3	1	1		800...	1559.	2	2	9
93...	181.	2	6	0		900...	1754.	1	3	3
94...	183.	2	0	9		1000...	1949.	0	3	6
95...	185.	1	5	8		2000...	3898.	0	7	3
96...	187.	1	0	7		3000...	5847.	1	0	9
97...	189.	0	5	7		4000...	7796.	1	4	5
98...	191.	0	0	6		5000...	9745.	1	8	2
99...	192.	9	5	5		6000...	11,694.	2	1	8
100...	194.	9	0	4		7000...	13,643.	2	5	4
200...	389.	8	0	7		8000...	15,592.	2	9	0
300...	584.	7	1	1		9000...	17,541.	3	2	7
400...	779.	6	1	5		10,000...	19,490.	3	6	3

Nota. Il faudra dire 18 centimètres, au lieu d'un décimètre 8 centimètres ; 92 centimètres, au lieu de 9 décimètres 2 centimètres.

On dira encore 396 millimètres, au lieu de 3 décimètres 9 centimètres 6 millimètres ; 945 millimètres, au lieu de 9 décimètres 4 centimètres 5 millimètres. (*Voyez l'Instruction*, page xvj).

On additionnera les mètres, décimètres, centimètres et millimètres comme nombres entiers, c'est-à-dire, comme on additionne les francs et centimes.

Opération.

	Mètres.	Décimètres.	Centimètres.	Millimètres.
Soit à convertir en mesure métrique 58 toises 4 pieds 5 pouces 4 lignes ;				
cherchez sur cette table 58 toises, vous trouverez qu'elles équivalent à.........................	113.	0	4	4
et 4 pieds 5 pouces 4 lignes à.....................	1.	4	4	4
TOTAL..	114.	4	8	8

Vous aurez 114 mètres 4 décimètres 8 centimètres 8 millimètres, ou plus simplement, 114 mètres 488 millimètres.

MESURES LINEAIRES.

DEUXIEME TABLE, qui convertit les mètres et divisions du mètre, en toises, pieds, pouces et lignes.

MÈTRES.	Toises.	Pieds.	Pouces.	Lignes.	10.es de ligne.	MILLIMÈTRES.	Toises.	Pieds.	Pouces.	Lignes.	10.es de ligne.
1 'équiv. à	0	5	0	11	5	1 équivaut à..	0	0	0	0	4
2...	1	0	1	10	6	2.............	0	0	0	0	9
3...	1	3	2	9	9	3.............	0	0	0	1	3
4...	2	0	3	9	2	4.............	0	0	0	1	8
5...	2	3	4	8	5	5.............	0	0	0	2	2
6...	3	0	5	7	8	6.............	0	0	0	2	7
7...	3	3	6	7	1	7.............	0	0	0	3	1
8...	4	0	7	6	4	8.............	0	0	0	3	5
9...	4	3	8	5	7	9.............	0	0	0	4	0
10...	5	0	9	5	0	10 ou 1 centimèt.	0	0	0	4	4
20...	10	1	6	9	9	20 2.........	0	0	0	8	9
30...	15	2	4	2	9	30 3.........	0	0	1	1	3
40...	20	3	1	7	8	40 4.........	0	0	1	5	7
50...	25	3	11	0	8	50 5.........	0	0	1	10	2
60...	30	4	8	5	8	60 6.........	0	0	2	2	6
70...	35	5	5	10	7	70 7.........	0	0	2	7	0
80...	41	0	3	5	7	80 8.........	0	0	2	11	5
90...	46	1	0	8	6	90 9.........	0	0	3	3	9
100...	51	1	10	1	6	100 1 décimètr.	0	0	3	8	3
200...	102	3	8	3	2	200 2.........	0	0	7	4	7
300...	153	5	6	4	8	300 3.........	0	0	11	1	0
400...	205	1	4	6	4	400 4.........	0	1	2	9	3
500...	256	3	2	8	0	500 5.........	0	1	6	5	6
600...	307	5	0	9	6	600 6.........	0	1	10	2	0
700...	359	0	10	11	2	700 7.........	0	2	1	10	5
800...	410	2	9	0	8	800 8.........	0	2	5	6	6
900...	461	4	7	2	4	900 9.........	0	2	9	3	0
1,000...	513	0	5	4	0						
2,000...	1,026	0	10	8	0						
3,000...	1,539	1	4	0	0						
4,000...	2,052	1	9	4	0						
5,000...	2,565	2	2	8	0						
6,000...	3,078	2	8	0	0						
7,000...	3,591	3	1	4	0						
8,000...	4,104	3	6	8	0						
9,000...	4,617	4	0	0	0						
10,000...	5,130	4	5	4	0						

En additionnant cette table , on divisera les lignes par 12 pour les réduire en pouces, les pouces par 12 pour les réduire en pieds, et les pieds par 6 pour les réduire en toises.

MESURES LINEAIRES.

Opération.

Soit à convertir en ancienne mesure 3524 mètres 1 décimètre 7 centimètres et 8 millimètres, ou mieux 3524 mètres 178 millimètres ;

	Toises.	Pieds.	Pouces.	Lignes.	10.es de lig.
cherchez 3000 mètres, qui équivalent à..........	1539	1	4	0	0
500 mètres à...............................	256	3	2	8	0
20 mètres à................................	10	1	6	9	9
4 mètres à.................................	2	0	3	9	2
100 millimètres ou 1 décimètre à...............	0	0	3	8	3
70 millimètres ou 7 centimètres à..............	0	0	2	7	0
et 8 millimètres à..........................	0	0	0	3	5
Total......................	1808	0	11	9	9

Vous aurez pour résultat 1808 toises 11 pouces et 9 lignes 9 dixièmes qu'il faut considérer comme 10 lignes.

Rapport des 1.re et 2.e Tables.

Opération.

PREMIERE TABLE.

Soit à convertir en mesure métrique 34 toises 3 pieds 5 pouces 7 lignes ;

	Mètres.	Décimètres.	Centimètres.	Millimètres.
cherchez 34 toises, qui valent...................	66.	2	6	7
et 3 pieds 5 pouces 7 lignes...................	1.	1	2	6
Total...........................	67.	3	9	3

Vous aurez 67 mètres 3 décimètres 9 centimètres 3 millimètres, ou plus simplement 67 mètres 393 millimètres.

Preuve.

DEUXIEME TABLE.

Soit à convertir en ancienne mesure 67 mètres 393 millimètres ;

	Toises.	Pieds.	Pouces.	Lignes.	10.es de lig.
cherchez 60 mètres, qui équivalent à..............	30	4	8	5	8
7 mètres à.................................	3	3	6	7	1
300 millimètres ou 3 décimètres à..............	0	0	11	1	0
90 millimètres ou 9 centimètres à..............	0	0	3	3	9
et 5 millimètres à..........................	0	0	0	1	5
Total égal......................	34	3	5	7	1

Vous aurez 34 toises 3 pieds 5 pouces 7 lignes et 1 dixième de ligne que vous négligerez.

MESURES LINÉAIRES.

Opération.

DEUXIEME TABLE.

Soit à convertir en mesure ancienne 129 mètres 9 décimètres 1 centimètre et 1 millimètre, ou plus simplement 129 mètres 911 millimètres ;

	Toises.	Pieds.	Pouces.	Lignes.	10.es de lign.
cherchez 100 mètres, vous aurez...............	51	1	10	1	6
20 mètres.....................................	10	1	6	9	9
9 mètres......................................	4	3	8	5	7
900 millimètres ou 9 décimètres.................	0	2	9	3	0
10 millimètres ou 1 centimètre..................	0	0	0	4	4
1 millimètre..................................	0	0	0	0	4
TOTAL.....................................	66	3	11	1	0

Vous aurez pour résultat 66 toises 3 pieds 11 pouces 1 ligne.

Preuve.

PREMIERE TABLE.

Soit à convertir en mesure métrique 66 toises 3 pieds 11 pouces 1 ligne ;

	Mètres.	Décimètres.	Centimètres.	Millimètres.
cherchez 66 toises, qui équivalent à.............	128.	6	3	6
et 3 pieds 11 pouces 1 ligne à..................	1.	2	7	5
TOTAL ÉGAL...........................	129.	9	1	1

Vous aurez 129 mètres 911 millimètres.

MESURES LINÉAIRES.

TROISIÈME TABLE, qui donne le prix du mètre, comparativement au prix de la toise.

FRANCS.	Francs.	Centimes.	Centièmes.
à 1 fr. la toise, le mètre vaut......	0	51	31
2.............	1	02	61
3.............	1	53	92
4.............	2	05	23
5.............	2	56	54
6.............	3	07	84
7.............	3	59	15
8.............	4	10	46
9.............	4	61	77
10.............	5	13	07
20.............	10	26	15
30.............	15	39	22
40.............	20	52	30
50.............	25	65	37
60.............	30	78	44
70.............	35	91	52
80.............	41	04	59
90.............	46	17	67
100.............	51	30	74

CENTIMES.	Francs.	Centimes.	Centièmes.
1.............	0	00	51
2.............	0	01	03
3.............	0	01	54
4.............	0	02	05
5.............	0	02	57
6.............	0	03	08
7.............	0	03	59
8.............	0	04	10

CENTIMES.	Francs.	Centimes.	Centièmes.
9.............	0	04	62
10.............	0	05	13
20.............	0	10	26
30.............	0	15	39
40.............	0	20	52
50.............	0	25	65
60.............	0	30	78
70.............	0	35	92
80.............	0	41	05
90.............	0	46	18

CENTIÈMES de centime.	Francs.	Centimes.	Centièmes.
1.............	0	00	01
2.............	0	00	01
3.............	0	00	02
4.............	0	00	02
5.............	0	00	03
6.............	0	00	03
7.............	0	00	04
8.............	0	00	04
9.............	0	00	05
10.............	0	00	05
20.............	0	00	10
30.............	0	00	15
40.............	0	00	21
50.............	0	00	26
60.............	0	00	31
70.............	0	00	36
80.............	0	00	41
90.............	0	00	46

Opération.

A 34 francs 25 centimes la toise, combien le mètre ?

	Francs	Cent.	100.es
cherchez 30 francs, vous aurez....................	15	39	22
4 *idem*....................	2	05	23
20 centimes....................	0	10	26
5 *idem*....................	0	02	57
PRIX du Mètre...—.............	17	57	28

MESURES LINEAIRES.

QUATRIEME TABLE, qui donne le prix de la toise, comparativement au prix du mètre.

FRANCS.	Francs.	Centimes.	Centièmes.
à 1 franc le mètre, la toise vaut....	1	94	90
2............	3	89	81
3............	5	84	71
4............	7	79	61
5............	9	74	52
6............	11	69	42
7............	13	64	33
8............	15	59	23
9............	17	54	13
10............	19	49	04
20............	38	98	07
30............	58	47	11
40............	77	96	15
50............	97	45	18
60............	116	94	22
70............	136	43	25
80............	155	92	29
90............	175	41	33
100............	194	90	36

CENTIMES.	Francs.	Centimes.	Centièmes.
1............	0	01	95
2............	0	03	90
3............	0	05	85
4............	0	07	80
5............	0	09	75
6............	0	11	69
7............	0	13	64
8............	0	15	59
9............	0	17	54

CENTIMES.	Francs.	Centimes.	Centièmes.
10............	0	19	49
20............	0	38	98
30............	0	58	47
40............	0	77	96
50............	0	97	45
60............	1	16	94
70............	1	36	43
80............	1	55	92
90............	1	75	41

Centièmes de centime.

	Francs.	Centimes.	Centièmes.
1............	0	00	02
2............	0	00	04
3............	0	00	06
4............	0	00	08
5............	0	00	10
6............	0	00	12
7............	0	00	14
8............	0	00	16
9............	0	00	18
10............	0	00	19
20............	0	00	39
30............	0	00	58
40............	0	00	78
50............	0	00	97
60............	0	01	17
70............	0	01	36
80............	0	01	56
90............	0	01	75

Opération.

A 22 francs 65 centimes le mètre, combien la toise ?

	Francs.	Centimes.	100.es
cherchez 20 francs, vous aurez...........	38	98	07
2 idem...........	3	89	81
60 centimes...........	1	16	94
5 idem...........	0	09	75
Prix de la Toise...........	44	14	57

MESURES LINEAIRES.

Rapport des 3.e et 4.e Tables.
Opération.

TROISIÈME TABLE.

A 6 francs 70 centimes la toise, combien le mètre?

	Francs.	Centimes.	Centièmes.
cherchez 6 francs, vous aurez.....................	5	07	84
et 70 centimes...........................	o	35	92
Prix du mètre.........................	3	43	76

Preuve.

QUATRIÈME TABLE.

A 3 francs 43 centimes et 76 centièmes de centime le mètre, combien la toise?

	Francs.	Centimes.	Centièmes.
cherchez 3 francs, vous aurez.....................	5	84	71
4o centimes...........................	o	77	96
3 *idem*..........................	o	o5	85
7o centièmes de centime...................	o	01	36
et 6 *idem*...........................	o	00	12
Prix égal de la toise.................	6	70	oo

Opération.

QUATRIÈME TABLE.

A 2 francs 38 centimes le mètre, combien la toise?

	Francs.	Centimes.	Centièmes.
cherchez 2 francs, vous aurez...................	3	89	81
3o centimes...........................	o	58	47
et 8 *idem*.........................	o	15	59
Prix de la toise......................	4	63	87

Preuve.

TROISIÈME TABLE.

A 4 francs 63 centimes et 87 centièmes de centime la toise, combien le mètre?

	Francs.	Centimes.	Centièmes.
cherchez 4 francs, vous aurez...................	2	o5	23
6o centimes...........................	o	3o	78
3 *idem*...........................	o	01	54
8o centièmes de centime..................	o	00	41
et 7 *idem*...........................	o	00	o4
Prix égal du mètre...................	2	38	oo

Je n'établis ici ce rapport que pour faire connaître le moyen de comparer le prix de l'ancienne mesure avec le prix de la nouvelle, *et vice versâ*, le prix de la nouvelle mesure avec le prix de l'ancienne. La manière d'opérer étant la même pour tous les prix qui sont contenus dans cet ouvrage, je me borne à ce rapport afin d'éviter toutes répétitions : on voudra bien y avoir recours.

MESURES LINÉAIRES.

CINQUIÈME TABLE, qui donne le prix du décimètre, comparativement au prix du pied.

FRANCS.	Francs.	Centimes.	Centièmes.
à 1 fr. le pied, le décimètre vaut....	0	30	78
2	0	61	57
3	0	92	35
4	1	23	14
5	1	53	92
6	1	84	71
7	2	15	49
8	2	46	28
9	2	77	06
10	3	07	84
20	6	15	69

CENTIMES.	Francs.	Centimes.	Centièmes.
1	0	00	31
2	0	00	62
3	0	00	92
4	0	01	23
5	0	01	54
6	0	01	85
7	0	02	15
8	0	02	46
9	0	02	77
10	0	03	08
20	0	06	16
30	0	09	24

CENTIMES.	Francs.	Centimes.	Centièmes.
40	0	12	31
50	0	15	39
60	0	18	47
70	0	21	55
80	0	24	63
90	0	27	71

CENTIÈMES de centime.	Francs.	Centimes.	Centièmes.
1	0	00	00
2	0	00	01
3	0	00	01
4	0	00	01
5	0	00	02
6	0	00	02
7	0	00	02
8	0	00	02
9	0	00	03
10	0	00	03
20	0	00	06
30	0	00	09
40	0	00	12
50	0	00	15
60	0	00	18
70	0	00	22
80	0	00	25
90	0	00	28

MESURES LINEAIRES.

SIXIEME TABLE, qui donne le prix du **pied**, comparativement au prix du décimètre.

Colonne de gauche — haut :

FRANCS.	Francs.	Centimes.	Centièmes.
à 1 fr. le décimètre, le pied vaut....	3	24	84
2.......	6	49	68
3......	9	74	52
4......	12	99	36
5......	16	24	20
6......	19	49	04
7......	22	73	88
8......	25	98	72
9......	29	23	55
10......	32	48	39

Colonne de gauche — bas :

CENTIMES.	Francs.	Centimes.	Centièmes.
1......	0	03	25
2......	0	06	50
3......	0	09	75
4......	0	12	99
5......	0	16	24
6......	0	19	49
7......	0	22	74
8......	0	25	99
9......	0	29	24
10......	0	32	48
20......	0	64	97
30......	0	97	45

Colonne de droite — haut :

CENTIMES.	Francs.	Centimes.	Centièmes.
40..........	1	29	94
50..........	1	62	42
60..........	1	94	90
70..........	2	27	39
80..........	2	59	87
90..........	2	92	36

Colonne de droite — bas :

CENTIÈMES de centime.	Francs.	Centimes.	Centièmes.
1..........	0	00	03
2..........	0	00	06
3..........	0	00	10
4..........	0	00	13
5..........	0	00	16
6..........	0	00	19
7..........	0	00	23
8..........	0	00	26
9..........	0	00	29
10..........	0	00	32
20..........	0	00	65
30..........	0	00	97
40..........	0	01	30
50..........	0	01	62
60..........	0	01	95
70..........	0	02	27
80..........	0	02	60
90..........	0	02	92

MESURES LINÉAIRES.

SEPTIEME TABLE, qui donne le prix au centimetre, comparativement au prix du pouce.

FRANCS.	Francs.	Centimes.	Centièmes.
à 1 franc le pouce, le centimètre vaut	0	36	94
2	0	73	88
3	1	10	82
4	1	47	77
5	1	84	71
6	2	21	65
7	2	58	59
8	2	95	53
9	3	32	47
10	3	69	41

CENTIMES.	Francs.	Centimes.	Centièmes.
1	0	00	37
2	0	00	74
3	0	01	11
4	0	01	48
5	0	01	85
6	0	02	22
7	0	02	59
8	0	02	96
9	0	03	32
10	0	03	69
20	0	07	39
30	0	11	08
40	0	14	78

CENTIMES.	Francs.	Centimes.	Centièmes.
50	0	18	47
60	0	22	16
70	0	25	86
80	0	29	55
90	0	33	25

CENTIÈMES de Centime.	Francs.	Centimes.	Centièmes.
1	0	00	00
2	0	00	01
3	0	00	01
4	0	00	01
5	0	00	02
6	0	00	02
7	0	00	03
8	0	00	03
9	0	00	03
10	0	00	04
20	0	00	07
30	0	00	11
40	0	00	15
50	0	00	18
60	0	00	22
70	0	00	26
80	0	00	30
90	0	00	33

MESURES LINEAIRES.

HUITIEME TABLE, qui donne le prix du pouce, comparativement au prix du centimètre.

FRANCS.	Francs.	Centimes.	Centièmes.
à 1 franc le centimètre, le pouce vaut.........	2	70	70
2............	5	41	40
3............	8	12	10
4............	10	82	80
5............	13	53	50

CENTIMES.	Francs.	Centimes.	Centièmes.
1............	0	02	71
2............	0	05	41
3............	0	08	12
4............	0	10	83
5............	0	13	53
6............	0	16	24
7............	0	18	95
8............	0	21	66
9............	0	24	36
10............	0	27	07
20............	0	54	14
30............	0	81	21
40............	1	08	28
50............	1	35	35

CENTIMES.	Francs.	Centimes.	Centièmes.
60............	1	62	42
70............	1	89	49
80............	2	16	56
90............	2	43	63

CENTIÈMES de centime.	Francs.	Centimes.	Centièmes.
1............	0	00	03
2............	0	00	05
3............	0	00	08
4............	0	00	11
5............	0	00	14
6............	0	00	16
7............	0	00	19
8............	0	00	22
9............	0	00	24
10............	0	00	27
20............	0	00	54
30............	0	00	81
40............	0	01	08
50............	0	01	35
60............	0	01	62
70............	0	01	89
80............	0	02	17
90............	0	02	44

SUITE DES MESURES LINÉAIRES
OU DE LONGUEUR.

De l'Aune.

L'AUNE en usage dans ce département était la même que celle de Paris.

L'aune de Paris, qui était de 3 pieds 7 pouces 10 lignes 5/6 de longueur, avait deux divisions bien distinctes ; l'une par *demie* ou *moitié*, et l'autre par *tiers*.

La première division par *moitié* ou *demie*, nous donnait les subdivisions de *quart*, *demi-quart* ou *huitième*, *seizième*, *trente-deuxième* et *soixante-quatrième*.

Ainsi l'aune de cette pre-mière division équivalait à
$$\begin{cases} \text{2 demies ou moitiés.} \\ \text{4 quarts.} \\ \text{8 demi-quarts ou huitièmes.} \\ \text{16 seizièmes.} \\ \text{32 trente-deuxièmes.} \\ \text{64 soixante-quatrièmes.} \end{cases}$$

La seconde division par tiers, nous donnait les subdivisions de *demi-tiers* ou *sixième*, *douzième*, *vingt-quatrième*, *quarante-huitième*.

Ainsi l'aune de cette deu-xième division équivalait à
$$\begin{cases} \text{3 tiers.} \\ \text{6 demi-tiers ou sixièmes.} \\ \text{12 douzièmes.} \\ \text{24 vingt-quatrièmes.} \\ \text{48 quarante-huitièmes.} \end{cases}$$

Toutes ces divisions se réduisaient ordinairement, dans le premier cas, au seizième ; et dans le deuxième cas, au douzième.

Maintenant le mètre est l'unité de mesure de l'aunage.

MESURES LINEAIRES.

Il contient 3 pieds 11 lignes et 3 dixièmes environ, ou plus exactement 3 pieds 11 lignes 296 millièmes de ligne. (*Voyez la division du Mètre, article Toise, page 24.*)

Nota. Pour la commodité des ouvrières et des personnes les moins habituées au calcul décimal, j'ai donné la conversion, en nouvelle mesure, de l'aune et de ses fractions réunies jusqu'à 21, quantité suffisante pour les besoins ordinaires.

Ceux qui voudront convertir une plus grande quantité d'aunes, se serviront des autres tables.

CONVERSION, en nouvelle mesure, de l'aune et de ses fractions réunies pour l'usage journalier.

FRACTIONS de l'Aune.	Mètres.	Centimètres.	AUNE et fractions de l'aune.	Mètres.	Centimètres.
Un seize............	0	07	1 AUNE............	1	19
Un douze..........	0	10	1 aune un seize...	1	26
Un demi-quart ..	0	15	1 aune un douze.	1	29
Un demi-tiers....	0	20	1 aune demi-quart	1	34
Un quart.........	0	30	1 aune demi-tiers	1	39
Un tiers	0	40	1 aune quart.....	1	49
Une demie	0	59	1 aune tiers......	1	58
Deux tiers......	0	79	1 aune demie....	1	78
Trois quarts.....	0	89	1 aune deux tiers	1	98
Trois quarts et demi.	1	04	1 aune trois quarts	2	08
			1 aune trois quarts et demi........	2	23

MESURES LINÉAIRES.

AUNES et fractions de l'Aune.	Mètres. Centimètres.	AUNES et fractions de l'Aune.	Mètres. Centimètres.
2 AUNES..........	2. 38	5 AUNES..........	5. 94
— un seize........	2. 45	— un seize........	6. 02
— un douze.......	2. 48	— un douze.......	6. 04
— un demi-quart..	2. 53	— un demi-quart..	6. 09
— un demi-tiers...	2. 57	— un demi-tiers...	6. 14
— un quart........	2. 67	— un quart........	6. 24
— un tiers........	2. 77	— un tiers........	6. 34
— demie..........	2. 97	— demie..........	6. 54
— deux tiers......	3. 17	— deux tiers......	6. 73
— trois quarts.....	3. 27	— trois quarts.....	6. 83
— trois quarts et demi.	3. 42	— trois quarts et demi.	6. 98
3 AUNES..........	3. 57	6 AUNES..........	7. 13
— un seize........	3. 64	— un seize........	7. 20
— un douze.......	3. 66	— un douze.......	7. 23
— un demi-quart..	3. 71	— un demi-quart..	7. 28
— un demi-tiers..	3. 76	— un demi-tiers...	7. 33
— un quart........	3. 86	— un quart........	7. 43
— un tiers........	3. 96	— un tiers........	7. 53
— demie..........	4. 16	— demie..........	7. 72
— deux tiers......	4. 36	— deux tiers......	7. 92
— trois quarts....	4. 46	— trois quarts....	8. 02
— trois quarts et demi.	4. 61	— trois quarts et demi.	8. 17
4 AUNES..........	4. 75	7 AUNES..........	8. 32
— un seize........	4. 83	— un seize........	8. 39
— un douze......	4. 85	— un douze.......	8. 42
— un demi-quart..	4. 90	— un demi-quart..	8. 47
— un demi-tiers.	4. 95	— un demi-tiers..	8. 52
— un quart.......	5. 05	— un quart........	8. 62
— un tiers........	5. 15	— un tiers........	8. 72
— demie..........	5. 35	— demie..........	8. 91
— deux tiers......	5. 55	— deux tiers......	9. 11
— trois quarts....	5. 65	— trois quarts....	9. 21
— trois quarts et demi.	5. 79	— trois quarts et demi.	9. 36

MESURES LINÉAIRES.

AUNES et fractions de l'Aune.	Mètres.	Centimètres.	AUNES et fractions de l'Aune.	Mètres.	Centimètres.
8 AUNES..........	9.	51	11 AUNES..........	13.	07
— un seize.........	9.	58	— un seize	13.	13
— un douze........	9.	61	— un douze......	13.	17
— un demi-quart..	9.	66	— un demi-quart..	13.	22
— un demi-tiers...	9.	71	— un demi-tiers ..	13.	27
— un quart........	9.	80	— un quart.......	13.	37
— un tiers.........	9.	90	— un tiers........	13.	47
— demie..........	10.	10	— demie.........	13.	67
— deux tiers......	10.	30	— deux tiers.....	13.	87
— trois quarts....	10.	40	— trois quarts....	13.	96
— trois quarts et demi.	10.	55	— trois quarts et demi.	14.	11
9 AUNES..........	10.	72	12 AUNES..........	14.	26
— un seize........	10.	77	— un seize........	14.	34
— un douze.......	10.	81	— un douze......	14.	36
— un demi-quart..	10.	84	— un demi-quart..	14.	41
— un demi-tiers..	10.	89	— un demi-tiers ..	14.	46
— un quart.......	10.	99	— un quart.......	14.	56
— un tiers........	11.	09	— un tiers........	14.	66
— demie..........	11.	29	— demie.........	14.	86
— deux tiers	11.	49	— deux tiers.....	15.	05
— trois quarts....	11.	59	— trois quarts....	15.	15
— trois quarts et demi.	11.	74	— trois quarts et demi.	15.	30
10 AUNES..........	11.	88	13 AUNES..........	15.	45
— un seize	11.	96	— un seize	15.	52
— un douze......	11.	98	— un douze......	15.	55
— un demi-quart..	12.	03	— un demi-quart..	15.	60
— un demi-tiers..	12.	08	— un demi-tiers..	15.	65
— un quart......	12.	18	— un quart.......	15.	75
— un tiers........	12.	28	— un tiers........	15.	85
— demie..........	12.	48	— demie.........	16.	04
— deux tiers.....	12.	68	— deux tiers.....	16.	24
— trois quarts....	12.	78	— trois quarts....	16.	34
— trois quarts et demi.	12.	92	— trois quarts et demi.	16.	49

MESURES LINÉAIRES.

AUNES et fractions de l'Aune.	Mètres.	Centimètres.
14 AUNES	16.	64
— un seize	16.	71
— un douze	16.	74
— un demi-quart	16.	79
— un demi-tiers	16.	84
— un quart	16.	94
— un tiers	17.	03
— demie	17.	23
— deux tiers	17.	43
— trois quarts	17.	53
— trois quarts et demi	17.	68
15 AUNES	17.	83
— un seize	17.	90
— un douze	17.	93
— un demi-quart	17.	98
— un demi-tiers	18.	02
— un quart	18.	12
— un tiers	18.	22
— demie	18.	42
— deux tiers	18.	62
— trois quarts	18.	72
— trois quarts et demi	18.	87
16 AUNES	19.	02
— un seize	19.	09
— un douze	19.	11
— un demi-quart	19.	16
— un demi-tiers	19.	21
— un quart	19.	31
— un tiers	19.	41
— demie	19.	61
— deux tiers	19.	81
— trois quarts	19.	91
— trois quarts et demi	20.	06

AUNES et fractions de l'Aune.	Mètres.	Centimètres.
17 AUNES	20.	2
— un seize	20.	28
— un douze	20.	30
— un demi-quart	20.	35
— un demi-tiers	20.	40
— un quart	20.	50
— un tiers	20.	60
— demie	20.	80
— deux tiers	21.	00
— trois quarts	21.	09
— trois quarts et demi	21.	24
18 AUNES	21.	39
— un seize	21.	47
— un douze	21.	49
— un demi-quart	21.	54
— un demi-tiers	21.	59
— un quart	21.	69
— un tiers	21.	79
— demie	21.	99
— deux tiers	22.	18
— trois quarts	22.	28
— trois quarts et demi	22.	43
19 AUNES	22.	58
— un seize	22.	65
— un douze	22.	68
— un demi-quart	22.	73
— un demi-tiers	22.	78
— un quart	22.	88
— un tiers	22.	98
— demie	23.	17
— deux tiers	23.	37
— trois quarts	23.	47
— trois quarts et demi	23.	62

MESURES LINEAIRES.

AUNES et fractions de l'Aune.	Mètres.	Centimètres.	AUNES et fractions de l'Aune.	Mètres.	Centimètres.
20 AUNES	23	77	— un tiers	24	17
— un seize	23	84	— demie	24	36
— un douze	23	87	— deux tiers	24	56
— un demi-quart	23	92	— trois quarts	24	66
— un demi-tiers	23	97	— trois quarts et demi	24	81
— un quart	24	07			

MESURES LINÉAIRES.

PREMIERE TABLE, qui convertit les aunes en mètres, décimètres, et centimètres.

AUNES.	Mètres.	Décimètres.	Centimètres.
1 équiv. à	1.	1	9
2	2.	3	8
3	3.	5	7
4	4.	7	5
5	5.	9	4
6	7.	1	3
7	8.	3	2
8	9.	5	1
9	10.	7	0
10	11.	8	8
20	23.	7	7
30	35.	6	5
40	47.	5	4
50	59.	4	2
60	71.	3	1
70	83.	1	9
80	95.	0	8
90	106.	9	6
100	118.	8	4
200	237.	6	9
300	356.	5	3
400	475.	3	8
500	594.	2	2
600	713.	0	7
700	831.	9	1
800	950.	7	6
900	1,069.	6	0
1,000	1,188.	4	5

FRACTIONS de l'Aune.	Mètres.	Décimètres.	Centimètres.
Un seize.....vaut	0.	0	7
Un douze	0.	1	0
Un demi-quart ou 1/8	0.	1	5
Un demi-tiers ou 1/6	0.	2	0
Un quart	0.	3	0
Un tiers	0.	4	0
Une demie	0.	5	9
Deux tiers	0.	7	9
Trois quarts	0.	8	9
Trois quarts et demi	1.	0	4
CENTIÈM. 1 d'aune.	0.	0	1
2	0.	0	2
3	0.	0	4
4	0.	0	5
5	0.	0	6
6	0.	0	7
7	0.	0	8
8	0.	1	0
9	0.	1	1
10	0.	1	2
20	0.	2	4
30	0.	3	6
40	0.	4	8
50	0.	5	9
60	0.	7	1
70	0.	8	3
80	0.	9	5
90	1.	0	7

Nota. On additionnera cette table comme les francs et centimes.

On dira 23 centimètres au lieu de 2 décimètres

MESURES LINEAIRES.

3 centimètres ; 86 centimètres, au lieu de 8 décimètres 6 centimètres, etc.

Opération.

Soit à convertir en mètres 126 aunes trois quarts ;

	Mètres.	Décimètres.	Centimètres.
cherchez 100 aunes, vous trouverez qu'elles équivalent à	118.	8	4
20 aunes à	23.	7	7
6 aunes à.	7.	1	3
et trois quarts d'aune à	0.	8	9
TOTAL	150.	6	3

Vous aurez 150 mètres 6 décimètres 3 centimètres ; ou plus simplement 150 mètres 63 centimètres.

MESURES LINÉAIRES.

DEUXIÈME TABLE, qui convertit en aunes les mètres, décimètres et centimètres.

MÈTRES.	Aunes.	Centièmes.	MÈTRES.	Aunes.	Centièmes.
1 équiv. à.	0	84	800............	673	15
2............	1	68	900............	757	29
3............	2	52	1000............	841	44
4............	3	37	2000............	1682	87
5............	4	21			
6............	5	05			
7............	5	89	CENTIMÈTRES.		
8............	6	73	1 équiv. à...	0	01
9............	7	57	2............	0	02
10............	8	41	3............	0	03
20............	16	83	4............	0	03
30............	25	24	5............	0	04
40............	33	66	6............	0	05
50............	42	07	7............	0	06
60............	50	49	8............	0	07
70............	58	90	9............	0	08
80............	67	31	10 ou 1 décimèt.	0	08
90............	75	73	20 — 2.....	0	17
100............	84	14	30 — 3.....	0	25
200............	168	29	40 — 4.....	0	34
300............	252	43	50 — 5.....	0	42
400............	336	57	60 — 6.....	0	50
500............	420	72	70 — 7.....	0	59
600............	504	86	80 — 8.....	0	67
700............	589	00	90 — 9.....	0	76

Nota. On additionnera cette table comme les francs et centimes.

Opération

	Aunes.	Centièmes.
Soit à convertir en aunes 768 mètres 8 décimètres et 3 centimètres, ou plus simplement 768 mètres 83 centimètres ;		
cherchez 700 mètres, vous trouverez...............	589	00
60 mètres..........................	50	49
8 mètres..........................	6	73
80 centimètres ou 8 décimètres...................	0	67
et 3 centimètres..........................	0	03
TOTAL..........................	646	92

Vous aurez pour résultat 646 aunes et 92 centièmes d'aune.

MESURES LINEAIRES.

Rapport des 1.re *et* 2.me *Tables.*

Opération.

PREMIERE TABLE.

	Mètres.	Décimètres.	Centimètres.
Soit à convertir en mètres 86 aunes un tiers; cherchez 80 aunes, qui valent	95.	0	8
6 aunes	7.	1	3
et un tiers	0.	4	0
TOTAL	102.	6	1

Preuve.

DEUXIEME TABLE.

	Aunes.	Centièmes.
Soit à convertir en aunes 102 mètres 6 décimètres et 1 centimètre, ou plus simplement 102 mètres 61 centimètres; cherchez 100 mètres, qui valent	84	14
2 mètres	1	68
60 centimètres ou 6 décimètres	0	50
et 1 centimètre	0	01
TOTAL ÉGAL	86	33

Opération.

DEUXIÉME TABLE.

	Aunes.	Centièmes.
A convertir en aunes 1658 mètres, 7 décimètres et 9 centimètres, ou plus simplement 1658 mètres 79 centimètres; cherchez 1000 mètres	841	44
600 mètres	504	86
50 mètres	42	07
8 mètres	6	73
70 centimètres ou 7 décimètres	0	59
9 centimètres	0	08
TOTAL	1395	77

Preuve.

PREMIÈRE TABLE.

	Mètres.	Décimètr.	Centimèt.
A convertir en mètres 1395 aunes 77 centièmes; 1000 aunes équivalent à	1188.	4	5
300 aunes à	356.	5	3
90 aunes à	106.	9	6
5 aunes à	5.	9	4
70 centièmes d'aune à	0.	8	3
et 7 *idem* à	0.	0	8
TOTAL ÉGAL	1658.	7	9

MESURES LINEAIRES.

TROISIEME TABLE, qui donne le prix du mètre comparativement au prix de l'aune.

FRANCS.	Francs.	Centimes.	Centièmes.
à 1 franc l'aune, le metre vaut	0	84	14
2	1	68	29
3	2	52	43
4	3	36	57
5	4	20	72
6	5	04	86
7	5	89	00
8	6	73	15
9	7	57	29
10	8	41	44
20	16	82	87
30	25	24	31
40	33	65	74
50	42	07	18
60	50	48	61
70	58	90	05
80	67	31	48
90	75	72	92
100	84	14	35
CENTIMES. 1	0	00	84
2	0	01	68
3	0	02	52
4	0	03	37
5	0	04	21
6	0	05	05
7	0	05	89
8	0	06	73
9	0	07	57

CENTIMES.	Francs.	Centimes.	Centièmes.
10	0	08	41
20	0	16	83
30	0	25	24
40	0	33	66
50	0	42	07
60	0	50	49
70	0	58	90
80	0	67	31
90	0	75	73
CENTIEMES de centime. 1	0	00	01
2	0	00	02
3	0	00	03
4	0	00	03
5	0	00	04
6	0	00	05
7	0	00	06
8	0	00	07
9	0	00	08
10	0	00	08
20	0	00	17
30	0	00	25
40	0	00	34
50	0	00	42
60	0	00	50
70	0	00	59
80	0	00	67
90	0	00	76

MESURES LINEAIRES.

QUATRIÈME TABLE, qui donne le prix de l'aune, comparativement au prix du mètre.

FRANCS.	Francs.	Centimes.	Centièmes.
A 1 franc le mètre l'aune vaut	1	18	84
2	2	37	69
3	3	56	53
4	4	75	38
5	5	94	22
6	7	13	07
7	8	31	91
8	9	50	76
9	10	69	60
10	11	88	45
20	23	76	89
30	35	65	34
40	47	53	78
50	59	42	23
60	71	30	67
70	83	19	12
80	95	07	56
90	106	96	01
100	118	84	45

CENTIMES.	Francs.	Centimes.	Centièmes.
1	0	01	19
2	0	02	38
3	0	03	57
4	0	04	75
5	0	05	94
6	0	07	13
7	0	08	32
8	0	09	51
9	0	10	70

CENTIMES.	Francs.	Centimes.	Centièmes.
10	0	11	88
20	0	23	77
30	0	35	65
40	0	47	54
50	0	59	42
60	0	71	31
70	0	83	19
80	0	95	08
90	1	06	96

CENTIEMES de centime.	Francs.	Centimes.	Centièmes.
1	0	00	01
2	0	00	02
3	0	00	04
4	0	00	05
5	0	00	06
6	0	00	07
7	0	00	08
8	0	00	10
9	0	00	11
10	0	00	12
20	0	00	24
30	0	00	36
40	0	00	48
50	0	00	59
60	0	00	71
70	0	00	83
80	0	00	95
90	0	01	07

SUITE DES MESURES LINÉAIRES OU DE LONGUEUR.

Mesures itinéraires.

LE mot de lieue avait une acception très-vague ; la distance exprimée par ce mot variait, suivant les localités, du double au simple ; il n'y avait de bien déterminé que la lieue commune ou terrestre de 25 au degré ou de 2280 toises un tiers, et la petite lieue de 2000 toises ou lieue de poste.

Dorénavent les distances itinéraires se mesureront par-tout en myriamètres ou lieues nouvelles, et en kilomètres ou milles.

Le myriamètre est égal à dix mille mètres. Il est la millième partie du quart du méridien, ou la dixième partie d'un degré décimal ; il répond à 5130 toises. Il se divise en 10 kilomètres ou milles.

Le kilomètre ou mille, qui est la dixième partie du myriamètre ou de la lieue nouvelle, est égal à mille mètres ; il est de 513 toises, et répond à un quart de petite lieue ancienne.

MESURES LINEAIRES.

PETITES LIEUES DE 2000 TOISES,

OU LIEUES DE POSTE.

PREMIERE TABLE, qui convertit les petites lieues de 2000 toises, ou lieues de poste, en myriamètres et en kilomètres.

LIEUES de 2000 toises ou lieues de poste.	Myriamètres ou lieues nouvelles.	Kilomètres ou milles.	Centièmes de kilomètre.
1	0	3	90
2	0	7	80
3	1	1	69
4	1	5	59
5	1	9	49
6	2	3	39
7	2	7	29
8	3	1	18
9	3	5	08
10	3	8	98
20	7	7	96
30	11	6	94
40	15	5	92
50	19	4	90
60	23	3	88
70	27	2	87
80	31	1	85
90	35	0	83
100	38	9	81
200	77	9	61
300	116	9	42
400	155	9	23
500	194	9	04
600	233	8	84
700	272	8	65
800	311	8	46
900	350	8	27
1000	389	8	07

Fractions de la lieue.	Myriamètres ou lieues nouvelles.	Kilomètres ou milles.	Centièmes de kilomètre
demi-quart de lieue. .	0	0	49
quart ...	0	0	97
demie....	0	1	95
3 quarts.	0	2	92

Centièmes de la lieue.	Myriamètres ou lieues nouvelles.	Kilomètres ou milles.	Centièmes de kilomètre
1 équivant à	0	0	04
2..........	0	0	08
3..........	0	0	12
4..........	0	0	16
5..........	0	0	19
6..........	0	0	23
7..........	0	0	27
8..........	0	0	31
9..........	0	0	35
10..........	0	0	39
20..........	0	0	78
30..........	0	1	17
40..........	0	1	56
50 (demi lieue)	0	1	95
60..........	0	2	34
70..........	0	2	73
80..........	0	3	12
90..........	0	3	51

On additionnera cette Table comme les francs et centimes.

MESURES LINEAIRES.

LIEUES COMMUNES DE 25 AU DEGRE, OU DE 2280 TOISES 33.

PREMIÈRE TABLE qui convertit les lieues communes de 25 au dégré, ou de 2280 toises 33 en myriamètres et en kilomètres.

Lieues communes de 25 au degré.	Myriamètres ou lieues nouvelles.	Kilomètres ou milles.	Centièmes de kilomètre.
1 équivaut à	0	4	44
2	0	8	89
3	1	3	33
4	1	7	78
5	2	2	22
6	2	6	67
7	3	1	11
8	3	5	56
9	4	0	00
10	4	4	44
20	8	8	89
30	13	3	33
40	17	7	78
50	22	2	22
60	26	6	67
70	31	1	11
80	35	5	56
90	40	0	00
100	44	4	44
200	88	8	89
300	133	3	33
400	177	7	78
500	222	2	22
600	266	6	67
700	311	1	11
800	355	5	56
900	400	0	00
1000	444	4	45

Fractions de la lieue.	Myriamètres ou lieues nouvelles.	Kilomètres ou milles.	Centièmes de kilomètre
demi-quart de lieue. .	0	0	56
quart . . .	0	1	11
demie . . .	0	2	22
3 quarts.	0	3	33

Centièmes de la lieue commune de 25 au degré.	Myriamètres ou lieues nouvelles.	Kilomètres ou milles.	Centièmes de kilomètre
1 équivaut à	0	0	04
2	0	0	09
3	0	0	13
4	0	0	18
5	0	0	22
6	0	0	27
7	0	0	31
8	0	0	36
9	0	0	40
10	0	0	44
20	0	0	89
30	0	1	33
40	0	1	78
50	0	2	22
60	0	2	67
70	0	3	11
80	0	3	56
90	0	4	00

On additionnera cette Table comme les francs et centimes.

F..

MESURES LINEAIRES.

DEUXIÈME TABLE, qui convertit les myriamètres et les kilomètres en lieues communes de 25 au degré, ou de 2280 toises 33.

MYRIAMÈTRES ou lieues nouvelles.	Lieues communes.	Centièmes	KILOMÈTRES ou milles.	Lieues communes.	Centièmes
1 équivaut à	2	25	1 équivaut à..	0	23
2.........	4	50	2.............	0	45
3...·...	6	75	3.............	0	68
4........	9	00	4............	0	90
5.......	11	25	5(1/2 lieue nouv	1	13
6.......	13	50	6.·..........	1	35
7....·...	15	75	7............	1	58
8.......	18	00	8............	1	80
9.......	20	25	9...........	2	03
10.......	22	50	CENTIÈMES 1	0	00
20.......	45	00	dekilomètre. 2	0	00
30.......	67	50	3	0	01
40.......	90	00	4	0	01
50.......	112	50	5	0	01
60.......	135	00	6	0	01
70.......	157	50	7	0	02
80.......	180	00	8	0	02
90.......	202	50	9	0	02
100.......	225	00	10	0	02
200.......	450	00	20	0	05
300.......	675	00	30	0	07
400.......	900	00	40	0	09
500.......	1125	00	50	0	11
600.......	1350	00	60	0	14
700.......	1575	00	70	0	16
800.......	1800	00	80	0	18
900.......	2025	00	90	0	20
1000.......	2250	00			

On additionnera cette table comme les francs et centimes.

MESURES LINEAIRES.

TROISIÈME TABLE qui donne le prix du myriamètre comparativement au prix de la lieue commune de 25 au degré.

FRANCS.	Francs.	Centimes.	Centièmes.	CENTIMES.	Francs.	Centimes.	Centièmes.
à 1 franc par lieue commune c'est par myriamètre	2	25	00	60............	1	35	00
2............	4	50	00	70............	1	57	50
3............	6	75	00	80............	1	80	00
4............	9	00	00	90............	2	02	50
5............	11	25	00				
6............	13	50	00	**CENTIEMES de centime.**			
7............	15	75	00	1............	0	00	02
8............	18	00	00	2............	0	00	05
9............	20	25	00	3............	0	00	07
10............	22	50	00	4............	0	00	09
CENTIMES.				5............	0	00	11
1............	0	02	25	6............	0	00	14
2............	0	04	50	7............	0	00	16
3............	0	06	75	8............	0	00	18
4............	0	09	00	9............	0	00	20
5............	0	11	25	10............	0	00	23
6............	0	13	50	20............	0	00	45
7............	0	15	75	30............	0	00	68
8............	0	18	00	40............	0	00	90
9............	0	20	25	50............	0	01	13
10............	0	22	50	60............	0	01	35
20............	0	45	00	70............	0	01	58
30............	0	67	50	80............	0	01	80
40............	0	90	00	90............	0	02	03
50............	1	12	50				

MESURES LINEAIRES.

QUATRIEME TABLE, qui donne le prix de la lieue commune de 25 au degré comparativement au prix du myriamètre.

FRANCS.	Francs.	Centimes.	Centièmes.
à 1 franc par myriamètre, c'est par lieue commune	0	44	44
2............	0	88	89
3............	1	33	33
4............	1	77	78
5............	2	22	22
6............	2	66	67
7............	3	11	11
8............	3	55	56
9............	4	00	00
10............	4	44	44

CENTIMES.	Francs.	Centimes.	Centièmes.
1............	0	00	44
2............	0	00	89
3............	0	01	33
4............	0	01	78
5............	0	02	22
6............	0	02	67
7............	0	03	11
8............	0	03	56
9............	0	04	00
10............	0	04	44
20............	0	08	89
30............	0	13	33
40............	0	17	78
50............	0	22	22

CENTIMES.	Francs.	Centimes.	Centièmes.
60............	0	26	67
70............	0	31	11
80............	0	35	56
90............	0	40	00

CENTIEMES de centime.	Francs.	Centimes.	Centièmes.
1............	0	00	00
2............	0	00	01
3............	0	00	01
4............	0	00	02
5............	0	00	02
6............	0	00	03
7............	0	00	03
8............	0	00	04
9............	0	00	04
10............	0	00	04
20............	0	00	09
30............	0	00	13
40............	0	00	18
50............	0	00	22
60............	0	00	27
70............	0	00	31
80............	0	00	36
90............	0	00	40

MESURES LINÉAIRES.

LIEUES MARINES DE 20 AU DEGRÉ,
OU DE 2850 TOISES. 41 CENTIÈMES.

PREMIERE TABLE, qui convertit les lieues marines de 20 au degré en myriamètres et en kilomètres

LIEUES marines.	Myriamètres ou lieues nouvelles.	kilomètres ou milles.	Centièmes de kilomètre	Fractions de la lieue.	Myriamètres ou lieues nouvelles.	Kilomètres ou milles.	Centièmes de kilomètre
1 équivaut à	0	5	56	demi-quart de la lieue.....	0	0	69
2.........	1	1	11	quart.........	0	1	39
3.........	1	6	67	demie......	0	2	78
4.........	2	2	22	3 quarts....	0	4	17
5.........	2	7	78				
6.........	3	3	33				
7.........	3	8	89	CENTIÈMES de lieue marine.			
8.........	4	4	44				
9.........	5	0	00				
10.........	5	5	56	1 équivaut à	0	0	06
20.........	11	1	11	2..........	0	0	11
30.........	16	6	67	3..........	0	0	17
40.........	22	2	22	4..........	0	0	22
50.........	27	7	78	5..........	0	0	28
60.........	33	3	33	6..........	0	0	33
70.........	38	8	89	7..........	0	0	39
80.........	44	4	44	8..........	0	0	44
90.........	50	0	00	9..........	0	0	50
100.........	55	5	56	10..........	0	0	56
200.........	111	1	11	20..........	0	1	11
300.........	166	6	67	30..........	0	1	67
400.........	222	2	22	40..........	0	2	22
500.........	277	7	78	50..........	0	2	78
600.........	333	3	33	60..........	0	3	33
700.........	388	8	89	70..........	0	3	89
800.........	444	4	44	80..........	0	4	44
900.........	500	0	00	90..........	0	5	00
1000.........	555	5	55				

On additionnera cette table comme les francs et centimes.

F ....

MESURES LINÉAIRES.

DEUXIÈME TABLE, qui convertit les myriamètres et kilomètres en lieues marines de 20 au degré.

Myriamètres ou lieues nouvelles.	Lieues marines.	Centièmes de lieue.	Kilomètres ou milles.	Lieues marines.	Centièmes de lieue.
1 équivaut à	1	80	1............	0	18
2........	3	60	2............	0	36
3........	5	40	3............	0	54
4........	7	20	4............	0	72
5........	9	00	5 demi-lieue nouv	0	90
6........	10	80	6............	1	08
7........	12	60	7............	1	26
8........	14	40	8............	1	44
9........	16	20	9............	1	62
10........	18	00	CENTIÈMES de kilomètre. 1	0	00
20........	36	00	2	0	00
30........	54	00	3	0	01
40........	72	00	4	0	01
50........	90	00	5	0	01
60........	108	00	6	0	01
70........	126	00	7	0	01
80........	144	00	8	0	01
90........	162	00	9	0	02
100........	180	00	10	0	02
200........	360	00	20	0	04
300........	540	00	30	0	05
400........	720	00	40	0	07
500........	900	00	50	0	09
600........	1080	00	60	0	11
700........	1260	00	70	0	13
800........	1440	00	80	0	14
900........	1620	00	90	0	16
1000........	1800	00			

Nota. On additionnera cette table comme les francs et centimes.

POIDS.

TROISIÈME PARTIE.

Anciens Poids.

Le Poids de l'ancienne livre variait selon les lieux et même selon la nature des marchandises. Dans beaucoup de villes de France la livre était composée de 16 onces ; dans d'autres elle n'était que de 15 onces, et dans certaines elle ne contenait que 14 onces. La livre en usage dans le département de Loir et Cher était de 16 onces, la même que celle de Paris.

Les anciens poids se comptaient par milliers, cents ou quintaux, livres, marcs, onces, gros et grains.

Le *millier* contenait 10 *quintaux.*

Le *quintal 100 livres.*

La *Livre* de Paris *16 onces* ou **2** *marcs.*

Le *marc* ou *la demi-livre 8 onces.*

L'*once 8 gros.*

Le *gros 72 grains.*

Ainsi la livre an- / cienne équivalait à
- 2 marcs ou 2 demi-livres.
- 16 onces.
- 128 gros.
- 9216 grains.

Le marc équiva- / lait à . . . .
- 8 onces.
- 64 gros.
- 4608 grains.

L'once équivalait à.
- 8 gros.
- 576 grains.

Le gros équivalait à 72 grains.

Nouveaux Poids.

Les nouveaux poids se comptent par milliers, cents ou quintaux, et par myriagrammes, kilogrammes,

POIDS.

hectogrammes, décagrammes, grammes, décigrammes, centigrammes, et milligrammes.

Le nouveau *millier* contient 10 *quintaux* ou 1000 *kilogrammes* ou *livres nouvelles.*

Le nouveau *quintal* contient 10 *myriagrammes* ou 100 *kilogrammes* ou *livres nouvelles.*

Le *myriagramme* contient 10 *kilogrammes* ou *livres nouvelles.*

Le *kilogramme* ou *la livre nouvelle* contient 10 *hectogrammes* ou *onces nouvelles.*

L'*hectogramme* ou l'*once nouvelle* contient 10 *décagrammes* ou *gros nouveaux.*

Le *décagramme* ou le *gros nouveau* contient 10 *grammes* ou *deniers nouveaux.*

Le *gramme* ou *denier nouveau* contient 10 *décigrammes* ou *grains nouveaux.*

Le *décigramme* ou *grain nouveau* contient 10 *centigrammes.*

Le *centigramme* contient 10 *milligrammes.*

Tous ces poids sont décimaux, parce qu'ils sont progressivement dix fois plus forts ét successivement dix fois plus foibles les uns que les autres.

Ainsi le nouveau millier, poids d'un mètre cube d'eau, est égal à.........

dix quintaux nouveaux.
cent myriagrammes.
mille kilogrammes ou livres nouvelles.
dix mille hectogrammes ou onces nouvelles
cent mille décagrammes ou gros nouveaux.
un million de grammes ou de deniers nouveaux.
dix millions de décigrammes ou de grains nouveaux.
cent millions de centigrammes.
un milliard de milligrammes.

POIDS.

Le nouveau quintal est égal à......	dix myriagrammes. cent kilogrammes ou livres nouvelles. mille hectogrammes ou onces nouvelles. dix mille décagrammes ou gros nouveaux. cent mille grammes ou deniers nouveaux. un million de décigrammes ou de grains nouveaux. dix millions de centigrammes. cent millions de milligrammes.
Le myriagramme est égal à.........	dix kilogrammes ou livres nouvelles. cent hectogrammes ou onces nouvelles. mille décagrammes ou gros nouveaux. dix mille grammes ou deniers nouveaux. cent mille décigrammes ou grains nouveaux. un million de centigrammes. dix millions de milligrammes.
Le kilogramme ou la livre nouvelle, poids d'un décimètre cube d'eau, est égal à.........	dix hectogrammes ou onces nouvelles. cent décagrammes ou gros nouveaux. mille grammes ou deniers nouveaux. dix mille décigrammes ou grains nouveaux. cent mille centigrammes. un million de milligrammes.
L'hectogramme ou l'once nouvelle, dixième du kilogramme, est égal à.	dix décagrammes ou gros nouveaux. cent grammes ou deniers nouveaux. mille décigrammes ou grains nouveaux. dix mille centigrammes. cent mille milligrammes.
Le décagramme ou le gros nouveau, centième du kilogramme, est égal à	dix grammes ou deniers nouveaux. cent décigrammes ou grains nouveaux. mille centigrammes. dix mille milligrammes.
Le gramme ou denier nouveau, poids d'un centimètre cube d'eau et le millième du kilogramme, est égal à	dix décigrammes ou grains nouveaux. cent centigrammes. mille milligrammes.

POIDS.

Le décigramme ou grain nouveau, dixième du gramme est égal à......... } dix centigrammes. cent milligrammes

Le centigramme, centième du gram-me, est égal à.... } dix milligrammes.

Le milligramme, poids d'un millimètre cube d'eau, est le millième du gramme.

NOMS DES NOUVEAUX POIDS.	LEUR VALEUR en anciens poids de marc.			
	Livres.	Onces.	Gros.	Grains.	100.e de grain
Le double myriagramme (20 livres nouvelles) vaut	40	13	5	55	80
Le myriagramme (10 livres nouvelles).	20	6	6	63	50
Le demi-myriagramme (5 kilogrammes ou livres nouvelles).	10	3	3	31	75
Le double kilogramme (2 livres nouvelles).	4	1	2	70	30
Le kilogramme ou la livre nouvelle.	2	0	5	35	15
Le demi-kilogramme (5 hectogrammes ou 5 onces nouvelles).	1	0	2	53	57
Le double hectogramme (2 onces nouvelles).	0	6	4	21	45
L'hectogramme ou l'once nouvelle.	0	5	2	10	71
Le demi-hectogramme (5 décagrammes ou 5 gros nouveaux).	0	1	5	5	36
Le double décagramme (2 gros nouveaux).	0	0	5	16	54
Le décagramme ou le gros nouveau.	0	0	2	44	27
Le demi-décagramme (5 grammes ou 5 deniers nouveaux).	0	0	1	22	14
Le double gramme (2 deniers nouveaux).	0	0	0	37	65
Le gramme ou le denier nouveau.	0	0	0	18	83
Le demi-gramme (5 décigrammes ou 5 grains nouv.)	0	0	0	9	41
Le double décigramme (2 grains nouveaux).	0	0	0	3	77
Le décigramme ou le grain nouveau.	0	0	0	1	88
Le demi-décigramme (5 centigrammes).	0	0	0	0	94
Le double centigramme.	0	0	0	0	38
Le centigramme.	0	0	0	0	19

POIDS.

On ne doit jamais oublier que la division des nouveaux poids se fait par dix, et que chaque poids décimal a son double et sa moitié; desorte que chacun
d'eux est précédé de poids deux fois, cinq fois et dix
fois plus forts que lui, et qu'il est suivi d'autres poids
qui ne représentent que sa moitié, sa cinquième et sa
dixième partie : ce qui est exactement conforme aux
loix de la division décimale, puisque les nombres
2 et 5 sont les seuls diviseurs justes du nombre 10.
Il faut encore se souvenir que le double de chaque
poids est toujours le cinquième du poids décimal immédiatement supérieur.

Prenons pour exemple le kilogramme ou la livre
nouvelle.

Le kilogramme est précédé, 1.º du double kilogramme qui contient 2 livres nouvelles, 2.º du demi-
myriagramme qui contient 5 livres nouvelles, 3.º et
du myriagramme qui contient 10 livres nouvelles. Il
est suivi, 1.º du demi-kilogramme qui représente sa
moitié, 2.º du double hectogramme (2 onces nouvelles) qui représente son cinquième, 3.º et de l'hectogramme ou de l'once nouvelle qui représente son
dixième.

On voit clairement par la composition des nouveaux poids qu'il n'existe plus de quarteron ni de
demi-quarteron, et les personnes qui ont pensé, jusqu'à ce moment, que le double hectogramme faisait
le quart du kilogramme ou de la livre nouvelle, doivent être maintenant bien convaincues qu'il n'est que
le cinquième; en conséquence, elles ne doivent payer
que la cinquième partie du prix de la livre nouvelle,
et non pas le quart de ce prix.

On ne doit point regarder comme unité le double

POIDS.

et le demi de chaque poids, il faut les rapporter tous au kilogramme, autrement on introduirait dans le nouveau système un principe de confusion qui en altérerait la simplicité et la clarté.

Observations.

Il y a des poids en fer et des poids en cuivre.

Les poids en fer sont des pyramides hexagonales tronquées : chaque poids est garni d'un anneau qui, en s'abattant, retombe dans une rainure, de sorte que plusieurs poids peuvent s'empiler les uns sur les autres sans vaciller et sans perdre d'espace. La série de ces poids s'étend depuis le double myriagramme (20 livres nouvelles) jusqu'au demi - hectogramme (demi-once nouvelle).

Les poids en cuivre sont de deux sortes : les uns ont la figure d'un cylindre surmonté d'un bouton ; leur diamétre égale les deux tiers de la hauteur du cylindre, ou la moitié de la hauteur totale du poids. La série de ces poids s'étend autant que celle des poids en fer, et peut même descendre jusqu'au gramme ou denier nouveau.

Les autres poids en cuivre, destinés principalement à remplacer les anciennes piles de figure conique, ont la forme de parallélipipède tellement combinée, que leur agrégation produit aussi un parallélipipède, et que le rapport de deux poids consécutifs se découvre aisément par celui de leurs dimensions. La série de ces poids s'étend depuis le kilogramme (livre nouvelle) jusqu'au gramme ou denier nouveau.

Les fractions de gramme, jusqu'à la centième ou millième partie, sont de petites plaques de métal qu'on peut faire rondes ou carrées.

POIDS.

PREMIERE TABLE, *qui convertit les anciens poids de marc en poids nouveaux.*

LIVRES ANCIENNES.	Kilogrammes ou livres nouvelles.	Hectogrammes ou onces nouvelles.	Décagrammes ou gros nouveaux.	Grammes ou deniers nouveaux.	Décigrammes ou grains nouveaux	Centigrammes ou 100.es de gram.	Milligrammes ou 1000.es de gram.
1 équivaut à...	0	4	8	9	5	0	6
2............	0	9	7	9	5	1	2
3............	1	4	6	8	5	1	8
4............	1	9	5	8	5	2	3
5............	2	4	4	7	5	2	9
6............	2	9	3	7	5	3	5
7............	3	4	2	6	5	4	1
8............	3	9	1	6	5	4	7
9............	4	4	0	5	5	5	3
10............	4	8	9	5	0	5	8
11............	5	3	8	4	5	6	4
12............	5	8	7	4	0	7	0
13............	6	3	6	3	5	7	6
14............	6	8	5	3	0	8	2
15............	7	3	4	2	5	8	8
16............	7	8	3	2	0	9	4
17............	8	3	2	1	6	0	0
18............	8	8	1	1	1	0	5
19............	9	3	0	0	6	1	1
20............	9	7	9	0	1	1	7
21............	10	2	7	9	6	2	3
22............	10	7	6	9	1	2	9
23............	11	2	5	8	6	3	4
24............	11	7	4	8	1	4	0
25............	12	2	3	7	6	4	6
26............	12	7	2	7	1	5	2
27............	13	2	1	6	6	5	8
28............	13	7	0	6	1	6	4
29............	14	1	9	5	6	7	0
30............	14	6	8	5	1	7	5
31............	15	1	7	4	6	8	1
32............	15	6	6	4	1	8	7

POIDS.

LIVRES ANCIENNES.	Kilogrammes ou livres nouvelles.	Hectogrammes ou onces nouvelles.	Décagrammes ou gros nouveaux.	Grammes ou deniers nouv.	Décigrammes ou grains nouveaux	Centigrammes ou 100.es de gram.	Milligrammes ou 1000.es de gram.
33	16	1	5	3	6	9	3
34	16	6	4	3	1	9	9
35	17	1	3	2	7	0	5
36	17	6	2	2	2	1	0
37	18	1	1	1	7	1	6
38	18	6	0	1	2	2	2
39	19	0	9	0	7	2	8
40	19	5	8	0	2	3	4
41	20	0	6	9	7	4	0
42	20	5	5	9	2	4	6
43	21	0	4	8	7	5	1
44	21	5	3	8	2	5	7
45	22	0	2	7	7	6	3
46	22	5	1	7	2	6	9
47	23	0	0	6	7	7	5
48	23	4	9	6	2	8	1
49	23	9	8	5	7	8	7
50	24	4	7	5	2	9	2
51	24	9	6	4	7	9	8
52	25	4	5	4	3	0	4
53	25	9	4	3	8	1	0
54	26	4	3	3	3	1	6
55	26	9	2	2	8	2	2
56	27	4	1	2	3	2	7
57	27	9	0	1	8	3	3
58	28	3	9	1	3	3	9
59	28	8	8	0	8	4	5
60	29	3	7	0	3	5	1
61	29	8	5	9	8	5	7
62	30	3	4	9	3	6	2
63	30	8	3	8	8	6	8
64	31	3	2	8	3	7	4
65	31	8	1	7	8	8	0
66	32	3	0	7	3	8	6
67	32	7	9	6	8	9	2
68	33	2	8	6	3	9	8

POIDS.

LIVRES ANCIENNES.	Kilogrammes ou livres nouvelles.	Hectogrammes ou onces nouvelles.	Décagrammes ou gros nouveaux.	Grammes ou deniers nouv.	Décigrammes ou grains nouveaux	Centigrammes ou 100.es de gram.	Milligrammes ou 1000.es de gram.
69	33	7	7	5	9	0	3
70	34	2	6	5	4	0	9
71	34	7	5	4	9	1	5
72	35	2	4	4	4	2	1
73	35	7	3	3	9	2	7
74	36	2	2	3	4	3	3
75	36	7	1	2	9	3	9
76	37	2	0	2	4	4	5
77	37	6	9	1	9	5	0
78	38	1	8	1	4	5	6
79	38	6	7	0	9	6	2
80	39	1	6	0	4	6	8
81	39	6	4	9	9	7	4
82	40	1	3	9	4	8	0
83	40	6	2	8	9	8	6
84	41	1	1	8	4	9	1
85	41	6	0	7	9	9	7
86	42	0	9	7	5	0	3
87	42	5	8	7	0	0	9
88	43	0	7	6	5	1	5
89	43	5	6	6	0	2	0
90	44	0	5	5	5	2	6
91	44	5	4	5	0	3	2
92	45	0	3	4	5	3	8
93	45	5	2	4	0	4	4
94	46	0	1	3	5	5	0
95	46	5	0	3	0	5	6
96	46	9	9	2	5	6	2
97	47	4	8	2	0	6	7
98	47	9	7	1	5	7	3
99	48	4	6	1	0	7	9
100.(1 quintal ancien).	48	9	5	0	5	8	5
200.(2 quintaux) . . .	97	9	0	1	1	6	9
300.(3)	146	8	5	1	7	5	4
400.(4)	195	8	0	2	3	3	9

POIDS.

LIVRES ANCIENNES.	Kilogrammes ou livres nouvelles.	Hectogrammes ou onces nouvelles.	Décagrammes ou gros nouveaux.	Grammes ou deniers nouv.	Décigrammes ou grains nouveaux.	Centigrammes ou 100.es de gram.	Milligrammes ou 1000.es de gram.
500.(5 quintaux).	244	7	5	2	9	2	3
600.(6)......	293	7	0	3	5	0	8
700. 7)......	342	6	5	4	0	9	3
800.(8)......	391	6	0	4	6	7	7
900.(9)......	440	5	5	5	2	6	2
1000.(10)......	489	5	0	5	8	4	7
2000.(20)......	979	0	1	1	6	9	3
3000.(30)......	1468	5	1	7	5	4	0
4000 (40)......	1958	0	2	3	3	8	7
5000.(50)......	2447	5	2	9	2	3	3
6000.(60)......	2937	0	3	5	0	8	0
7000.(70)......	3426	5	4	0	9	2	6
8000.(80)......	3916	0	4	6	7	7	3
9000.(90)......	4405	5	5	2	6	1	9
10,000.(100)......	4895	0	5	8	4	6	6
ONCES ANCIENNES.							
1................	0	0	3	0	5	9	4
2.(demi-quarteron)	0	0	6	1	1	8	8
3................	0	0	9	1	7	8	2
4.(1 quarteron)....	0	1	2	2	3	7	7
5................	0	1	5	2	9	7	1
6................	0	1	8	3	5	6	5
7................	0	2	1	4	1	5	9
8.(1/2 liv. ou 1 marc).	0	2	4	4	7	5	3
9................	0	2	7	5	3	4	7
10................	0	3	0	5	9	4	1
11................	0	3	3	6	5	3	5
12.(3 quarterons)....	0	3	6	7	1	2	9
13................	0	3	9	7	7	2	3
14................	0	4	2	8	3	1	8
15................	0	4	5	8	9	1	2

POIDS.

GROS ANCIENS.	Kilogrammes ou livres nouvelles.	Hectogrammes ou onces nouvelles.	Décagrammes ou gros nouveaux.	Grammes ou deniers nouv.	Décigrammes ou grains nouveaux.	Centigrammes ou 100.es de gram.	Milligrammes ou 1000.es de gram.
1	0	0	0	3	8	2	4
2 (quart d'once)	0	0	0	7	6	4	9
3	0	0	1	1	4	7	3
4 (demi-once)	0	0	1	5	2	9	7
5	0	0	1	9	1	2	1
6 (3 quarts d'once) . . .	0	0	2	2	9	4	6
7	0	0	2	6	7	7	0

GRAINS ANCIENS.	Kilogrammes ou livres nouvelles.	Hectogrammes ou onces nouvelles.	Décagrammes ou gros nouveaux.	Grammes ou deniers nouv.	Décigrammes ou grains nouveaux.	Centigrammes ou 100.es de gram.	Milligrammes ou 1000.es de gram.
1	0	0	0	0	0	5	3
2	0	0	0	0	1	0	6
3	0	0	0	0	1	5	9
4	0	0	0	0	2	1	2
5	0	0	0	0	2	6	6
6	0	0	0	0	3	1	9
7	0	0	0	0	3	7	2
8	0	0	0	0	4	2	5
9	0	0	0	0	4	7	8
10	0	0	0	0	5	3	1
11	0	0	0	0	5	8	4
12	0	0	0	0	6	3	7
13	0	0	0	0	6	9	0
14	0	0	0	0	7	4	4
15	0	0	0	0	7	9	7
16	0	0	0	0	8	5	0
17	0	0	0	0	9	0	3
18	0	0	0	0	9	5	6
19	0	0	0	1	0	0	9
20	0	0	0	1	0	6	2
21	0	0	0	1	1	1	5
22	0	0	0	1	1	6	9
23	0	0	0	1	2	2	2
24	0	0	0	1	2	7	5
25	0	0	0	1	3	2	8

G ..

POIDS.

GRAINS ANCIENS.	Kilogrammes ou livres nouvelles.	Hectogrammes ou onces nouvelles.	Décagrammes ou gros nouveaux.	Grammes ou deniers nouv.	Decigrammes ou grains nouveaux	Centigrammes ou 100.es de gram.	Milligrammes ou 1000.es de gram.
26	0	0	0	1	3	8	1
27	0	0	0	1	4	3	4
28	0	0	0	1	4	8	7
29	0	0	0	1	5	4	0
30	0	0	0	1	5	9	3
31	0	0	0	1	6	4	7
32	0	0	0	1	7	0	0
33	0	0	0	1	7	5	3
34	0	0	0	1	8	0	6
35	0	0	0	1	8	5	9
36	0	0	0	1	9	1	2
37	0	0	0	1	9	6	5
38	0	0	0	2	0	1	8
39	0	0	0	2	0	7	1
40	0	0	0	2	1	2	5
41	0	0	0	2	1	7	8
42	0	0	0	2	2	3	1
43	0	0	0	2	2	8	4
44	0	0	0	2	3	3	7
45	0	0	0	2	3	9	0
46	0	0	0	2	4	4	3
47	0	0	0	2	4	9	6
48	0	0	0	2	5	5	0
49	0	0	0	2	6	0	3
50	0	0	0	2	6	5	6
51	0	0	0	2	7	0	9
52	0	0	0	2	7	6	2
53	0	0	0	2	8	1	5
54	0	0	0	2	8	6	8
55	0	0	0	2	9	2	1
56	0	0	0	2	9	7	4
57	0	0	0	3	0	2	8
58	0	0	0	3	0	8	1
59	0	0	0	3	1	3	4
60	0	0	0	3	1	8	7
61	0	0	0	3	2	4	0

POIDS.

GRAINS ANCIENS.	Kilogrammes ou livres nouvelles.	Hectogrammes ou onces nouvelles.	Décagrammes ou gr.s nouveaux.	Grammes ou deniers nouveaux.	Décigrammes ou grains nouveaux	Centigrammes ou 100.es de gram.	Milligrammes ou 1000.es de gram.
62............	0	0	0	3	2	9	3
63............	0	0	0	3	3	4	6
64............	0	0	0	3	3	9	9
65............	0	0	0	3	4	5	2
66............	0	0	0	3	5	0	6
67............	0	0	0	3	5	5	9
68............	0	0	0	3	6	1	2
69............	0	0	0	3	6	6	5
70............	0	0	0	3	7	1	8
71............	0	0	0	3	7	7	1

CENTIÈMES
de
grain ancien.

	Kilogrammes ou livres nouvelles.	Hectogrammes ou onces nouvelles.	Décagrammes ou gr.s nouveaux.	Grammes ou deniers nouveaux.	Décigrammes ou grains nouveaux	Centigrammes ou 100.es de gram.	Milligrammes ou 1000.es de gram.
1 équivaut à..	0	0	0	0	0	0	1
2............	0	0	0	0	0	0	1
3............	0	0	0	0	0	0	2
4............	0	0	0	0	0	0	2
5............	0	0	0	0	0	0	3
6............	0	0	0	0	0	0	3
7............	0	0	0	0	0	0	4
8............	0	0	0	0	0	0	4
9............	0	0	0	0	0	0	5
10............	0	0	0	0	0	0	5
20............	0	0	0	0	0	1	1
30............	0	0	0	0	0	1	6
40............	0	0	0	0	0	2	1
50............	0	0	0	0	0	2	7
60............	0	0	0	0	0	3	2
70............	0	e	0	0	0	3	7
80............	0	0	0	0	0	4	2
90............	0	0	0	0	0	4	8

On additionnera cette table comme les francs et centimes.

POIDS.

Les personnes qui voudront exprimer la valeur exacte des anciens poids de marc en nouveaux, emploieront les sept divisions décimales ; par exemple : si elles veulent exprimer exactement le poids de six marcs d'argenterie, six marcs faisant trois livres anciennes, elles chercheront sur la table cette quantité, et elles trouveront que trois livres valent 1 kilogramme 4 hectogrammes 6 décagrammes 8 grammes 5 décigrammes 1 centigramme et 8 milligrammes ; mais comme tous ces mots sont trop longs à prononcer, elles auront la même valeur, en l'exprimant de cette manière : 1 kilogramme 468 grammes 518 milligrammes ; c'est par cette raison que j'ai mis en trois parties les sept divisions décimales.

Il n'y a que pour la distribution des drogues médecinales et pour le poids des matières d'or et d'argent et des pierres précieuses, qu'on doit employer les sept divisions décimales.

Pour les marchandises communes, dans le poids desquelles on ne tenait pas compte du demi-gros et des grains, on ne doit pas aller plus loin que le gramme.

Pour les grosses pesées, dans lesquelles on négligeait les quarterons et demi-quarterons, on n'emploiera que les kilogrammes et les hectogrammes.

Il ne faut pas oublier que lorsque le premier des chiffres qu'on retranche est 5, 6, 7, 8 ou 9, il faut augmenter d'un la valeur du dernier chiffre que l'on conserve, ainsi qu'il a été dit dans l'instruction, pag. xv.

Trois exemples suffiront pour donner l'intelligence de ces principes.

POIDS.

Ire Opération.

Soit à convertir exactement en nouveaux poids 10 marcs 6 onces 5 gros 45 grains d'argenterie, poids de marc.

Un marc équivalant à une demi-livre, 10 marcs font conséquemment 5 livres. Cherchez sur la table 5 livres anciennes, vous trouverez qu'elles valent en nouveaux poids.

	Kilogrammes.	Hectogrammes.	Décagrammes.	Grammes.	Décigrammes.	Centigrammes.	Milligrammes.
poids.	2	4	4	7	5	2	9
Ensuite 6 onces anciennes.	0	1	8	3	5	6	5
Puis 5 gros anciens.	0	0	1	9	1	2	1
Et 45 grains anciens.	0	0	0	2	3	9	0
TOTAL.	2	6	5	2	6	0	5

Vous aurez pour résultat 2 kilogrammes 6 hectogrammes 5 décagrammes 2 grammes 6 décigrammes 0 centigramme et 5 milligrammes, que vous exprimerez ainsi : 2 kilogrammes 652 grammes 605 milligrammes.

2.me Opération.

A convertir en nouveaux poids 16 livres et demie de sucre, poids de marc, cherchez 16 livres; vous trouverez qu'elles valent.

	Kilogrammes.	Hectogrammes.	Décagrammes.	Grammes.	Décigrammes.	Centigrammes.	Milligrammes.
valent.	7	8	5	2	0	0	4
Et la demi-livre ou 8 onces anciennes. .	0	2	4	4	7	5	3
TOTAL.	8	0	7	6	8	4	7

Vous aurez 8 kilogrammes 0 hectogramme 7 décagrammes et 6 grammes que vous exprimerez de cette manière : 8 kilogrammes 76 grammes, et vous négligerez les 8 décigrammes 4 centigrammes et 7 milligrammes, ou autrement, les 847 milligrammes.

Mais, comme le premier des trois chiffres que vous négligez est 8 décigrammes, dont la valeur excède la moitié de l'unité, c'est-à-dire, du gramme, vous augmenterez d'un le nombre des grammes, dernière valeur que vous conservez, et vous aurez 8 kilogrammes 77 grammes. Voyez l'instruction, page xv.

POIDS.

3.me Opération.

Soit à convertir en nouveaux poids 1835 livres anciennes, poids d'une caisse de marchandises, cherchez sur la table 1000 livres anciennes, vous trouverez. 489
Ensuite 800 livres. 391
Et 35 livres. 17

	Kilogrammes.	Hectogrammes.	Décagrammes.	Grammes.	Décigrammes.	Centigrammes.	Milligrammes.
	489	5	0	5	8	4	7
	391	6	0	4	6	7	7
	17	1	3	2	7	0	5
TOTAL.	898	2	4	3	2	2	9

Vous aurez 898 kilogrammes 2 hectogrammes, et vous négligerez le reste.

POIDS.

DEUXIEME TABLE, qui convertit les nouveaux poids en anciens poids de marc.

POIDS NOUVEAUX. KILOGRAMMES ou livres nouvelles.	POIDS DE MARC.			
	Livres.	Onces.	Gros.	Grains.	Centièmes de grain.
1 équivaut à........	2	0	5	35	15
2.................	4	1	2	70	30
3.................	6	2	0	33	45
4.................	8	2	5	68	60
5.................	10	3	3	31	75
6.................	12	4	0	66	90
7.................	14	4	6	30	05
8.................	16	5	3	65	20
9.................	18	6	1	28	35
10. ou 1 myriagram.	20	6	6	63	50
20.. 2.............	40	13	5	55	00
30.. 3.............	61	4	4	46	50
40.. 4.............	81	11	3	38	00
50.. 5.............	102	2	2	29	50
60.. 6.............	122	9	1	21	00
70.. 7.............	143	0	0	12	50
80.. 8.............	163	6	7	4	00
90.. 9.............	183	13	5	67	50
100.. 10.............	204	4	4	59	00
200.. 20.............	408	9	1	46	00
300.. 30.............	612	13	6	33	00
400.. 40.............	817	2	3	20	00
500.. 50.............	1021	7	0	7	00
600.. 60.............	1225	11	4	66	00
700.. 70.............	1430	0	1	53	00
800.. 80.............	1634	4	6	40	00
900.. 90.............	1838	9	3	27	00
1000.. 100.............	2042	14	0	14	00
2000.. 200.............	4085	12	0	28	00
3000.. 300.............	6128	10	0	42	00
4000.. 400.............	8171	8	0	56	00
5000.. 500.............	10214	6	0	70	00
6000.. 600.............	12257	4	1	12	00

POIDS.

POIDS NOUVEAUX.	POIDS DE MARC.				
	Livres.	Onces.	Gros.	Grains.	Centièmes de grain.
KYLOGRAMMES ou livres nouvelles.					
7000 ou 700 myriag.	14,300	2	1	26	00
8000 .. 800	16,343	0	1	40	00
9000 .. 900	18,385	14	1	54	00
10,000 .. 1000	20,428	12	1	68	00
GRAMMES ou deniers nouveaux.					
1 équivaut à	0	0	0	18	83
2	0	0	0	37	65
3	0	0	0	56	48
4	0	0	1	3	31
5	0	0	1	22	14
6	0	0	1	40	96
7	0	0	1	59	79
8	0	0	2	6	62
9	0	0	2	25	44
10 ou 1 décag. ou gros.	0	0	2	44	27
20 .. 2	0	0	5	16	54
30 .. 3	0	0	7	60	81
40 .. 4	0	1	2	33	09
50 .. 5	0	1	5	5	36
60 .. 6	0	1	7	49	63
70 .. 7	0	2	2	21	90
80 .. 8	0	2	4	66	17
90 .. 9	0	2	7	38	44
100 ou 1 hect. ou once.	0	3	2	10	71
200 .. 2	0	6	4	21	43
300 .. 3	0	9	6	32	14
400 .. 4	0	13	0	42	86
500 .. 5	1	0	2	53	57
600 .. 6	1	3	4	64	29
700 .. 7	1	6	7	3	00
800 .. 8	1	10	1	13	72
900 .. 9	1	13	3	24	43

POIDS.

POIDS NOUVEAUX.	POIDS DE MARC.				
MILLIGRAMMES.	Livres.	Onces.	Gros.	Grains.	Centièmes de grain.
1 équivaut à............	0	0	0	0	02
2....................	0	0	0	0	04
3....................	0	0	0	0	06
4....................	0	0	0	0	08
5....................	0	0	0	0	09
6....................	0	0	0	0	11
7....................	0	0	0	0	13
8....................	0	0	0	0	15
9....................	0	0	0	0	17
10 ou 1 centigramme...	0	0	0	0	19
20.. 2...............	0	0	0	0	38
30.. 3...............	0	0	0	0	56
40.. 4...............	0	0	0	0	75
50.. 5...............	0	0	0	0	94
60.. 6...............	0	0	0	1	13
70.. 7...............	0	0	0	1	32
80.. 8...............	0	0	0	1	50
90.. 9...............	0	0	0	1	69
100 ou 1 décigr. ou grain.	0	0	0	1	88
200.. 2...............	0	0	0	3	77
300.. 3...............	0	0	0	5	65
400.. 4...............	0	0	0	7	53
500.. 5...............	0	0	0	9	41
600.. 6...............	0	0	0	11	30
700.. 7...............	0	0	0	13	18
800.. 8...............	0	0	0	15	06
900.. 9...............	0	0	0	16	94

Nota. En additionnant cette table, on divisera les grains anciens par 72 pour les convertir en gros anciens ; les gros anciens par 8 pour les convertir en onces anciennes ; et les onces anciennes par 16 pour les convertir en livres anciennes.

POIDS.

Opération.

	Livres.	Onces.	Gros.	Grains.	Centièmes de grain.
Soit à convertir en anciens poids de marc 25 kilogrammes 854 grammes 158 milligrammes, ou par la division, 23 kilogrammes 8 hectogrammes 5 décagrammes 4 grammes 1 décigramme 5 centigrammes et 8 milligrammes ; cherchez 20 kilogrammes, vous trouverez qu'ils valent, en ancien poids de marc.	40	13	5	55	8
3 kilogrammes.	6	2	0	33	45
800 grammes ou 8 hectogrammes. . .	1	10	1	13	72
50 grammes ou 5 décagrammes. . . .	0	1	5	5	36
4 grammes.	0	0	1	3	31
100 milligrammes ou 1 décigramme. . .	0	0	0	1	88
50 milligrammes ou 5 centigrammes. .	0	0	0	0	94
8 milligrammes.	0	0	0	0	15
TOTAL.	48	11	5	41	81

Vous aurez pour résultat 48 livres 11 onces 5 gros 41 grains et 81 centièmes de grain, ancien poids de marc.

POIDS.

Rapport des 1.re et 2.eme Tables.
Opération.
PREMIÈRE TABLE.

A convertir en nouveaux poids 11 livres 6 onces 3 gros et 50 grains, anciens poids de marc ; cherchez 11 livres, vous trouverez qu'elles valent, et le reste :

	Kilogrammes.	Hectogrammes.	Décagrammes.	Grammes.	Décigrammes.	Centigrammes.	Milligrammes.
A convertir en nouveaux poids 11 livres 6 onces 3 gros et 50 grains, anciens poids de marc ; cherchez 11 livres, vous trouverez qu'elles valent. . , ...	5	3	8	4	5	6	4
6 onces.	0	1	8	3	5	6	5
3 gros.	0	0	1	1	4	7	3
50 grains.	0	0	0	2	6	5	6
TOTAL.	5	5	8	2	2	5	8

Vous aurez 5 kilogrammes 5 hectogrammes 8 décagrammes 2 grammes 2 décigrammes 5 centigrammes 8 milligrammes, ou plus simplement, 5 kilogrammes 582 grammes 258 milligrammes.

Preuve.
DEUXIÈME TABLE.

	Livres anciennes.	Onces anciennes.	Gros anciens.	Grains anciens.	Cent.es de grain.
A convertir en anciens poids de marc 5 kilogrammes 582 grammes 258 milligrammes ; cherchez 5 kilogrammes, vous trouverez qu'ils valent.	10	3	3	31	75
500 grammes ou 5 hectogrammes. . .	1	0	2	53	57
80 grammes ou 8 décagrammes. . . .	0	2	4	66	17
2 grammes.	0	0	0	37	65
200 milligrammes ou 2 décigrammes. .	0	0	0	3	77
50 milligrammes ou 5 centigrammes. .	0	0	0	0	94
8 milligrammes.	0	0	0	0	5
TOTAL ÉGAL.	11	6	3	50	00

Vous aurez 11 livres 6 onces 3 gros 50 grains, ancien poids de marc.

POIDS.

Rapport des 1.ᵉʳᵉ et 2.ᵉᵐᵉ Tables.

Opération.

DEUXIÈME TABLE.

	Livres anciennes.	Onces anciennes.	Gros anciens.	Grains anciens.	Cent.es de grain.
A convertir en anciens poids de marc 5 kilogrammes 9 hectogrammes 3 décagrammes 7 grammes 8 décigrammes 4 centigrammes et 2 milligrammes, ou plus simplement, 5 kilogrammes 937 grammes et 842 milligrammes; cherchez 5 kilogrammes, vous trouverez qu'ils valent. .	10	3	3	31	75
900 grammes ou 9 hectogrammes. . .	1	13	3	24	45
30 grammes ou 3 décagrammes. . . .	0	0	7	60	81
7 grammes.	0	0	1	30	79
800 milligrammes ou 8 décigrammes. .	0	0	0	15	06
40 milligrammes ou 4 centigrammes. .	0	0	0	0	70
2 milligrammes.	0	0	0	0	04
TOTAL.	12	2	0	48	63

Vous aurez 12 livres 2 onces 48 grains et 63 centièmes de grain, ancien poids de marc.

Preuve.

PREMIÈRE TABLE.

	Kilogrammes.	Hectogrammes.	Décagrammes.	Grammes.	Décigrammes.	Centigrammes.	Milligrammes.
A convertir en nouveaux poids 12 livres 2 onces 48 grains et 63 centièmes de grain, ancien poids de marc; cherchez 12 livres, vous trouverez. . . .	5	8	7	4	0	7	0
2 onces.	0	0	6	1	1	8	8
48 grains.	0	0	0	2	5	5	0
60 centièmes de grain.	0	0	0	0	0	3	2
3 *idem*.	0	0	0	0	0	0	2
TOTAL ÉGAL.	5	9	3	7	8	4	2

Vous aurez 5 kilogrammes 937 grammes 842 milligrammes.

POIDS.

TROISIEME TABLE, qui donne le prix du kilogramme ou de la livre nouvelle comparativement au prix de l'ancienne livre, poids de marc.

FRANCS.	Francs.	Centimes.	Centièmes.
à 1 franc la livre ancienne, le kilogramme ou la livre nouvelle vaut	2	04	29
2	4	08	58
3	6	12	86
4	8	17	15
5	10	21	44
6	12	25	73
7	14	30	01
8	16	34	30
9	18	38	59
10	20	42	88
20	40	85	75
30	61	28	63
40	81	71	51
50	102	14	38
60	122	57	26
70	143	00	14
80	163	43	01
90	183	85	89
100	204	28	77
200	408	57	53

CENTIMES.	Francs.	Centimes.	Centièmes.
1	0	02	04
2	0	04	09
3	0	06	13
4	0	08	17
5	0	10	21
6	0	12	26
7	0	14	30
8	0	16	34
9	0	18	39

CENTIMES.	Francs.	Centimes.	Centièmes.
10	0	20	43
20	0	40	86
30	0	61	29
40	0	81	72
50	1	02	14
60	1	22	57
70	1	43	00
80	1	63	43
90	1	83	86

CENTIEMES de centime.	Francs.	Centimes.	Centièmes.
1	0	00	02
2	0	00	04
3	0	00	06
4	0	00	08
5	0	00	10
6	0	00	12
7	0	00	14
8	0	00	16
9	0	00	18
10	0	00	20
20	0	00	41
30	0	00	61
40	0	00	82
50	0	01	02
60	0	01	23
70	0	01	43
80	0	01	63
90	0	01	84

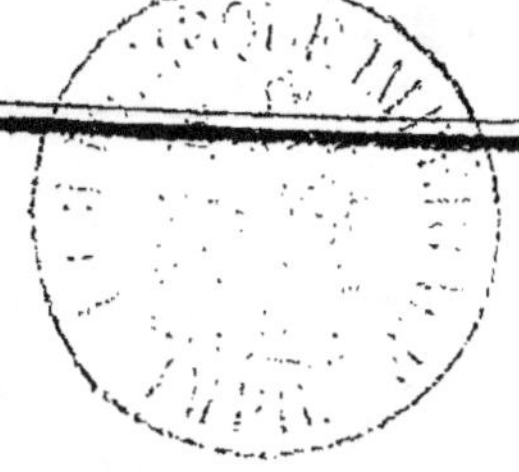

POIDS.

QUATRIEME TABLE, qui donne le prix de la livre ancienne, comparativement au prix du kilogramme ou de
la livre nouvelle.

FRANCS.	Francs.	Centimes.	Centièmes.	CENTIMES.	Francs.	Centimes.	Centièmes.
à 1 franc le kilogram-me, la livre an-cienne vaut	0	48	95	8	0	03	92
2	0	97	90	9	0	04	41
3	1	46	85	10	0	04	90
4	1	95	80	20	0	09	79
5	2	44	75	30	0	14	69
6	2	93	70	40	0	19	58
7	3	42	65	50	0	24	48
8	3	91	60	60	0	29	37
9	4	40	56	70	0	34	27
10	4	89	51	80	0	39	16
20	9	79	01	90	0	44	06
30	14	68	52				
40	19	58	02	**CENTIÈMES de centime.**			
50	24	47	53	1	0	00	00
60	29	37	04	2	0	00	01
70	34	26	54	3	0	00	01
80	39	16	05	4	0	00	02
90	44	05	55	5	0	00	02
100	48	95	06	6	0	00	03
200	97	90	12	7	0	00	03
300	146	85	18	8	0	00	04
400	195	80	23	9	0	00	04
				10	0	00	05
				20	0	00	10
CENTIMES.				30	0	00	15
1	0	00	49	40	0	00	20
2	0	00	98	50	0	00	24
3	0	01	47	60	0	00	29
4	0	01	96	70	0	00	34
5	0	02	45	80	0	00	39
6	0	02	94	90	0	00	44
7	0	03	43				

POIDS.

CINQUIÈME TABLE, qui donne le prix de l'hectogramme ou de l'once nouvelle, comparativement au prix de l'ancienne once, poids de marc.

FRANCS.	Francs.	Centimes.	Centièmes.
à 1 franc l'once ancienne , l'hectogramme, ou l'once nouvelle vaut	3	26	86
2	6	53	72
3	9	80	58
4	13	07	44
5	16	34	30
6	19	61	16
7	22	88	02
8	26	14	88
9	29	41	74
10	32	68	60
20	65	37	20
30	98	05	81
40	130	74	41
50	163	43	01
60	196	11	61
70	228	80	22
80	261	48	82
90	294	17	42
100	326	86	02

CENTIMES.	Francs.	Centimes.	Centièmes.
1	0	03	27
2	0	06	54
3	0	09	81
4	0	13	07
5	0	16	34
6	0	19	61
7	0	22	88
8	0	26	15
9	0	29	42

CENTIMES.	Francs.	Centimes.	Centièmes.
10	0	32	69
20	0	65	37
30	0	98	06
40	1	30	74
50	1	63	43
60	1	96	12
70	2	28	80
80	2	61	49
90	2	94	17

CENTIEMES de centime.	Francs.	Centimes.	Centièmes.
1	0	00	03
2	0	00	07
3	0	00	10
4	0	00	13
5	0	00	16
6	0	00	20
7	0	00	23
8	0	00	26
9	0	00	29
10	0	00	33
20	0	00	65
30	0	00	98
40	0	01	31
50	0	01	63
60	0	01	96
70	0	02	29
80	0	02	61
90	0	02	94

H

POIDS.

SIXIÈME TABLE, qui donne le prix de l'ancienne once, poids de marc, comparativement au prix de l'hecto-gramme ou de l'once nouvelle.

FRANCS.	Francs.	Centimes.	Centièmes.
à 1 franc l'hecto-gramme ou l'once nouvelle, l'once ancienne vaut	0	30	59
2	0	61	19
3	0	91	78
4	1	22	38
5	1	52	97
6	1	83	56
7	2	14	16
8	2	44	75
9	2	75	35
10	3	05	94
20	6	11	88
30	9	17	82
40	12	23	76
50	15	29	71
60	18	35	65
70	21	41	59
80	24	47	53
90	27	53	47
100	30	59	41
200	61	18	82
300	91	78	23
400	122	37	65

CENTIMES.	Francs.	Centimes.	Centièmes.
1	0	00	31
2	0	00	61
3	0	00	92
4	0	01	22
5	0	01	53
6	0	01	84
7	0	02	14
8	0	02	45
9	0	02	75
10	0	03	06
20	0	06	12
30	0	09	18
40	0	12	24
50	0	15	30
60	0	18	36
70	0	21	42
80	0	24	48
90	0	27	53

CENTIÈMES de centime.	Francs.	Centimes.	Centièmes.
1	0	00	00
2	0	00	01
3	0	00	01
4	0	00	01
5	0	00	02
6	0	00	02
7	0	00	02
8	0	00	02
9	0	00	03
10	0	00	03
20	0	00	06
30	0	00	09
40	0	00	12
50	0	00	15
60	0	00	18
70	0	00	21
80	0	00	24
90	0	00	28

POIDS.

SEPTIÈME TABLE, qui donne le prix du décagramme ou du gros nouveau, comparativement au prix du gros ancien, poids de marc.

FRANCS.	Francs.	Centièmes.	Centièmes.
à 1 franc le gros ancien, le décagramme ou le gros nouveau vaut	2	61	49
2	5	22	98
3	7	84	46
4	10	45	95
5	13	07	44
6	15	68	93
7	18	30	42
8	20	91	91
9	23	53	39
10	26	14	88
20	52	29	76

CENTIMES.	Francs.	Centièmes.	Centièmes.
1	0	02	61
2	0	05	23
3	0	07	84
4	0	10	46
5	0	13	07
6	0	15	69
7	0	18	30
8	0	20	92
9	0	23	53
10	0	26	15
20	0	52	30
30	0	78	45
40	1	04	60
50	1	30	74

CENTIMES.	Francs.	Centièmes.	Centièmes.
60	1	56	89
70	1	83	04
80	2	09	19
90	2	35	34

CENTIÈMES de centime.	Francs.	Centièmes.	Centièmes.
1	0	00	03
2	0	00	05
3	0	00	08
4	0	00	10
5	0	00	13
6	0	00	16
7	0	00	18
8	0	00	21
9	0	00	24
10	0	00	26
20	0	00	52
30	0	00	78
40	0	01	05
50	0	01	31
60	0	01	57
70	0	01	83
80	0	02	09
90	0	02	36

POIDS.

HUITIÈME TABLE, qui donne le prix du gros ancien, poids de marc, comparativement au prix du décagramme ou gros nouveau.

FRANCS.

	Francs.	Centimes.	Centièmes.
à 1 franc le décagramme ou le gros nouveau, le gros ancien vaut	0	38	24
2............	0	76	49
3............	1	14	73
4............	1	52	97
5............	1	91	21
6............	2	29	46
7............	2	67	70
8............	3	05	94
9............	3	44	18
10............	3	82	43
20............	7	64	85
30............	11	47	28
40............	15	29	71
50............	19	12	13

CENTIMES.

	Francs.	Centimes.	Centièmes.
1............	0	00	38
2............	0	00	76
3............	0	01	15
4............	0	01	53
5............	0	01	91
6............	0	02	29
7............	0	02	68
8............	0	03	06
9............	0	03	44
10............	0	03	82
20............	0	07	65
30............	0	11	47

CENTIMES.

	Francs.	Centimes.	Centièmes.
40............	0	15	30
50............	0	19	12
60............	0	22	95
70............	0	26	77
80............	0	30	59
90............	0	34	42

CENTIÈMES de centime.

	Francs.	Centimes.	Centièmes.
1............	0	00	00
2............	0	00	01
3............	0	00	01
4............	0	00	02
5............	0	00	02
6............	0	00	02
7............	0	00	03
8............	0	00	03
9............	0	00	03
10............	0	00	04
20............	0	00	08
30............	0	00	11
40............	0	00	15
50............	0	00	19
60............	0	00	23
70............	0	00	27
80............	0	00	31
90............	0	00	34

POIDS.

NEUVIÈME TABLE, qui donne le prix du décigramme ou du grain nouveau, comparativement au prix du grain ancien, poids de marc.

FRANCS.	Francs.	Centimes.	Centièmes.	CENTIÈMES de centime.	Francs.	Centimes.	Centièmes.
à 1 franc le grain ancien, le décigramme ou le grain nouveau vaut	1	88	27	1	0	00	02
2	3	76	54	2	0	00	04
3	5	64	81	3	0	00	06
4	7	53	09	4	0	00	08
5	9	41	36	5	0	00	09
				6	0	00	11
CENTIMES.				7	0	00	13
1	0	01	88	8	0	00	15
2	0	03	77	9	0	00	17
3	0	05	65	10	0	00	19
4	0	07	53	20	0	00	38
5	0	09	41	30	0	00	56
6	0	11	30	40	0	00	75
7	0	13	18	50	0	00	94
8	0	15	06	60	0	01	13
9	0	16	94	70	0	01	32
10	0	18	83	80	0	01	51
20	0	37	65	90	0	01	69
30	0	56	48				
40	0	75	31				
50	0	94	14				
60	1	12	96				
70	1	31	79				
80	1	50	62				
90	1	69	44				

POIDS.

DIXIÈME TABLE, qui donne le prix du grain ancien, poids de marc, comparativement au prix du décigramme ou grain nouveau.

FRANCS.	Francs.	Centimes.	Centièmes.
à 1 franc le décigramme ou le grain nouveau, le grain ancien vaut	0	53	11
2	1	06	23
3	1	59	34
4	2	12	46
5	2	65	57
6	3	18	69
7	3	71	80
8	4	24	92
9	4	78	03
10	5	31	15

CENTIMES.	Francs.	Centimes.	Centièmes.
1	0	00	53
2	0	01	06
3	0	01	59
4	0	02	12
5	0	02	66
6	0	03	19
7	0	03	72
8	0	04	25
9	0	04	78
10	0	05	31
20	0	10	62
30	0	15	93
40	0	21	25
50	0	26	56
60	0	31	87
70	0	37	18
80	0	42	49
90	0	47	80

CENTIÈMES de centime.	Francs.	Centimes.	Centièmes.
1	0	00	01
2	0	00	01
3	0	00	02
4	0	00	02
5	0	00	03
6	0	00	03
7	0	00	04
8	0	00	04
9	0	00	05
10	0	00	05
20	0	00	11
30	0	00	16
40	0	00	21
50	0	00	27
60	0	00	32
70	0	00	37
80	0	00	42
90	0	00	48

Il est nécessaire d'insérer ici un extrait de *l'avis au public* publié par M. le Conseiller d'état, chargé du quatrième arrondissement de la police générale de l'Empire.

« Lorsque le Gouvernement a établi le nouveau système des poids et mesures pour toute la France, il a eu pour but l'avantage du commerce en général, et celui des consommateurs en particulier. Les marchands sont tenus, non-seulement de vendre leurs marchandises avec les nouveaux poids et mesures, mais encore de suivre leurs divisions décimales : ceux qui opèrent autrement, contreviennent à la loi. Les anciens poids et mesures sont réprouvés, et la loi n'en garantit plus l'exactitude. Si les marchands s'en servent clandestinement, le consommateur peut être trompé, et il n'a pas le droit de se plaindre de la fraude dont il est victime. Cependant, entraîné par la force de l'habitude, le plus grand nombre des consommateurs préfère acheter aux anciens poids et mesures. Les consommateurs agissent, à cet égard, contre leur propre intérêt ; en demandant des marchandises à l'ancien poids, lorsque le marchand n'a et ne peut employer que le nouveau poids, c'est s'exposer à être trompé. En effet, on doit sentir qu'on ne peut composer la valeur d'un poids ancien avec les nouveaux, que par la combinaison de plusieurs de ces derniers, où doivent entrer les plus petites fractions ; dans ce cas, le marchand peut se tromper ou abuser de l'embarras dans lequel il met l'acheteur.

» Le plus sûr moyen pour le consommateur de se mettre à l'abri de toute erreur, c'est d'adopter franchement l'usage des nouveaux poids et des nouvelles mesures ; il doit exiger du marchand qu'il dise le prix de sa marchandise, non pas aux anciens poids et mesures, mais bien aux mesures et aux poids nou_ veaux, et qu'il lui donne, s'il le demande, un bordereau ou une facture de sa livraison, dans les termes consacrés par la loi.

» Des notions simples suffisent pour se familiariser avec le système actuel ; il faut seulement savoir que les mesures et les poids nouveaux ne se divisent pas, comme les anciens, en quarts, huitièmes, seizièmes, tiers, sixièmes, douxièmes, etc., mais qu'ils se divisent uniformement par dix, que chaque poids décimal a son double et sa moitié, et qu'on ne peut demander aux marchands de donner un quart de kilogramme, un demi-tiers de mètre, mais des doubles et des demi de chaque poids décimal, et des dixièmes et des centièmes de mètre.

» Le prix d'une mesure ou d'un poids étant convenu, il est d'autant plus facile d'en déduire ceux d'un, de deux, de trois dixièmes, etc., que les nouvelles monnaies elles-mêmes se divisent par dix, et se prêtent avec facilité à tous les calculs.

» En se familiarisant avec des notions aussi claires, le public, pénétré des dangers de l'habitude, s'empressera de concourir à l'établissement définitif du nouveau système. Comme c'est sur-tout dans la vente en détail et aux poids que les fraudes sont plus préjudiciables, cet objet a fixé particulièrement l'attention de la police : elle vient, en conséquence, de recommander aux marchands d'afficher, dans leurs boutiques, un tableau indicatif des prix des divers poids qui peuvent composer une pesée ; ensorte que le prix du kilogramme étant connu, chacun pourra, sur ce tableau, vérifier le prix des poids formant une pesée, et de leur addition, faire le prix total.

POIDS.

TABLEAU INDICATIF
DES PRIX DES DIVERS POIDS

Qui peuvent composer une pesée, le prix du kilogramme étant connu.

Prix du kilo-gramme ou de la livre nouvelle		L'hectogramme ou l'once nouvelle vaut			Le décagramme ou le gros nouveau vaut			Le gramme ou le denier nouveau vaut		
Francs.	Centimes.	Francs.	Centimes.	Centièmes.	Francs.	Centimes.	Centièmes.	Francs.	Centimes.	Centièmes.
à 0	05	0	00	50	0	00	05	0	00	01
0	10	0	01		0	00	10	0	00	01
0	15	0	01	50	0	00	15	0	00	02
0	20	0	02		0	00	20	0	00	02
0	25	0	02	50	0	00	25	0	00	03
0	30	0	03		0	00	30	0	00	03
0	55	0	03	50	0	00	35	0	00	04
0	40	0	04		0	00	40	0	00	04
0	45	0	04	50	0	00	45	0	00	05
0	50	0	05		0	00	50	0	00	05
0	55	0	05	50	0	00	55	0	00	06
0	60	0	06		0	00	60	0	00	06
0	65	0	06	50	0	00	65	0	00	07
0	70	0	07		0	00	70	0	00	07
0	75	0	07	50	0	00	75	0	00	08
0	80	0	08		0	00	80	0	00	08
0	85	0	08	50	0	00	85	0	00	09
0	90	0	09		0	00	90	0	00	09
0	95	0	09	50	0	00	95	0	00	10
1	00	0	10	00	0	01	00	0	00	10
2	00	0	20	00	0	02	00	0	00	20
3	00	0	30	00	0	03	00	0	00	30
4	00	0	40	00	0	04	00	0	00	40
5	00	0	50	00	0	05	00	0	00	50
6	00	0	60	00	0	06	00	0	00	60
7	00	0	70	00	0	07	00	0	00	70
8	00	0	80	00	0	08	00	0	00	80
9	00	0	90	00	0	09	00	0	00	90
10	00	1	00	00	0	10	00	0	01	00
20	00	2	00	00	0	20	00	0	02	00

POIDS.

Prix du kilogramme ou de la livre nouvelle.		L'hectogramme ou l'once nouvelle vaut			Le décagramme ou le gros nouveau vaut			Le gramme ou le denier nouveau vaut		
Francs.	Centimes.	Francs.	Centimes.	Centièmes.	Francs.	Centimes.	Centièmes.	Francs.	Centimes.	Centièmes.
a 3o	oo	3	oo	oo	o	3o	oo	o	o3	oo
4o	oo	4	oo	oo	o	4o	oo	o	o4	oo
5o	oo	5	oo	oo	o	5o	oo	o	o5	oo
6o	oo	6	oo	oo	o	6o	oo	o	o6	oo
7o	oo	7	oo	oo	o	7o	oo	o	o7	oo
8o	oo	8	oo	oo	o	8o	oo	o	o8	oo
9o	oo	9	oo	oo	o	9o	oo	o	o9	oo
100	oo	10	oo	oo	1	oo	oo	o	10	oo
2oo	oo	20	oo	oo	2	oo	oo	o	2o	oo

J'ai pensé qu'il était inutile d'augmenter le nombre des colonnes, parce qu'il sera très-facile de trouver le prix des moitiés et des doubles de chacun de ces poids.

Opération.

Supposons que le prix d'une marchandise soit de 3 francs 70 centimes le kilogramme, et que la pesée soit composée d'un kilogramme, d'un demi-kilogramme, d'un hectogramme, du double hectogramme et d'un décagramme.

Pour connaître le prix total de tous ces poids, on opérera de cette manière :

	Francs.	Centim	Centiè.
Prix du kilogramme.	3	70	oo
Moitié pour le prix du demi-kilogramme.	1	85	oo
A 3 francs le kilogramme, l'hectogramme vaut. . .	o	3o	oo
Conséquemment le double hectogramme vaut.. . .	o	6o	oo
Le décagramme vaut.	o	o3	oo
A 70 centimes le kilogramme, l'hectogramme vaut.	o	o7	oo
Conséquemment le double hectogramme vaut. . .	o	14	oo
Le décagramme vaut.	o	oo	70
Le prix total de tous ces poids est donc. .	6	69	70

MESURES CUBIQUES.

QUATRIÈME PARTIE.

De la Toise cube.

LA toise cube désignait un solide, dont les trois dimensions hauteur, longueur et largeur étaient chacune d'une toise ; elle se divisait ou en *six parties égales* nommés *toises-toises-pieds*, ou en *deux cents seize parties égales* nommées *pieds cubes*.

Toise cube divisée en *toises-toises-pieds*.

La *toise cube* contenait 6 *toises-toises-pieds*.

La *toise-toise-pied* désignait un solide dont deux de ses dimensions étaient d'*une toise* et l'autre d'*un pied*, elle contenait 12 *toises-toises-pouces* ; elle équivalait à 36 *pieds cubes*.

La *toise-toise-pouce* désignait un solide dont deux de ses dimensions étaient d'*une toise* et l'autre d'*un pouce* ; elle contenait 12 *toises-toises-lignes*, et elle équivalait à 5184 *pouces cubes*.

La *toise-toise-ligne* désignait un solide dont deux de ses dimensions étaient d'*une toise* et l'autre d'*une ligne* ; elle contenait 12 *toises-toises-points*, et elle équivalait à 746,496 *lignes cubes*.

La *toise-toise-point* désignait un solide dont deux de ses dimensions étaient d'*une toise* et l'autre d'*un point* ; elle équivalait à 62,208 *lignes cubes*.

La toise cube de cette première division était égale à.. $\left\{\begin{array}{l} \text{6 toises-toises-pieds.} \\ \text{72 toises-toises-pouces.} \\ \text{864 toises-toises-lignes.} \\ \text{10,368 toises-toises-points.} \end{array}\right.$

MESURES CUBIQUES.

La toise-toise-pied à.
{
12 toises-toises-pouces.
144 toises-toises-lignes.
1728 toises-toises-points.

La toise-toise-pouce à
{
12 toises-toises-lignes.
144 toises-toises-points.

La toise-toise-ligne à   12 toises-toises-points.

Toise cube divisée en pieds cubes.

La *toise cube* contenait 216 *Pieds cubes.*

Le *pied cube* désignait un solide dont les trois dimensions étaient chacune d'*un pied* ; il contenait 1728 *pouces cubes.*

Le *pouce cube* désignait un solide dont les trois dimensions étaient chacune d'*un pouce* ; il contenait 1728 *lignes cubes.*

La *ligne cube* désignait un solide dont les trois dimensions étaient chacune d'*une ligne.*

La toise cube de cette seconde division était égale à..
{
216 Pieds cubes.
373,248 pouces cubes.
644,972,544 lignes cubes.

Le pied cube à...
{
1,728 pouces cubes,
2,985,984 lignes cubes.

Le pouce cube à..   1,728 lignes cubes.

La nouvelle mesure qui remplace la *toise cube* est le *mètre cube.*

Le *mètre cube* désigne un solide dont les trois dimensions hauteur, longueur et largeur sont chacune d'*un mètre* ; il contient 1000 *décimètres* ou *palmes cubes.*

Le *décimètre cube* désigne un solide dont les trois dimensions sont chacune d'*un décimètre* ; il contient 1000 *centimètres* ou *doigts cubes.*

MESURES CUBIQUES.

Le *centimètre cube* désigne un sol de dont les trois dimensions sont chacune d'*un centimètre ;* il contient 1000 *millimètres* ou *traits cubes.*

Le *millimètre cube* désigne un solide dont les trois dimensions sont chacune d'*un millimètre.*

Ainsi le mètre cube est égal à.........

- 1,000 décimètres ou palmes cubes.
- 1,000,000 centimètres ou doigts cubes.
- 1,000,000,000 millimètres ou traits cubes.

Le décimètre cube à

- 1,000 centimètres ou doigts cubes.
- 1,000,000 millimètres ou traits cubes.

Le centimètre cube à 1,000 millimètres ou traits cubes.

MESURES CUBIQUES.

TOISE CUBE
DIVISÉE EN TOISES-TOISES-PIEDS.

PREMIÈRE TABLE, qui convertit les toises cubes, toises-toises-pieds, toises-toises-pouces, toises-toises-lignes et toises-toises-points en mètres cubes et décimètres cubes.

TOISES CUBES.	Mètres cubes.	Décimètres cubes.	TOISES-CUBES.	Mètres cubes.	Décimètres cubes.
1 vaut	7	404	700	5182	721
2	14	808	800	5923	110
3	22	212	900	6663	498
4	29	616	1000	7403	887
5	37	019			
6	44	423	**TOISES-TOISES-PIEDS.**		
7	51	827	1	»	234
8	59	231	2	2	468
9	66	635	3	3	702
10	74	039	4	4	936
20	148	078	5	6	170
30	222	117			
40	296	155	**TOISES-TOISES-POUC.**		
50	370	194	1	0	103
60	444	233	2	0	206
70	518	272	3	0	308
80	592	311	4	0	411
90	666	350	5	0	514
100	740	389	6	0	617
200	1480	777	7	0	720
300	2221	166	8	0	823
400	2961	555	9	0	925
500	3701	944	10	1	028
600	4442	332	11	1	131

MESURES CUBIQUES.

TOISES-TOISES-LIGN.	Mètres cubes.	Décimètres cubes.	TOISES-TOISES-POINTS	Mètres cubes.	Décimètres cubes.
1 vaut........	0	009	1............	0	001
2............	0	017	2............	0	001
3............	0	026	3............	0	002
4............	0	034	4............	0	003
5............	0	043	5............	0	004
6............	0	051	6............	0	004
7............	0	060	7............	0	005
8............	0	069	8............	0	006
9............	0	077	9............	0	006
10............	0	086	10............	0	007
11............	0	094	11............	0	008

On additionnera cette table comme les francs et centimes.

Opération.

	Mètres cubes.	Décimètres cubes.
A convertir en mètres cubes 168 toises cubes 4 toises-toises-pieds 9 toises-toises-pouces 3 toises-toises-lignes et 10 toises-toises-points , cherchez 100 toises cubes ; vous trouverez qu'elles valent............	740	389
60 *Idem.*	444	233
8 *Idem.*	59	231
4 Toises-toises-pieds............ , .	4	936
9 Toises-toises-pouces............	0	925
3 Toises-toises-lignes............	0	026
10 Toises-toises-points............	0	007
TOTAL.	1249	747

Vous aurez 1249 mètres 747 décimètres cubes,

MESURES CUBIQUES.

DEUXIEME TABLE, qui convertit les mètres et décimètres cubes en toises cubes, toises-toises-pieds, toises-toises-pouces, toises-toises-lignes et toises-toises-points.

Mètres cubes.	Toises cubes.	Toises-toises-pieds.	Toises-toises-pouces.	Toises-toises-lignes.	Toises-toises-points.
1 équiv.	0	0	9	8	8
2......	0	1	7	5	5
3......	0	2	5	2	1
4......	0	3	2	10	9
5......	0	4	0	7	6
6......	0	4	10	4	2
7......	0	5	8	0	10
8......	1	0	5	9	7
9......	1	1	3	6	3
10.....	1	2	1	2	11
20.....	2	4	2	5	11
30.....	4	0	3	8	10
40.....	5	2	4	11	10
50.....	6	4	6	2	9
60.....	8	0	7	5	9
70.....	9	2	8	8	8
80.....	10	4	9	11	8
90.....	12	0	11	2	7
100....	13	3	0	5	7
200....	27	0	0	11	1
300....	40	3	1	4	8
400....	54	0	1	10	2
500....	67	3	2	3	9
600....	81	0	2	9	3
700....	94	3	3	2	10
800....	108	0	3	8	4
900....	121	3	4	1	11
1000...	135	0	4	7	6

Décimètres cubes.	Toises cubes.	Toises-toises-pieds.	Toises-toises-pouces.	Toises-toises-lignes.	Toises-toises-points.
1.....	0	0	0	0	1
2.....	0	0	0	0	3
3.....	0	0	0	0	4
4.....	0	0	0	0	6
5.....	0	0	0	0	7
6.....	0	0	0	0	8
7.....	0	0	0	0	10
8.....	0	0	0	0	11
9.....	0	0	0	1	1
10....	0	0	0	1	2
20....	0	0	0	2	4
30....	0	0	0	3	6
40....	0	0	0	4	8
50....	0	0	0	5	10
60....	0	0	0	7	0
70....	0	0	0	8	2
80....	0	0	0	9	4
90....	0	0	0	10	6
100...	0	0	0	11	8
200...	0	0	1	11	4
300...	0	0	2	11	0
400...	0	0	3	10	8
500...	0	0	4	10	4
600...	0	0	5	10	0
700...	0	0	6	9	8
800...	0	0	7	9	4
900...	0	0	8	9	0

Nota. Dans l'addition de cette Table on divisera les

MESURES CUBIQUES.

toises-toises-points par 12, pour les réduire en toises-toises-lignes ; les toises-toises-lignes par 12, pour les réduire en toises-toises-pouces; les toises-toises-pouces par 12, pour les réduire en toises-toises-pieds ; et les toises-toises-pieds par 6, pour les réduire en toises cubes.

Opération.

	Toises cubes.	Toises-toises-pieds.	Toises-toises-pouces.	Toises-toises-lignes.	Toises-toises-points.
A convertir en toises cubes et en toises-toises-pieds 428 mètres 917 décimètres cubes; cherchez 400 mètres cubes, vous trouverez qu'ils valent.	54	0	1	10	2
20 *idem*.	2	4	2	5	11
8 *idem*.	1	0	5	9	7
900 décimètres cubes.	0	0	8	9	0
10 *idem*.	0	0	0	1	2
7 *idem*.	0	0	0	0	10
T O T A L.	57	5	7	0	8

Vous aurez pour résultat 57 toises cubes 5 toises-toises-pieds 7 toises-toises-pouces et 8 toises-toises-points.

MESURES CUBIQUES.

Rapport des 1.ere et 2.eme Tables.

Opération.

PREMIÈRE TABLE.

	Mètres cubes.	Décimètres cubes.
A convertir en mètres cubes 264 toises cubes 3 toises-toises-pieds 5 toises-toises-pouces 9 toises-toises-lignes et 8 toises-toises-points ; cherchez 200 toises cubes, vous aurez....................	1480	777
60 idem........................	444	233
4 idem........................	29	616
3 toises-toises-pieds....................	3	702
5 toises-toises-pouces....................	0	514
9 toises-toises-lignes....................	0	077
8 toises-toises-points....................	0	006
TOTAL....................	1958	925

Preuve.

DEUXIÈME TABLE.

	Toises cubes.	Toises-toises-pieds.	Toises-toises-pouces.	Toises-toises-lignes.	Toises-toises-points.
A convertir en toises cubes et toises-toises-pieds 1958 mètres 925 décimètres cubes ; cherchez 1000 mètres cubes, vous aurez....................	135	0	4	7	6
900 idem....................	121	3	4	1	11
50 idem....................	6	4	6	2	9
8 idem....................	1	0	5	9	7
900 décimètres cubes....................	0	0	8	9	0
20 idem....................	0	0	0	2	4
5 idem....................	0	0	0	0	7
TOTAL ÉGAL....................	264	3	5	9	8

MESURES CUBIQUES.

TOISE CUBE
DIVISÉE EN PIEDS CUBES.

PREMIERE TABLE, qui convertit les toises, pieds, pouces, et lignes cubes en mètres, décimètres, centimètres et millimètres cubes.

TOISES CUBES.	Mètres cubes.	Décimètres cubes.	Centimètres cubes.	Millimètres cubes.	PIEDS CUBES.	Mètres cubes.	Décimètres cubes.	Cent. mètres cubes.	Millimètres cubes.
1 vaut	7	403	887	136	1 ...	0	034	277	255
2 ...	14	807	774	273	2 ...	0	068	554	511
3 ...	22	211	661	409	3 ...	0	102	831	766
4 ...	29	615	548	545	4 ...	0	137	109	021
5 ...	37	019	435	682	5 ...	0	171	386	276
6 ...	44	423	322	818	6 ...	0	205	663	532
7 ...	51	827	209	954	7 ...	0	239	940	787
8 ...	59	231	097	091	8 ...	0	274	218	042
9 ...	66	634	984	227	9 ...	0	308	495	297
10 ...	74	038	871	363	10 ...	0	342	772	553
20 ...	148	077	742	726	20 ...	0	685	545	105
30 ...	222	116	614	090	30 ...	1	028	317	658
40 ...	296	155	485	453	40 ...	1	371	090	210
50 ...	370	194	356	816	50 ...	1	713	862	763
60 ...	444	233	228	179	60 ...	2	056	635	316
70 ...	518	272	099	542	70 ...	2	399	407	868
80 ...	592	310	970	905	80 ...	2	742	180	421
90 ...	666	349	842	269	90 ...	3	084	952	973
100 ...	740	388	713	632	100 ...	3	427	725	526
200 ...	1480	777	427	263	200 ...	6	855	451	052
300 ...	2221	166	140	895					
400 ...	2961	554	854	527	POUCES cubes.				
500 ...	3701	943	568	158					
600 ...	4442	332	281	790	1 ...	0	000	019	836
700 ...	5182	720	995	422	2 ...	0	000	039	673
800 ...	5923	109	709	053	3 ...	0	000	059	509
900 ...	6663	498	422	685	4 ...	0	000	079	345
1000 ...	7403	887	136	317	5 ...	0	000	099	182

I..

MESURES CUBIQUES.

Pouces cubes.	Mètres cubes.	Décimètres cubes.	Centimètres cubes.	Millimètres cubes.
6 val.	0	000	119	018
7...	0	000	138	855
8...	0	000	158	691
9...	0	000	178	527
10...	0	000	198	364
20...	0	000	396	727
30...	0	000	595	091
40...	0	000	793	455
50...	0	000	991	819
60...	0	001	190	182
70...	0	001	388	546
80...	0	001	586	910
90...	0	001	785	274
100...	0	001	983	637
200...	0	003	967	275
300...	0	005	950	912
400...	0	007	934	550
500...	0	009	918	187
600...	0	011	901	825
700...	0	013	885	462
800...	0	015	869	100
900...	0	017	852	737
1000...	0	019	836	375
1100...	0	021	820	012
1200...	0	023	803	649
1300...	0	025	787	287
1400...	0	027	770	924
1500...	0	029	754	562
1600...	0	031	738	199
1700...	0	033	721	837

Lignes cubes.

Lignes cubes.	Mètres cubes.	Décimètres cubes.	Centimètres cubes.	Millimètres cubes.
1...	0	000	000	011
2...	0	000	000	023

Lignes cubes.	Mètres cubes.	Décimètres cubes.	Centimètres cubes.	Millimètres cubes.
3 val.	0	000	000	034
4...	0	000	000	046
5...	0	000	000	057
6...	0	000	000	069
7...	0	000	000	080
8...	0	000	000	092
9...	0	000	000	103
10...	0	000	000	115
20...	0	000	000	230
30...	0	000	000	344
40...	0	000	000	459
50...	0	000	000	574
60...	0	000	000	689
70...	0	000	000	804
80...	0	000	000	918
90...	0	000	001	033
100...	0	000	001	148
200...	0	000	002	296
300...	0	000	003	444
400...	0	000	004	592
500...	0	000	005	740
600...	0	000	006	888
700...	0	000	008	036
800...	0	000	009	184
900...	0	000	010	331
1000...	0	000	011	479
1100...	0	000	012	627
1200...	0	000	013	775
1300...	0	000	014	923
1400...	0	000	016	071
1500...	0	000	017	219
1600...	0	000	018	367
1700...	0	000	019	515

On additionnera cette Table comme les francs et centimes.

MESURES CUBIQUES.

Opération.

	Mètres cubes.	Décimètres cubes.	Centimètres cubes.	Millimètres cubes.
A convertir en mètres cubes 26 toises 130 pieds 1320 pouces 1020 lignes cubes; cherchez 20 toises cubes, vous trouverez qu'elles valent.	148	077	742	726
6 *idem*.	44	423	322	818
100 pieds cubes.	5	427	725	526
30 *idem*.	1	028	317	658
1300 pouces cubes.	0	025	787	287
20 *idem*.	0	000	396	727
1000 lignes cubes.	0	000	011	479
20 *idem*.	0	000	000	250
T O T A L.	196	983	304	451

Vous aurez 196 mètres 983 décimètres 304 centimètres 451 milli-mètres cubes.

MESURES CUBIQUES.

DEUXIEME TABLE, qui convertit les mètres, décimètres, centimètres et millimètres cubes, en toises, pieds, pouces et lignes cubes.

Mètres cubes.	Toises cubes.	Pieds cubes.	Pouces cubes.	Lignes cubes.
1.	0	29	300	757
2.	0	58	600	1513
3.	0	87	901	542
4.	0	116	1201	1298
5.	0	145	1502	327
6.	0	175	74	1083
7.	0	204	375	112
8.	1	17	675	869
9.	1	46	975	1625
10.	1	75	1276	654
20.	2	151	824	1308
30.	4	11	373	233
40.	5	86	1649	887
50.	6	162	1197	1541
60.	8	22	746	467
70.	9	98	294	1121
80.	10	173	1571	46
90.	12	33	1119	700
100.	13	109	667	1354
200.	27	2	1335	980
300.	40	112	275	606
400.	54	5	943	232
500.	67	114	1610	1586
600.	81	8	550	1212
700.	94	117	1218	838
800.	108	11	158	464
900.	121	120	826	90
1000.	135	13	1493	1444
2000.	270	27	1259	1159
3000.	405	41	1025	875
4000.	540	55	791	590
5000.	675	69	557	306
6000.	810	83	323	22
7000.	945	97	88	1465
8000.	1080	110	1582	1181

Décimètres cubes.	Toises cubes.	Pieds cubes.	Pouces cubes.	Lignes cubes.
1..	0	0	50	713
2..	0	0	100	1425
3..	0	0	151	410
4..	0	0	201	1123
5..	0	0	252	107
6..	0	0	302	820
7..	0	0	352	1533
8..	0	0	403	518
9..	0	0	453	1230
10..	0	0	504	215
20..	0	0	1008	430
30..	0	0	1512	645
40..	0	1	288	860
50..	0	1	792	1075
60..	0	1	1296	1290
70..	0	2	72	1504
80..	0	2	576	1719
90..	0	2	1081	206
100..	0	2	1585	421
200..	0	5	1442	843
300..	0	8	1299	1264
400..	0	11	1156	1685
500..	0	14	1014	378
600..	0	17	871	800
700..	0	20	728	1221
800..	0	23	585	1642
900..	0	26	443	335

MESURES CUBIQUES.

Centimètres cubes.	Toises cubes.	Pieds cubes.	Pouces cubes.	Lignes cubes.	Millimètres cubes.	Toises cubes.	Pieds cubes.	Pouces cubes.	Lignes cubes.
1 vaut	0	0	0	87	1 vaut	0	0	0	0
2....	0	0	0	174	2....	0	0	0	0
3....	0	0	0	261	3....	0	0	0	0
4....	0	0	0	348	4....	0	0	0	0
5....	0	0	0	436	5....	0	0	0	0
6....	0	0	0	523	6....	0	0	0	1
7....	0	0	0	610	7....	0	0	0	1
8....	0	0	0	697	8....	0	0	0	1
9....	0	0	0	784	9....	0	0	0	1
10....	0	0	0	871	10....	0	0	0	1
20....	0	0	1	14	20....	0	0	0	2
30....	0	0	1	885	30....	0	0	0	3
40....	0	0	2	29	40....	0	0	0	3
50....	0	0	2	900	50....	0	0	0	4
60....	0	0	3	43	60....	0	0	0	5
70....	0	0	3	914	70....	0	0	0	6
80....	0	0	4	57	80....	0	0	0	7
90....	0	0	4	928	90....	0	0	0	8
100....	0	0	5	71	100....	0	0	0	9
200....	0	0	10	143	200....	0	0	0	17
300....	0	0	15	214	300....	0	0	0	26
400....	0	0	20	285	400....	0	0	0	35
500....	0	0	25	356	500....	0	0	0	44
600....	0	0	30	428	600....	0	0	0	52
700....	0	0	35	499	700....	0	0	0	61
800....	0	0	40	570	800....	0	0	0	70
900....	0	0	45	641	900....	0	0	0	78

Nota. En additionnant cette Table, on divisera les lignes cubes par 1728 pour les réduire en pouces cubes ; les pouces cubes par 1728 pour les réduire en pieds cubes ; et les pieds cubes par 216 pour les réduire en toises cubes.

MESURES CUBIQUES.

Opération.

	Toises cubes.	Pieds cubes.	Pouces cubes.	Lignes cubes.
A convertir en toises, pieds, pouces et lignes cubes 2,432 mètres 850 décimètres 392 centimètres et 652 millimètres cubes, cherchez 2000 mètres cubes ; vous trouverez qu'ils valent.	270	27	1259	1159
400 *idem*.	54	5	943	232
5o *idem*.	4	11	373	235
2 *idem*.	0	58	600	1513
8oo décimètres cubes.	0	23	585	1642
5o *idem*.	0	1	792	1075
39o centimètres cubes.	0	0	15	214
90 *idem*.	0	0	4	928
2 *idem*.	0	0	0	174
6oo millimètres cubes.	0	0	0	52
5o *idem*.	0	0	0	4
2 *idem*.	0	0	0	0
T O T A L.	328	127	1119	314

Vous aurez 328 toises 127 pieds 1,119 pouces 314 lignes cubes.

MESURES CUBIQUES.

Rapport des 1.ère et 2.ème Tables.
Opération.
PREMIÈRE TABLE.

A convertir en mètres cubes 143 toises 164 pieds 1,423 pouces 914 lignes cubes :

	Mètres cubes.	Décimètres cubes.	Centimètres cubes.	Millimètres cubes.
100 toises cubes valent.	740	388	713	652
40 *idem.*	296	155	485	453
3 *idem.*	22	211	661	409
100 pieds cubes. . . . . ⁀	3	427	725	526
60 *idem.*	2	056	655	516
4 *idem.*	0	157	109	021
1400 pouces cubes.	0	027	770	924
20 *idem.*	0	000	396	727
3 *idem.* . . . . . . , ...	0	000	059	509
900 lignes cubes.	0	000	010	331
10 *idem.*	0	000	000	115
4 *idem.*	0	000	000	046
TOTAL.	1064	405	568	009

Preuve.
DEUXIÈME TABLE.

A convertir en toises, pieds, pouces et lignes cubes 1,064 mètres 405 décimètres 568 centimètres 9 millimètres cubes :

	Toises cubes.	Pieds cubes.	Pouces cubes.	Lignes cubes.
1000 mètres cubes valent.	135	13	1493	1444
60 *idem.*	8	22	746	467
4 *idem.*	0	116	1201	1298
400 décimètres cubes.	0	11	1156	1685
5 *idem.*	0	0	252	107
500 centimètres cubes.	0	0	25	356
60 *idem.*	0	0	3	43
8 *idem.*	0	0	0	697
9 millimètres cubes.	0	0	0	1
TOTAL ÉGAL.	143	164	1423	914

MESURES CUBIQUES.

TROISIEME TABLE, qui donne le prix du mètre cube, comparativement au prix de la toise cube.

FRANCS.	Francs.	Centimes.	Centièmes.	CENTIMES.	Francs.	Centimes.	Centièmes.
à 1 franc la toise cube, le mètre cube vaut	0	13	51	10...........	0	01	35
2..........	0	27	01	20...........	0	02	70
3..........	0	40	52	30...........	0	04	05
4..........	0	54	03	40...........	0	05	40
5..........	0	67	53	50...........	0	06	75
6..........	0	81	04	60...........	0	08	10
7..........	0	94	54	70...........	0	09	45
8..........	1	08	05	80...........	0	10	81
9..........	1	21	56	90...........	0	12	16
10..........	1	35	06				
20..........	2	70	13	CENTIEMES de centime.			
30..........	4	05	19	1...........	0	00	00
40..........	5	40	26	2...........	0	00	00
50..........	6	75	32	3...........	0	00	00
60..........	8	10	39	4...........	0	00	01
70..........	9	45	45	5...........	0	00	01
80..........	10	80	51	6...........	0	00	01
90..........	12	15	58	7...........	0	00	01
100..........	13	50	64	8...........	0	00	01
200..........	27	01	28	9...........	0	00	01
CENTIMES.				10...........	0	00	01
1...........	0	00	14	20...........	0	00	03
2...........	0	00	27	30...........	0	00	04
3...........	0	00	41	40...........	0	00	05
4...........	0	00	54	50...........	0	00	07
5...........	0	00	68	60...........	0	00	08
6...........	0	00	81	70...........	0	00	09
7...........	0	00	95	80...........	0	00	11
8...........	0	01	08	90...........	0	00	12
9...........	0	01	22				

MESURES CUBIQUES.

QUATRIEME TABLE, qui donne le prix de la toise cube, comparativement au prix du mètre cube.

FRANCS.	Francs.	Centimes.	Centièmes.	CENTIMES.	Francs.	Centimes.	Centièmes.
à 1 franc le mètre cube, la toise cube vaut	7	40	39	50.........	3	70	19
2.........	14	80	78	60.........	4	44	23
3.........	22	21	17	70.........	5	18	27
4.........	29	61	55	80.........	5	92	31
5.........	37	01	94	90.........	6	66	35
6.........	44	42	33				
7.........	51	82	72				
8.........	59	23	11				
9.........	66	63	50				
10.........	74	03	89				
20.........	148	07	77				
30.........	222	11	66				

CENTIMES.	Francs.	Centimes.	Centièmes.	CENTIÈMES de centime.	Francs.	Centimes.	Centièmes.
1.........	0	07	40	1.........	0	00	07
2.........	0	14	81	2.........	0	00	15
3.........	0	22	21	3.........	0	00	22
4.........	0	29	62	4.........	0	00	30
5.........	0	37	02	5.........	0	00	37
6.........	0	44	42	6.........	0	00	44
7.........	0	51	83	7.........	0	00	52
8.........	0	59	23	8.........	0	00	59
9.........	0	66	63	9.........	0	00	67
10.........	0	74	04	10.........	0	00	74
20.........	1	48	08	20.........	0	01	48
30.........	2	22	12	30.........	0	02	22
40.........	2	96	16	40.........	0	02	96
				50.........	0	03	70
				60.........	0	04	44
				70.........	0	05	18
				80.........	0	05	92
				90.........	0	06	66

MESURES CUBIQUES.

CINQUIÈME TABLE, qui donne le prix du décimètre cube, comparativement au prix du pied cube.

FRANCS.	Francs.	Centimes.	Centièmes.
à 1 franc le pied cube, le décimètre cube vaut	0	02	92
2	0	05	83
3	0	08	75
4	0	11	67
5	0	14	59
6	0	17	50
7	0	20	42
8	0	23	34
9	0	26	26
10	0	29	17
20	0	58	35
30	0	87	52
CENTIMES.			
1	0	00	03
2	0	00	06
3	0	00	09
4	0	00	12
5	0	00	15
6	0	00	18
7	0	00	20
8	0	00	23
9	0	00	26
10	0	00	29
20	0	00	58
30	0	00	88
40	0	01	17

CENTIMES.	Francs.	Centimes.	Centièmes.
50	0	01	46
60	0	01	75
70	0	02	04
80	0	02	33
90	0	02	63
CENTIÈMES de centime.			
1	0	00	00
2	0	00	00
3	0	00	00
4	0	00	00
5	0	00	00
6	0	00	00
7	0	00	00
8	0	00	00
9	0	00	00
10	0	00	00
20	0	00	01
30	0	00	01
40	0	00	01
50	0	00	01
60	0	00	02
70	0	00	02
80	0	00	02
90	0	00	03

MESURES CUBIQUES.

SIXIÈME TABLE, qui donne le prix du pied cube, comparativement au prix du décimètre cube.

FRANCS.	Francs.	Centimes.	Centièmes.
à 1 franc le décimètre cube, le pied cube vaut	34	27	73

CENTIMES.	Francs.	Centimes.	Centièmes.
1	0	34	28
2	0	68	55
3	1	02	83
4	1	37	11
5	1	71	39
6	2	05	66
7	2	39	94
8	2	74	22
9	3	08	50
10	3	42	77
20	6	85	55
30	10	28	32
40	13	71	09
50	17	13	86
60	20	56	64
70	23	99	41
80	27	42	18
90	30	84	95

CENTIÈMES de centime.	Francs.	Centimes.	Centièmes.
1	0	00	34
2	0	00	69
3	0	01	03
4	0	01	37
5	0	01	71
6	0	02	06
7	0	02	40
8	0	02	74
9	0	03	08
10	0	03	43
20	0	06	86
30	0	10	28
40	0	13	71
50	0	17	14
60	0	20	57
70	0	23	99
80	0	27	42
90	0	30	85

MESURES CUBIQUES.

SEPTIÈME TABLE, qui donne le prix du centimètre cube, comparativement au prix du pouce cube.

FRANCS.	Francs.	Centimes.	Centièmes.
à 1 franc le pouce cube, le centimètre cube vaut	0	05	04
2	0	10	08
3	0	15	12
4	0	20	17
5	0	25	21
6	0	30	25
7	0	35	29
8	0	40	33
9	0	45	37
10	0	50	41
20	1	00	82

CENTIMES.	Francs.	Centimes.	Centièmes.
1	0	00	05
2	0	00	10
3	0	00	15
4	0	00	20
5	0	00	25
6	0	00	30
7	0	00	35
8	0	00	40
9	0	00	45
10	0	00	50
20	0	01	01
30	0	01	51
40	0	02	02
50	0	02	52

CENTIMES.	Francs.	Centimes.	Centièmes.
60	0	03	02
70	0	03	53
80	0	04	03
90	0	04	54

CENTIÈMES de centime.	Francs.	Centimes.	Centièmes.
1	0	00	00
2	0	00	00
3	0	00	00
4	0	00	00
5	0	00	00
6	0	00	00
7	0	00	00
8	0	00	00
9	0	00	00
10	0	00	01
20	0	00	01
30	0	00	02
40	0	00	02
50	0	00	03
60	0	00	03
70	0	00	04
80	0	00	04
90	0	00	05

MESURES CUBIQUES.

HUITIÈME TABLE, qui donne le prix du pouce cube, comparativement au prix du centimètre cube.

FRANCS.	Francs.	Centimes.	Centièmes.	CENTIÈMES de centime.	Francs.	Centimes.	Centièmes.
à 1 franc le centimètre cube, le pouce cube vaut	19	83	64	1	0	00	20
				2	0	00	40
CENTIMES.				3	0	00	60
1	0	19	84	4	0	00	79
2	0	39	67	5	0	00	99
3	0	59	51	6	0	01	19
4	0	79	35	7	0	01	39
5	0	99	18	8	0	01	59
6	1	19	02	9	0	01	79
7	1	38	85	10	0	01	98
8	1	58	69	20	0	03	97
9	1	78	53	30	0	05	95
10	1	98	36	40	0	07	93
20	3	96	73	50	0	09	92
30	5	95	09	60	0	11	90
40	7	93	46	70	0	13	89
50	9	91	82	80	0	15	87
60	11	90	18	90	0	17	85
70	13	88	55				
80	15	86	91				
90	17	85	27				

MESURES CUBIQUES.

SUITE
DES MESURES CUBIQUES.

De la Solive.

L'ANCIENNE solive désignait une pièce de bois ayant une toise de longueur, et un pied sur six pouces d'équarrissage : elle se divisait ou en *pieds cubes* ou en *pieds de solive*.

Ancienne solive divisée en pieds cubes.

L'ancienne *solive* contenait 3 *pieds cubes*.
Le *pied cube* contenait 1728 *pouces cubes*.
Le *pouce cube* contenait 1728 *lignes cubes*.

Ainsi l'ancienne solive de cette 1.re division était égale à	3 pieds cubes.
	5,184 pouces cubes.
	8,957,952 lignes cubes.

Le pied cube à..	1,728 pouces cubes.
	2,985,984 lignes cubes.

Le pouce cube à..   1,728 lignes cubes.

Ancienne solive divisée en pieds de solive.

L'ancienne *solive* se divisait en *six parties égales* nommées *pieds de solive*.

Le *pied de solive* avait 1 pied de hauteur, et 1 pied sur 6 pouces *d'équarrissage*; il équivalait à 864 pouces cubes, et se divisait en 12 *parties égales* nommées *pouces de solive*.

Le *pouce de solive* avait 1 pouce de hauteur, et 1 pied sur 6 pouces *d'équarrissage*; il équivalait à 72 *pouces cubes*, et se divisait en 12 *parties égales* nommées *lignes de solive*.

DE LA SOLIVE.

La *ligne de solive* avait 1 ligne de hauteur, et 1 pied sur 6 pouces d'équarrissage, elle équivalait à 6 *pouces cubes.*

Ainsi l'ancienne solive de cette 2.e division était égale à
- 6 pieds de solive.
- 72 pouces de solive.
- 864 lignes de solive.

Le pied de solive à
- 12 pouces de solive.
- 144 lignes de solive.

Le pouce de solive à   12 lignes de solive.

Le *décistère* ou la *solive métrique* est la dixième partie du mètre cube. Il remplace l'ancienne solive, et il désigne une pièce de bois ayant 2 mètres de longueur et 5 décimètres sur 1 décimètre d'équarrissage : il se divise ou en décimètres cubes, ou en décimètres de décistère ou de solive.

Décistère ou solive métrique divisé en décimètres cubes.

Le *décistère* ou la *solive* métrique contient 100 décimètres cubes.

Le *décimètre cube* contient 1000 *centimètres cubes.*
Le *centimètre cube* contient 1000 *millimètres cubes.*

Ainsi le décistère ou la solive métrique de cette 1.re division est égale à..
- 100 décimètres cubes.
- 100,000 centimètres cubes.
- 100,000,000 millimètres cubes.

Le décimètre cube à
- 1,000 centimètres cubes.
- 1,000,000 millimètres cubes.

Le centimètre cube à.   1,000 millimètres cubes.

Décistère ou solive métrique divisé en décimètres de décistère ou de solive.

Le *décistère* ou la *solive métrique* se divise en dix parties égales nommées *decimètres de décistère* ou de *solive.*

MESURES CUBIQUES.

Le *décimètre de décistère* ou *de solive* désigne une pièce de bois de 2 décimètres de hauteur, et 5 décimètres sur 1 décimètre d'équarrissage; il équivaut à 10 *décimètres cubes*, et se divise en dix parties égales nommées *centimètres de décistère* ou *de solive.*

Le *centimètre de décistère* ou *de solive* désigne un morceau de bois de 2 centimètres de hauteur, et 5 décimètres sur 1 décimètre d'équarrissage; il équivaut à 1 *décimètre cube*, et se divise en dix parties égales nommées *millimètres de décistère* ou *de solive.*

Le *millimètre de décistère* ou *de solive* désigne un morceau de bois de 2 millimètres de hauteur, et 5 décimètres sur 1 décimètre d'équarrissage; il équivaut à 100 *centimètres cubes.*

Ainsi le décistère ou la solive métrique de cette 2.e division est égale à..	10 décimètres de décistère ou de solive. 100 centimètres de décistère ou de solive. 1,000 millimètres de décistère ou de solive.
Le décimètre de décistère ou de solive à............	10 centimètres de décistère ou de solive. 100 millimètres de décistère ou de solive.
Le centimètre de décistère ou de solive à............	10 millimètres de décistère ou de solive.

DE LA SOLIVE.

ANCIENNE SOLIVE
DIVISÉE EN PIEDS CUBES.

PREMIÈRE TABLE, qui convertit l'ancienne solive et les pieds, pouces et lignes cubes en décistères ou solives métriques et en décimètres, centimètres et millimètres cubes.

Anciennes solives.	Décistères ou solives métriques.	Décimètres cubes.	Centimètres cubes.	Millimètres cubes.
1 vaut	1	02	831	766
2...	2	05	663	532
3...	3	08	495	297
4...	4	11	327	063
5...	5	14	158	829
6...	6	16	99°	595
7...	7	19	822	360
8...	8	22	654	126
9...	9	25	485	892
10...	10	28	317	658
20...	20	56	635	316
30...	30	84	952	973
40...	41	13	270	631
50...	51	41	588	289
60...	61	69	905	947
70...	71	98	223	605
80...	82	26	541	263
90...	92	54	858	920
100...	102	83	176	578

Anciennes solives.	Décistères ou solives métriques.	Décimètres cubes.	Centimètres cubes.	Millimètres cubes.
200...	205	66	353	156
300...	308	49	529	735
400...	411	32	706	313
500...	514	15	882	891
600...	616	99	050	469
700...	719	82	236	048
800...	822	65	412	626
900...	925	48	589	204
1000...	1028	31	765	782

Pieds cubes.

	Décistères ou solives métriques.	Décimètres cubes.	Centimètres cubes.	Millimètres cubes.
1...	0	34	277	255
2...	0	68	554	511

Voyez la valeur en nouvelle mesure des pouces et des lignes cubes, pages 117 et 118.

Nota. On additionnera cette Table comme les francs et centimes.

MESURES CUBIQUES.

Opération.

A convertir en décistères ou solives métriques, et en décimètres, centimètres et
millimètres cubes 358 anciennes solives
1 pied 854 pouces 1,312 lignes cubes,
cherchez :

	Décistères ou solives métriques	Décimètres cubes.	Centimètres cubes.	Millimètres cubes.
300 solives anciennes, vous trouverez qu'elles valent.	308	49	529	735
50 *idem.*	51	41	588	289
8 *idem.*	8	22	654	126
1 pied cube.	0	34	277	255
800 pouces cubes, *page* 117.	0	15	869	100
50 *idem.*	0	00	991	819
4 *idem.*	0	00	079	345
1300 lignes cubes, *page* 118.	0	00	014	923
10 *idem*	0	00	000	115
2 *idem.*	0	00	000	023
TOTAL.	368	65	004	730

Vous aurez pour résultat 368 décistères ou solives métriques 65
décimètres 4 centimètres 730 millimètres cubes.

DE LA SOLIVE.

DEUXIEME TABLE, qui convertit les décistères ou solives métriques et les décimètres, centimètres et millimètres cubes en anciennes solives et en pieds, pouces et lignes cubes.

Décistères ou solives métriques	Anciennes solives.	Pieds cubes.	Pouces cubes.	Lignes cubes.	Décistères ou solives métriques	Anciennes solives.	Pieds cubes.	Pouces cubes.	Lignes cubes.
1vaut	0	2	1585	421	200...	194	1	824	1308
2...	1	2	1442	843	300...	291	2	373	233
3...	2	2	1299	1264	400...	388	2	1649	887
4...	3	2	1156	1685	500...	486	0	1197	1541
5...	4	2	1014	378	600...	583	1	746	467
6...	5	2	871	800	700...	680	2	294	1121
7...	6	2	728	1221	800...	777	2	1571	46
8...	7	2	585	1642	900...	875	0	1119	700
9...	8	2	443	335	1000...	972	1	667	1354
10...	9	2	300	757					
20...	19	1	600	1513					
30...	29	0	901	542					
40...	38	2	1201	1298					
50...	48	1	1502	327					
60...	58	1	74	1083					
70...	68	0	375	112					
80...	77	2	675	869					
90...	87	1	975	1625					
100...	97	0	1276	654					

Voyez la valeur en ancienne mesure des décimètres, centimètres et millimètres cubes, page 120 et 121.

Nota. En additionnant cette Table, on divisera les lignes cubes par 1728, pour les réduire en pouces cubes; les pouces cubes par 1728, pour les réduire en pieds cubes; et les pieds cubes par 3, pour les réduire en anciennes solives.

MESURES CUBIQUES.

Opération.

A convertir 275 décistères et 42 décimètres 828 centimètres 143 millimètres cubes en anciennes solives et en pieds, pouces et lignes cubes, cherchez :

	Anciennes Solives.	Pieds cubes.	Pouces cubes.	Lignes cubes.
200 décistères, vous trouverez qu'ils valent..........................	194	1	824	1308
70 *idem*..........................	68	0	375	112
5 *idem*..........................	4	2	1014	378
40 décimètres cubes, *page* 120.........	0	1	288	860
2 *idem*..........................	0	0	100	1425
800 centimètres cubes, *page* 121.......	0	0	40	570
20 *idem*..........................	0	0	1	14
8 *idem*..........................	0	0	0	697
100 millimètres cubes, *même page*......	0	0	0	9
40 *idem*..........................	0	0	0	5
3 *idem*..........................	0	0	0	0
TOTAL.....................	267	2	917	192

Vous aurez pour résultat 267 anciennes solives 2 pieds 917 pouces 192 lignes cubes.

DE LA SOLIVE.

Rapport des 1.ere et 2.cme Tables.

Opération.

PREMIÈRE TABLE.

A convertir en décistères ou solives mé- triques, et en décimètres, centimètres et millimètres cubes 248 anciennes solives 2 pieds 623 pouces 1274 lignes cubes ;	Décistères.	Décimètres cubes.	Centimètres cubes.	Millimètres cubes.
200 solives anciennes valent............	205	66	553	156
40 *idem*........................	41	13	270	631
8 *idem*........................	8	22	654	126
2 pieds cubes....................	0	68	554	511
600 pouces cubes, *page* 117............	0	11	001	825
20 *idem*	0	0	396	727
3 *idem*	0	0	59	509
1200 lignes cubes, *page* 118............	0	0	13	775
70 *idem*	0	0	0	804
4 *idem*	0	0	0	46
TOTAL.....................	255	85	205	110

Preuve.

DEUXIÈME TABLE.

A convertir en anciennes solives et en pieds, pouces et lignes cubes 255 décistères ou solives métriques 83 décimètres 205 centimètres et 110 millimètres cubes ;	Anciennes solives.	Pieds cubes.	Pouces cubes.	Lignes cubes.
200 décimètres valent..................	194	1	824	1308
50 *idem*.......................	48	1	1502	527
5 *idem*.......................	4	2	1014	378
80 décimètres cubes, *page* 120.........	0	2	576	1719
3 *idem*.......................	0	0	151	410
200 centimètres cubes, *page* 121..........	0	0	10	143
5 *idem*.......................	0	0	0	436
100 millimètres cubes, *même page*.......	0	0	0	9
10 *idem*.......................	0	0	0	1
TOTAL ÉGAL................	248	2	623	1275

MESURES CUBIQUES.

ANCIENNE SOLIVE DIVISÉE EN PIEDS DE SOLIVE.

PREMIÈRE TABLE, qui convertit les anciennes solives et les pieds, pouces et lignes de solive, en décistères ou solives métriques, et en décimètres, centimètres et millimètres de décistère ou de solive.

ANCIENNES SOLIVES.	Décistère ou solives métriques.	Décimètres.	Centimètres.	Millimètres.
1 équiv. à	1	0	2	8
2	2	0	5	7
3	3	0	8	5
4	4	1	1	3
5	5	1	4	2
6	6	1	7	0
7	7	1	9	8
8	8	2	2	7
9	9	2	5	5
10	10	2	8	3
20	20	5	6	6
30	30	8	5	0
40	41	1	3	3
50	51	4	1	6
60	61	6	9	9
70	71	9	8	2
80	82	2	6	5
90	92	5	4	9
100	102	8	3	2
200	205	6	6	4
300	308	4	9	5
400	411	3	2	7
500	514	1	5	9
600	616	9	9	1
700	719	8	2	2
800	822	6	5	4
900	925	4	8	6
1000	1028	3	1	8

PIEDS de Solive.	Décistères ou solives métriques.	Décimètres.	Centimètres.	Millimètres.
1 équivaut à	0	1	7	1
2	0	3	4	3
3	0	5	1	4
4	0	6	8	6
5	0	8	5	7

POUCES de Solive.	Décistères ou solives métriques.	Décimètres.	Centimètres.	Millimètres.
1	0	0	1	4
2	0	0	2	9
3	0	0	4	3
4	0	0	5	7
5	0	0	7	1
6	0	0	8	6
7	0	1	0	0
8	0	1	1	4
9	0	1	2	9
10	0	1	4	5
11	0	1	5	7

LIGNES de Solive.	Décistères ou solives métriques.	Décimètres.	Centimètres.	Millimètres.
1	0	0	0	1
2	0	0	0	2
3	0	0	0	4
4	0	0	0	5
5	0	0	0	6
6	0	0	0	7
7	0	0	0	8
8	0	0	1	0
9	0	0	1	1
10	0	0	1	2
11	0	0	1	3

On additionnera cette Table comme les francs et centimes.

DE LA SOLIVE.

Pour l'expression on réunira les décimètres, centimètres et millimètres de décistère ou de solive métrique, et on dira : 83 centimètres de décistère ou
de solive, au lieu de 8 décimètres et 3 centimètres
de décistère ou de solive. On dira encore 318 millimètres de décistère ou de solive, au lieu de 8 décimètres 1 centimètre et 8 millimètres de décistère
ou de solive.

Opération.

	Décistères.	Décimètres.	Centimètres.	Millimètres.
A convertir en décistères ou solives mé- triques et en décimètres de décist're 40 solives anciennes et 4 pieds 3 pouces 9 lignes de solive, cherchez :				
40 anciennes solives, vous aurez........	41	1	3	3
4 pieds de solive....................	o	6	8	6
3 pouces de solive..................	o	o	4	3
9 lignes de solive..................	o	o	1	1
T o t a l....................	41	8	7	5

Vous aurez 41 décistères ou solives métriques, et 875 millimètres
de décistère ou de solive métrique.

MESURES CUBIQUES.

DEUXIEME TABLE, qui convertit les décistères ou les solives métriques et les décimètres, centimètres et millimètres de décistère en anciennes solives, pieds, pouces et lignes de soliv.

Décistères ou solives métriques	Anciennes solives.	Pieds de solive.	Pouces de solive.	Lignes de solive.
1 équiv.	0	5	10	0
2.....	1	5	8	1
3.....	2	5	6	1
4.....	3	5	4	1
5.....	4	5	2	1
6.....	5	5	0	1
7.....	6	4	10	1
8.....	7	4	8	2
9.....	8	4	6	2
10.....	9	4	4	2
20.....	19	2	8	4
30.....	29	1	0	6
40.....	38	5	4	8
50.....	48	3	8	10
60.....	58	2	1	0
70.....	68	0	5	2
80.....	77	4	9	4
90.....	87	3	1	7
100.....	97	1	5	9
200.....	194	2	11	5
300.....	291	4	5	2
400.....	388	5	10	10
500.....	486	1	4	7
600.....	583	2	10	3
700.....	680	4	4	0
800.....	777	5	9	9
900.....	875	1	3	6
1000.....	972	2	9	2

Millimètres de décistère.	Anciennes solives.	Pieds de solive.	Pouces de solive.	Lignes de solive.
1 équivaut à	0	0	0	1
2.........	0	0	0	2
3.........	0	0	0	3
4.........	0	0	0	3
5.........	0	0	0	4
6.........	0	0	0	5
7.........	0	0	0	6
8.........	0	0	0	7
9.........	0	0	0	8
100 ou 1 centimè. de décistère.	0	0	0	8
20..2......	0	0	1	5
30..3......	0	0	2	1
40..4......	0	0	2	10
50..5......	0	0	3	6
60..6......	0	0	4	2
70..7......	0	0	4	11
80..8......	0	0	5	7
90..9......	0	0	6	4
1000 ou 1 décimèt. de décistère.	0	0	7	0
200..2......	0	1	2	0
300..3......	0	1	9	0
400..4......	0	2	4	0
500..5......	0	2	11	0
600..6......	0	3	6	0
700..7......	0	4	1	0
800..8......	0	4	8	0
900..9......	0	5	3	0

Nota. En additionnant cette Table, on divisera les

DE LA SOLIVE.

lignes de solive par 12, pour les réduire en pouces de solive ; les pouces de solive par 12, pour les réduire en pieds de solive ; et les pieds de solive par 6, pour les réduire en anciennes solives.

Opération.

A convertir en anciennes solives et en pieds, pouces et lignes de solive 456 décistères ou solives métriques, et 438 millimètres de décistère, cherchez :

	Anciennes solives.	Pieds de solive.	Pouces de solive.	Lignes de solive.
400 décistères, vous trouverez qu'ils équivalent à..........................	388	5	10	10
50 *idem*............................	48	3	8	10
6 *idem*............................	5	5	0	1
400 millimètres *ou* 4 décimètres de décistèr.	0	2	4	0
30 millimètres *ou* 3 centimètres de décistè.	0	0	2	1
8 millimètres de décistère...........	0	0	0	7
T O T A L.....................	443	5	2	5

Vous aurez 443 anciennes solives et 5 pieds 2 pouces 5 lignes de solive.

MESURES CUBIQUES.

Rapport des 1.ère *et* 2.ème *Tables.*

Opération.

PREMIÈRE TABLE.

A convertir en décistères ou solives métriques et en décimètres, centimètres et millimètres de décistère 36 anciennes solives et 3 pieds 6 pouces 6 lignes de solive :

	Décistères ou solives métriques	Décimètres.	Centimètres.	Millimètres.
30 solives anciennes équivalent à........	30	8	5	0
6 *idem* à..............................	6	1	7	0
3 pieds de solive à....................	0	5	1	4
6 pouces de solive à...................	0	0	8	6
6 lignes de solive à...................	0	0	0	7
TOTAL.........................	37	6	2	7

Preuve.

DEUXIÈME TABLE.

A convertir en anciennes solives et en pieds, pouces et lignes de solive 37 décistères ou solives métriques et 627 millimètres de décistère :

	Anciennes solives.	Pieds de solive.	Pouces de solive.	Lignes de solive.
30 décistères équivalent à..............	29	1	0	6
7 *idem* à.............................	6	4	10	1
600 millimètres ou 6 décimètres à......	0	3	6	0
20 millimètres ou 2 centimètres à.....	0	0	1	5
7 millimètres à.......................	0	0	0	6
TOTAL ÉGAL.........	36	3	6	6

DE LA SOLIVE.

TROISIÈME TABLE, qui donne le prix du décistère ou de la solive métrique, comparativement au prix de l'ancienne solive.

FRANCS.	Francs.	Centimes.	Centièmes.
à 1 franc l'ancienne solive, le décistère ou la solive métrique vaut	0	97	25
2............	1	94	49
3............	2	91	74
4............	3	88	98
5............	4	86	23
6............	5	83	48
7............	6	80	72
8............	7	77	97
9............	8	75	22
10............	9	72	46
20............	19	44	92
30............	29	17	39
40............	38	89	85
50............	48	62	31
60............	58	34	77
70............	68	07	24
80............	77	79	70
90............	87	52	16
100............	97	24	62

CENTIMES.	Francs.	Centimes.	Centièmes.
1............	0	00	97
2............	0	01	94
3............	0	02	92
4............	0	03	89
5............	0	04	86
6............	0	05	83
7............	0	06	81
8............	0	07	78
9............	0	08	75
10............	0	09	72

CENTIMES.	Francs.	Centimes.	Centièmes.
20............	0	19	45
30............	0	29	17
40............	0	38	90
50............	0	48	62
60............	0	58	35
70............	0	68	07
80............	0	77	80
90............	0	87	52

CENTIÈMES de centime.	Francs.	Centimes.	Centièmes.
1............	0	00	01
2............	0	00	02
3............	0	00	03
4............	0	00	04
5............	0	00	05
6............	0	00	06
7............	0	00	07
8............	0	00	08
9............	0	00	09
10............	0	00	10
20............	0	00	19
30............	0	00	29
40............	0	00	39
50............	0	00	49
60............	0	00	58
70............	0	00	68
80............	0	00	78
90............	0	00	88

MESURES CUBIQUES.

QUATRIÈME TABLE, qui donne le prix de l'ancienne solive, comparativement au prix du décistère ou de la solive métrique.

À 1 franc le décistère ou la solive métrique, l'ancienne solive vaut :

FRANCS.	Francs.	Centimes.	Centièmes.
1	1	02	83
2	2	05	66
3	3	08	50
4	4	11	33
5	5	14	16
6	6	16	99
7	7	19	82
8	8	22	65
9	9	25	49
10	10	28	32
20	20	56	64
30	30	84	95
40	41	13	27
50	51	41	59
60	61	69	91
70	71	98	22
80	82	26	54
90	92	54	86
100	102	83	18

CENTIMES.	Francs.	Centimes.	Centièmes.
1	0	01	03
2	0	02	06
3	0	03	08
4	0	04	11
5	0	05	14
6	0	06	17
7	0	07	20
8	0	08	23
9	0	09	25

CENTIMES.	Francs.	Centimes.	Centièmes.
10	0	10	28
20	0	20	57
30	0	30	85
40	0	41	13
50	0	51	42
60	0	61	70
70	0	71	98
80	0	82	27
90	0	92	55

CENTIEMES de centime.	Francs.	Centimes.	Centièmes.
1	0	00	01
2	0	00	02
3	0	00	03
4	0	00	04
5	0	00	05
6	0	00	06
7	0	00	07
8	0	00	08
9	0	00	09
10	0	00	10
20	0	00	21
30	0	00	31
40	0	00	41
50	0	00	51
60	0	00	62
70	0	00	72
80	0	00	82
90	0	00	93

BOIS DE CHAUFAGE.

SUITE
DES MESURES CUBIQUES.

Bois de chaufage.

Toutes les cordes de bois, dans ce département, avaient 8 pieds de longueur ou de couche et 4 pieds de hauteur. L'épaisseur était déterminée par la longueur de la bûche qui était de 5 pieds, 4 pieds 6 pouces, 4 pieds 2 pouces, 4 pieds, et 2 pieds 6 pouces.

On employait aussi la corde des eaux et forêts, qui avait la bûche de 3 pieds 6 pouces.

A Saint - Aignan on faisait usage de la *rottée*, qui était un *prisme triangulaire*, dont la coupe était un triangle équilatéral de 3 pieds de côté; la longueur des bûches était de 3 pieds.

Le bois de chaufage ne doit plus se mesurer maintenant qu'au *stère.* Le stère est un chassis en bois, dont la hauteur et la largeur sont tellement combinées avec la longueur de la bûche, que lorsque le chassis en est rempli, il donne un mètre cube de bois. (1).

On pourra se servir, pour mesurer le bois de chaufage, du *décastère*, du *demi-décastère*, du *double-stère* et du *stère.*

La commission des poids et mesures de ce département nous a donné la longueur et la hauteur des membrures de ces différentes mesures.

---

(1) Le mètre cube, comme il est dit page 110, est un solide dont les trois dimensions, longueur, largeur et hauteur sont égales chacune à un mètre.

MESURES CUBIQUES.

Décastère contenant 10 Stères.

La longueur de *la membrure* sera de *6 mètres.*

		Mètres.	Centimèt.
La hauteur sera pour les bûches de..	5 pieds de...........	1	03
	4 pieds 6 pouces de.	1	14
	4 pieds 2 pouces de.	1	23
	4 pieds de........	1	28
	3 pieds 6 pouces de.	1	47
	3 pieds de........	1	71

Demi-décastère contenant 5 Stères.

La longueur de *la membrure* sera de *3 mètres.*
La hauteur sera la même que celle du décastère.

Double Stère contenant 2 Stères.

La longueur de la *membrure* sera de 2 *mètres.*

		Mètres.	Centimèt.
La hauteur sera pour les bûches de..	5 pieds de.........	0	62
	4 pieds 6 pouces de.	0	69
	4 pieds 2 pouces de.	0	74
	4 pieds de.........	0	77
	3 pieds 6 pouces...	0	88
	3 pieds de.........	1	03

Stère.

La longueur de la *membrure* sera de 1 *mètre.*
La hauteur sera la même que celle du *double-stère.*
Conformément aux instructions du Ministre, tout bois, dont la longueur est au-dessous de trois pieds, doit être vendu au lot et non au stère. C'est d'après cet arrêté que la commission des poids et mesures de ce département n'a point donné la longueur et la hauteur des membrures pour le mesurage du bois de deux pieds et demi ; néanmoins il sera très-facile de vendre et d'acheter au stère le bois de deux pieds et demi ou de trente pouces, en se servant des membrures déterminées pour le mesurage du bois de

BOIS DE CHAUFAGE.

pieds, et en donnant le double de quantité. En voici
a raison :

Il y a pour le mesurage de chaque longueur de
bois, des membrures particulières : la longueur et la
hauteur de ces membrures sont calculées sur la longueur
de la bûche, de telle manière que le chassis qui a
la longueur et la hauteur des membrures déterminées
pour telle longueur de bois, contient soit un ou deux,
soit cinq ou dix stères de bois de cette même longueur.
D'après cela, si le marchand ne remplit qu'une
fois en bois de trente pouces le chassis qui par la
longueur et la hauteur de ses membrures, contient un
stère de bois de 5 pieds, il ne vous donne qu'un
demi-stère ; car les proportions de ce chassis ne sont
plus en rapport avec la longueur de la bûche qui,
au lieu d'être de 5 pieds, n'est que de trente pouces ;
il faut donc qn'il remplisse en bois de trente pouces
le chassis d'un stère deux fois, ou le chassis du double stère une fois, pour vous livrer un stère ou un
mètre cube de bois de trente pouces.

Voici les dimensions des membrures particulières
que je donne pour le mesurage du bois de 3o pouces :

	LONGUEUR de la membrure		HAUTEUR de la membrure	
	Mètres.	Centimètr.	Mètres.	Centimètr.
Décastère (10 stères)..............	8	00	1	54
Demi-décastère (5 stères)......	4	00	1	54
Double-stère (2 stères)........	2	00	1	23
Stère.........................	1	00	1	23

MESURES CUBIQUES.

Il faut bien se convaincre que les membrures déterminées pour le mesurage de telle longueur de bois, ne peuvent pas être employées pour le mesurage de bois d'une autre longueur, ainsi, il se commettra toujours des erreurs toutes les fois qu'on mesurera du bois de trois pieds six pouces, ou de quatre pieds six pouces dans les membrures destinées au mesurage du bois de quatre pieds, ou qu'on mesurera dans les membrures déterminées pour le bois de quatre pieds et demi, du bois de quatre pieds et de cinq pieds ; le vendeur ou l'acheteur sera dupe.

Je dois prévenir que le bois de chaufage ne pouvant plus être vendu qu'au stère, l'acheteur n'est plus admis à se plaindre du défaut de mesure du bois qu'il a acheté à l'ancienne corde, ni intenter contre le marchand aucune action judiciaire, soit pour avoir le complément de la mesure, soit pour avoir sur le prix une diminution proportionnée. La loi ayant réprouvé toutes les mesures anciennes, les tribunaux ne peuvent avoir égard à sa demande : il est donc essentiel qu'il n'achète qu'au stère ; alors il a le droit de faire mesurer le bois qui lui est livré par le mesureur reçu ; si la mesure est complette, il doit supporter les frais de mesurage ; si la mesure est incomplette, le mesureur doit constater, par un certificat de lui signé, la quantité de bois qui se trouve de moins, et en vertu de ce certificat, l'acheteur peut poursuivre le marchand, qui doit être condamné non-seulement à parfaire la mesure ou à tenir compte du déficit, mais encore aux frais de mesurage. L'intérêt personnel et la cherté du bois doivent nécessiter l'adoption de la nouvelle mesure et du mesurage.

BOIS DE CHAUFAGE.

CORDES DE BOIS DE 5 PIEDS.

Cette Corde contenait 160 pieds cubes.

PREMIÈRE TABLE, qui convertit la corde de bois de 5 pieds en stères de bois de même longueur.

CORDES.	Stères.	Centièmes.	FRACTIONS de la corde.	Stères.	Centièmes.
1 équivaut à...	5	48	Demi-quart........	0	69
2...............	10	97	Quart............	1	37
3...............	16	45	Tiers............	1	83
4...............	21	94	Demie............	2	74
5...............	27	42	Deux tiers........	3	66
6...............	52	91	Trois-quarts......	4	11
7...............	58	39			
8...............	43	87	**CENTIÈMES de corde.**		
9...............	49	36			
10...............	54	84	1 équivaut à......	0	05
20...............	109	69	2...............	0	11
30...............	164	53	3...............	0	16
40...............	219	37	4...............	0	22
50...............	274	22	5...............	0	27
60...............	329	06	6...............	0	33
70...............	383	91	7...............	0	38
80...............	438	75	8...............	0	44
90...............	493	59	9...............	0	49
100...............	548	44	10...............	0	55
200...............	1096	87	20...............	1	10
300...............	1645	31	30...............	1	65
400...............	2193	74	40...............	2	19
500...............	2742	18	50...............	2	74
600...............	3290	62	60...............	3	29
700...............	3839	05	70...............	3	84
800...............	4387	49	80...............	4	39
900...............	4935	92	90...............	4	94
1000...............	5484	56			

Nota. On additionnera cette Table comme les francs et centimes. La longueur du bois sera de 1 mètre 624 millimètres.

Opération.

A convertir en stères de bois de 5 pieds 23 cordes et demie de bois de même longueur, cherchez :

	Stères.	Centièmes.
20 cordes, qui équivalent à..............	109	69
3 *idem* à................................	16	45
1/2 corde à...............................	2	74
TOTAL.......................	128	88

Vous aurez pour résultat 128 stères et 88 centièmes ou 7/8 de stère de bois de 5 pieds.

MESURES CUBIQUES.

DEUXIÈME TABLE, qui convertit les stères de bois de 5 pieds en cordes de bois de même longueur.

STÈRES.	Cordes de bois de 5 pieds.	Centièmes.	STÈRES.	Cordes de bois de 5 pieds.	Centièmes.
1 équivaut à...	0	18	1000 équivalent à..	182	54
2............	0	56	2000............	364	67
3............	0	55	3000............	547	61
4............	0	73	4000............	729	55
5............	0	91	5000............	911	68
6............	1	09	6000............	1094	02
7............	1	28			
8............	1	46	*Centièmes*		
9............	1	64	*de stère.*		
10............	1	82	1............	0	00
20............	3	65	2............	0	00
30............	5	47	3............	0	01
40............	7	29	4............	0	01
50............	9	12	5............	0	01
60............	10	94	6............	0	01
70............	12	76	7............	0	01
80............	14	59	8............	0	01
90............	16	41	9............	0	02
100............	18	23	10............	0	02
200............	36	47	20............	0	04
300............	54	70	30............	0	05
400............	72	93	40............	0	07
500............	91	17	50............	0	09
600............	109	40	60............	0	11
700............	127	64	70............	0	13
800............	145	87	80............	0	15
900............	164	10	90............	0	16

Nota. On additionnera cette Table comme les francs et centimes.

Opération.

A convertir en cordes de bois de 5 pieds 566 stères de bois de même longueur, cherchez :

	Cordes.	Centièmes.
500 stères, qui équivalent à..................	91	17
60 *idem* à.............................	10	94
6 *idem* à.............................	1	09
T O T A L......................	103	20

Vous aurez 103 cordes et 20 centièmes ou 1 cinquième de corde de bois de 5 pieds.

BOIS DE CHAUFAGE.

Rapport des 1.re *et* 2.e *Tables.*

Opération.

PREMIERE TABLE.

	Stères.	Centièmes.
A convertir en stères de bois de 5 pieds, 85 cordes un quart de bois de même longueur;		
cherchez 80 cordes, qui équivalent à.	438	75
idem à.	27	42
un quart de corde à..	1	57
TOTAL.	467	51

Preuve.

DEUXIEME TABLE.

	Cordes.	Centièmes.
A convertir en cordes de bois de 5 pieds, 467 stères 4 centièmes de bois de même longueur;		
cherchez 400 stères, qui équivalent à.	72	95
idem à..	10	91
idem à.	1	28
centièmes de stère à.	0	09
idem à.	0	01
TOTAL ÉGAL.	85	25

Opération.

DEUXIEME TABLE.

	Cordes.	Centièmes.
A convertir en cordes de bois de 5 pieds, 45 stères e bois de même longueur;		
cherchez 40 stères, qui équivalent à.	7	29
idem à.	0	55
TOTAL.	7	84

Preuve.

PREMIERE TABLE.

	Stères.	Centièmes.
A convertir en stères de bois de 5 pieds, 7 cordes 4 centièmes de bois de même longueur;		
cherchez 7 cordes, qui équivalent à	38	39
centièmes de corde à..	4	39
idem à.	0	22
TOTAL.	45	00

Nota. La manière d'opérer et d'établir les rapports est la même pour toutes les cordes de différentes longueurs de bois.

MESURES CUBIQUES.

TROISIEME TABLE, qui donne le prix du stère de bois de 5 pieds, comparativement au prix de la corde de bois de même longueur.

FRANCS.	Francs.	Centimes.	Centièmes.
1 fr. la corde, le stère vaut	0	18	23
2	0	36	47
3	0	54	70
4	0	72	93
5	0	91	17
6	1	09	40
7	1	27	64
8	1	45	87
9	1	64	10
10	1	82	34
20	3	64	67
30	5	47	01
40	7	29	35
50	9	11	68
60	10	94	02
70	12	76	36
80	14	58	69
90	16	41	03
100	18	23	37

CENTIMES.	Francs.	Centimes.	Centièmes.
1	0	00	18
2	0	00	36
3	0	00	55
4	0	00	73
5	0	00	91
6	0	01	09
7	0	01	28
8	0	01	46

CENTIMES.	Francs.	Centimes.	Centièmes.
9	0	01	6
10	0	01	8
20	0	03	6
30	0	05	4
40	0	07	2
50	0	09	1
60	0	10	9
70	0	12	7
80	0	14	5
90	0	16	4

CENTIÈMES de centime.	Francs.	Centimes.	Centièmes.
1	0	00	0
2	0	00	0
3	0	00	0
4	0	00	0
5	0	00	0
6	0	00	0
7	0	00	0
8	0	00	0
9	0	00	0
10	0	00	0
20	0	00	0
30	0	00	0
40	0	00	0
50	0	00	0
60	0	00	1
70	0	00	1
80	0	00	1
90	0	00	1

BOIS DE CHAUFAGE.

QUATRIEME TABLE, qui donne le prix de la corde de bois de 5 pieds, comparativement au prix du stère de bois de même longueur.

FRANCS.	Francs.	Centimes.	Centièmes.
à 1 franc le stère, la corde vaut	5	48	44
2..........	10	96	87
3..........	16	45	31
4..........	21	93	74
5..........	27	42	18
6..........	32	90	62
7..........	38	39	05
8..........	43	87	49
9..........	49	35	92
10..........	54	84	36
20..........	109	68	72
30..........	164	53	08
CENTIMES.			
1..........	0	05	48
2..........	0	10	97
3..........	0	16	45
4..........	0	21	94
5..........	0	27	42
6..........	0	32	91
7..........	0	38	39
8..........	0	43	87
9..........	0	49	36
10..........	0	54	84
20..........	1	09	69
30..........	1	64	53

CENTIMES.	Francs.	Centimes.	Centièmes.
40..........	2	19	37
50..........	2	74	22
60..........	3	29	06
70..........	3	83	91
80..........	4	38	75
90..........	4	93	59
CENTIEMES de centime.			
1..........	0	00	05
2..........	0	00	11
3..........	0	00	16
4..........	0	00	22
5..........	0	00	27
6..........	0	00	33
7..........	0	00	38
8..........	0	00	44
9..........	0	00	49
10..........	0	00	55
20..........	0	01	10
30..........	0	01	65
40..........	0	02	19
50..........	0	02	74
60..........	0	03	29
70..........	0	03	84
80..........	0	04	39
90..........	0	04	94

MESURES CUBIQUES.

CORDES DE BOIS DE 4 PIEDS 6 POUCES.
Cette Corde contenait 144 pieds cubes.

PREMIERE TABLE, qui convertit les cordes de bois de 4 pieds 6 pouces en stères de bois de même longueur.

CORDES.	Stères.	Centièmes.	FRACTIONS de la corde.	Stères.	Centièmes.
1 équivaut à	4	94	Demi-quart..	0	62
2............	9	87	Quart.........	1	23
3...........	14	81	Tiers..........	1	65
4...........	19	74	Demie.........	2	47
5...........	24	68	Deux tiers...	3	29
6...........	29	62	Trois - quarts.	3	70
7...........	34	55			
8...........	39	49	CENTIÈMES de corde.		
9...........	44	42			
10...........	49	36	1 équivaut à.	0	05
20...........	98	72	2............	0	10
30...........	148	08	3............	0	15
40...........	197	44	4............	0	20
50...........	246	80	5............	0	25
60...........	296	16	6............	0	30
70...........	345	51	7............	0	35
80...........	394	87	8............	0	39
90...........	444	23	9............	0	44
100...........	493	59	10...........	0	49
200...........	987	18	20...........	0	99
300...........	1480	78	30...........	1	48
400...........	1974	37	40...........	1	97
500...........	2467	96	50...........	2	47
600...........	2961	55	60...........	2	96
700...........	3455	15	70...........	3	46
800...........	3948	74	80...........	3	95
900...........	4442	33	90...........	4	44
1000...........	4935	92			

Nota. On additionnera cette Table comme les francs et centimes. La longueur du bois sera de 1 mètre 462 millimètres.

BOIS DE CHAUFAGE.

DEUXIEME TABLE, qui convertit les stères de bois de 4 pieds 6 pouces en cordes de bois de même longueur.

STÈRES.	Cordes de bois de 4 pieds 6 pouces.	Centièmes.	STÈRES.	Cordes de bois de 4 pieds 6 pouces.	Centièmes.
1 équivaut à	0	20	900............	182	34
2............	0	41	1000............	202	60
3............	0	61	2000............	405	19
4............	0	81	3000............	607	79
5............	1	01	4000............	810	39
6............	1	22	5000............	1012	98
7............	1	42	**CENTIÈMES de stere.**		
8............	1	62	1............	0	00
9............	1	82	2............	0	00
10............	2	03	3............	0	01
20............	4	05	4............	0	01
30............	6	08	5............	0	01
40............	8	10	6............	0	01
50............	10	13	7............	0	01
60............	12	16	8............	0	02
70............	14	18	9............	0	02
80............	16	21	10............	0	02
90............	18	23	20............	0	04
100............	20	26	30............	0	06
200............	40	52	40............	0	08
300............	60	78	50............	0	10
400............	81	04	60............	0	12
500............	101	30	70............	0	14
600............	121	56	80............	0	16
700............	141	82	90............	0	18
800............	162	08			

Nota. On additionnera cette Table comme les francs et centimes.

MESURES CUBIQUES.

TROISIEME TABLE, qui donne le prix du stère de bois de 4 pieds 6 pouces , comparativement au prix de la corde de bois de même longueur.

FRANCS.	Francs.	Centimes.	Centièmes.
à 1 franc la corde, le stère vaut	0	20	26
2	0	40	52
3	0	60	78
4	0	81	04
5	1	01	30
6	1	21	56
7	1	41	82
8	1	62	08
9	1	82	34
10	2	02	60
20	4	05	19
30	6	07	79
40	8	10	39
50	10	12	98
60	12	15	58
70	14	18	17
80	16	20	77
90	18	23	37
100	20	25	96

CENTIMES.	Francs.	Centimes.	Centièmes.
1	0	00	20
2	0	00	41
3	0	00	61
4	0	00	81
5	0	01	01
6	0	01	22
7	0	01	42
8	0	01	62
9	0	01	82

CENTIMES.	Francs.	Centimes.	Centièmes.
10	0	02	03
20	0	04	05
30	0	06	08
40	0	08	10
50	0	10	13
60	0	12	16
70	0	14	18
80	0	16	21
90	0	18	23

CENTIÈMES de centime.	Francs.	Centimes.	Centièmes.
1	0	00	00
2	0	00	00
3	0	00	01
4	0	00	01
5	0	00	01
6	0	00	01
7	0	00	01
8	0	00	02
9	0	00	02
10	0	00	02
20	0	00	04
30	0	00	06
40	0	00	08
50	0	00	10
60	0	00	12
70	0	00	14
80	0	00	16
90	0	00	18

BOIS DE CHAUFAGE.

QUATRIEME TABLE, qui donne le prix de la corde de bois de 4 pieds 6 pouces, comparativement au prix du stère de bois de même longueur.

FRANCS.	Francs.	Centimes.	Centièmes.
à 1 franc le stère, la corde vaut	4	93	59
2	9	87	18
3	14	80	78
4	19	74	37
5	24	67	96
6	29	61	55
7	34	55	15
8	39	48	74
9	44	42	33
10	49	35	92
20	98	71	85
30	148	07	77

CENTIMES.	Francs.	Centimes.	Centièmes.
1	0	04	94
2	0	09	87
3	0	14	81
4	0	19	74
5	0	24	68
6	0	29	62
7	0	34	55
8	0	39	49
9	0	44	42
10	0	49	36
20	0	98	72
30	1	48	08
40	1	97	44

CENTIMES.	Francs.	Centimes.	Centièmes.
50	2	46	80
60	2	96	16
70	3	45	51
80	3	94	87
90	4	44	23

CENTIÈMES de centime.	Francs.	Centimes.	Centièmes.
1	0	00	05
2	0	00	10
3	0	00	15
4	0	00	20
5	0	00	25
6	0	00	30
7	0	00	35
8	0	00	39
9	0	00	44
10	0	00	49
20	0	00	99
30	0	01	48
40	0	01	97
50	0	02	47
60	0	02	96
70	0	03	46
80	0	03	95
90	0	04	44

MESURES CUBIQUES.

CORDES DE BOIS DE 4 PIEDS 2 POUCES.
Cette Corde contenait 133 pieds 576 pouces cubes.

PREMIÈRE TABLE, *qui convertit les cordes de bois de 4 pieds 2 pouces en stères de bois de même longueur.*

CORDES.	Stères.	Centièmes.	FRACTIONS de la corde.	Stères.	Centièmes.
1 équivaut à	4	57	Demi-quart..	0	57
2..........	9	14	Quart	1	14
3..........	13	71	Tiers........	1	52
4..........	18	28	Demie.......	2	29
5..........	22	85	Deux-tiers...	3	05
6..........	27	42	Trois-quarts.	3	43
7..........	31	99			
8..........	36	56	CENTIÈMES de corde.		
9..........	41	13			
10..........	45	70	1 équivaut à .	0	05
20..........	91	41	2............	0	09
30..........	137	11	3............	0	14
40..........	182	81	4............	0	18
50..........	228	52	5............	0	23
60..........	274	22	6............	0	27
70..........	319	92	7............	0	32
80..........	365	62	8............	0	37
90..........	411	33	9............	0	41
100..........	457	03	10............	0	46
200..........	914	06	20............	0	91
300..........	1371	09	30............	1	37
400..........	1828	12	40............	1	83
500..........	2285	15	50............	2	29
600..........	2742	18	60............	2	74
700..........	3199	21	70............	3	20
800..........	3655	24	80............	3	66
900..........	4113	27	90............	4	11
1000..........	4570	30			

NOTA. On additionnera cette Table comme les francs et centimes.
La longueur du bois sera de 1 mètre 555 millimètres.

BOIS DE CHAUFAGE.

DEUXIEME TABLE, *qui convertit les stères de bois de 4 pieds 2 pouces en cordes de bois de même longueur.*

STÈRES.	Cordes de bois de 4 pieds 2 pouces.	Centièmes.	STÈRES.	Cordes de bois de 4 pieds 2 pouces.	Centièmes.
1 équivaut à	0	22	1000.............	218	80
2.............	0	44	2000.............	437	61
3.............	0	66	3000.............	656	41
4.............	0	88	4000.............	875	22
5.............	1	09	5000.............	1094	02
6.............	1	31			
7.............	1	53	CENTIÈMES		
8.............	1	75	de stère.		
9.............	1	97			
10.............	2	19	1 équivaut à	0	00
20.............	4	38	2.............	0	00
30.............	6	56	3.............	0	01
40.............	8	75	4.............	0	01
50.............	10	94	5.............	0	01
60.............	13	13	6.............	0	01
70.............	15	32	7.............	0	02
80.............	17	50	8.............	0	02
90.............	19	69	9.............	0	02
100.............	21	88	10.............	0	02
200.............	43	76	20.............	0	04
300.............	65	64	30.............	0	07
400.............	87	52	40.............	0	09
500.............	109	40	50.............	0	11
600.............	131	28	60.............	0	13
700.............	153	16	70.............	0	15
800.............	175	04	80.............	0	18
900.............	196	92	90.............	0	20

NOTA. On additionnera cette Table comme les francs et centimes.

MESURES CUBIQUES.

TROISIEME TABLE, qui donne le prix du stère de bois de 4 pieds 2 pouces, comparativement au prix de la corde de bois de même longueur.

FRANCS.	Francs.	Centimes.	Centièmes.	CENTIMES.	Francs.	Centièmes.	Centièmes.
à 1 franc la corde, le stère vaut.	0	21	88	10	0	02	19
2	0	43	76	20	0	04	38
3	0	65	64	30	0	06	56
4	0	87	52	40	0	08	75
5	1	09	40	50	0	10	94
6	1	31	28	60	0	13	13
7	1	53	16	70	0	15	32
8	1	75	04	80	0	17	50
9	1	96	92	90	0	19	69
10	2	18	80				
20	4	37	61	CENTIÈMES de centime.			
30	6	56	41				
40	8	75	22	1	0	00	00
50	10	94	02	2	0	00	00
60	13	12	82	3	0	00	01
70	15	31	63	4	0	00	01
80	17	50	43	5	0	00	01
90	19	69	24	6	0	00	01
100	21	88	04	7	0	00	02
				8	0	00	02
CENTIMES.				9	0	00	02
1	0	00	22	10	0	00	02
2	0	00	44	20	0	00	04
3	0	00	66	30	0	00	07
4	0	00	88	40	0	00	09
5	0	01	09	50	0	00	11
6	0	01	31	60	0	00	13
7	0	01	53	70	0	00	15
8	0	01	75	80	0	00	18
9	0	01	97	90	0	00	20

BOIS DE CHAUFAGE.

QUATRIEME TABLE, qui donne le prix de la corde de bois de 4 pieds 2 pouces, comparativement au prix du stère de bois de même longueur.

FRANCS.

	Francs.	Centimes.	Centièmes.
à 1 franc le stère, la corde vaut.	4	57	03
2	9	14	06
3	13	71	09
4	18	28	12
5	22	85	15
6	27	42	18
7	31	99	21
8	36	56	24
9	41	13	27
10	45	70	30
20	91	40	60
30	137	10	90

CENTIMES.

	Francs.	Centimes.	Centièmes.
1	0	04	57
2	0	09	14
3	0	13	71
4	0	18	28
5	0	22	85
6	0	27	42
7	0	31	99
8	0	36	56
9	0	41	13
10	0	45	70
20	0	91	41
30	1	37	11
40	1	82	81

CENTIMES.

	Francs.	Centimes.	Centièmes.
50	2	28	52
60	2	74	22
70	3	19	92
80	3	65	62
90	4	11	33

CENTIÈMES de centime.

	Francs.	Centimes.	Centièmes.
1	0	00	05
2	0	00	09
3	0	00	14
4	0	00	18
5	0	00	23
6	0	00	27
7	0	00	32
8	0	00	37
9	0	00	41
10	0	00	46
20	0	00	91
30	0	01	37
40	0	01	83
50	0	02	29
60	0	02	74
70	0	03	20
80	0	03	66
90	0	04	11

MESURES CUBIQUES.

CORDES DE BOIS DE 4 PIEDS.
Cette Corde contenait 128 pieds cubes.

PREMIÈRE TABLE, qui convertit les cordes de bois de 4 pieds en stères de bois de même longueur.

CORDES.	Stères.	Centièmes.	FRACTIONS de la corde.	Stères.	Centièmes.
1 équivaut à	4	39	Demi-quart..	0	55
2..............	8	77	Quart	1	10
3..............	13	16	Tiers.........	1	46
4..............	17	55	Demie........	2	19
5..............	21	94	Deux-tiers....	2	92
6..............	26	32	Trois-quarts .	3	29
7..............	30	71			
8..............	35	10	CENTIÈMES de corde.		
9..............	39	49			
10.............	43	87	1.............	0	04
20.............	87	75	2.............	0	09
30.............	131	62	3.............	0	13
40.............	175	50	4.............	0	18
50.............	219	37	5.............	0	22
60.............	263	25	6.............	0	26
70.............	307	12	7.............	0	31
80.............	351	00	8.............	0	35
90.............	394	87	9.............	0	39
100............	438	75	10............	0	44
200............	877	50	20............	0	88
300............	1316	25	30............	1	32
400............	1755	00	40............	1	75
500............	2193	74	50............	2	19
600............	2632	49	60............	2	63
700............	3071	24	70............	3	07
800............	3509	99	80............	3	51
900............	3948	74	90............	3	95
1000...........	4387	49			

NOTA. On additionnera cette Table comme les francs et centimes. La longueur du bois sera de 1 mètre 299 millimètres.

BOIS DE CHAUFAGE.

DEUXIÈME TABLE , qui convertit les stères de bois de 4 pieds en cordes de bois de même longueur.

STÈRES.	Cordes de bois de 4 pieds.	Centièmes.	STÈRES.	Cordes de bois de 4 pieds.	Centièmes.
1 équivaut à	0	23	1000............	227	92
2............	0	46	2000............	455	84
3............	0	68	3000............	683	76
4............	0	91	4000............	911	68
5............	1	14			
6............	1	37			
7............	1	60	CENTIÈMES		
8............	1	82	de stere.		
9............	2	05			
10............	2	28	1............	0	00
20............	4	56	2............	0	00
30............	6	84	3............	0	01
40............	9	12	4............	0	01
50............	11	40	5............	0	01
60............	13	68	6............	0	01
70............	15	95	7............	0	02
80............	18	23	8............	0	02
90............	20	51	9............	0	02
100............	22	79	10............	0	02
200............	45	58	20............	0	05
300............	68	38	30............	0	07
400............	91	17	40............	0	09
500............	113	96	50............	0	11
600............	136	75	60............	0	14
700............	159	54	70............	0	16
800............	182	34	80............	0	18
900............	205	13	90............	0	21

NOTA. On additionnera cette table comme les francs et centimes.

MESURES CUBIQUES.

TROISIÈME TABLE, qui donne le prix du stère de bois de 4 pieds, comparativement au prix de la corde de bois de même longueur.

FRANCS.	Francs.	Centimes.	Centièmes.
à 1 franc la corde, le stère vaut	0	22	79
2	0	45	58
3	0	68	38
4	0	91	17
5	1	13	96
6	1	36	75
7	1	59	54
8	1	82	34
9	2	05	13
10	2	27	90
20	4	55	84
30	6	83	76
40	9	11	68
50	11	39	60
60	13	67	52
70	15	95	45
80	18	23	37
90	20	51	29
100	22	79	21

CENTIMES.	Francs.	Centimes.	Centièmes.
1	0	00	23
2	0	00	46
3	0	00	68
4	0	00	91
5	0	01	14
6	0	01	37
7	0	01	60
8	0	01	82
9	0	02	05

CENTIMES.	Francs.	Centimes.	Centièmes.
10	0	02	28
20	0	04	56
30	0	06	84
40	0	09	12
50	0	11	40
60	0	13	68
70	0	15	95
80	0	18	23
90	0	20	51

CENTIÈMES de centime.	Francs.	Centimes.	Centièmes.
1	0	00	00
2	0	00	00
3	0	00	01
4	0	00	01
5	0	00	01
6	0	00	01
7	0	00	02
8	0	00	02
9	0	00	02
10	0	00	02
20	0	00	05
30	0	00	07
40	0	00	09
50	0	00	11
60	0	00	14
70	0	00	16
80	0	00	18
90	0	00	21

BOIS DE CHAUFAGE.

QUATRIEME TABLE, qui donne le prix de la corde de bois de 4 pieds, comparativement au prix du stère de bois de même longueur.

FRANCS.	Francs.	Centimes.	Centièmes.
à 1 franc le stère, la corde vaut	4	38	75
2	8	77	50
3	13	16	25
4	17	55	00
5	21	93	74
6	26	32	49
7	30	71	24
8	35	09	99
9	39	48	74
10	43	87	49
20	87	74	98
30	131	62	47

CENTIMES.	Francs.	Centimes.	Centièmes.
1	0	04	30
2	0	08	77
3	0	13	16
4	0	17	55
5	0	21	94
6	0	26	32
7	0	30	71
8	0	35	10
9	0	39	49
10	0	43	87
20	0	87	75
30	1	31	62
40	1	75	50
50	2	19	37

CENTIMES.	Francs.	Centimes.	Centièmes.
60	2	63	25
70	3	07	12
80	3	51	00
90	3	94	87

CENTIÈMES de centime.	Francs.	Centimes.	Centièmes.
1	0	00	04
2	0	00	09
3	0	00	13
4	0	00	18
5	0	00	22
6	0	00	26
7	0	00	31
8	0	00	35
9	0	00	39
10	0	00	44
20	0	00	88
30	0	01	32
40	0	01	75
50	0	02	19
60	0	02	63
70	0	03	07
80	0	03	51
90	0	03	95

M ..

MESURES CUBIQUES.

CORDES DES EAUX ET FORÊTS.

BOIS DE 5 PIEDS 6 POUCES.

Cette Corde contenait 112 pieds cubes.

PREMIERE TABLE, qui convertit les cordes des eaux et forêts, bois de 3 pieds 6 pouces, en stères de bois de même longueur.

CORDES.	Stères.	Centièmes.	FRACTIONS de la Corde.	Stères.	Centièmes.
1 équivaut à	3	84	Demi-quart...	0	48
2...........	7	68	Quart.........	0	96
3...........	11	52	Tiers.........	1	28
4...........	15	36	Demie........	1	92
5...........	19	20	Deux-tiers...	2	56
6...........	23	03	Trois-quarts..	2	88
7...........	26	87			
8...........	30	71	**CENTIÈMES de corde.**		
9...........	34	55			
10...........	38	39			
20...........	76	78	1............	0	04
30...........	115	17	2............	0	08
40...........	153	56	3............	0	12
50...........	191	95	4............	0	15
60...........	230	34	5............	0	19
70...........	268	73	6............	0	23
80...........	307	12	7............	0	27
90...........	345	51	8............	0	31
100...........	383	91	9............	0	35
200...........	767	81	10............	0	38
300...........	1151	72	20............	0	77
400...........	1535	62	30............	1	15
500...........	1919	53	40............	1	54
600...........	2303	43	50............	1	92
700...........	2687	34	60............	2	30
800...........	3071	24	70............	2	69
900...........	3455	15	80............	3	07
1000...........	3839	05	90............	3	46

Nota. On additionnera cette Table comme les francs et centimes. La longueur du bois sera de 1 mètre 137 millimètres.

BOIS DE CHAUFAGE.

DEUXIEME TABLE, qui convertit les stères de bois de
3 pieds 6 pouces en cordes de bois de même longueur,
ou cordes des eaux et forêts.

STÈRES.	Cordes des eaux et forêts.	Centièmes.	STÈRES.	Cordes des eaux et forêts.	Centièmes.
1 équiv. à	0	26	900........	234	43
2..........	0	52	1000........	260	48
3..........	0	78	2000........	520	96
4..........	1	04	3000........	781	44
5..........	1	30	4000........	1041	92
6..........	1	56			
7..........	1	82	CENTIÈMES de stère.		
8..........	2	08	1..........	0	00
9..........	2	34	2..........	0	01
10..........	2	60	3..........	0	01
20..........	5	21	4..........	0	01
30..........	7	81	5..........	0	01
40..........	10	42	6..........	0	02
50..........	13	02	7..........	0	02
60..........	15	63	8..........	0	02
70..........	18	23	9..........	0	02
80..........	20	84	10..........	0	03
90..........	23	44	20..........	0	05
100..........	26	05	30..........	0	08
200..........	52	10	40..........	0	10
300..........	78	14	50..........	0	13
400..........	104	19	60..........	0	16
500..........	130	24	70..........	0	18
600..........	156	29	80..........	0	21
700..........	182	34	90..........	0	23
800..........	208	38			

Nota. On additionnera cette Table comme les francs
ét centimes.

MESURES CUBIQUES.

TROISIEME TABLE, qui donne le prix du stère de bois de 3 pieds 6 pouces, comparativement au prix de la corde de bois de même longueur, ou de la corde des eaux et forêts.

FRANCS.	Francs.	Centimes.	Centièmes.	CENTIMES.	Francs.	Centimes.	Centièmes.
à 1 franc la corde, le stère vaut	0	26	05	10	0	02	60
2	0	52	10	20	0	05	21
3	0	78	14	30	0	07	81
4	1	04	19	40	0	10	42
5	1	30	24	50	0	13	02
6	1	56	29	60	0	15	63
7	1	82	34	70	0	18	23
8	2	08	38	80	0	20	84
9	2	34	43	90	0	23	44
10	2	60	48	**CENTIÈMES de centime.**			
20	5	20	96	1	0	00	00
30	7	81	44	2	0	00	01
40	10	41	92	3	0	00	01
50	13	02	40	4	0	00	01
60	15	62	89	5	0	00	01
70	18	23	37	6	0	00	02
80	20	83	85	7	0	00	02
90	23	44	33	8	0	00	02
100	26	04	81	9	0	00	02
CENTIMES.				10	0	00	03
1	0	00	26	20	0	00	05
2	0	00	52	30	0	00	08
3	0	00	78	40	0	00	10
4	0	01	04	50	0	00	13
5	0	01	30	60	0	00	16
6	0	01	56	70	0	00	18
7	0	01	82	80	0	00	21
8	0	02	08	90	0	00	23
9	0	02	34				

BOIS DE CHAUFAGE.

QUATRIEME TABLE, qui donne le prix de la corde des eaux et forêts, bois de 3 pieds 6 pouces, comparativement au prix du stère de bois de même longueur.

FRANCS.	Francs.	Centimes.	Centièmes.
à 1 franc le stère, la corde vaut	3	83	91
2	7	67	81
3	11	51	72
4	15	35	62
5	19	19	53
6	23	03	43
7	26	87	34
8	30	71	24
9	34	55	15
10	38	39	05
20	76	78	11
30	115	17	16

CENTIMES.	Francs.	Centimes.	Centièmes.
1	0	03	84
2	0	07	68
3	0	11	52
4	0	15	36
5	0	19	20
6	0	23	03
7	0	26	87
8	0	30	71
9	0	34	55
10	0	38	39
20	0	76	78
30	1	15	17

CENTIMES.	Francs.	Centimes.	Centièmes.
40	1	53	56
50	1	91	95
60	2	30	34
70	2	68	73
80	3	07	12
90	3	45	51

CENTIEMES de centime.	Francs.	Centimes.	Centièmes.
1	0	00	04
2	0	00	08
3	0	00	12
4	0	00	15
5	0	00	19
6	0	00	23
7	0	00	27
8	0	00	31
9	0	00	35
10	0	00	38
20	0	00	77
30	0	01	15
40	0	01	54
50	0	01	92
60	0	02	30
70	0	02	69
80	0	03	07
90	0	03	46

MESURES CUBIQUES.

CORDES DE BOIS DE 2 PIEDS 6 POUCES.
Cette Corde contenait 80 pieds cubes.

PREMIÈRE TABLE, *qui convertit les cordes de bois de 2 pieds 6 pouces en stères de bois de même longueur.*

CORDES.	Stères.	Centièmes.	FRACTIONS de la corde.	Stères.	Centièmes.
1 équivaut à	2	74	Demi-quart...	0	34
2..........	5	48	Quart	0	69
3..........	8	23	Tiers.........	0	91
4..........	10	97	Demie.........	1	37
5..........	13	71	Deux-tiers....	1	83
6..........	16	45	Trois-quarts ..	2	06
7..........	19	20			
8..........	21	94	CENTIÈMES de corde.		
9..........	24	68			
10.........	27	42	1 équivaut à..	0	03
20.........	54	84	2............	0	05
30.........	82	27	3............	0	08
40.........	109	69	4............	0	11
50.........	137	11	5............	0	14
60.........	164	53	6............	0	16
70.........	191	95	7............	0	19
80.........	219	37	8............	0	22
90.........	246	80	9............	0	25
100........	274	22	10...........	0	27
200........	548	44	20...........	0	55
300........	822	65	30...........	0	82
400........	1096	87	40...........	1	10
500........	1371	09	50...........	1	37
600........	1645	31	60...........	1	65
700........	1919	53	70...........	1	92
800........	2193	74	80...........	2	19
900........	2467	96	90...........	2	47
1000.......	2742	18			

Nota. On additionnera cette Table comme les francs et centimes. La longueur du bois sera de 812 millimètres.

BOIS DE CHAUFAGE.

DEUXIEME TABLE, qui convertit les stères de bois de 2 pieds 6 pouces en cordes de bois de même longueur.

STÈRES.	Cordes de bois de 2 pieds 6 pouces.	Centièmes.	STÈRES.	Cordes de bois de 2 pieds 6 pouces.	Centièmes.
1 équivaut à	0	36	900..........	328	21
2..........	0	73	1000..........	364	67
3..........	1	09	2000..........	729	35
4..........	1	46	3000..........	1094	02
5..........	1	82			
6..........	2	19	**CENTIÈMES** de stère.		
7..........	2	55			
8..........	2	92			
9..........	3	28	1 équivaut à	0	00
10..........	3	65	2..........	0	01
20..........	7	29	3..........	0	01
30..........	10	94	4..........	0	01
40..........	14	59	5..........	0	02
50..........	18	23	6..........	0	02
60..........	21	88	7..........	0	03
70..........	25	53	8..........	0	03
80..........	29	17	9..........	0	03
90..........	32	82	10..........	0	04
100..........	36	47	20..........	0	07
200..........	72	93	30..........	0	11
300..........	109	40	40..........	0	15
400..........	145	87	50..........	0	18
500..........	182	34	60..........	0	22
600..........	218	80	70..........	0	26
700..........	255	27	80..........	0	29
800..........	291	74	90..........	0	33

NOTA. On additionnera cette Table comme les francs et centimes.

MESURES CUBIQUES.

TROISIÈME TABLE, qui donne le prix du stère de bois de 2 pieds 6 pouces, comparativement au prix de la corde de bois de même longueur.

FRANCS.

	Francs.	Centimes.	Centièmes.
à 1 franc la corde, le stère vaut	0	36	47
2	0	72	93
3	1	09	40
4	1	45	87
5	1	82	34
6	2	18	80
7	2	55	27
8	2	91	74
9	3	28	21
10	3	64	67
20	7	29	35
30	10	94	02
40	14	58	69
50	18	23	37
60	21	88	04
70	25	52	71
80	29	17	39
90	32	82	06
100	36	46	73

CENTIMES.

	Francs.	Centimes.	Centièmes.
1	0	00	36
2	0	00	73
3	0	01	09
4	0	01	46
5	0	01	82
6	0	02	19
7	0	02	55
8	0	02	92
9	0	03	28
10	0	03	65
20	0	07	29
30	0	10	94
40	0	14	59
50	0	18	23
60	0	21	88
70	0	25	53
80	0	29	17
90	0	32	82

CENTIÈMES de centime.

	Francs.	Centimes.	Centièmes.
1	0	00	00
2	0	00	01
3	0	00	01
4	0	00	01
5	0	00	02
6	0	00	02
7	0	00	03
8	0	00	03
9	0	00	03
10	0	00	04
20	0	00	07
30	0	00	11
40	0	00	15
50	0	00	18
60	0	00	22
70	0	00	26
80	0	00	29
90	0	00	33

BOIS DE CHAUFAGE.

QUATRIÈME TABLE, *qui donne le prix de la corde de bois de 2 pieds 6 pouces, comparativement au prix du stère de bois de même longueur.*

FRANCS.

	Francs.	Centimes.	Centièmes.
à 1 franc le stère, la corde vaut.	2	74	22
2............	5	48	44
3............	8	22	65
4............	10	96	87
5............	13	71	09
6............	16	45	31
7............	19	19	53
8............	21	93	74
9............	24	67	96
10............	27	42	18
20............	54	84	36
30............	82	26	54
40............	109	68	72

CENTIMES.

	Francs.	Centimes.	Centièmes.
1............	0	02	74
2............	0	05	48
3............	0	08	23
4............	0	10	97
5............	0	13	71
6............	0	16	45
7............	0	19	20
8............	0	21	94
9............	0	24	68
10............	0	27	42
20............	0	54	84
30............	0	82	27

CENTIMES.

	Francs.	Centimes.	Centièmes.
40............	1	09	69
50............	1	37	11
60............	1	64	53
70............	1	91	95
80............	2	19	37
90............	2	46	80

CENTIÈMES de centime.

	Francs.	Centimes.	Centièmes.
1............	0	00	03
2............	0	00	05
3............	0	00	08
4............	0	00	11
5............	0	00	14
6............	0	00	16
7............	0	00	19
8............	0	00	22
9............	0	00	25
10............	0	00	27
20............	0	00	55
30............	0	00	82
40............	0	01	10
50............	0	01	37
60............	0	01	65
70............	0	01	92
80............	0	02	19
90............	0	02	47

MESURES CUBIQUES.

ROTTÉES DE SAINT-AIGNAN.

BOIS DE 5 PIEDS.

La Rottée contenait 11 pieds 1194 pouces 1121 lignes cubes.

PREMIÈRE TABLE, qui convertit les rottées de Saint-Aignan en stères de bois de 3 pieds.

ROTTÉES.	Stères.	Centièmes.	FRACTIONS de la rottée.	Stères.	Centièmes.
1 équivant à	0	40	Quart de rottée	0	10
2..........	0	80	Tiers........	0	13
3..........	1	20	Demie........	0	20
4..........	1	60	Deux-tiers...	0	27
5..........	2	00	Trois-quarts .	0	30
6..........	2	40			
7..........	2	81	**CENTIÈMES de rottée.**		
8..........	3	21			
9..........	3	61			
10.........	4	01	1 équivaut à .	0	00
20.........	8	01	2.............	0	01
30.........	12	02	3.............	0	01
40.........	16	03	4.............	0	02
50.........	20	04	5.............	0	02
60.........	24	04	6.............	0	02
70.........	28	05	7.............	0	03
80.........	32	06	8.............	0	03
90.........	36	07	9.............	0	04
100.........	40	07	10............	0	04
200.........	80	15	20............	0	08
300.........	120	22	30............	0	12
400.........	160	30	40............	0	16
500.........	200	37	50............	0	20
600.........	240	45	60............	0	24
700.........	280	52	70............	0	28
800.........	320	60	80............	0	32
900.........	360	67	90............	0	36
1000........	400	75			

NOTA. On additionnera cette Table comme les francs et centimes.
La longueur du bois sera de 975 millimètres.

BOIS DE CHAUFAGE.

DEUXIEME TABLE, qui convertit les stères de bois de 3 pieds en rottées de Saint-Aignan.

STÈRES.	Rottées.	Centièmes.	STÈRES.	Rottées.	Centièmes.
1 équivaut à	2	50	700	1746	74
2	4	99	800	1996	27
3	7	49	900	2245	80
4	9	98	1000	2495	34
5	12	48			
6	14	97	CENTIÈMES de stère.		
7	17	47	1 équivaut à.	0	02
8	19	96	2	0	05
9	22	46	3	0	07
10	24	95	4	0	10
20	49	91	5	0	12
30	74	86	6	0	15
40	99	81	7	0	17
50	124	77	8	0	20
60	149	72	9	0	22
70	174	67	10	0	25
80	199	63	20	0	50
90	224	58	30	0	75
100	249	53	40	1	00
200	499	07	50	1	25
300	748	60	60	1	50
400	998	14	70	1	75
500	1247	67	80	2	00
600	1497	20	90	2	25

Nota. On additionnera cette Table comme les francs et centimes.

MESURES CUBIQUES.

TROISIÈME TABLE, qui donne le prix du stère de bois de *3* pieds, comparativement au prix de la rottée de Saint-Aignan.

FRANCS.

	Francs.	Centimes.	Centièmes.
à 1 franc la rottée de Saint-Aignan, le stère vaut ...	2	49	53
2............	4	99	07
3............	7	48	60
4............	9	98	14
5............	12	47	67
6............	14	97	20
7............	17	46	74
8............	19	96	27
9............	22	45	80
10............	24	95	34
20............	49	90	68

CENTIMES.

	Francs.	Centimes.	Centièmes.
1............	0	02	50
2............	0	04	99
3............	0	07	49
4............	0	09	98
5............	0	12	48
6............	0	14	97
7............	0	17	47
8............	0	19	96
9............	0	22	46
10............	0	24	95
20............	0	49	91
30............	0	74	86
40............	0	99	81

CENTIMES.

	Francs.	Centimes.	Centièmes.
50............	1	24	77
60............	1	49	72
70............	1	74	67
80............	1	99	63
90............	2	24	58

CENTIÈMES de centime.

	Francs.	Centimes.	Centièmes.
1............	0	00	02
2............	0	00	05
3............	0	00	07
4............	0	00	10
5............	0	00	12
6............	0	00	15
7............	0	00	17
8............	0	00	20
9............	0	00	22
10............	0	00	25
20............	0	00	50
30............	0	00	75
40............	0	01	00
50............	0	01	25
60............	0	01	50
70............	0	01	75
80............	0	02	00
90............	0	02	25

BOIS DE CHAUFAGE.

QUATRIÈME TABLE, qui donne le prix de la rottée de Saint-Aignan, comparativement au prix du stère de bois de 3 pieds.

FRANCS.	Francs.	Centimes.	Centièmes.
à 1 franc le stère, la rottée de St.-Aignan vaut...	0	40	07
2	0	80	15
3	1	20	22
4	1	60	30
5	2	00	37
6	2	40	45
7	2	80	52
8	3	20	60
9	3	60	67
10	4	00	75
20	8	01	49
30	12	02	24
40	16	02	99
50	20	03	74

CENTIMES.	Francs.	Centimes.	Centièmes.
1	0	00	40
2	0	00	80
3	0	01	20
4	0	01	60
5	0	02	00
6	0	02	40
7	0	02	81
8	0	03	21
9	0	03	61
10	0	04	01
20	0	08	01
30	0	12	02

CENTIMES.	Francs.	Centimes.	Centièmes.
40	0	16	03
50	0	20	04
60	0	24	04
70	0	28	05
80	0	32	06
90	0	36	07

CENTIEMES de centime.	Francs.	Centimes.	Centièmes.
1	0	00	00
2	0	00	01
3	0	00	01
4	0	00	02
5	0	00	02
6	0	00	02
7	0	00	03
8	0	00	03
9	0	00	04
10	0	00	04
20	0	00	08
30	0	00	12
40	0	00	16
50	0	00	20
60	0	00	24
70	0	00	28
80	0	00	32
90	0	00	36

MESURES DE CAPACITÉ.

CINQUIEME PARTIE.

Grains et Matières sèches.

IL y a dans le département de Loir et Cher douze marchés pour la vente des grains, lesquels sont établis à Blois, Mer, Oucques, Vendôme, Montoire, Mondoubleau, Herbault, Contres, Bracieux, Romorantin, Saint-Aignan et Selles-sur-Cher.

Les anciennes mesures de ces différens marchés variaient, ou sur la grandeur du boisseau, ou sur la quantité des boisseaux, pour les mesures de convention connues sous les noms de *setiers* et de *muids*. Elles servaient de base à toutes les transactions en grains qui se faisaient dans l'étendue du département.

Chaque commune suivait la mesure du marché qui était le plus à sa proximité. Celles qui étaient contiguës du département du Loiret, telles qu'Avaray, Lestiou, Josnes, Concriès, etc., suivaient la mesure du marché de Beaugency ; celles qui étaient plus proches du département d'Indre et Loire, telles que Mesland, Saint-Gourgon, Villeporcher, Longpré, Villechauve, Authon, etc., suivaient la mesure du marché de Chateau-Regnault ; Veuves suivait celle du marché d'Amboise ; Savigny, celle du marché de S. Calais.

Pour établir la mercuriale, ou plutôt pour fixer le prix des grains, on prenait pour base, dans plusieurs de ces marchés, le prix moyen du boisseau, et dans les autres, le prix moyen du setier. On

MESURES DE CAPACITE.

avait ensuite le prix du muid, en multipliant, ou le prix du boisseau par le nombre de boisseaux, ou le prix du setier par le nombre de setiers que le muid contenait.

Les nouvelles mesures de grains, maintenant uniformes dans toute la France, sont le *kilolitre*, l'*hectolitre*, le *décalitre*, le *litre* et le *décilitre*.

Le *kilolitre*, ou le *muid métrique*, dont la grandeur est d'un mètre cube ou de 1000 décimètres cubes, contient 10 *hectolitres.*

L'*hectolitre*, ou le *setier métrique*, dont la grandeur est de 100 décimètres cubes, contient 10 *décalitres.*

Le *décalitre*, ou le *boisseau métrique*, dont la grandeur est de 10 décimètres cubes, contient 10 *litres.*

Le *litre*, ou la *pinte métrique*, dont la grandeur est d'un décimètre cube, contient 10 *décilitres.*

Le *décilitre* est la dixième partie du litre, ou la centième partie du décalitre.

Ainsi le kilolitre, ou le muid métrique, est égal à . . .	10 hectolitres ou setiers métriques. 100 décalitres ou boisseaux métriques. 1000 litres ou pintes métriques. 10,000 décilitres.
L'hectolitre, ou le setier métrique, à	10 décalitres ou boisseaux métriques. 100 litres ou pintes métriques. 1000 décilitres.
Le décalitre, ou le boisseau métrique, à	10 litres ou pintes métriques. 100 décilitres.
Le litre, ou la pinte métrique, à..	10 décilitres.

MESURES DE CAPACITE.

Instrumens de mesurage et leurs dimensions internes.

MESURES.	Hauteur et diamètre de la base.
	Millimètres.
1.º Le Double - Hectolitre......................	633 , 8
2.º L'Hectolitre............................	5o3 , 1
3.º Le Demi-Hectolitre (5 Décalitres)........	399 , 3
4.º Le Double - Décalitre......................	294 , 2
5.º Le Décalitre..........................	233 , 5
6.º Le Demi - Décalitre (5 Litres)............	185 , 3
7.º Le Double - Litre......................	136 , 6
8.º Le Litre..........................	108 , 4
9.º Le Demi-Litre (5 Décilitres)	86 , 0
10.º Le Double-Décilitre....................	63 , 4
11.º Le Décilitre.	5o , 3

Le kilolitre, ou le muid métrique, n'est qu'une valeur de compte. Il n'y a pas d'instrumens de cette mesure.

On ne se sert point dans les marchés de l'hectolitre et de son double, parce que ces instrumens sont trop grands et trop lourds. On n'y fait usage que du demi - hectolitre et des suivans.

Les mesures de capacité sont des mesures de solidité réduites à des cubes ; mais la forme cubique n'étant point celle qui convenait à ces mesures, on leur a substitué la forme cylindrique, et les dimensions intérieures ou dans œuvre qu'on leur a données, sont réglées de telle sorte que, pour les grains et matières sèches, la hauteur est égale au diamètre : de manière qu'en comparant la hauteur

MESURES DE CAPACITÉ.

au diamètre, on peut facilement s'assurer si la mesure dont on se sert est exacte.

Les mesures doivent être remplies jusqu'aux bords : il n'y a plus de comble ; tout usage de ce genre est absolument abrogé ; autrement l'uniformité, qui est le but essentiel de l'institution des nouvelles mesures, n'existerait plus.

Pour fixer maintenant le prix des grains, on prend pour base le prix moyen de l'hectolitre ; et tel est l'avantage des nouvelles mesures décimales de grains, que lorsqu'on aura chiffré le prix de l'hectolitre, on aura le prix du kilolitre sans aucune autre opération que celle du déplacement, d'un rang vers la droite, du point décimal mis entre les francs et les centimes ; de même, on aura le prix du décalitre aussi sans aucune autre opération que celle du déplacement du même point décimal d'un rang vers la gauche. *Voir* l'Instruction, *pages* xix et xx.

Exemple.

	fr.	c.
Supposez que le prix de l'Hectolitre soit	21 .	30
En déplaçant le Point décimal d'un rang vers la droite, vous aurez pour le prix du Kilolitre...	213 .	0
Supposez encore que le prix de l'hectolitre soit..	21 .	30
En déplaçant le Point décimal d'un rang vers la gauche, vous aurez pour le prix du décalitre...	2 .	13

Ces deux opérations suffisent pour démontrer avec quelle facilité on aura le prix du kilolitre et du décalitre, d'après celui de l'hectolitre.

Il faut toujours se rappeler que la division des nouvelles mesures de grains se fait par dix, et que

MESURES DE CAPACITÉ.

chaque mesure numérotée 1, de dix en dix, a son double numéroté 2, et sa moitié numérotée 5; de sorte qu'un instrument de mesurage numéroté 1, est précédé d'instrumens deux fois, cinq fois et dix fois plus grands que lui, et qu'il est suivi d'autres instrumens qui ne contiennent que sa moitié, sa cinquième et sa dixième partie. On doit encore observer que le double de chaque mesure décimale est toujours le cinquième de la mesure décimale immédiatement supérieure.

Pour rendre ceci plus sensible, prenons pour exemple le décalitre ou le boisseau métrique.

Le décalitre est numéroté 1, parce qu'il est une mesure décimale. Dans l'échelle ascendante, il est précédé 1.° du *double-décalitre*; le double-décalitre est numéroté 2, parce qu'il contient 2 décalitres; il est le cinquième de l'hectolitre, (l'hectolitre étant la mesure décimale immédiatement supérieure au décalitre): 2.° du *demi-hectolitre*, lequel est numéroté 5, parce qu'il contient 5 décalitres : et enfin de l'*hectolitre* qui contient 10 décalitres, lequel est numéroté 1, parce qu'il est une mesure décimale. On voit donc clairement que le décalitre est précédé du double-décalitre deux fois plus grand, du demi-hectolitre cinq fois plus grand, et de l'hectolitre dix fois plus grand que lui.

Dans l'échelle descendante, le décalitre qui contient dix litres, est suivi, 1.° du *demi-décalitre*, lequel est numéroté 5, parce qu'il contient 5 litres ; 2.° du *double-litre* : le double-litre est numéroté 2, parce qu'il contient deux litres ; il est le cinquième du décalitre, (le décalitre étant la mesure décimale immédiatement supérieure au litre): 3.° et enfin du

MESURES DE CAPACITÉ.

litre, lequel est numéroté 1, parce qu'il est une mesure décimale dix fois plus petite que le décalitre. Dans l'échelle descendante, le décalitre est donc suivi du demi-décalitre qui représente sa moitié, du double-litre qui contient sa cinquième partie, et du litre qui contient sa dixième partie.

Bien des personnes pensent que le double-décalitre est le quart de l'hectolitre, et que le double-litre est le quart du décalitre ; c'est une erreur : le double-décalitre est le cinquième de l'hectolitre, et le double-litre est le cinquième du décalitre, ainsi que je viens de le démontrer. C'est pourquoi, lorsqu'on achète un double-décalitre de grains, on ne doit payer que la cinquième partie du prix de l'hectolitre, et non pas le quart de ce prix. De même, lorsqu'on achète un double-litre de grains, on ne doit payer que la cinquième partie du prix du décalitre et non pas le quart.

On ne doit jamais regarder comme unités les double et les demi de chaque mesure décimale de grains, il faut les rapporter tous au décalitre.

On peut dans la nouvelle mesure de grains, de même que dans l'ancienne, se servir des termes de *muids*, de *setiers* et de *boisseaux*, ce qui distinguera l'une de l'autre, ce sera le mot *métrique* qu'on ajoutera.

On exprimait l'ancienne mesure de grains, tantôt par setiers et boisseaux, tantôt par boisseaux seulement. On peut de même exprimer la nouvelle mesure, en termes systématiques, par hectolitres et décalitres, ou par décalitres seulement ; et en termes français par setiers et boisseaux métriques, ou par boisseaux métriques seulement : ainsi on pourra

MESURES DE CAPACITÉ.

dire indiféremment, en termes systématiques, 6 hectolitres 2 décalitres, ou 62 décalitres; et en termes français, 6 setiers 2 boisseaux métriques, ou 62 boisseaux métriques.

On aura encore la liberté de réunir les litres et les décilitres, ou de les exprimer par centièmes de décalitre ou de boisseau métrique. On pourra donc dire indifféremment 5 litres 4 décilitres, ou 54 décilitres, ou 54 centièmes de décalitre ou de boisseau métrique.

C'est par cette raison que dans les premières Tables qui convertissent chaque mesure ancienne de grains, j'ai établi pour la nouvelle mesure trois colonnes; j'ai placé, à la première, les kilolitres ou muids métriques; à la seconde, les hectolitres et décalitres, ou les setiers et boisseaux métriques, et à la troisième, les litres et les décilitres, ou les dixièmes et centièmes de boisseau métrique.

Ceux qui auront une quantité de boisseaux anciens à convertir en nouvelle mesure, les réduiront en anciens setiers et les anciens setiers en anciens muids, avant d'opérer.

A la mesure des grains de Blois, j'ai donné la manière de faire les conversions et d'établir les rapports entre l'ancienne et la nouvelle mesure, et *vice versâ*, entre la nouvelle et l'ancienne; les opérations de toutes les autres mesures de grains étant les mêmes, on voudra bien y avoir recours.

MESURES DE CAPACITE

Grains du marché de Blois.

A Blois, les grains se vendaient au *muid*, au *setier* et au *boisseau*.

Le muid contenait..
- 4 sacs.
- 12 setiers
- 24 mines.
- 48 minots.
- 96 boisseaux.

Le sac...........
- 3 setiers.
- 6 mines.
- 12 minots.
- 24 boisseaux.

Le setier.........
- 2 mines.
- 4 minots.
- 8 boisseaux.

La mine.........
- 2 minots.
- 4 boisseaux.

Le minot......... 2 boisseaux.

Le boisseau.......
- 2 demi-boisseaux.
- 4 quartes.
- 8 demi-quartes.

Le boisseau pesait environ 12 livres et demie, ancien poids.

DES GRAINS DE BLOIS.

PREMIÈRE TABLE, qui convertit les anciens muids, setiers et boisseaux de Blois, en kilolitres, hectolitres et décalitres.

ANCIENS MUIDS de Blois de 12 setiers.	Kilolitres ou muids métriques.	Hectolitres ou setiers métriques.	Décalitres ou boisseaux métriques.	Litres, 10.mes de décalitre.	Décilitres, 100.mes de décalitre.
1 éq	0	8	1	3	3
2..	1	6	2	6	6
3..	2	4	4	0	0
4..	3	2	5	3	3
5..	4	0	6	6	6
6..	4	8	7	9	9
7..	5	6	9	3	2
8..	6	5	0	6	6
9..	7	3	1	9	9
10..	8	1	3	3	2
20..	16	2	6	6	4
30..	24	3	9	9	6
40..	32	5	3	2	8
50..	40	6	6	6	0
60..	48	7	9	9	2
70..	56	9	3	2	4
80..	65	0	6	5	6
90..	73	1	9	8	8
100..	81	3	3	1	9
200..	162	6	6	3	9
300..	243	9	9	5	8
400..	325	3	2	7	8
500..	406	6	5	9	7

ANCIENS SETIERS de Blois de 8 boiss.

	Kilolitres	Hectolitres	Décalitres	Litres	Décilitres
1..	0	0	6	7	8
2..	0	1	3	5	6
3..	0	2	0	3	3
4..	0	2	7	1	1
5..	0	3	3	8	9
6..	0	4	0	6	7

ANCIENS SETIERS de Blois de 8 boisseaux.	Kilolitres ou muids métriques.	Hectolitres ou setiers métriques.	Décalitres ou boisseaux métriques.	Litres, 10.mes de décalitre.	Décilitres, 100.mes de décalitre.
7..	0	4	7	4	4
8..	0	5	4	2	2
9..	0	6	1	0	0
10..	0	6	7	7	8
11..	0	7	4	5	5

BOISSEAUX de Blois.

	Kilolitres	Hectolitres	Décalitres	Litres	Décilitres
1..	0	0	0	8	5
2..	0	0	1	6	9
3..	0	0	2	5	4
4..	0	0	3	3	9
5..	0	0	4	2	4
6..	0	0	5	0	8
7..	0	0	5	9	3
8..	0	0	6	7	8
9..	0	0	7	6	2
10..	0	0	8	4	7
11..	0	0	9	3	2

FRACTIONS USITÉES du boisseau

	Kilolitres	Hectolitres	Décalitres	Litres	Décilitres
1/2 quarte ou 1/8.	0	0	0	1	1
Quarte ou 1/4.	0	0	0	2	1
1/2......	0	0	0	4	2
3/4......	0	0	0	6	4

MESURES DE CAPACITÉ

Centièmes de boisseau.	Kilolitres ou muids métriques.	Hectolitres ou setiers métriques.	Décalitres ou boisseaux métriques.	Litres, 10.mes de décalitre.	Décilitres, 100.mes de décalitre.	Centièmes de boisseau.	Kilolitres ou muids métriques.	Hectolitres ou setiers métriques.	Décalitres ou boisseaux métriques.	Litres, 10.mes de décalitre.	Décilitres, 100.mes de décalitre.
1 éq.	0	0	0	0	1	10...	0	0	0	0	8
2...	0	0	0	0	2	20...	0	0	0	1	7
3...	0	0	0	0	3	30...	0	0	0	2	5
4...	0	0	0	0	3	40...	0	0	0	3	4
5...	0	0	0	0	4	50...	0	0	0	4	2
6...	0	0	0	0	5	60...	0	0	0	5	1
7...	0	0	0	0	6	70...	0	0	0	5	9
8...	0	0	0	0	7	80...	0	0	0	6	8
9...	0	0	0	0	8	90...	0	0	0	7	6

On additionnera cette Table comme les francs et centimes.

Opération.

	Kilolitres.	Hectolitres.	Décalitres.	Litres.	Décilitres.
Soit à convertir en nouvelle mesure 42 muids 10 setiers 3 boisseaux et demi, ancienne mesure de Blois, cherchez :					
40 muids, vous aurez	32	5	3	2	8
2 muids...........................	1	6	2	6	6
10 setiers.........................	0	6	7	7	8
3 boisseaux........................	0	0	2	5	4
Le demi-boisseau...................	0	0	0	4	2
TOTAL.........................	34	8	6	6	8

En termes systématiques, vous aurez pour résultat 34 kilolitres 8 hectolitres 6 décalitres 6 litres 8 décilitres, ou plus simplement 34 kilolitres 86 décalitres 68 décilitres.

Et en termes français, 34 muids 8 setiers 6 boisseaux et 68 centièmes de boisseau métrique, ou plus simplement 34 muids 86 boisseaux et 68 centièmes ou 2/3 de boisseau métrique.

DES GRAINS DE BLOIS.

DEUXIÈME TABLE, qui convertit les kilolitres, hec- tolitres et décalitres en anciens muids, setiers et bois- seaux de Blois.

Kilolitres ou muids métriques.	Anciens muids.	Anciens setiers.	Anciens boisseaux.	Centièmes de boisseau.
1 éq. à	1	2	6	03
2....	2	5	4	07
3....	3	8	2	10
4....	4	11	0	14
5....	6	1	6	17
6....	7	4	4	21
7....	8	7	2	24
8....	9	10	0	28
9....	11	0	6	31
10....	12	3	4	35
20....	24	7	0	70
30....	36	10	5	04
40....	49	2	1	39
50....	61	5	5	74
60....	73	9	2	09
70....	86	0	6	44
80....	98	4	2	78
90....	110	7	7	13
100....	122	11	3	48
200....	245	10	6	96
300....	368	10	2	44
400....	491	9	5	92

DÉCALITRES
ou
boisseaux métriques

	Anciens muids.	Anciens setiers.	Anciens boisseaux.	Centièmes de boisseau.
1.....	0	0	1	18
2.....	0	0	2	36
3.....	0	0	3	54
4.....	0	0	4	72
5.....	0	0	5	90

Décalitres ou boisseaux métriques.	Anciens muids.	Anciens setiers.	Anciens boisseaux.	Centièmes de boisseau.
6...........	0	0	7	08
7...........	0	1	0	26
8...........	0	1	1	44
9...........	0	1	2	62
10 ou 1 hectol.	0	1	3	80
20...2.......	0	2	7	61
30...3.......	0	4	3	41
40...4.......	0	5	7	21
50...5.......	0	7	3	02
60...6.......	0	8	6	82
70...7.......	0	10	2	62
80...8.......	0	11	6	43
90...9.......	1	1	2	23

DÉCILITRES
ou
100.es de décalitre.

	Anciens muids.	Anciens setiers.	Anciens boisseaux.	Centièmes de boisseau.
1...........	0	0	0	01
2...........	0	0	0	02
3...........	0	0	0	04
4...........	0	0	0	05
5...........	0	0	0	06
6...........	0	0	0	07
7...........	0	0	0	08
8...........	0	0	0	09
9...........	0	0	0	11
10 ou 1 litre..	0	0	0	12
20...2.......	0	0	0	24
30...3.......	0	0	0	35
40...4.......	0	0	0	47
50...5.......	0	0	0	59
60...6.......	0	0	0	71
70...7.......	0	0	0	83
80...8.......	0	0	0	94
90...9.......	0	0	1	06

Dans l'addition de cette Table, on divisera les anciens boisseaux

MESURES DE CAPACITE

par 8, pour les réduire en anciens setiers, et les anciens setiers par 12, pour les réduire en anciens muids de Blois.

Opération.

Soit à convertir en ancienne mesure de Blois 26 kilolitres 54 décalitres et 29 décilitres, ou par la division, 26 kilolitres 5 hectolitres 4 décalitres 2 litres et 9 décilitres, cherchez :

	Anciens muids.	Anciens setiers.	Anciens boisseaux.	Centièmes de boisseau.
20 kilolitres , vous aurez..............	24	7	0	70
6 *idem*	7	4	4	21
50 décalitres *ou* 5 hectolitres..........	0	7	3	02
4 décalitres...........................	0	0	4	72
20 décilitres *ou* 2 litres..............	0	0	0	24
et 9 décilitres........................	0	0	0	11
TOTAL......................	32	7	5	00

Vous aurez pour résultat 32 muids 7 setiers 5 boisseaux, ancienne mesure de Blois.

DES GRAINS DE BLOIS.

Rapport des 1.re et 2.me Tables.

Opération.

PREMIÈRE TABLE.

Soit à convertir en mesure métrique 78 muids 3 setiers 5 boisseaux, ancienne mesure de Blois.

	Kilolitres.	Hectolitres.	Décalitres.	Litres.	Décilitres.
70 muids équivalent à...............	56	9	3	2	4
8 muids à.........................	6	5	0	6	6
3 setiers à.........................	0	2	0	3	3
5 boisseaux à......................	0	0	4	2	4
TOTAL....................	63	6	8	4	7

On aura 63 kilolitres 68 décalitres et 47 décilitres ou 63 muids 68 boisseaux et 47 centièmes de boisseau métrique.

Preuve.

DEUXIÈME TABLE.

Soit à convertir en ancienne mesure de Blois 63 kilolitres 68 décalitres et 47 décilitres, ou par la division, 63 kilolitres 6 hectolitres 8 décalitres 4 litres et 7 décilitres.

	Muids anciens.	Setiers anciens.	Boisseaux anciens.	100.es de boisseau.
60 kilolitres équivalent à.............	73	9	2	09
3 *idem*	3	8	2	10
60 décalitres *ou* 6 hectolitres..........	0	8	6	82
8 décalitres.....................	0	1	1	44
40 décilitres *ou* 4 litres................	0	0	0	47
7 décilitres	0	0	0	08
TOTAL ÉGAL.................	78	3	5	00

On aura 78 muids 3 setiers 5 boisseaux, ancienne mesure de Blois.

MESURES DE CAPACITE

Opération.

DEUXIÈME TABLE.

A convertir en ancienne mesure de Blois 34 kilolitres 56 décalitres et 27 décilitres , ou 34 kilolitres 5 hectolitres 6 décalitres 2 litres et 7 décilitres.

	Anciens muids.	Anciens setiers.	Anciens boisseaux.	100.es de boisseau.
36 kilolitres équivalent à.............	36	10	5	04
4 *idem*.....................	4	11	0	14
50 décalitres *ou* 5 hectolitres..........	0	7	3	02
6 décalitres........................	0	0	7	08
20 décilitres *ou* 2 litres...............	0	0	0	24
7 décilitres........................	0	0	0	08
TOTAL.....................	42	5	7	60

On aura 42 muids 5 setiers 7 boissseaux et 60 centièmes ou 6 dixièmes de boisseau, ancienne mesure de Blois.

Preuve.

PREMIÈRE TABLE.

A convertir en mesure métrique 42 muids 5 setiers 7 boisseaux et 60 centièmes de boisseau, ancienne mesure de Blois

	Kilolitres.	Hectolitres.	Décalitres.	Litres.	Décilitres.
40 muids équivalent à..................	32	5	3	2	8
2 *idem* à........................	1	6	2	6	6
5 setiers à.......................	0	3	3	8	9
7 boisseaux à.....................	0	0	5	9	3
60 centièmes de boisseau à...........	0	0	0	5	1
TOTAL ÉGAL...................	34	5	6	2	7

On aura 34 kilolitres 56 décalitres et 27 décilitres , ou 34 muids 56 boisseaux et 27 centièmes ou 1/4 de boisseau métrique.

DES GRAINS DE BLOIS.

TROISIÈME TABLE, qui donne le prix du Kilolitre ou muid métrique, comparativement au prix de l'ancien muid de Blois.

FRANCS.

	Francs.	Centimes.	Centièmes.
à 1 franc l'ancien muid de Blois, le kilolitre vaut	1	22	95
2..........	2	45	91
3..........	3	68	86
4..........	4	91	81
5..........	6	14	76
6..........	7	37	72
7..........	8	60	67
8..........	9	83	62
9..........	11	06	58
10..........	12	29	53
20..........	24	59	06
30..........	36	88	59
40..........	49	18	12
50..........	61	47	65
60..........	73	77	17
70..........	86	06	70
80..........	98	36	23
90..........	110	65	76
100..........	122	95	29
200..........	245	90	58
300..........	368	85	87
400..........	491	81	16
500..........	614	76	46
600..........	737	71	75

CENTIMES.

	Francs.	Centimes.	Centièmes.
1..........	0	01	23
2..........	0	02	46
3..........	0	03	69
4..........	0	04	92
5..........	0	06	15
6..........	0	07	38
7..........	0	08	61
8..........	0	09	84
9..........	0	11	07
10..........	0	12	30
20..........	0	24	59
30..........	0	36	89
40..........	0	49	18
50..........	0	61	48
60..........	0	73	77
70..........	0	86	07
80..........	0	98	36
90..........	1	10	66

CENTIÈMES. de centime.

	Francs.	Centimes.	Centièmes.
1..........	0	00	01
2..........	0	00	02
3..........	0	00	04
4..........	0	00	05
5..........	0	00	06
6..........	0	00	07
7..........	0	00	09
8..........	0	00	10
9..........	0	00	11
10..........	0	00	12
20..........	0	00	25
30..........	0	00	37
40..........	0	00	49
50..........	0	00	61
60..........	0	00	74
70..........	0	00	86
80..........	0	00	98
90..........	0	01	11

MESURES DE CAPACITÉ.

QUATRIEME TABLE, qui donne le prix de l'ancien muid de Blois, comparativement au prix du kilolitre ou muid métrique.

FRANCS.	Francs.	Centimes.	Centièmes.	CENTIMES.	Francs.	Centimes.	Centièmes.
à 1 fr. le kilolitre, l'ancien muid de Blois vaut.....	0	81	33	7.........	0	05	69
2.........	1	62	66	8.........	0	06	51
3.........	2	44	00	9.........	0	07	32
4.........	3	25	33	10.........	0	08	13
5.........	4	06	66	20.........	0	16	27
6.........	4	87	99	30.........	0	24	40
7.........	5	69	32	40.........	0	32	53
8.........	6	50	66	50.........	0	40	67
9.........	7	31	99	60.........	0	48	80
10.........	8	13	32	70.........	0	56	93
20.........	16	26	64	80.........	0	65	07
30.........	24	39	96	90.........	0	73	20
40.........	32	53	28	**CENTIÈMES de centime.**			
50.........	40	66	60	1.........	0	00	01
60.........	48	79	92	2.........	0	00	02
70.........	56	93	24	3.........	0	00	02
80.........	65	06	56	4.........	0	00	03
90.........	73	19	88	5.........	0	00	04
100.........	81	33	19	6.........	0	00	05
200.........	162	66	39	7.........	0	00	06
300.........	243	99	58	8.........	0	00	07
400.........	325	32	78	9.........	0	00	07
500.........	406	65	97	10.........	0	00	08
600.........	487	99	17	20.........	0	00	16
700.........	569	32	36	30.........	0	00	24
CENTIMES.				40.........	0	00	33
1.........	0	00	81	50.........	0	00	41
2.........	0	01	63	60.........	0	00	49
3.........	0	02	44	70.........	0	00	57
4.........	0	03	25	80.........	0	00	65
5.........	0	04	07	90.........	0	00	73
6.........	0	04	88				

DES GRAINS DE BLOIS.

CINQUIÈME TABLE, qui donne le prix de l'hectolitre ou setier métrique, comparativement au prix de l'ancien setier de Blois.

FRANCS.	Francs.	Centimes.	Centièmes.
à 1 franc l'ancien setier de Blois, l'hectolitre vaut.	1	47	54
2	2	95	09
3	4	42	63
4	5	90	17
5	7	37	72
6	8	85	26
7	10	32	80
8	11	80	35
9	13	27	89
10	14	75	43
20	29	50	87
30	44	26	30
40	59	01	74
50	73	77	17

CENTIMES	Francs.	Centimes.	Centièmes.
1	0	01	48
2	0	02	95
3	0	04	43
4	0	05	90
5	0	07	38
6	0	08	85
7	0	10	33
8	0	11	80
9	0	13	28
10	0	14	75
20	0	29	51
30	0	44	26

CENTIMES.	Francs.	Centimes.	Centièmes.
40	0	59	02
50	0	73	77
60	0	88	53
70	1	03	28
80	1	18	03
90	1	32	79

CENTIÈMES de centime.	Francs.	Centimes.	Centièmes.
1	0	00	01
2	0	00	03
3	0	00	04
4	0	00	06
5	0	00	07
6	0	00	09
7	0	00	10
8	0	00	12
9	0	00	13
10	0	00	15
20	0	00	30
30	0	00	44
40	0	00	59
50	0	00	74
60	0	00	89
70	0	01	03
80	0	01	18
90	0	01	33

MESURES DE CAPACITÉ

SIXIEME TABLE, qui donne le prix de l'ancien setier de Blois, comparativement au prix de l'hectolitre ou setier métrique.

FRANCS.	Francs.	Centimes.	Centièmes.
à 1 franc l'hecto-litre, l'ancien se-tier de Blois vaut	0	67	78
2............	1	35	55
3............	2	03	33
4............	2	7ι	11
5............	3	38	88
6............	4	06	66
7............	4	74	44
8............	5	42	21
9............	6	09	99
10............	6	77	77
20............	13	55	53
30............	20	33	30
40............	27	11	06
50............	33	88	83
60............	40	66	60
70............	47	44	36
80............	54	22	13

CENTIMES.	Francs.	Centimes.	Centièmes.
1............	0	00	68
2............	0	01	36
3............	0	02	03
4............	0	02	71
5............	0	03	39
6............	0	04	07
7............	0	04	74
8............	0	05	42
9............	0	06	10
10............	0	06	78

CENTIMES.	Francs.	Centimes.	Centièmes.
20............	0	13	56
30............	0	20	33
40............	0	27	11
50............	0	33	89
60............	0	40	67
70............	0	47	44
80............	0	54	22
90............	0	61	00

CENTIÈMES de centime.	Francs.	Centimes.	Centièmes.
1............	0	00	01
2............	0	00	01
3............	0	00	02
4............	0	00	03
5............	0	00	03
6............	0	00	04
7............	0	00	05
8............	0	00	05
9............	0	00	06
10............	0	00	07
20............	0	00	14
30............	0	00	20
40............	0	00	27
50............	0	00	34
60............	0	00	41
70............	0	00	47
80............	0	00	54
90............	0	00	61

DES GRAINS DE BLOIS.

SEPTIÈME TABLE, qui donne le prix du décalitre ou boisseau métrique, comparativement au prix de l'ancien boisseau de Blois.

FRANCS.	Francs.	Centimes.	Centièmes.	CENTIMES.	Francs.	Centimes.	Centièmes.
à 1 franc l'ancien boisseau de Blois, le décalitre vaut..	1	18	03	60............	0	70	82
2.............	2	36	07	70............	0	82	62
3.............	3	54	10	80............	0	94	43
4.............	4	72	14	90............	1	06	23
5.............	5	90	17				
6.............	7	08	21				
7.............	8	26	24	CENTIÈMES de centime.			
8.............	9	44	28				
9.............	10	62	31	1............	0	00	01
10.............	11	80	35	2............	0	00	02

CENTIMES.	Francs.	Centimes.	Centièmes.	CENTIÈMES de centime.	Francs.	Centimes.	Centièmes.
				3............	0	00	04
				4............	0	00	05
1.............	0	01	18	5............	0	00	06
2.............	0	02	36	6............	0	00	07
3.............	0	03	54	7............	0	00	08
4.............	0	04	72	8............	0	00	09
5.............	0	05	90	9............	0	00	11
6.............	0	07	08	10............	0	00	12
7.............	0	08	26	20............	0	00	24
8.............	0	09	44	30............	0	00	35
9.............	0	10	62	40............	0	00	47
10.............	0	11	80	50............	0	00	59
20.............	0	23	61	60............	0	00	71
30.............	0	35	41	70............	0	00	83
40.............	0	47	21	80............	0	00	94
50.............	0	59	02	90............	0	01	06

MESURES DE CAPACITE

HUITIEME TABLE, qui donne le prix de l'ancien boisseau de Blois, comparativement au prix du décalitre ou boisseau métrique.

FRANCS.	Francs.	Centimes.	Centièmes.
à 1 fr. le décalitre, l'ancien boisseau de Blois vaut...	0	84	72
2............	1	69	44
3............	2	54	16
4............	3	38	88
5............	4	23	60
6............	5	08	32
7............	5	93	05
8............	6	77	77
9............	7	62	49
10............	8	47	21

CENTIMES.	Francs.	Centimes.	Centièmes.
1............	0	00	85
2............	0	01	69
3............	0	02	54
4............	0	03	39
5............	0	04	24
6............	0	05	08
7............	0	05	93
8............	0	06	78
9............	0	07	62
10............	0	08	47
20............	0	16	94
30............	0	25	42
40............	0	33	89
50............	0	42	36

CENTIMES.	Francs.	Centimes.	Centièmes.
60............	0	50	83
70............	0	59	30
80............	0	67	78
90............	0	76	25

CENTIÈMES de centime.	Francs.	Centimes.	Centièmes.
1............	0	00	01
2............	0	00	02
3............	0	00	03
4............	0	00	03
5............	0	00	04
6............	0	00	05
7............	0	00	06
8............	0	00	07
9............	0	00	08
10............	0	00	08
20............	0	00	17
30............	0	00	25
40............	0	00	34
50............	0	00	42
60............	0	00	51
70............	0	00	59
80............	0	00	68
90............	0	00	76

DES GRAINS DE MER.

Grains du marché de Mer.

A Mer, les grains se vendaient au *muid*, au *setier* et au *boisseau*.

Le muid contenait..
- 12 setiers.
- 24 mines.
- 48 minots.
- 144 boisseaux.

La mine.
- 2 minots.
- 6 boisseaux.

Le minot.
- 3 boisseaux.

Le setier.
- 2 mines.
- 4 minots.
- 12 boisseaux.

Le boisseau
- 2 demi-boisseaux.
- 4 quartes.
- 8 demi-quartes.

Le boisseau était le même que celui de Blois.

PREMIÈRE TABLE, qui convertit les anciens muids, setiers et boisseaux de Mer, en kilolitres, hectolitres et décalitres.

ANCIENS MUIDS de Mer.	Kilolitres ou muids métriques.	Hectolitres ou setiers métriques.	Décalitres ou boisseaux métriques.	Litres, dixièmes de décalitre.	Décilitres, centièmes de décalitre.
1 éq. à	1	2	2	0	0
2...	2	4	4	0	0
3...	3	6	5	9	9
4...	4	8	7	9	9
5...	6	0	9	9	9
6...	7	3	1	9	9
7...	8	5	3	9	9
8...	9	7	5	9	8
9...	10	9	7	9	8
10...	12	1	9	9	8
20...	24	3	9	9	6
30...	36	5	9	9	4
40...	48	7	9	9	2
50...	60	9	9	9	0
60...	73	1	9	8	8
70...	85	3	9	8	5
80...	97	5	9	8	3
90...	109	7	9	8	1
100...	121	9	9	7	9
200...	243	9	9	5	8
300...	365	9	9	3	8
400...	487	9	9	1	7
500...	609	9	8	9	6

ANCIENS SETIERS de Mer.	Kilolitres ou muids métriques.	Hectolitres ou setiers métriques.	Décalitres ou boisseaux métriques.	Litres, dixièmes de décalitre.	Décilitres centièmes de décalitre.
1...	0	1	0	1	7
2...	0	2	0	3	3
3...	0	3	0	5	0
4...	0	4	0	6	7
5...	0	5	0	8	3
6...	0	6	1	0	0
7...	0	7	1	1	7
8...	0	8	1	3	3
9...	0	9	1	5	0
10...	1	0	1	6	6
11...	1	1	1	8	3

Anciens Boisseaux de Mer.

Voyez la conversion des Boisseaux de Blois en nouvelle mesure, *pages* 187 et 188.

Nota. On additionnera cette Table comme les francs et centimes.

MESURES DE CAPACITE

DEUXIÈME TABLE qui convertit les kilolitres, hectolitres et décalitres en anciens muids, setiers et boisseaux de Mer.

Kilolitres ou muids métriques.	Anciens muids.	Anciens setiers.	Anciens boisseaux.	Centièmes de boisseau.
1 équiv. à	0	9	10	03
2	1	7	8	07
3	2	5	6	10
4	3	3	4	14
5	4	1	2	17
6	4	11	0	21
7	5	8	10	24
8	6	6	8	28
9	7	4	6	31
10	8	2	4	35
20	16	4	8	70
30	24	7	1	04
40	32	9	5	39
50	40	11	9	74
60	49	2	2	09
70	57	4	6	44
80	65	6	10	78
90	73	9	3	13
100	81	11	7	48
200	163	11	2	96
300	245	10	10	44
400	327	10	5	92
500	409	10	1	40
600	491	9	8	88

DÉCALITRES ou boisseaux métriques.

	Anciens muids.	Anciens setiers.	Anciens boisseaux.	Centièmes de boisseau.
1	0	0	1	18
2	0	0	2	36
3	0	0	3	54
4	0	0	4	72
5	0	0	5	90
6	0	0	7	08
7	0	0	8	26
8	0	0	9	44
9	0	0	10	62
10 ou 1 hect.	0	0	11	80
20...2	0	1	11	61
30...3	0	2	11	41
40...4	0	3	11	21
50...5	0	4	11	02
60...6	0	5	10	82
70...7	0	6	10	62
80...8	0	7	10	43
90...9	0	8	10	23

DÉCILITRES ou Centièmes de décalitre.

	Anciens muids.	Anciens setiers.	Anciens boisseaux.	Centièmes de boisseau.
1 équiv. à	0	0	0	01
2	0	0	0	02
3	0	0	0	04
4	0	0	0	05
5	0	0	0	06
6	0	0	0	07
7	0	0	0	08
8	0	0	0	09
9	0	0	0	11
10 ou 1 litre	0	0	0	12
20...2	0	0	0	24
30...3	0	0	0	35
40...4	0	0	0	47
50...5	0	0	0	59
60...6	0	0	0	71
70...7	0	0	0	83
80...8	0	0	0	94
90...9	0	0	1	06

En additionnant cette Table, on divisera les anciens boisseaux par 12, pour les réduire en anciens setiers, et les anciens setiers par 12, pour les réduire en anciens muids de Mer.

DES GRAINS DE MER.

TROISIEME TABLE, qui donne le prix du kilolitre ou muid métrique, comparativement au prix de l'ancien muid de Mer.

FRANCS.	Francs.	Centimes.	Centièmes.
à 1 fr. l'ancien muid de Mer, le kilolitre vaut	0	81	97
2	1	63	94
3	2	45	91
4	3	27	87
5	4	09	84
6	4	91	81
7	5	73	78
8	6	55	75
9	7	37	72
10	8	19	69
20	16	39	37
30	24	59	06
40	32	78	74
50	40	98	43
60	49	18	12
70	57	37	80
80	65	57	49
90	73	77	17
100	81	96	86
200	163	93	72
300	245	90	58
400	327	87	44
500	409	84	30
600	491	81	16
CENTIMES.			
1	0	00	82
2	0	01	64
3	0	02	46
4	0	03	28
5	0	04	10
6	0	04	92

CENTIMES.	Francs.	Centimes.	Centièmes.
7	0	05	74
8	0	06	56
9	0	07	38
10	0	08	20
20	0	16	39
30	0	24	59
40	0	32	79
50	0	40	98
60	0	49	18
70	0	57	38
80	0	65	57
90	0	73	77
CENTIÈMES de centime.			
1	0	00	01
2	0	00	02
3	0	00	02
4	0	00	03
5	0	00	04
6	0	00	05
7	0	00	06
8	0	00	07
9	0	00	07
10	0	00	08
20	0	00	16
30	0	00	25
40	0	00	33
50	0	00	41
60	0	00	49
70	0	00	57
80	0	00	66
90	0	00	74

MESURES DE CAPACITÉ

QUATRIÈME TABLE, qui donne le prix de l'ancien muid de Mer, comparativement au prix du kilolitre ou muid métrique.

FRANCS.	Francs.	Centimes.	Centièmes.
à 1 franc le kilolitre, l'ancien muid de Mer vaut	1	22	00
2	2	44	00
3	3	65	99
4	4	87	99
5	6	09	99
6	7	31	99
7	8	53	99
8	9	75	98
9	10	97	98
10	12	19	98
20	24	39	96
30	36	59	94
40	48	79	92
50	60	99	90
60	73	19	88
70	85	39	85
80	97	59	83
90	109	79	81
100	121	99	79
200	243	99	58
300	365	99	38
400	487	99	17
500	609	98	96

CENTIMES.	Francs.	Centimes.	Centièmes.
1	0	01	22
2	0	02	44
3	0	03	66
4	0	04	88
5	0	06	10
6	0	07	32
7	0	08	54

CENTIMES.	Francs.	Centimes.	Centièmes.
8	0	09	76
9	0	10	98
10	0	12	20
20	0	24	40
30	0	36	60
40	0	48	80
50	0	61	00
60	0	73	20
70	0	85	40
80	0	97	60
90	1	09	80

CENTIÈMES de centime.	Francs.	Centimes.	Centièmes.
1	0	00	01
2	0	00	02
3	0	00	04
4	0	00	05
5	0	00	06
6	0	00	07
7	0	00	09
8	0	00	10
9	0	00	11
10	0	00	12
20	0	00	24
30	0	00	37
40	0	00	49
50	0	00	61
60	0	00	73
70	0	00	85
80	0	00	98
90	0	01	10

DES GRAINS DE MER.

CINQUIÈME TABLE, qui donne le prix de l'hectolitre ou setier métrique, comparativement au prix de l'ancien setier de Mer.

FRANCS.	Francs.	Centimes.	Centièmes.
à 1 fr. l'ancien setier de Mer, l'hectolitre vaut......	0	98	36
2............	1	96	72
3...........	2	95	09
4...........	3	93	45
5...........	4	91	81
6...........	5	90	17
7...........	6	88	54
8...........	7	86	90
9...........	8	85	26
10...........	9	83	62
20...........	19	67	25
30...........	29	50	87
40...........	39	34	49
50...........	49	18	12

CENTIMES.	Francs.	Centimes.	Centièmes.
1............	0	00	98
2............	0	01	97
3............	0	02	95
4............	0	03	93
5............	0	04	92
6............	0	05	90
7............	0	06	89
8............	0	07	87
9............	0	08	85
10............	0	09	84
20............	0	19	67
30............	0	29	51

CENTIMES.	Francs.	Centimes.	Centièmes.
40............	0	39	34
50............	0	49	18
60............	0	59	02
70............	0	68	85
80............	0	78	69
90............	0	88	53

CENTIÈMES de centime.	Francs.	Centimes.	Centièmes.
1............	0	00	01
2............	0	00	02
3............	0	00	03
4............	0	00	04
5............	0	00	05
6............	0	00	06
7............	0	00	07
8............	0	00	08
9............	0	00	09
10............	0	00	10
20............	0	00	20
30............	0	00	30
40............	0	00	39
50............	0	00	49
60............	0	00	59
70............	0	00	69
80............	0	00	79
90............	0	00	89

MESURES DE CAPACITE.

SIXIEME TABLE, qui donne le prix de l'ancien setier de Mer, comparativement au prix de l'hectolitre ou setier métrique.

FRANCS.	Francs.	Centimes.	Centièmes.	CENTIMES.	Francs.	Centimes.	Centièmes.
à 1 fr. l'hectolitre, l'ancien setier de Mer vaut.........	I	01	66	40.............	0	40	67
2.........	2	03	33	50.............	0	50	83
3.........	3	04	99	60.............	0	61	00
4.........	4	06	66	70.............	0	71	17
5.........	5	08	32	80.............	0	81	33
6.........	6	09	99	90.............	0	91	50
7.........	7	11	65				
8.........	8	13	32				
9.........	9	14	98				
10.........	10	16	65				
20.........	20	33	30				
30.........	30	49	95				
40.........	40	66	60				
50.........	50	83	25				

CENTIMES.	Francs.	Centimes.	Centièmes.	CENTIÈMES de centime.	Francs.	Centimes.	Centièmes.
1.........	0	01	02	1.............	0	00	01
2.........	0	02	03	2.............	0	00	02
3.........	0	03	05	3.............	0	00	03
4.........	0	04	07	4.............	0	00	04
5.........	0	05	08	5.............	0	00	05
6.........	0	06	10	6.............	0	00	06
7.........	0	07	12	7.............	0	00	07
8.........	0	08	13	8.............	0	00	08
9.........	0	09	15	9.............	0	00	09
10.........	0	10	17	10.............	0	00	10
20.........	0	20	33	20.............	0	00	20
30.........	0	30	50	30.............	0	00	30
				40.............	0	00	41
				50.............	0	00	51
				60.............	0	00	61
				70.............	0	00	71
				80.............	0	00	81
				90.............	0	00	91

DES GRAINS DE VENDOME ET DE MONTRICHARD.

Grains du Marché de Vendôme et de Montrichard.

A Vendôme, les grains se vendaient au *muid*, au *setier* et au *boisseau.*

Le *muid* contenait 6 *setiers* ou 72 *boisseaux.*

Le *setier* contenait 12 *boisseaux.*

Le *boisseau* pesait 18 *livres*, ancien poids.

A Montrichard, les grains ne se vendaient point au *muid*, mais seulement au *setier* et au *boisseau*, qui étaient les mêmes que ceux de Vendôme.

PREMIÈRE TABLE, qui convertit les anciens *muids* de Vendôme et les anciens *setiers* et *boisseaux* de Vendôme et de Montrichard en kilolitres, hectolitres et décalitres.

ANCIENS MUIDS de Vendôme.	Kilolitres ou muids métriques.	Hectolitres ou setiers métriques.	Décalitres ou boisseaux métriques.	Litres, 10.mes de décalitre.	Décilitres, 100.mes de décalitre.
1 éq.	0	8	8	5	5
2...	1	7	6	7	1
3...	2	6	5	0	6
4...	3	5	3	4	2
5...	4	4	1	7	7
6...	5	3	0	1	2
7...	6	1	8	4	8
8...	7	0	6	8	3
9...	7	9	5	1	9
10...	8	8	3	5	4
20...	17	6	7	0	8
30...	26	5	0	6	2
40...	35	3	4	1	6
50...	44	1	7	7	0
60...	53	0	1	2	5
70...	61	8	4	7	9
80...	70	6	8	3	3
90...	79	5	1	8	7
100...	88	3	5	4	1
200...	176	7	0	8	2
300...	265	0	6	2	5
400...	353	4	1	6	4
500...	441	7	7	0	4

ANCIENS SETIERS de Vendôme et Montrichard.

ANCIENS SETIERS	Kilolitres ou muids métriques.	Hectolitres ou setiers métriques.	Décalitres ou boisseaux métriques.	Litres, 10.mes de décalitre.	Décilitres, 100.mes de décalitre.
1 éq.	0	1	4	7	5
2...	0	2	9	4	5
3...	0	4	4	1	8
4...	0	5	8	9	0
5...	0	7	3	6	3
6...	0	8	8	3	5
7...	1	0	3	0	8
8...	1	1	7	8	1
9...	1	3	2	5	3

MESURES DE CAPACITE

ANCIENS SETIERS de Vendôme et Montrichard.

	Kilolitres ou muids métriques.	Hectolitres ou setiers métriques.	Décalitres ou boisseaux métriques.	Litres, 10.mes de décalitre.	Décilitres, 100.mes de décalitre.
10..	1	4	7	2	6
11..	1	6	1	9	8
20..	2	9	4	5	1
30..	4	4	1	7	7
40..	5	8	9	0	3
50..	7	3	6	2	8
60..	8	8	3	5	4
70..	10	3	0	8	0
80..	11	7	8	0	5
90..	13	2	5	3	1
100..	14	7	2	5	7
200..	29	4	5	1	4
300..	44	1	7	7	0
400..	58	9	0	2	7
500..	73	6	2	8	4
600..	88	3	5	4	1
700..	103	0	7	9	8
800..	117	8	0	5	5
900..	132	5	3	1	1
1000..	147	2	5	6	8

ANCIENS BOISSEAUX de Vendôme et Montrichard.

	Kilolitres ou muids métriques.	Hectolitres ou setiers métriques.	Décalitres ou boisseaux métriques.	Litres, 10.mes de décalitre.	Décilitres, 100.mes de décalitre.
1 éq.	0	0	1	2	3
2..	0	0	2	4	5
3..	0	0	3	6	8
4..	0	0	4	9	1
5..	0	0	6	1	4
6..	0	0	7	3	6
7..	0	0	8	5	9
8..	0	0	9	8	2
9..	0	1	1	0	4
10..	0	1	2	2	7
11..	0	1	3	5	0

FRACTIONS usitées du boisseau.

	Kilolitres ou muids métriques.	Hectolitres ou setiers métriques.	Décalitres ou boisseaux métriques.	Litres, 10.mes de décalitre.	Décilitres, 100.mes de décalitre.
1/8..	0	0	0	1	5
1/4..	0	0	0	3	1
1/2..	0	0	0	6	1
3/4..	0	0	0	9	2

CENTIÈMES de boisseau.

	Kilolitres ou muids métriques.	Hectolitres ou setiers métriques.	Décalitres ou boisseaux métriques.	Litres, 10.mes de décalitre.	Décilitres, 100.mes de décalitre.
1 éq.	0	0	0	0	1
2..	0	0	0	0	2
3..	0	0	0	0	4
4..	0	0	0	0	5
5..	0	0	0	0	6
6..	0	0	0	0	7
7..	0	0	0	0	9
8..	0	0	0	1	0
9..	0	0	0	1	1
10..	0	0	0	1	2
20..	0	0	0	2	5
30..	0	0	0	3	7
40..	0	0	0	4	9
50..	0	0	0	6	1
60..	0	0	0	7	4
70..	0	0	0	8	6
80..	0	0	0	9	8
90..	0	0	1	1	0

Nota. On additionnera cette Table comme les francs et centimes.

DES GRAINS DE VENDOME ET DE MONTRICHARD.

DEUXIÈME TABLE, qui convertit les kilolitres, hectolitres et décalitres, en anciens muids, setiers et boisseaux de Vendôme.

Kilolitres ou muids métriques.	Anciens muids.	Anciens setiers.	Anciens boisseaux.	Centièmes de boisseau.
1 équiv. à	1	0	9	49
2	2	1	6	98
3	3	2	4	47
4	4	3	1	96
5	5	3	11	45
6	6	4	8	94
7	7	5	6	43
8	9	0	3	92
9	10	1	1	41
10	11	1	10	90
20	22	3	9	81
30	33	5	8	71
40	45	1	7	61
50	56	3	6	51
60	67	5	5	42
70	79	1	4	32
80	90	3	3	22
90	101	5	2	15
100	113	1	1	03
200	226	2	2	06
300	339	3	3	09
400	452	4	4	11
500	565	5	5	14

DÉCALITRES ou Boissseaux métriques.

	Anciens muids.	Anciens setiers.	Anciens boisseaux.	Centièmes de boisseau.
1	0	0	0	81
2	0	0	1	63
3	0	0	2	44
4	0	0	3	26
5	0	0	4	07
6	0	0	4	89

DÉCALITRES ou boisseaux métriques.

Décalitres ou boisseaux métriques.	Anciens muids.	Anciens setiers.	Anciens boisseaux.	Centièmes de boisseau.
7	0	0	5	70
8	0	0	6	52
9	0	0	7	33
10 ou 1 hectol.	0	0	8	15
20...2	0	1	4	30
30...3	0	2	0	45
40...4	0	2	8	60
50...5	0	3	4	75
60...6	0	4	0	89
70...7	0	4	9	04
80...8	0	5	5	19
90...9	1	0	1	34

DÉCILITRES ou Centièmes de décalitre.

	Anciens muids.	Anciens setiers.	Anciens boisseaux.	Centièmes de boisseau.
1	0	0	0	01
2	0	0	0	02
3	0	0	0	02
4	0	0	0	03
5	0	0	0	04
6	0	0	0	05
7	0	0	0	06
8	0	0	0	07
9	0	0	0	07
10 ou 1 litre	0	0	0	08
20...2	0	0	0	16
30...3	0	0	0	24
40...4	0	0	0	33
50...5	0	0	0	41
60...6	0	0	0	49
70...7	0	0	0	57
80...8	0	0	0	65
90...9	0	0	0	73

Dans l'addition de cette Table, on divisera les anciens boisseaux par 12, pour les réduire en anciens setiers, et les anciens setiers par 6, pour les réduire en anciens muids de Vendôme.

MESURES DE CAPACITÉ.

SUITE de la DEUXIÈME TABLE, qui convertit les kilolitres, hectolitres et décalitres, en anciens setiers et boisseaux de Montrichard.

KILOLITRES ou muids métriques.	Anciens setiers.	Anciens boisseaux.	Centièmes de boisseau.
1 équivaut à .	6	9	49
2	13	6	98
3	20	4	47
4	27	1	96
5	53	11	45
6	40	8	94
7	47	6	43
8	54	3	92
9	61	1	41
10	67	10	90
20	155	9	81
30	203	8	71
40	271	7	61
50	559	6	51
60	407	5	42
70	475	4	32
80	545	3	22
90	611	2	13
100	679	1	03
200	1358	2	06

DÉCALITRES ou Boisseaux métriques.

	Anciens setiers.	Anciens boisseaux.	Centièmes de boisseau.
1	0	0	81
2	0	1	63
3	0	2	44
4	0	3	26
5	0	4	07
6	0	4	89
7	0	5	70
8	0	6	52

DÉCALITRES ou boisseaux métriques.	Anciens setiers.	Anciens boisseaux.	Centièmes de boisseau.
9	0	7	35
10 ou 1 hectol.	0	8	15
20...2	1	4	30
30...3	2	0	45
40...4	2	8	60
50...5	3	4	75
60...6	4	0	89
70...7	4	9	04
80...8	5	5	19
90...9	6	1	34

DÉCILITRES ou Centièmes de décalitre.

	Anciens setiers.	Anciens boisseaux.	Centièmes de boisseau.
1	0	0	01
2	0	0	02
3	0	0	02
4	0	0	03
5	0	0	04
6	0	0	05
7	0	0	06
8	0	0	07
9	0	0	07
10 ou 1 litre	0	0	08
20...2	0	0	16
30...3	0	0	24
40...4	0	0	33
50...5	0	0	41
60...6	0	0	49
70...7	0	0	57
80...8	0	0	65
90...9	0	0	73

En additionnant cette Table, on divisera les anciens boisseaux par 12, pour les réduire en anciens setiers de Montrichard.

DES GRAINS DE VENDOME ET DE MONTRICHARD.

TROISIEME TABLE, qui donne le prix du kilolitre ou muid métrique, comparativement au prix de l'ancien muid de Vendôme.

FRANCS.

	Francs.	Centimes.	Centièmes.
à 1 franc l'ancien muid de Vendôme, le kilolitre vaut..	I	13	18
2	2	26	36
3	3	39	54
4	4	52	72
5	5	65	90
6	6	79	09
7	7	92	27
8	9	05	45
9	10	18	63
10	11	31	81
20	22	63	62
30	33	95	43
40	45	27	24
50	56	59	05
60	67	90	87
70	79	22	67
80	90	54	48
90	101	86	29
100	113	18	10
200	226	36	19
300	339	54	29
400	452	72	38
500	565	90	48
600	679	08	57

CENTIMES.

	Francs.	Centimes.	Centièmes.
1	0	01	13
2	0	02	26
3	0	03	40
4	0	04	53
5	0	05	66
6	0	06	79

CENTIMES.

	Francs.	Centimes.	Centièmes.
7	0	07	92
8	0	09	05
9	0	10	19
10	0	11	32
20	0	22	64
30	0	33	95
40	0	45	27
50	0	56	59
60	0	67	91
70	0	79	23
80	0	90	54
90	1	01	86

CENTIÈMES de centime.

	Francs.	Centimes.	Centièmes.
1	0	00	01
2	0	00	02
3	0	00	03
4	0	00	05
5	0	00	06
6	0	00	07
7	0	00	08
8	0	00	09
9	0	00	10
10	0	00	11
20	0	00	23
30	0	00	34
40	0	00	45
50	0	00	57
60	0	00	68
70	0	00	79
80	0	00	91
90	0	01	02

MESURES DE CAPACITÉ.

QUATRIEME TABLE, qui donne le prix de l'ancien muid de Vendôme, comparativement au prix du kilolitre ou muid métrique.

FRANCS.	Francs.	Centimes.	Centièmes.
à 1 franc le kilolitre, l'ancien muid de Vendôme vaut	0	88	35
2	1	76	71
3	2	65	06
4	3	53	42
5	4	41	77
6	5	30	12
7	6	18	48
8	7	06	83
9	7	95	19
10	8	83	54
20	17	67	08
30	26	50	62
40	35	34	16
50	44	17	70
60	53	01	25
70	61	84	79
80	70	68	33
90	79	51	87
100	88	35	41
200	176	70	82
300	265	06	23
400	353	41	64
500	441	77	04
600	530	12	45

CENTIMES.	Francs.	Centimes.	Centièmes.
1	0	00	88
2	0	01	77
3	0	02	65
4	0	03	53
5	0	04	42
6	0	05	30
7	0	06	18

CENTIMES.	Francs.	Centimes.	Centièmes.
8	0	07	07
9	0	07	95
10	0	08	84
20	0	17	67
30	0	26	51
40	0	35	34
50	0	44	18
60	0	53	01
70	0	61	85
80	0	70	68
90	0	79	52

CENTIÈMES de centime.	Francs.	Centimes.	Centièmes.
1	0	00	01
2	0	00	02
3	0	00	03
4	0	00	04
5	0	00	04
6	0	00	05
7	0	00	06
8	0	00	07
9	0	00	08
10	0	00	09
20	0	00	18
30	0	00	27
40	0	00	35
50	0	00	44
60	0	00	53
70	0	00	62
80	0	00	71
90	0	00	80

DES GRAINS DE VENDOME ET DE MONTRICHARD.

CINQUIEME TABLE, qui donne le prix de l'hectolitre ou setier métrique, comparativement au prix de l'ancien setier de Vendôme et de Montrichard.

FRANCS.	Francs.	Centimes.	Centièmes.
à 1 franc l'ancien setier de Vendôme et de Montrichard, l'hectolitre vaut..	0	67	91
2................	1	35	82
3................	2	03	73
4................	2	71	63
5................	3	39	54
6................	4	07	45
7................	4	75	36
8................	5	43	27
9................	6	1ɪ	18
10................	6	79	09
20................	13	58	17
30................	20	37	26
40................	27	16	34
50................	33	95	43
60................	40	74	51
70................	47	53	60

CENTIMES.	Francs.	Centimes.	Centièmes.
1................	0	00	68
2................	0	01	36
3................	0	02	04
4................	0	02	72
5................	0	03	40
6................	0	04	07
7................	0	04	75
8................	0	05	43
9................	0	06	11
10................	0	06	79
20................	0	13	58

CENTIMES.	Francs.	Centimes.	Centièmes.
30.............	0	20	37
40.............	0	27	16
50.............	0	33	95
60.............	0	40	75
70.............	0	47	54
80.............	0	54	33
90.............	0	61	12

CENTIÈMES de centime.	Francs.	Centimes.	Centièmes.
1.............	0	00	01
2.............	0	00	01
3.............	0	00	02
4.............	0	00	03
5.............	0	00	03
6.............	0	00	04
7.............	0	00	05
8.............	0	00	05
9.............	0	00	06
10.............	0	00	07
20.............	0	00	14
30.............	0	00	20
40.............	0	00	27
50.............	0	00	34
60.............	0	00	41
70.............	0	00	48
80.............	0	00	54
90.............	0	00	61

MESURES DE CAPACITE

SIXIEME TABLE, qui donne le prix de l'ancien setier de Vendôme et de Montrichard, comparativement au prix de l'hectolitre ou setier métrique.

FRANCS.

	Francs.	Centimes.	Centièmes.
à 1 fr. l'hectolitre, l'ancien setier de Vendôme et de Montrichard vaut	1	47	26
2............	2	94	51
3............	4	41	77
4............	5	89	03
5............	7	36	28
6............	8	83	54
7............	10	30	80
8............	11	78	05
9............	13	25	31
10............	14	72	57
20............	29	45	14
30............	44	17	70
40............	58	90	27
50............	73	62	84

CENTIMES.

	Francs.	Centimes.	Centièmes.
1............	0	01	47
2............	0	02	95
3............	0	04	42
4............	0	05	89
5............	0	07	36
6............	0	08	84
7............	0	10	31
8............	0	11	78
9............	0	13	25
10............	0	14	73
20............	0	29	45
30............	0	44	18

CENTIMES.

	Francs.	Centimes.	Centièmes.
40............	0	58	90
50............	0	73	63
60............	0	88	35
70............	1	03	08
80............	1	17	81
90............	1	32	53

CENTIEMES de centime.

	Francs.	Centimes.	Centièmes.
1............	0	00	01
2............	0	00	03
3............	0	00	04
4............	0	00	06
5............	0	00	07
6............	0	00	09
7............	0	00	10
8............	0	00	12
9............	0	00	13
10............	0	00	15
20............	0	00	29
30............	0	00	44
40............	0	00	59
50............	0	00	74
60............	0	00	88
70............	0	01	03
80............	0	01	18
90............	0	01	33

DES GRAINS DE VENDOME ET DE MONTRICHARD.

SEPTIEME TABLE, qui donne le prix du décalitre ou boisseau métrique, comparativement au prix de l'ancien boisseau de Vendôme et de Montrichard.

FRANCS.

	Francs.	Centimes.	Centièmes.
à 1 fr. l'ancien boisseau de Vendôme et de Montrichard, le décalitre vaut..	0	81	49
2	1	62	98
3	2	44	47
4	3	25	96
5	4	07	45
6	4	88	94
7	5	70	43
8	6	51	92
9	7	33	41
10	8	14	90

CENTIMES.

	Francs.	Centimes.	Centièmes.
1	0	00	81
2	0	01	63
3	0	02	44
4	0	03	26
5	0	04	07
6	0	04	89
7	0	05	70
8	0	06	52
9	0	07	33
10	0	08	15
20	0	16	30
30	0	24	45
40	0	32	60
50	0	40	75

CENTIMES.

	Francs.	Centimes.	Centièmes.
60	0	48	89
70	0	57	04
80	0	65	19
90	0	73	34

CENTIÈMES de centime.

	Francs.	Centimes.	Centièmes.
1	0	00	01
2	0	00	02
3	0	00	02
4	0	00	03
5	0	00	04
6	0	00	05
7	0	00	06
8	0	00	07
9	0	00	07
10	0	00	08
20	0	00	16
30	0	00	24
40	0	00	33
50	0	00	41
60	0	00	49
70	0	00	57
80	0	00	65
90	0	00	73

MESURES DE CAPACITE

HUITIÈME TABLE, qui donne le prix de l'ancien boisseau de Vendôme et de Montrichard, comparativement au prix du décalitre ou boisseau métrique.

FRANCS.	Francs.	Centimes.	Centièmes.
à 1 fr. le décalitre, l'ancien boisseau de Vendôme et de Montrichard vaut	1	22	71
2............	2	45	43
3............	3	68	14
4............	4	90	86
5............	6	13	57
6............	7	36	28
7............	8	59	00
8............	9	81	71
9............	11	04	43
10............	12	27	14

CENTIMES.	Francs.	Centimes.	Centièmes.
1............	0	01	23
2............	0	02	45
3............	0	03	68
4............	0	04	91
5............	0	06	14
6............	0	07	36
7............	0	08	59
8............	0	09	82
9............	0	11	04
10............	0	12	27
20............	0	24	54
30............	0	36	81
40............	0	49	09
50............	0	61	36

CENTIMES.	Francs.	Centimes.	Centièmes.
60............	0	73	63
70............	0	85	90
80............	0	98	17
90............	1	10	44

CENTIÈMES de centime.	Francs.	Centimes.	Centièmes.
1............	0	00	01
2............	0	00	02
3............	0	00	04
4............	0	00	05
5............	0	00	06
6............	0	00	07
7............	0	00	09
8............	0	00	10
9............	0	00	11
10............	0	00	12
20............	0	00	25
30............	0	00	37
40............	0	00	49
50............	0	00	61
60............	0	00	74
70............	0	00	86
80............	0	00	98
90............	0	01	10

DES GRAINS DE DROUÉ.

Grains de Droué.

A Droué, les grains se vendaient au *muid*, au *setier* et au *boisseau*.

L'ancien muid contenait.....
- 12 setiers.
- 24 mines.
- 48 minots.
- 96 boisseaux.

L'ancien setier.....
- 2 mines.
- 4 minots.
- 8 boisseaux.

La mine
- 2 minots.
- 4 boisseaux.

Le minot. | 2 boisseaux.

Le boisseau était le même que celui de Vendôme.

PREMIÈRE TABLE, qui convertit les anciens muids, setiers et boisseaux de Droué en kilolitres, hectolitres et décalitres.

ANCIENS MUIDS de Droué.	Kilolitres ou muids métriques.	Hectolitres ou setiers métriques.	Décalitres ou boisseaux métriques.	Litres, dixièmes de décalitre.	Décilitres, centièmes de décalitre.
1 éq. à	1	1	7	8	1
2...	2	3	5	6	1
3...	3	5	5	4	2
4...	4	7	1	2	2
5...	5	8	9	0	3
6...	7	0	6	8	3
7...	8	2	4	6	4
8...	9	4	2	4	4
9...	10	6	0	2	5
10...	11	7	8	0	5
20...	23	5	6	1	1
30...	35	3	4	1	6
40...	47	1	2	2	2
50...	58	9	0	2	7
60...	70	6	8	3	3
70...	82	4	6	3	8
80...	94	2	4	4	4
90...	106	0	2	4	9
100...	117	8	0	5	5
200...	235	6	1	0	9
300...	353	4	1	6	4
400...	471	2	2	1	8

ANCIENS SETIERS de Droué.	Kilolitres ou muids métriques.	Hectolitres ou setiers métriques.	Décalitres ou boisseaux métriques.	Litres, dixièmes de décalitre.	Décilitres, centièmes de décalitre.
1 éq. à	0	0	9	8	2
2...	0	1	9	6	3
3...	0	2	9	4	5
4...	0	3	9	2	7
5...	0	4	9	0	9
6...	0	5	8	9	0
7...	0	6	8	7	2
8...	0	7	8	5	4
9...	0	8	8	3	5
10...	0	9	8	1	7
11...	1	0	7	9	9

Anciens Boisseaux de Droué.

Voyez la conversion des anciens Boisseaux de Vendôme en nouvelle mesure, *page* 206.

On additionnera cette Table comme les francs et centimes.

MESURES DE CAPACITÉ

DEUXIEME TABLE, *qui convertit les kilolitres, hectolitres et décalitres en anciens muids, setiers et boisseaux de Droué.*

Kilolitres ou muids métriques.	Anciens muids.	Anciens setiers.	Anciens boisseaux.	Centièmes de boisseau.
1 éq. à	0	10	1	49
2....	1	8	2	98
3....	2	6	4	47
4....	3	4	5	96
5....	4	2	7	45
6....	5	1	0	94
7....	5	11	2	43
8....	6	9	3	92
9....	7	7	5	41
10....	8	5	6	90
20....	16	11	5	81
30....	25	5	4	71
40....	33	11	3	61
50....	42	5	2	51
60....	50	11	1	42
70....	59	5	0	32
80....	67	10	7	22
90....	76	4	6	13
100....	84	10	5	03
200....	169	9	2	06
300....	254	7	7	09
400....	339	6	4	11
500....	424	5	1	14

DÉCALITRES ou boisseaux métriq.

	Anciens muids.	Anciens setiers.	Anciens boisseaux.	Centièmes de boisseau.
1 éq. à	0	0	0	81
2.....	0	0	1	63
3.....	0	0	2	44
4.....	0	0	3	26
5.....	0	0	4	07
6...........	0	0	4	89
7...........	0	0	5	70
8...........	0	0	6	52
9...........	0	0	7	35
10 ou 1 hectol.	0	1	0	15
20...2......	0	2	0	30
30...3......	0	3	0	45
40...4......	0	4	0	60
50...5......	0	5	0	75
60...6......	0	6	0	89
70...7......	0	7	1	04
80...8......	0	8	1	19
90...9......	0	9	1	34

DÉCILITRES ou 100.es de décalitre.

	Anciens muids.	Anciens setiers.	Anciens boisseaux.	Centièmes de boisseau.
1 équivaut à	0	0	0	01
2...........	0	0	0	02
3...........	0	0	0	02
4...........	0	0	0	03
5...........	0	0	0	04
6...........	0	0	0	05
7...........	0	0	0	06
8...........	0	0	0	07
9...........	0	0	0	07
10 ou 1 litre..	0	0	0	08
20...2......	0	0	0	16
30...3......	0	0	0	24
40...4......	0	0	0	33
50...5......	0	0	0	41
60...6......	0	0	0	49
70...7......	0	0	0	57
80...8......	0	0	0	65
90...9......	0	0	0	73

Dans l'addition de cette Table, on divisera les anciens boisseaux par 8 pour les réduire en anciens setiers ; et les anciens setiers par 12 pour les réduire en anciens muids de Droué.

DES GRAINS DE DROUÉ.

TROISIÈME TABLE, qui donne le prix du kilolitre ou muid métrique, comparativement au prix de l'ancien muid de Droué.

FRANCS.	Francs.	Centimes.	Centièmes.
à 1 franc l'ancien muid de Droué, le kilolitre vaut	0	84	89
2........	1	69	77
3........	2	54	66
4........	3	39	54
5........	4	24	43
6........	5	09	31
7........	5	94	20
8........	6	79	09
9........	7	63	97
10........	8	48	86
20........	16	97	71
30........	25	46	57
40........	33	95	43
50........	42	44	29
60........	50	93	14
70........	59	42	00
80........	67	90	86
90........	76	39	71
100........	84	88	57
200........	169	77	14
300........	254	65	71
400........	339	54	29
500........	424	42	86
600........	509	31	43

CENTIMES.	Francs.	Centimes.	Centièmes.
1........	0	00	85
2........	0	01	70
3........	0	02	55
4........	0	03	40
5........	0	04	24
6........	0	05	09

CENTIMES.	Francs.	Centimes.	Centièmes.
7........	0	05	94
8........	0	06	79
9........	0	07	64
10........	0	08	49
20........	0	16	98
30........	0	25	47
40........	0	33	95
50........	0	42	44
60........	0	50	93
70........	0	59	42
80........	0	67	91
90........	0	76	40

CENTIÈMES de centime.	Francs.	Centimes.	Centièmes.
1........	0	00	01
2........	0	00	02
3........	0	00	03
4........	0	00	03
5........	0	00	04
6........	0	00	05
7........	0	00	06
8........	0	00	07
9........	0	00	08
10........	0	00	08
20........	0	00	17
30........	0	00	25
40........	0	00	34
50........	0	00	42
60........	0	00	51
70........	0	00	59
80........	0	00	68
90........	0	00	76

MESURES DE CAPACITÉ

QUATRIÈME TABLE, qui donne le prix de l'ancien muid de Droué, comparativement au prix du kilolitre ou muid métrique.

FRANCS.

à 1 fr. le kilolitre, l'ancien muid de Droué vaut....

	Francs.	Centimes.	Centièmes.
1	1	17	81
2	2	35	61
3	3	53	42
4	4	71	22
5	5	89	03
6	7	06	83
7	8	24	64
8	9	42	44
9	10	60	25
10	11	78	05
20	23	56	11
30	35	34	16
40	47	12	22
50	58	90	27
60	70	68	33
70	82	46	38
80	94	24	44
90	106	02	49
100	117	80	55
200	235	61	09
300	353	41	64
400	471	22	18
500	589	02	73

CENTIMES.

	Francs.	Centimes.	Centièmes.
1	0	01	18
2	0	02	36
3	0	03	53
4	0	04	71
5	0	05	89
6	0	07	07
7	0	08	25

CENTIMES.

	Francs.	Centimes.	Centièmes.
8	0	09	42
9	0	10	60
10	0	11	78
20	0	23	56
30	0	35	34
40	0	47	12
50	0	58	90
60	0	70	68
70	0	82	46
80	0	94	24
90	1	06	02

CENTIÈMES de centime.

	Francs.	Centimes.	Centièmes.
1	0	00	01
2	0	00	02
3	0	00	04
4	0	00	05
5	0	00	06
6	0	00	07
7	0	00	08
8	0	00	09
9	0	00	11
10	0	00	12
20	0	00	24
30	0	00	35
40	0	00	47
50	0	00	59
60	0	00	71
70	0	00	82
80	0	00	94
90	0	01	06

DES GRAINS DE DROUE.

CINQUIEME TABLE, qui donne le prix de l'hectolitre ou setier métrique, comparativement au prix de l'ancien setier de Droué.

FRANCS.	Francs.	Centimes.	Centièmes.	CENTIMES.	Francs.	Centimes.	Centièmes.
à 1 franc l'ancien setier de Droué, l'hectolitre vaut..	1	01	86	30............	0	30	56
2............	2	03	73	40............	0	40	75
3............	3	05	59	50............	0	50	93
4............	4	07	45	60............	0	61	12
5............	5	09	31	70............	0	71	30
6............	6	11	18	80............	0	81	49
7............	7	13	04	90............	0	91	68
8............	8	14	90				
9............	9	16	77				
10............	10	18	63				
20............	20	37	26				
30............	30	55	89				
40............	40	74	51				
50............	50	93	14				
60............	61	11	77				
70............	71	30	40				

CENTIÈMES de centime.	Francs.	Centimes.	Centièmes.
1............	0	00	01
2............	0	00	02
3............	0	00	03
4............	0	00	04
5............	0	00	05
6............	0	00	06
7............	0	00	07
8............	0	00	08
9............	0	00	09
10............	0	00	10
20............	0	00	20
30............	0	00	31
40............	0	00	41
50............	0	00	51
60............	0	00	61
70............	0	00	71
80............	0	00	81
90............	0	00	92

CENTIMES.	Francs.	Centimes.	Centièmes.
1............	0	01	02
2............	0	02	04
3............	0	03	06
4............	0	04	07
5............	0	05	09
6............	0	06	11
7............	0	07	13
8............	0	08	15
9............	0	09	17
10............	0	10	19
20............	0	20	37

MESURES DE CAPACITE

SIXIÈME TABLE, qui donne le prix de l'ancien setier de Droué, comparativement au prix de l'hectolitre ou setier métrique.

FRANCS.	Francs.	Centimes.	Centièmes.
à 1 fr. l'hectolitre, l'ancien setier de Droué vaut	0	98	17
2...........	1	96	34
3...........	2	94	51
4...........	3	92	68
5...........	4	90	86
6...........	5	89	03
7...........	6	87	20
8...........	7	85	37
9...........	8	83	54
10...........	9	81	71
20...........	19	63	42
30...........	29	45	14
40...........	39	26	85
50...........	49	08	56
60...........	58	90	27
70...........	68	71	98

CENTIMES.	Francs.	Centimes.	Centièmes.
1...........	0	00	98
2...........	0	01	96
3...........	0	02	95
4...........	0	03	93
5...........	0	04	91
6...........	0	05	89
7...........	0	06	87
8...........	0	07	85
9...........	0	08	84
10...........	0	09	82
20...........	0	19	63

CENTIMES.	Francs	Centimes.	Centièmes.
30...........	0	29	45
40...........	0	39	27
50...........	0	49	09
60...........	0	58	90
70...........	0	68	72
80...........	0	78	54
90...........	0	88	35

CENTIÈMES de centime.	Francs	Centimes.	Centièmes.
1...........	0	00	01
2...........	0	00	02
3...........	0	00	03
4...........	0	00	04
5...........	0	00	05
6...........	0	00	06
7...........	0	00	07
8...........	0	00	08
9...........	0	00	09
10...........	0	00	10
20...........	0	00	20
30...........	0	00	29
40...........	0	00	39
50...........	0	00	49
60...........	0	00	59
70...........	0	00	69
80...........	0	00	79
90...........	0	00	88

DES GRAINS DE LA VILLE - AUX - CLERCS.

Grains de la Ville-aux-Clercs.

A la Ville-aux-Clercs, le *muid* contenait 12 *setiers* ou 144 *boisseaux*.

Le *setier* et le *boisseau* étaient les mêmes que ceux de Vendôme.

PREMIÈRE TABLE, qui convertit les anciens muids, setiers et boisseaux de la Ville-aux-Clercs, en kilolitres, hectolitres et décalitres.

ANCIENS MUIDS de la Ville-aux-Clercs, de 12 setiers.	Kilolitres ou muids métriques.	Hectolitres ou setiers métriques.	Décalitres ou boisseaux métriques.	Litres, 10.mes de décalitre.	Décilitres, 100.mes de décalitre.
1 éq	1	7	6	7	1
2..	3	5	3	4	2
3..	5	3	0	1	2
4..	7	0	6	8	3
5..	8	8	3	5	4
6..	10	6	0	2	5
7..	12	3	6	9	6
8..	14	1	3	6	7
9..	15	9	0	3	7
10..	17	6	7	0	8
20..	35	3	4	1	6
30..	53	0	1	2	5
40..	7c	6	8	3	3
50..	88	3	5	4	1
60..	106	0	2	4	9
70..	123	6	9	5	7
80..	141	3	6	6	5
90..	159	0	3	7	4
100..	17ũ	7	0	8	2
200..	353	4	1	6	4
300..	530	1	2	4	5

Anciens Setiers de la Ville-aux-Clercs, de 12 Boisseaux.

———

Voyez la conversion des anciens setiers de Vendôme en nouvelle mesure, *page 205.*

═══

Anciens Boisseaux de la Ville-aux-Clercs.

———

Voyez la conversion des anciens boisseaux de Vendôme en nouvelle mesure, *page 206.*

———

On additionnera cette Table comme les francs et centimes.

MESURES DE CAPACITE

DEUXIÈME TABLE, qui convertit les kilolitres, hectolitres et décalitres, en anciens muids, setiers et boisseaux de la Ville-aux-Clercs.

KILOLITRES ou muids métriques.	Anciens muids.	Anciens setiers.	Anciens boisseaux.	Centièmes de boisseau.
1 équiv. à	0	6	9	49
2........	1	1	6	98
3........	1	8	4	47
4........	2	3	1	96
5........	2	9	11	45
6........	3	4	8	94
7........	3	11	6	43
8........	4	6	3	92
9........	5	1	1	41
10.......	5	7	10	90
20.......	11	3	9	81
30.......	16	11	8	71
40.......	22	7	7	61
50.......	28	3	6	51
60.......	33	11	5	42
70.......	39	7	4	32
80.......	45	3	3	22
90.......	50	11	2	13
100.......	56	7	1	03
200.......	113	2	2	06
300.......	169	9	3	09
400.......	226	4	4	11
500.......	282	11	5	14

DÉCALITRES ou Boissseaux métriques.

	Anciens muids.	Anciens setiers.	Anciens boisseaux.	Centièmes de boisseau.
1 équiv. à	0	0	0	81
2........	0	0	1	63
3........	0	0	2	44
4........	0	0	3	26
5........	0	0	4	07
6........	0	0	4	89
7........	0	0	5	70
8........	0	0	6	52
9........	0	0	7	33
10 ou 1 hectol.	0	0	8	15
20...2....	0	1	4	30
30...3....	0	2	0	45
40...4....	0	2	8	60
50...5....	0	3	4	75
60...6....	0	4	0	89
70...7....	0	4	9	04
80...8....	0	5	5	19
90...9....	0	6	1	34

DÉCILITRES ou Centièmes de Décalitre.

	Anciens muids.	Anciens setiers.	Anciens boisseaux.	Centièmes de boisseau.
1 équiv. à.	0	0	0	01
2........	0	0	0	02
3........	0	0	0	02
4........	0	0	0	03
5........	0	0	0	04
6........	0	0	0	05
7........	0	0	0	06
8........	0	0	0	07
9........	0	0	0	07
10 ou 1 litre	0	0	0	08
20...2....	0	0	0	16
30...3....	0	0	0	24
40...4....	0	0	0	33
50...5....	0	0	0	41
60...6....	0	0	0	49
70...7....	0	0	0	57
80...8....	0	0	0	65
90...9....	0	0	0	73

En additionnant cette Table, on divisera les anciens boisseaux par 12, pour les réduire en anciens setiers, et les anciens setiers par 12, pour les réduire en anciens muids de la Ville-aux-Clercs.

DES GRAINS DE LA VILLE-AUX-CLERCS.

TROISIEME TABLE, qui donne le prix du kilolitre ou muid métrique, comparativement au prix de l'ancien muid de la Ville-aux-Clercs.

FRANCS.	Francs.	Centimes.	Centièmes.
à 1 fr. l'ancien muid de la Ville-aux-Cl., le kilolitre vaut..	0	56	59
2	1	13	18
3	1	69	77
4	2	26	36
5	2	82	95
6	3	39	54
7	3	96	13
8	4	52	72
9	5	09	31
10	5	65	90
20	11	31	81
30	16	97	71
40	22	63	62
50	28	29	52
60	33	95	43
70	39	61	33
80	45	27	24
90	50	93	14
100	56	59	05
200	113	18	10
300	169	77	14
400	226	36	19
500	282	95	24
600	339	54	29

CENTIMES.	Francs.	Centimes.	Centièmes.
1	0	00	57
2	0	01	13
3	0	01	70
4	0	02	26
5	0	02	83
6	0	03	40

CENTIMES.	Francs.	Centimes.	Centièmes.
7	0	03	96
8	0	04	53
9	0	05	09
10	0	05	66
20	0	11	32
30	0	16	98
40	0	22	64
50	0	28	30
60	0	33	95
70	0	39	61
80	0	45	27
90	0	50	93

CENTIÈMES de centime.	Francs.	Centimes.	Centièmes.
1	0	00	01
2	0	00	01
3	0	00	02
4	0	00	02
5	0	00	03
6	0	00	03
7	0	00	04
8	0	00	05
9	0	00	05
10	0	00	06
20	0	00	11
30	0	00	17
40	0	00	23
50	0	00	28
60	0	00	34
70	0	00	40
80	0	00	45
90	0	00	51

MESURES DE CAPACITÉ

QUATRIÈME *TABLE*, qui donne ie prix de l'ancien muid de la Ville-aux-Clercs, comparativement au prix du kilolitre ou muid métrique.

FRANCS.

à 1 franc le kilolitre, l'ancien muid de la Ville-aux-Clercs vaut	Francs.	Centimes.	Centièmes.
vaut	1	76	71
2	3	53	42
3	5	30	12
4	7	06	83
5	8	83	54
6	10	60	25
7	12	36	96
8	14	13	67
9	15	90	37
10	17	67	08
20	35	34	16
30	53	01	25
40	70	68	33
50	88	35	41
60	106	02	49
70	123	69	57
80	141	36	65
90	159	03	74
100	176	70	82
200	353	41	64
300	530	12	45

CENTIMES.

	Francs.	Centimes.	Centièmes.
1	0	01	77
2	0	03	53
3	0	05	30
4	0	07	07
5	0	08	84
6	0	10	60
7	0	12	37
8	0	14	14

CENTIMES.

	Francs.	Centimes.	Centièmes.
9	0	15	90
10	0	17	67
20	0	35	34
30	0	53	01
40	0	70	68
50	0	88	35
60	1	06	02
70	1	23	70
80	1	41	37
90	1	59	04

CENTIÈMES de centime.

	Francs.	Centimes.	Centièmes.
1	0	00	02
2	0	00	04
3	0	00	05
4	0	00	07
5	0	00	09
6	0	00	11
7	0	00	12
8	0	00	14
9	0	00	16
10	0	00	18
20	0	00	35
30	0	00	53
40	0	00	71
50	0	00	88
60	0	01	06
70	0	01	24
80	0	01	41
90	0	01	59

DES GRAINS DE MONDOUBLEAU.

QUATRIEME TABLE, qui donne le prix de l'ancien setier de Mondoubleau, comparativement au prix de l'hectolitre ou setier métrique.

FRANCS.	Francs.	Centimes.	Centièmes.
à 1 fr. l'hectolitre, l'ancien setier de Mondoubleau vaut	2	37	42
2	4	74	84
3	7	12	27
4	9	49	69
5	11	87	11
6	14	24	53
7	16	61	95
8	18	99	38
9	21	36	80
10	23	74	22
20	47	48	44
30	71	22	66
40	94	96	88
50	118	71	10

CENTIMES.	Francs.	Centimes.	Centièmes.
1	0	02	37
2	0	04	75
3	0	07	12
4	0	09	50
5	0	11	87
6	0	14	25
7	0	16	62
8	0	18	99
9	0	21	37
10	0	23	74
20	0	47	48
30	0	71	23

CENTIMES.	Francs.	Centimes.	Centièmes.
40	0	94	97
50	1	18	71
60	1	42	45
70	1	66	20
80	1	89	94
90	2	13	68

CENTIÈMES de centime.	Francs.	Centimes.	Centièmes.
1	0	00	02
2	0	00	05
3	0	00	07
4	0	00	09
5	0	00	12
6	0	00	14
7	0	00	17
8	0	00	19
9	0	00	21
10	0	00	24
20	0	00	47
30	0	00	71
40	0	00	95
50	0	01	19
60	0	01	42
70	0	01	66
80	0	01	90
90	0	02	14

Q..

MESURES DE CAPACITE

CINQUIEME TABLE, qui donne le prix du décalitre ou boisseau métrique, comparativement au prix de l'ancien boisseau de Mondoubleau.

FRANCS.	Francs.	Centimes.	Centièmes.
à 1 fr. l'ancien boisseau de Mondoubl., le décalitre vaut ..	0	50	54
2	1	01	09
3	1	51	63
4	2	02	17
5	2	52	71
6	3	03	26
7	3	53	80
8	4	04	34
9	4	54	89
10	5	05	43

CENTIMES.	Francs.	Centimes.	Centièmes.
1	0	00	51
2	0	01	01
3	0	01	52
4	0	02	02
5	0	02	53
6	0	03	03
7	0	03	54
8	0	04	04
9	0	04	55
10	0	05	05
20	0	10	11
30	0	15	16
40	0	20	22
50	0	25	27

CENTIMES.	Francs.	Centimes.	Centièmes.
60	0	30	33
70	0	35	38
80	0	40	43
90	0	45	49

CENTIÈMES de centime.	Francs.	Centimes.	Centièmes.
1	0	00	01
2	0	00	01
3	0	00	02
4	0	00	02
5	0	00	03
6	0	00	03
7	0	00	04
8	0	00	04
9	0	00	05
10	0	00	05
20	0	00	10
30	0	00	15
40	0	00	20
50	0	00	25
60	0	00	30
70	0	00	35
80	0	00	40
90	0	00	45

DES GRAINS DE MONDOUBLEAU.

SIXIEME TABLE, qui donne le prix de l'ancien boisseau de Mondoubleau comparativement au prix du décalitre ou boisseau métrique.

FRANCS.

à 1 fr. le décalitre, l'ancien boisseau de Mondoubleau vaut

	Francs.	Centimes.	Centièmes.
1	1	97	85
2	3	95	70
3	5	93	55
4	7	91	41
5	9	89	26
6	11	87	11
7	13	84	96
8	15	82	81
9	17	80	66
10	19	78	52

CENTIMES.

	Francs.	Centimes.	Centièmes.
1	0	01	98
2	0	03	96
3	0	05	94
4	0	07	91
5	0	09	89
6	0	11	87
7	0	13	85
8	0	15	83
9	0	17	81
10	0	19	79
20	0	39	57
30	0	59	36
40	0	79	14
50	0	98	93

CENTIMES.

	Francs.	Centimes.	Centièmes.
60	1	18	71
70	1	38	50
80	1	58	28
90	1	78	07

CENTIÈMES de centime.

	Francs.	Centimes.	Centièmes.
1	0	00	02
2	0	00	04
3	0	00	06
4	0	00	08
5	0	00	10
6	0	00	12
7	0	00	14
8	0	00	16
9	0	00	18
10	0	00	20
20	0	00	40
30	0	00	59
40	0	00	79
50	0	00	99
60	0	01	19
70	0	01	38
80	0	01	58
90	0	01	78

MESURES DE CAPACITÉ

Grains du marché de Montoire.

Les grains, à Montoire, ne se vendaient point au *muid*, mais seulement au *setier* et au *boisseau*.

Le *setier* contenait 12 *boisseaux*.

Le *boisseau* pesait 25 *livres*, ancien poids.

PREMIÈRE TABLE, qui convertit les anciens setiers et boisseaux de Montoire, en kilolitres, hectolitres et décalitres.

Anciens setiers de Montoire.	Kilolitres ou muids métriques.	Hectolitres, ou setiers métriques.	Décalitres ou boisseaux métriques.	Litres, 10.mes de décalitre.	Décilitres, 100.mes de décalitre.
1 éq.	0	2	0	3	4
2..	0	4	0	6	8
3..	0	6	1	0	3
4..	0	8	1	3	7
5..	1	0	1	7	1
6..	1	2	2	0	5
7..	1	4	2	3	9
8..	1	6	2	7	4
9..	1	8	3	0	8
10..	2	0	3	4	2
20..	4	0	6	8	4
30..	6	1	0	2	6
40..	8	1	3	6	9
50..	10	1	7	1	3
60..	12	2	0	5	3
70..	14	2	3	9	5
80..	16	2	7	3	7
90..	18	3	0	7	9
100..	20	3	4	2	1
200..	40	6	8	4	3
300..	61	0	2	6	4

Anciens setiers de Montoire.	Kilolitres ou muids métriques.	Hectolitres ou setiers métriques.	Décalitres ou boisseaux métriques.	Litres, 10.mes de décalitre.	Décilitres, 100.mes de décalitre.
400..	81	3	6	8	6
500..	101	7	1	0	7
600..	122	0	5	2	9
700..	142	3	9	5	0
800..	162	7	3	7	1
900..	183	0	7	9	3
1000..	203	4	2	1	4

ANCIENS BOISSEAUX de Montoire.

Anciens boisseaux de Montoire.	Kilolitres ou muids métriques.	Hectolitres ou setiers métriques.	Décalitres ou boisseaux métriques.	Litres, 10.mes de décalitre.	Décilitres, 100.mes de décalitre.
1 éq.	0	0	1	7	0
2..	0	0	3	3	9
3..	0	0	5	0	9
4..	0	0	6	7	8
5..	0	0	8	4	8
6..	0	1	0	1	7
7..	0	1	1	8	7
8..	0	1	3	5	6
9..	0	1	5	2	6
10..	0	1	6	9	5
11..	0	1	8	6	5

DES GRAINS DE MONTOIRE.

Anciens boisseaux de Montoire.	Kilolitres ou muids métriques.	Hectolitres ou setiers métriques.	Décalitres ou boisseaux métriques.	Litres, 10.mes de décalitre.	Décilitres, 100.mes de décalitre.
20..	0	3	3	9	0
30..	0	5	0	8	6
40..	0	6	7	8	1
50..	0	8	4	7	6
60..	1	0	1	7	1
70..	1	1	8	6	6
80..	1	3	5	6	1
90..	1	5	2	5	7
100..	1	6	9	5	2
200..	3	3	9	0	4
300..	5	0	8	5	5
400..	6	7	8	0	7
500..	8	4	7	5	9
600..	10	1	7	1	1
700..	11	8	6	6	2
800..	13	5	6	1	4
900..	15	2	5	6	6
1000..	16	9	5	1	8

Centièmes de boisseau.	Kilolitres ou muids métriques.	Hectolitres ou setiers métriques.	Décalitres ou boisseaux métriques.	Litres, 10.mes de décalitre.	Décilitres, 100.mes de décalitre.
1éq.	0	0	0	0	2
2..	0	0	0	0	3
3..	0	0	0	0	5
4..	0	0	0	0	7
5..	0	0	0	0	8
6..	0	0	0	1	0
7..	0	0	0	1	2
8..	0	0	0	1	4
9..	0	0	0	1	5
10..	0	0	0	1	7
20..	0	0	0	3	4
30..	0	0	0	5	1
40..	0	0	0	6	8
50..	0	0	0	8	5
60..	0	0	1	0	2
70..	0	0	1	1	9
80..	0	0	1	3	6
90..	0	0	1	5	3

FRACTIONS USITÉES
du boisseau.

	Kilolitres	Hectolitres	Décalitres	Litres	Décilitres
1/8..	0	0	0	2	1
1/4..	0	0	0	4	2
1/2..	0	0	0	8	5
3/4..	0	0	1	2	7

On additionnera cette Table comme les francs et centimes.

MESURES DE CAPACITE

DEUXIÈME TABLE, qui convertit les kilolitres, hectolitres et décalitres, en anciens setiers et boisseaux de Montoire.

KILOLITRES ou muids métriques.	Anciens setiers.	Anciens boisseaux.	Centièmes de boisseau.
1 équivaut à	4	10	99
2	9	9	98
3	14	8	97
4	19	7	96
5	24	6	95
6	29	5	95
7	34	4	94
8	39	3	93
9	44	2	92
10	49	1	91
20	98	3	82
30	147	5	73
40	196	7	63
50	245	9	54
60	294	11	45
70	344	1	36
80	393	3	27
90	442	5	18
100	491	7	08
200	985	2	17
300	1474	9	25

DÉCALITRES ou boisseaux métriques.

	Anciens setiers.	Anciens boisseaux.	Centièmes de boisseau.
1 équivaut à	0	0	59
2	0	1	18
3	0	1	77
4	0	2	36
5	0	2	95
6	0	3	54
7	0	4	13
8	0	4	72
9	0	5	31
10 ou 1 hectol.	0	5	90
20...2	0	11	80
30...3	1	5	70
40...4	1	11	60
50...5	2	5	50
60...6	2	11	39
70...7	3	5	29
80...8	3	11	19
90...9	4	5	09

DÉCILITRES ou centièmes de décalitre.

	Anciens setiers.	Anciens boisseaux.	Centièmes de boisseau.
1 équivaut à	0	0	01
2	0	0	01
3	0	0	02
4	0	0	02
5	0	0	03
6	0	0	04
7	0	0	04
8	0	0	05
9	0	0	05
10 ou 1 litre.	0	0	06
20...2	0	0	12
30...3	0	0	18
40...4	0	0	24
50...5	0	0	29
60...6	0	0	35
70...7	0	0	41
80...8	0	0	47
90...9	0	0	53

En additionnant cette Table, on divisera les anciens boisseaux par 12, pour les réduire en anciens setiers de Montoire.

DES GRAINS DE MONTOIRE.

TROISIEME TABLE, qui donne le prix de l'hectolitre ou setier métrique, comparativement au prix de l'ancien setier de Montoire.

FRANCS.

	Francs.	Centimes.	Centièmes.
à 1 franc . l'ancien setier de Montoire , l'hectolitre vaut...	0	49	16
2	0	98	32
3	1	47	48
4	1	96	64
5	2	45	80
6	2	94	95
7	3	44	11
8	3	93	27
9	4	42	43
10	4	91	59
20	9	83	18
30	14	74	77
40	19	66	36
50	24	57	95
60	29	49	54
70	34	41	13
80	39	32	72
90	44	24	31
100	49	15	90

CENTIMES.

	Francs.	Centimes.	Centièmes.
1	0	00	49
2	0	00	98
3	0	01	47
4	0	01	97
5	0	02	46
6	0	02	95
7	0	03	44
8	0	03	93
9	0	04	42

CENTIMES.

	Francs.	Centimes.	Centièmes.
10	0	04	92
20	0	09	83
30	0	14	75
40	0	19	66
50	0	24	58
60	0	29	50
70	0	34	41
80	0	39	33
90	0	44	24

CENTIEMES de centime.

	Francs.	Centimes.	Centièmes.
1	0	00	00
2	0	00	01
3	0	00	01
4	0	00	02
5	0	00	02
6	0	00	03
7	0	00	03
8	0	00	04
9	0	00	04
10	0	00	05
20	0	00	10
30	0	00	15
40	0	00	20
50	0	00	25
60	0	00	29
70	0	00	34
80	0	00	39
90	0	00	44

MESURES DE CAPACITE

QUATRIÈME TABLE, qui donne le prix de l'ancien setier de Montoire, comparativement au prix de l'hectolitre ou setier métrique.

FRANCS.

	Francs.	Centimes.	Centièmes.
à 1 fr. l'hectolitre, l'ancien setier de Montoire vaut..	2	03	42
2............	4	06	84
3............	6	10	26
4............	8	13	6?
5............	10	17	11
6............	12	20	53
7............	14	23	95
8............	16	27	37
9............	18	30	79
10............	20	34	21
20............	40	68	43
30............	61	02	64
40............	81	36	86
50............	101	71	07

CENTIMES

	Francs.	Centimes.	Centièmes.
1............	0	02	03
2............	0	04	07
3............	0	06	10
4............	0	08	14
5............	0	10	17
6............	0	12	21
7............	0	14	24
8............	0	16	27
9............	0	18	31
10............	0	20	34
20............	0	40	68
30............	0	61	03

CENTIMES.

	Francs.	Centimes.	Centièmes.
40............	0	81	37
50............	1	01	71
60............	1	22	05
70............	1	42	39
80............	1	62	74
90............	1	83	08

CENTIÈMES de centime.

	Francs.	Centimes.	Centièmes.
1............	0	00	02
2............	0	00	04
3............	0	00	06
4............	0	00	08
5............	0	00	10
6............	0	00	12
7............	0	00	14
8............	0	00	16
9............	0	00	18
10............	0	00	20
20............	0	00	41
30............	0	00	61
40............	0	00	81
50............	0	01	02
60............	0	01	22
70............	0	01	42
80............	0	01	63
90............	0	01	83

DES GRAINS DE MONTOIRE.

CINQUIÈME TABLE, qui donne le prix du décalitre ou boisseau métrique, comparativement au prix de l'ancien boisseau de Montoire.

FRANCS.	Francs.	Centimes.	Centièmes.	CENTIMES.	Francs.	Centimes.	Centièmes.
à 1 franc l'ancien boisseau de Montoire, le décal. vaut	0	58	99	60	0	35	39
2	1	17	98	70	0	41	29
3	1	76	97	80	0	47	19
4	2	35	96	90	0	53	09
5	2	94	95				
6	3	53	95	CENTIÈMES de centime.			
7	4	12	94				
8	4	71	93	1	0	00	01
9	5	30	92	2	0	00	01
10	5	89	91	3	0	00	02
CENTIMES.				4	0	00	02
1	0	00	59	5	0	00	03
2	0	01	18	6	0	00	04
3	0	01	77	7	0	00	04
4	0	02	36	8	0	00	05
5	0	02	95	9	0	00	05
6	0	03	54	10	0	00	06
7	0	04	13	20	0	00	12
8	0	04	72	30	0	00	18
9	0	05	31	40	0	00	24
10	0	05	90	50	0	03	29
20	0	11	80	60	0	00	35
30	0	17	70	70	0	00	41
40	0	23	60	80	0	00	47
50	0	29	50	90	0	00	53

MESURES DE CAPACITE

SIXIÈME TABLE, qui donne le prix de l'ancien boisseau de Montoire, comparativement au prix du
décalitre ou boisseau métrique.

FRANCS.	Francs.	Centimes.	Centièmes.
à 1 fr. le décalitre, l'ancien boisseau de Montoire vaut	1	69	52
2............	3	39	04
3..........	5	08	55
4..........	6	78	07
5..........	8	47	59
6..........	10	17	11

CENTIMES.	Francs.	Centimes.	Centièmes.
1..........	0	01	70
2..........	0	03	39
3..........	0	05	09
4..........	0	06	78
5..........	0	08	48
6..........	0	10	17
7..........	0	11	87
8..........	0	13	56
9..........	0	15	26
10..........	0	16	95
20..........	0	33	90
30..........	0	50	86
40..........	0	67	81
50..........	0	84	76
60..........	1	01	71
70..........	1	18	66
80..........	1	35	61
90..........	1	52	57

CENTIÈMES. de centime.	Francs.	Centimes.	Centièmes.
1..........	0	00	02
2..........	0	00	03
3..........	0	00	05
4..........	0	00	07
5..........	0	00	08
6..........	0	00	10
7..........	0	00	12
8..........	0	00	14
9..........	0	00	15
10..........	0	00	17
20..........	0	00	34
30..........	0	00	51
40..........	0	00	68
50..........	0	00	85
60..........	0	01	02
70..........	0	01	19
80..........	0	01	36
90..........	0	01	53

DES GRAINS D'OUCQUES.

Grains du marché d'Oucques.

A Oucques, les grains se vendaient au *muid*, au *setier* et au *boisseau*.

Le muid contenait..
{
7 setiers 1/2.
15 mines.
50 minots.
60 boisseaux.
}

La mine.
{
2 minots.
4 boisseaux.
}

Le setier.
{
2 mines.
4 minots.
8 boisseaux.
}

Le minot. | 2 boisseaux.

Le boisseau pesait 20 livres, ancien poids.

PREMIERE TABLE, qui convertit los anciens muids, setiers et boisseaux d'Oucques, en kilolitres, hectolitres et décalitres.

Anciens muids d'Oucques.	Kilolitres ou muids métriques.	Hectolitres ou setiers métriques.	Décalitres ou boisseaux métriques.	Litres, dixièmes de décalitre.	Décilitres, centièmes de décalitre.	Anciens muids d'Oucques.	Kilolitres ou muids métriques.	Hectolitres ou setiers métriques.	Décalitres ou boisseaux métriques.	Litres, 10.mes de décalitre.	Décilitres, 100.mes de décalitre.
1 éq. à	0	8	2	9	2	40... 33	1	6	6	2	
2...	1	6	5	8	3	50... 41	4	5	7	8	
3...	2	4	8	7	5	60... 49	7	4	9	4	
4...	3	3	1	6	6	70... 58	0	4	0	9	
5...	4	1	4	5	8	80... 66	3	3	2	5	
6...	4	9	7	4	9	90... 74	6	2	4	1	
7...	5	8	0	4	1	100... 82	9	1	5	6	
8...	6	6	3	3	2	200...165	8	3	1	2	
9...	7	4	6	2	4	300...248	7	4	6	9	
10...	8	2	9	1	6	400...331	6	6	2	5	
20...	16	5	8	3	1	500...414	5	7	8	1	
30...	24	8	7	4	7						

MESURES DE CAPACITE

ANCIENS SETIERS d'Oucques.

	Kilolitres ou muids métriques.	Hectolitres ou setiers métriques.	Décalitres ou boisseaux métriques.	Litres, 10.mes de décalitre.	Décilitres, 100.mes de décalitre.
1 éq. à	0	1	1	0	6
2...	0	2	2	1	1
3...	0	3	3	1	7
4...	0	4	4	2	2
5...	0	5	5	2	8
6...	0	6	6	3	3
7...	0	7	7	3	9
8...	0	8	8	4	4
9...	0	9	9	5	0
10...	1	1	0	5	5
11...	1	2	1	6	1

ANCIENS BOISSEAUX d'Oucques.

	Kilolitres ou muids métriques.	Hectolitres ou setiers métriques.	Décalitres ou boisseaux métriques.	Litres, 10.mes de décalitre.	Décilitres, 100.mes de décalitre.
1 éq. à	0	0	1	3	8
2...	0	0	2	7	6
3...	0	0	4	1	5
4...	0	0	5	5	3
5...	0	0	6	9	1
6...	0	0	8	2	9
7...	0	0	9	6	7

FRACTIONS du boisseau.

	Kilolitres ou muids métriques.	Hectolitres ou setiers métriques.	Décalitres ou boisseaux métriques.	Litres, 10.mes de décalitre.	Décilitres, 100.mes de décalitre.
1/8...	0	0	0	1	7
1/4...	0	0	0	3	5
1/2...	0	0	0	6	9
3/4...	0	0	1	0	4

CENTIÈMES de boisseau.

	Kilolitres ou muids métriques.	Hectolitres ou setiers métriques.	Décalitres ou boisseaux métriques.	Litres, 10.mes de décalitre.	Décilitres, 100.mes de décalitre.
1 éq. à	0	0	0	0	1
2...	0	0	0	0	3
3...	0	0	0	0	4
4...	0	0	0	0	6
5...	0	0	0	0	7
6...	0	0	0	0	8
7...	0	0	0	1	0
8...	0	0	0	1	1
9...	0	0	0	1	2
10...	0	0	0	1	4
20...	0	0	0	2	8
30...	0	0	0	4	1
40...	0	0	0	5	5
50...	0	0	0	6	9
60...	0	0	0	8	3
70...	0	0	0	9	7
80...	0	0	1	1	1
90...	0	0	1	2	4

Nota : On additionnera cette Table comme les francs et centimes.

DES GRAINS D'OUCQUES.

DEUXIÈME TABLE, qui convertit les kilolitres, hectolitres et décalitres, en anciens muids, setiers et boisseaux d'Oucques.

KILOLITRES ou muids métriques.	Anciens muids.	Anciens setiers.	Anciens boisseaux.	Centièmes de boisseau.	DÉCALITRES ou boisseaux métriques.	Anciens muids.	Anciens setiers.	Anciens boisseaux.	Centièmes de boisseau.
1 équiv. à	1	1	4	36	7........	0	0	5	07
2........	2	3	0	73	8........	0	0	5	79
3........	3	4	5	09	9........	0	0	6	51
4........	4	6	1	45	10 ou 1 hectol.	0	0	7	21
5........	6	0	1	81	20...2....	0	1	6	47
6........	7	1	6	18	30...3....	0	2	5	71
7........	8	3	2	54	40...4....	0	3	4	95
8........	9	4	6	90	50...5....	0	4	4	18
9........	10	6	3	26	60...6....	0	5	3	42
10........	12	0	3	63	70...7....	0	6	2	65
20........	24	0	7	25	80...8....	0	7	1	89
30........	36	1	2	88	90...9....	1	0	5	13
40........	48	1	6	51					
50........	60	2	2	14					
60........	72	2	5	76					
70........	84	3	1	39					
80........	96	3	5	02					
90........	108	4	0	64					
100........	120	4	4	27					
200........	241	1	4	54					
300........	361	6	0	82					
400........	482	3	1	09					

DÉCILITRES ou Centièmes de décalitre.

	Anciens muids.	Anciens setiers.	Anciens boisseaux.	Centièmes de boisseau.
1........	0	0	0	01
2........	0	0	0	01
3........	0	0	0	02
4........	0	0	0	03
5........	0	0	0	04
6........	0	0	0	04
7........	0	0	0	05
8........	0	0	0	06
9........	0	0	0	07
10 ou 1 litre	0	0	0	07
20...2....	0	0	0	14
30...3....	0	0	0	22
40...4....	0	0	0	29
50...5....	0	0	0	36
60...6....	0	0	0	43
70...7....	0	0	0	51
80...8....	0	0	0	58
90...9....	0	0	0	65

DÉCALITRES ou Boissseaux métriques.

	Anciens muids.	Anciens setiers.	Anciens boisseaux.	Centièmes de boisseau.
1........	0	0	0	72
2........	0	0	1	45
3........	0	0	2	17
4........	0	0	2	89
5........	0	0	3	62
6........	0	0	4	34

Dans l'addition de cette Table, on divisera les anciens boisseaux par 8, pour les réduire en anciens setiers, et 7 setiers 4 boisseaux formeront un muid d'Oucques.

MESURES DE CAPACITÉ

TROISIÈME TABLE, qui donne le prix du kilolitre ou muid métrique, comparativement au prix de l'ancien muid d'Oucques.

FRANCS.	Francs.	Centimes.	Centièmes.
à 1 fr. l'ancien muid d'Oucques, le kilitre vaut	1	20	60
2..........	2	41	21
3..........	3	61	81
4..........	4	82	42
5..........	6	03	02
6..........	7	23	63
7..........	8	44	23
8..........	9	64	84
9..........	10	85	44
10..........	12	06	05
20..........	24	12	09
30..........	36	18	14
40..........	48	24	18
50..........	60	30	23
60..........	72	36	27
70..........	84	42	32
80..........	96	48	36
90..........	108	54	41
100..........	120	60	45
200..........	241	20	91
300..........	361	81	36
400..........	482	41	81
500..........	603	02	27
600..........	723	62	72

CENTIMES.	Francs.	Centimes.	Centièmes.
1..........	0	01	21
2..........	0	02	41
3..........	0	03	62
4..........	0	04	82
5..........	0	06	03
6..........	0	07	24
7..........	0	08	44
8..........	0	09	65
9..........	0	10	85
10..........	0	12	06
20..........	0	24	12
30..........	0	36	18
40..........	0	48	24
50..........	0	60	30
60..........	0	72	36
70..........	0	84	42
80..........	0	96	48
90..........	1	08	54

CENTIÈMES de centime.	Francs.	Centimes.	Centièmes.
1..........	0	00	01
2..........	0	00	02
3..........	0	00	04
4..........	0	00	05
5..........	0	00	06
6..........	0	00	07
7..........	0	00	08
8..........	0	00	10
9..........	0	00	11
10..........	0	00	12
20..........	0	00	24
30..........	0	00	36
40..........	0	00	48
50..........	0	00	60
60..........	0	00	72
70..........	0	00	84
80..........	0	00	96
90..........	0	01	09

DES GRAINS D'OUCQUES.

QUATRIÈME TABLE, qui donne le prix de l'ancien muid d'Oucques, comparativement au prix du kilolitre ou muid métrique.

FRANCS.	Francs.	Centimes.	Centièmes.
à 1 fr. le kilolitre, l'ancien muid d'Oucques vaut	0	82	92
2	1	65	83
3	2	48	75
4	3	31	66
5	4	14	58
6	4	97	49
7	5	80	41
8	6	63	32
9	7	46	24
10	8	29	16
20	16	58	31
30	24	87	47
40	33	16	62
50	41	45	78
60	49	74	94
70	58	04	09
80	66	33	25
90	74	62	41
100	82	91	56
200	165	83	12
300	248	74	69
400	331	66	25
500	414	57	81
600	497	49	37

CENTIMES.	Francs.	Centimes.	Centièmes.
1	0	00	83
2	0	01	66
3	0	02	49
4	0	03	32
5	0	04	15
6	0	04	97
7	0	05	80
8	0	06	63
9	0	07	46
10	0	08	29
20	0	16	58
30	0	24	87
40	0	33	17
50	0	41	46
60	0	49	75
70	0	58	04
80	0	66	33
90	0	74	62

CENTIÈMES de centime.	Francs.	Centimes.	Centièmes.
1	0	00	01
2	0	00	02
3	0	00	02
4	0	00	03
5	0	00	04
6	0	00	05
7	0	00	06
8	0	00	07
9	0	00	07
10	0	00	08
20	0	00	17
30	0	00	25
40	0	00	33
50	0	00	41
60	0	00	50
70	0	00	58
80	0	00	65
90	0	00	75

MESURES DE CAPACITE

CINQUIEME TABLE, qui donne le prix de l'hectolitre ou setier métrique, comparativement au prix de l'ancien setier d'Oucques.

FRANCS.	Francs.	Centimes.	Centièmes.
à 1 franc l'ancien setier d'Oucques, l'hectolitre vaut..	0	90	45
2.............	1	80	91
3.............	2	71	36
4.............	3	61	81
5.............	4	52	27
6.............	5	42	72
7.............	6	33	17
8.............	7	23	63
9.............	8	14	08
10............	9	04	53
20............	18	09	07
30............	27	13	60
40............	36	18	14
50............	45	22	67
60............	54	27	20
70............	63	31	74

CENTIMES.	Francs.	Centimes.	Centièmes.
1.............	0	00	90
2.............	0	01	81
3.............	0	02	71
4.............	0	03	62
5.............	0	04	52
6.............	0	05	43
7.............	0	06	33
8.............	0	07	24
9.............	0	08	14
10............	0	09	05
20............	0	18	09

CENTIMES.	Francs	Centimes.	Centièmes.
30.............	0	27	14
40.............	0	36	18
50.............	0	45	23
60.............	0	54	27
70.............	0	63	32
80.............	0	72	36
90.............	0	81	41

CENTIÈMES de centime.	Francs	Centimes.	Centièmes.
1.............	0	00	01
2.............	0	00	02
3.............	0	00	03
4.............	0	00	04
5.............	0	00	05
6.............	0	00	05
7.............	0	00	06
8.............	0	00	07
9.............	0	00	08
10............	0	00	09
20............	0	00	18
30............	0	00	27
40............	0	00	36
50............	0	00	45
60............	0	00	54
70............	0	00	63
80............	0	00	72
90............	0	00	81

DES GRAINS D'OUCQUES.

*SIXIEME **TABLE**, qui donne le prix de l'ancien setier d'Oucques, comparativement au prix de l'hectolitre ou setier métrique.*

FRANCS.

	Francs.	Centimes.	Centièmes.
à 1 fr. l'hectolitre, l'ancien setier d'Oucques vaut	1	10	55
2............	2	21	11
3............	3	31	66
4............	4	42	22
5............	5	52	77
6............	6	63	32
7............	7	73	88
8............	8	84	43
9............	9	94	99
10............	11	05	54
20............	22	11	08
30............	33	16	62
40............	44	22	17
50............	55	27	71
60............	66	33	25
70............	77	38	79

CENTIMES.

	Francs.	Centimes.	Centièmes.
1............	0	01	11
2............	0	02	21
3............	0	03	32
4............	0	04	42
5............	0	05	53
6............	0	06	63
7............	0	07	74
8............	0	08	84
9............	0	09	95
10............	0	11	06
20............	0	22	11

CENTIMES.

	Francs.	Centimes.	Centièmes.
30............	0	33	17
40............	0	44	22
50............	0	55	28
60............	0	66	33
70............	0	77	39
80............	0	88	44
90............	0	99	50

CENTIÈMES de centime.

	Francs.	Centimes.	Centièmes.
1............	0	00	01
2............	0	00	02
3............	0	00	03
4............	0	00	04
5............	0	00	06
6............	0	00	07
7............	0	00	08
8............	0	00	09
9............	0	00	10
10............	0	00	11
20............	0	00	22
30............	0	00	33
40............	0	00	44
50............	0	00	55
60............	0	00	66
70............	0	00	77
80............	0	00	88
90............	0	00	99

MESURES DE CAPACITÉ

SEPTIÈME TABLE, qui donne le prix du décalitre ou boisseau métrique, comparativement au prix de l'ancien boisseau d'Oucques.

FRANCS.	Francs.	Centimes.	Centièmes.
à 1 franc l'ancien boiss. d'Oucques, le décalitre vaut..	0	72	36
2.............	1	44	73
3.............	2	17	09
4.............	2	89	45
5.............	3	61	81
6.............	4	34	18
7.............	5	06	54
8.............	5	78	90
9.............	6	51	26
10............	7	23	63

CENTIMES.	Francs.	Centimes.	Centièmes.
1...........	0	00	72
2...........	0	01	45
3...........	0	02	17
4...........	0	02	89
5...........	0	03	62
6...........	0	04	34
7...........	0	05	07
8...........	0	05	79
9...........	0	06	51
10..........	0	07	24
20..........	0	14	47
30..........	0	21	71
40..........	0	28	95
50..........	0	36	18

CENTIMES.	Francs.	Centimes.	Centièmes.
60..........	0	43	42
70..........	0	50	65
80..........	0	57	89
90..........	0	65	13

CENTIÈMES de centime.	Francs.	Centimes.	Centièmes.
1...........	0	00	01
2...........	0	00	01
3...........	0	00	02
4...........	0	00	03
5...........	0	00	04
6...........	0	00	04
7...........	0	00	05
8...........	0	00	06
9...........	0	00	07
10..........	0	00	07
20..........	0	00	14
30..........	0	00	22
40..........	0	00	29
50..........	0	00	36
60..........	0	00	43
70..........	0	00	51
80..........	0	00	58
90..........	0	00	65

DES GRAINS D'OUCQUES.

HUITIÈME TABLE, qui donne le prix de l'ancien boisseau d'Oucques, comparativement au prix du décalitre ou boisseau métrique.

FRANCS.

	Francs.	Centimes.	Centièmes.
à 1 fr. le décalitre, l'ancien boisseau d'Oucques vaut..	1	38	19
2	2	76	39
3	4	14	58
4	5	52	77
5	6	90	96
6	8	29	16
7	9	67	35
8	11	05	54
9	12	43	73
10	13	81	93

CENTIMES

	Francs.	Centimes.	Centièmes.
1	0	01	38
2	0	02	76
3	0	04	15
4	0	05	53
5	0	06	91
6	0	08	29
7	0	09	67
8	0	11	06
9	0	12	44
10	0	13	82
20	0	27	64
30	0	41	46
40	0	55	28
50	0	69	10

CENTIMES.

	Francs.	Centimes.	Centièmes.
60	0	82	92
70	0	96	73
80	1	10	55
90	1	24	37

CENTIÈMES de centime.

	Francs.	Centimes.	Centièmes.
1	0	00	01
2	0	00	03
3	0	00	04
4	0	00	06
5	0	00	07
6	0	00	08
7	0	00	10
8	0	00	11
9	0	00	12
10	0	00	14
20	0	00	28
30	0	00	41
40	0	00	55
50	0	00	69
60	0	00	83
70	0	00	97
80	0	01	11
90	0	01	24

MESURES DE CAPACITÉ

Grains du marché d'Herbault.

A Herbault, les grains se vendaient au *muid*, au *setier* et au *boisseau*.

Le *muid* contenait 12 setiers ou 60 boisseaux.

Le *setier* contenait 5 boisseaux.

Le *boisseau* était le même que celui d'Oucques.

PREMIÈRE TABLE, qui convertit les anciens muids, setiers et boisseaux d'Herbault en kilolitres, hecto-litres et décalitres.

Anciens muids d'Herbault de 60 boisseaux.

Le muid d'Herbault étant le même que celui d'Oucques, voyez la conversion des anciens muids d'Oucques en nouvelle mesure, page 239.

ANCIENS SETIERS d'Herbault de 5 boisseaux.	Kilolitres ou muids métriques.	Hectolitres ou setiers métriques.	Décalitres ou boisseaux métriques.	Litres, 10.mes de décalitre.	Décilitres, 100.mes de décalitre.
1 éq.à	0	0	6	9	1
2...	0	1	3	8	2
3...	0	2	0	7	3
4...	0	2	7	6	4
5...	0	3	4	5	5
6...	0	4	1	4	6
7...	0	4	8	3	7
8...	0	5	5	2	8
9...	0	6	2	1	9
10...	0	6	9	1	0
11...	0	7	6	0	1

Anciens boisseaux d'Herbault.

Voyez la conversion des anciens boisseaux d'Oucques en nouvelle mesure, page 240.

On additionnera cette Table comme les francs et centimes.

DES GRAINS D'HERBAULT

Deuxième Table, qui convertit les kilolitres, hectolitres et décalitres, en anciens muids, setiers et boisseaux d'Herbault.

Kilolitres ou muids métriques.	Anciens muids.	Anciens setiers.	Anciens boisseaux.	Centièmes de boisseau.
1 équiv. à	1	2	2	36
2........	2	4	4	73
3........	3	7	2	09
4........	4	9	4	45
5........	6	0	1	81
6........	7	2	4	18
7........	8	5	1	54
8........	9	7	3	90
9........	10	10	1	26
10........	12	0	3	63
20........	24	1	2	25
30........	36	2	0	88
40........	48	2	4	51
50........	60	3	3	14
60........	72	4	1	76
70........	84	5	0	39
80........	96	5	4	02
90........	108	6	2	64
100........	120	7	1	27
200........	241	2	2	54
300........	361	9	3	82
400........	482	5	0	09

Décilitres ou boisseaux métriques.

	Anciens muids.	Anciens setiers.	Anciens boisseaux.	Centièmes de boisseau.
1........	0	0	0	72
2........	0	0	1	45
3........	0	0	2	17
4........	0	0	2	89
5........	0	0	3	62
6........	0	0	4	34
7........	0	1	0	07

Décalitres ou boisseaux métriques.

	Anciens muids.	Anciens setiers.	Anciens boisseaux.	Centièmes de boisseau.
8........	0	1	0	79
9........	0	1	1	51
10 ou 1 hect.	0	1	2	24
20...2....	0	2	4	47
30...3....	0	4	1	71
40...4....	0	5	3	95
50...5....	0	7	1	18
60...6....	0	8	3	42
70...7....	0	10	0	65
80...8....	0	11	2	89
90...9....	1	1	0	13

Décilitres ou Centièmes de décalitre.

	Anciens muids.	Anciens setiers.	Anciens boisseaux.	Centièmes de boisseau.
1 équiv. à	0	0	0	01
2........	0	0	0	01
3........	0	0	0	02
4........	0	0	0	03
5........	0	0	0	04
6........	0	0	0	04
7........	0	0	0	05
8........	0	0	0	06
9........	0	0	0	07
10 ou 1 litre	0	0	0	07
20...2....	0	0	0	14
30...3....	0	0	0	22
40...4....	0	0	0	29
50...5....	0	0	0	36
60...6....	0	0	0	43
70...7....	0	0	0	51
80...8....	0	0	0	58
90...9....	0	0	0	65

Dans l'addition de cette Table, on divisera les anciens boisseaux par 5, pour les réduire en anciens setiers, et les anciens setiers par 12, pour les réduire en anciens muids d'Herbault.

R....

MESURES DE CAPACITÉ

TROISIÈME TABLE, qui donne le prix de l'hectolitre ou setier métrique, comparativement au prix de l'ancien setier d'Herbault.

FRANCS.

	Francs.	Centimes.	Centièmes.
à 1 franc l'ancien setier d'Herbault, l'hectolitre vaut..	1	44	73
2.............	2	89	45
3.............	4	34	18
4.............	5	78	90
5.............	7	23	63
6.............	8	68	35
7.............	10	13	08
8.............	11	57	80
9.............	13	02	53
10.............	14	47	25
20.............	28	94	51
30.............	43	41	76
40.............	57	89	02
50.............	72	36	27
60.............	86	83	53
70.............	101	30	78

CENTIMES.

	Francs.	Centimes.	Centièmes.
1.............	0	01	45
2.............	0	02	89
3.............	0	04	34
4.............	0	05	79
5.............	0	07	24
6.............	0	08	68
7.............	0	10	13
8.............	0	11	58
9.............	0	13	03
10.............	0	14	47
20.............	0	28	95

CENTIMES.

	Francs.	Centimes.	Centièmes.
30.............	0	43	42
40.............	0	57	89
50.............	0	72	36
60.............	0	86	84
70.............	1	01	31
80.............	1	15	78
90.............	1	30	25

CENTIÈMES de centime.

	Francs.	Centimes.	Centièmes.
1.............	0	00	01
2.............	0	00	03
3.............	0	00	04
4.............	0	00	06
5.............	0	00	07
6.............	0	00	09
7.............	0	00	10
8.............	0	00	12
9.............	0	00	13
10.............	0	00	14
20.............	0	00	29
30.............	0	00	43
40.............	0	00	58
50.............	0	00	72
60.............	0	00	87
70.............	0	01	01
80.............	0	01	16
90.............	0	01	30

DES GRAINS D'HERBAULT.

QUATRIÈME TABLE, qui donne le prix de l'ancien setier d'Herbault, comparativement au prix de l'hectolitre ou setier métrique.

FRANCS.

	Francs.	Centimes.	Centièmes.
à 1 fr. l'hectolitre, l'ancien setier d'Herbault vaut	0	69	10
2	1	38	19
3	2	07	29
4	2	76	39
5	3	45	48
6	4	14	58
7	4	83	67
8	5	52	77
9	6	21	87
10	6	90	96
20	13	81	93
30	20	72	89
40	27	63	85
50	34	54	82
60	41	45	78
70	48	36	74
80	55	27	71
90	62	18	67
100	69	09	64

CENTIMES.

	Francs.	Centimes.	Centièmes.
1	0	00	69
2	0	01	38
3	0	02	07
4	0	02	76
5	0	03	45
6	0	04	15
7	0	04	84
8	0	05	53
9	0	06	22
10	0	06	91
20	0	13	82
30	0	20	73
40	0	27	64
50	0	34	55
60	0	41	46
70	0	48	37
80	0	55	28
90	0	62	19

CENTIEMES de centime.

	Francs.	Centimes.	Centièmes.
1	0	00	01
2	0	00	01
3	0	00	02
4	0	00	03
5	0	00	03
6	0	00	04
7	0	00	05
8	0	00	06
9	0	00	06
10	0	00	07
20	0	00	14
30	0	00	21
40	0	00	28
50	0	00	35
60	0	00	41
70	0	00	48
80	0	00	55
90	0	00	62

MESURES DE CAPACITE

Grains de Marchenoir.

Le *muid* de Marchenoir contenait 12 *setiers* ou 96 *boisseaux*.

Le *setier* et le *boisseau* étaient les mêmes que ceux d'Oucques.

PREMIÈRE TABLE, qui convertit les anciens *muids*, *setiers* et *boisseaux* de Marchenoir, en *kilolitres*, *hectolitres* et *décalitres*.

ANCIENS MUIDS de Marchenoir de 96 boisseaux.	Kilolitres ou muids métriques.	Hectolitres ou setiers métriques.	Décalitres ou boisseaux métriques.	Litres, 10.mes de décalitre.	Décilitres, 100.mes de décalitre.
1 éq.	1	3	2	6	6
2..	2	6	5	3	3
3..	3	9	7	9	9
4..	5	3	0	6	6
5..	6	6	3	3	2
6..	7	9	5	9	9
7..	9	2	8	6	5
8..	10	6	1	3	2
9..	11	9	3	9	8
10..	13	2	6	6	5
20..	26	5	3	3	0
30..	39	7	9	9	5
40..	53	0	6	6	0
50..	66	3	3	2	5
60..	79	5	9	9	0
70..	92	8	6	5	5
80..	106	1	3	2	0
90..	119	3	9	8	5
100..	132	6	6	5	0
200..	265	3	3	0	0
300..	397	9	9	5	0
400..	530	6	6	0	0

Anciens setiers de Marchenoir de 8 boisseaux.

Voyez la conversion des anciens setiers d'Oucques en nouvelle mesure, page 240.

Anciens boiss. de Marchenoir.

Voyez la conversion des anciens boisseaux d'Oucques, en nouvelle mesure, page 240.

On additionnera cette Table comme les francs et centimes.

DES GRAINS DE MARCHENOIR.

DEUXIÈME TABLE, *qui convertit les kilolitres, hectolitres et décalitres, en anciens muids, setiers et boisseaux de Marchenoir.*

Kilolitres ou muids métriques.	Anciens muids.	Anciens setiers.	Anciens boisseaux.	Centièmes de boisseau.
1 équiv. à	0	9	0	36
2........	1	6	0	73
3........	2	3	1	09
4........	3	0	1	45
5........	3	9	1	81
6........	4	6	2	18
7........	5	3	2	54
8........	6	0	2	90
9........	6	9	3	26
10........	7	6	3	63
20........	15	0	7	25
30........	22	7	2	88
40........	30	1	6	51
50........	37	8	2	14
60........	45	2	5	76
70........	52	9	1	39
80........	60	3	5	02
90........	67	10	0	64
100........	75	4	4	27
200........	150	9	0	54
300........	226	1	4	82
400........	301	6	1	09
500........	376	10	5	36
600........	452	3	1	65

DÉCALITRES
ou
boisseaux métriques.

	Anciens muids.	Anciens setiers.	Anciens boisseaux.	Centièmes de boisseau.
1........	0	0	0	72
2........	0	0	1	45
3........	0	0	2	17
4........	0	0	2	89
5........	0	0	3	62
6........	0	0	4	34

Décalitres ou boisseaux métriques.	Anciens muids.	Anciens setiers.	Anciens boisseaux.	Centièmes de boisseau.
7........	0	0	5	07
8........	0	0	5	79
9........	0	0	6	51
10 ou 1 hect.	0	0	7	24
20...2....	0	1	6	47
30...3....	0	2	5	71
40...4....	0	3	4	95
50...5....	0	4	4	18
60...6....	0	5	3	42
70...7....	0	6	2	65
80...8....	0	7	1	89
90...9....	0	8	1	13

DÉCILITRES
ou
centièmes de décalitre.

	Anciens muids.	Anciens setiers.	Anciens boisseaux.	Centièmes de boisseau.
1 équiv. à	0	0	0	01
2........	0	0	0	01
3........	0	0	0	02
4........	0	0	0	03
5........	0	0	0	04
6........	0	0	0	04
7........	0	0	0	05
8........	0	0	0	06
9........	0	0	0	07
10 ou 1 litre	0	0	0	07
20...2....	0	0	0	14
30...3....	0	0	0	22
40...4....	0	0	0	29
50...5....	0	0	0	36
60...6....	0	0	0	43
70...7....	0	0	0	51
80...8....	0	0	0	58
90...9....	0	0	0	65

En additionnant cette Table, on divisera les anciens boisseaux par 8, pour les réduire en anciens setiers, et les anciens setiers par 12, pour les réduire en anciens muids de Marchenoir.

MESURES DE CAPACITÉ

TROISIEME TABLE, qui donne le prix du kilolitre ou muid métrique, comparativement au prix de l'ancien muid de Marchenoir.

FRANCS.	Francs.	Centimes.	Centièmes.
à 1 franc l'ancien muid de Marche-noir le kilolitre vaut	0	75	38
2	1	50	76
3	2	26	13
4	3	01	51
5	3	76	89
6	4	52	27
7	5	27	64
8	6	03	02
9	6	78	40
10	7	53	78
20	15	07	56
30	22	61	33
40	30	15	11
50	37	68	89
60	45	22	67
70	52	76	45
80	60	30	23
90	67	84	00
100	75	37	78
200	150	75	57
300	226	13	35
400	301	51	13
500	376	88	92
600	452	26	70

CENTIMES.	Francs.	Centimes.	Centièmes.
1	0	00	75
2	0	01	51
3	0	02	26
4	0	03	02
5	0	03	77
6	0	04	52
7	0	05	28
8	0	06	03
9	0	06	78
10	0	07	54
20	0	15	08
30	0	22	61
40	0	30	15
50	0	37	69
60	0	45	23
70	0	52	76
80	0	60	30
90	0	67	84

CENTIÈMES de centime.	Francs.	Centimes.	Centièmes.
1	0	00	01
2	0	00	02
3	0	00	02
4	0	00	03
5	0	00	04
6	0	00	05
7	0	00	05
8	0	00	06
9	0	00	07
10	0	00	08
20	0	00	1[illegible]
30	0	00	2[illegible]
40	0	00	3[illegible]
50	0	00	3[illegible]
60	0	00	4[illegible]
70	0	00	5[illegible]
80	0	00	6[illegible]
90	0	00	6[illegible]

DES GRAINS DE MARCHENOIR.

QUATRIEME TABLE, qui donne le prix de l'ancien muid de Marchenoir, comparativement au prix du kilolitre ou muid métrique.

FRANCS.	Francs.	Centimes.	Centièmes.
à 1 fr. le kilolitre, l'ancien muid de Marchenoir vaut.	1	32	66
2	2	65	33
3	3	97	99
4	5	30	66
5	6	63	32
6	7	95	99
7	9	28	65
8	10	61	32
9	11	93	98
10	13	26	65
20	26	53	30
30	39	79	95
40	53	06	60
50	66	33	25
60	79	59	90
70	92	86	55
80	106	13	20
90	119	39	85
100	132	66	50
200	265	33	00
300	397	99	50
400	530	66	00
500	663	32	50

CENTIMES	Francs.	Centimes.	Centièmes.
1	0	01	33
2	0	02	65
3	0	03	98
4	0	05	31
5	0	06	63
6	0	07	96
7	0	09	29

CENTIMES.	Francs.	Centimes.	Centièmes.
8	0	10	61
9	0	11	94
10	0	13	27
20	0	26	53
30	0	39	80
40	0	53	07
50	0	66	33
60	0	79	60
70	0	92	87
80	1	06	13
90	1	19	40

CENTIÈMES de centime.	Francs.	Centimes.	Centièmes.
1	0	00	01
2	0	00	03
3	0	00	04
4	0	00	05
5	0	00	07
6	0	00	08
7	0	00	09
8	0	00	11
9	0	00	12
10	0	00	13
20	0	00	27
30	0	00	40
40	0	00	53
50	0	00	66
60	0	00	80
70	0	00	93
80	0	01	06
90	0	01	19

MESURES DE CAPACITE

Grains du marché de Contres et de St.-Aignan.

A Contres et à Saint-Aignan, les grains se vendaient au *muid*, au *setier* et au *boisseau*.

Le *muid* contenait 12 *setiers* ou 144 *boisseaux*.

Le *setier* contenait 12 *boisseaux*.

Le *boisseau* pesait 17 *livres*, ancien poids.

PREMIÈRE TABLE, qui convertit les anciens muids, setiers et boisseaux de Contres et de Saint-Aignan en kilolitres, hectolitres et décalitres.

ANCIENS MUIDS de Contres et de Saint-Aignan.

Anciens muids de Contres et de Saint-Aignan.	Kilolitres ou muids métriques.	Hectolitres ou setiers métriques.	Décalitres ou boisseaux métriques.	Litres, 10.mes de décalitre.	Décilitres, 100.mes de décalitre.
1 éq.	1	6	3	0	1
2..	3	2	6	0	2
3..	4	8	9	0	4
4..	6	5	2	0	5
5..	8	1	5	0	6
6..	9	7	8	0	7
7..	11	4	1	0	8
8..	13	0	4	0	9
9..	14	6	7	1	1
10..	16	3	0	1	2
20..	32	6	0	2	4
30..	48	9	0	3	5
40..	65	2	0	4	7
50..	81	5	0	5	9
60..	97	8	0	7	1
70..	114	1	0	8	3
80..	130	4	0	9	5
90..	146	7	1	0	6
100..	163	0	1	1	8
200..	326	0	2	3	6
300..	48.	0	3	5	4
400..	652	0	4	7	3
500..	815	0	5	9	1

ANCIENS SETIERS de Contres et de St-Aignan.

Anciens setiers de Contres et de St-Aignan.	Kilolitres ou muids métriques.	Hectolitres ou setiers métriques.	Décalitres ou boisseaux métriques.	Litres, 10.mes de décalitre.	Décilitres, 100.mes de décalitre.
1 éq.	0	1	3	5	8
2..	0	2	7	1	7
3..	0	4	0	7	5
4..	0	5	4	3	4
5..	0	6	7	9	2
6..	0	8	1	5	1
7..	0	9	5	0	9
8..	1	0	8	6	7
9..	1	2	2	2	6
10..	1	3	5	8	4
11..	1	4	9	4	3

DES GRAINS DE CONTRES ET DE SAINT-AIGNAN.

Anciens boisseaux de Contres et de Saint-Aignan.	Kilolitres ou muids métriques.	Hectolitres ou setiers métriques.	Décalitres ou boisseaux métriques.	Litres, 10.mes de décalitre.	Décilitres, 100.mes de décalitre.
1 éq	0	0	1	1	3
2..	0	0	2	2	6
3..	0	0	3	4	0
4..	0	0	4	5	3
5..	0	0	5	6	6
6..	0	0	6	7	9
7..	0	0	7	9	2
8..	0	0	9	0	6
9..	0	1	0	1	9
10..	0	1	1	3	2
11..	0	1	2	4	5

FRACTIONS du boisseau.

	Kilolitres ou muids métriques.	Hectolitres ou setiers métriques.	Décalitres ou boisseaux métriques.	Litres, 10.mes de décalitre.	Décilitres, 100.mes de décalitre.
un huitiè	0	0	0	1	4
un quart.	0	0	0	2	8
un demi.	0	0	0	5	7
3 quarts.	0	0	0	8	5

Centièmes de boisseau.	Kilolitres ou muids métriques.	Hectolitres ou setiers métriques.	Décalitres ou boisseaux métriques.	Litres, 10.mes de décalitre.	Décilitres, 100.mes de décalitre.
1..	0	0	0	0	1
2..	0	0	0	0	2
3..	0	0	0	0	3
4..	0	0	0	0	5
5..	0	0	0	0	6
6..	0	0	0	0	7
7..	0	0	0	0	8
8..	0	0	0	0	9
9..	0	0	0	1	0
10..	0	0	0	1	1
20..	0	0	0	2	3
30..	0	0	0	3	4
40..	0	0	0	4	5
50..	0	0	0	5	7
60..	0	0	0	6	8
70..	0	0	0	7	9
80..	0	0	0	9	1
90..	0	0	1	0	2

NOTA. On additionnera cette Table comme les francs et centimes.

MESURES DE CAPACITÉ

Deuxième Table, qui convertit les kilolitres, hectolitres et décalitres, en anciens muids, setiers et boisseaux de Contres et de Saint-Aignan.

Kilolitres ou muids métriques.	Anciens muids.	Anciens setiers.	Anciens boisseaux.	Centièmes de boisseau.
1 équiv. à	0	7	4	34
2	1	2	8	67
3	1	10	1	01
4	2	5	5	35
5	3	0	9	69
6	3	8	2	02
7	4	3	6	36
8	4	10	10	70
9	5	6	3	03
10	6	1	7	37
20	12	3	2	74
30	18	4	10	11
40	24	6	5	49
50	30	8	0	86
60	36	9	8	23
70	42	11	3	60
80	49	0	10	97
90	55	2	6	34
100	61	4	1	72
200	122	8	3	45
300	184	0	5	15
400	245	4	6	86
500	306	8	8	58
600	368	0	10	29
700	429	5	0	01
800	490	9	1	72

DÉCALITRES ou boisseaux métriques.

	Anciens muids.	Anciens setiers.	Anciens boisseaux.	Centièmes de boisseau.
1 équiv. à	0	0	0	88
2	0	0	1	77
3	0	0	2	65
4	0	0	3	53
5	0	0	4	42

Décalitres ou boisseaux métriques.	Anciens muids.	Anciens setiers.	Anciens boisseaux.	Centièmes de boisseau.
6	0	0	5	30
7	0	0	6	18
8	0	0	7	07
9	0	0	7	95
10 ou 1 hectol.	0	0	8	83
20...2	0	1	5	67
30...3	0	2	2	50
40...4	0	2	11	33
50...5	0	3	8	17
60...6	0	4	5	00
70...7	0	5	1	84
80...8	0	5	10	67
90...9	0	6	7	50

DÉCILITRES ou 100.es de décalitre.

	Anciens muids.	Anciens setiers.	Anciens boisseaux.	Centièmes de boisseau.
1 équivaut à	0	0	0	01
2	0	0	0	02
3	0	0	0	03
4	0	0	0	04
5	0	0	0	04
6	0	0	0	05
7	0	0	0	06
8	0	0	0	07
9	0	0	0	08
10 ou 1 litre.	0	0	0	09
20...2	0	0	0	18
30...3	0	0	0	27
40...4	0	0	0	35
50...5	0	0	0	44
60...6	0	0	0	53
70...7	0	0	0	62
80...8	0	0	0	71
90...9	0	0	0	80

Dans l'addition de cette Table, on divisera les anciens boisseaux par 12 pour les réduire en anciens setiers ; et les anciens setiers par 12 pour les réduire en anciens muids de Contres et de St-Aignan.

DES GRAINS DE CONTRES ET DE SAINT-AIGNAN.

TROISIEME TABLE, qui donne le prix du kilolitre ou muid métrique, comparativement au prix de l'ancien muid de Contres et de Saint-Aignan.

FRANCS.	Francs.	Centimes.	Centièmes.
à 1 fr. l'ancien muid de Contres et de Saint-Aignan , le kilolitre vaut...	0	61	35
2..........	1	22	69
3..........	1	84	04
4..........	2	45	38
5..........	3	06	73
6..........	3	68	07
7..........	4	29	42
8..........	4	90	76
9..........	5	52	11
10..........	6	13	45
20..........	12	26	90
30..........	18	40	36
40..........	24	53	81
50..........	30	67	26
60..........	36	80	71
70..........	42	94	17
80..........	49	07	62
90..........	55	21	07
100..........	61	34	52
200..........	122	69	05
300..........	184	03	57
400..........	245	38	10
500..........	306	72	62
600..........	368	07	15

CENTIMES.	Francs.	Centimes.	Centièmes.
1..........	0	00	61
2..........	0	01	23
3..........	0	01	84
4..........	0	02	45
5..........	0	03	07
6..........	0	03	68

CENTIMES.	Francs.	Centimes.	Centièmes.
7..........	0	04	29
8..........	0	04	91
9..........	0	05	52
10..........	0	06	13
20..........	0	12	27
30..........	0	18	40
40..........	0	24	54
50..........	0	30	67
60..........	0	36	81
70..........	0	42	94
80..........	0	49	08
90..........	0	55	21

CENTIÈMES de centime.	Francs.	Centimes.	Centièmes.
1..........	0	00	01
2..........	0	00	01
3..........	0	00	02
4..........	0	00	02
5..........	0	00	03
6..........	0	00	04
7..........	0	00	04
8..........	0	00	05
9..........	0	00	06
10..........	0	00	06
20..........	0	00	12
30..........	0	00	18
40..........	0	00	25
50..........	0	00	31
60..........	0	00	37
70..........	0	00	43
80..........	0	00	49
90..........	0	00	55

MESURES DE CAPACITÉ

QUATRIÈME TABLE, qui donne le prix de l'ancien muid de Contres et de Saint-Aignan, comparativement au prix du kilolitre ou muid metrique.

FRANCS.	Francs.	Centimes.	Centièmes.
à 1 fr. le kilolitre, l'ancien muid de Contres et de S. Aignan vaut...	1	63	01
2........	3	26	02
3........	4	89	04
4........	6	52	05
5........	8	15	06
6........	9	78	07
7........	11	41	08
8........	13	04	09
9........	14	67	11
10........	16	30	12
20........	32	60	24
30........	48	90	35
40........	65	20	47
50........	81	50	59
60........	97	80	71
70........	114	10	83
80........	130	40	95
90........	146	71	06
100........	163	01	18
200........	326	02	36
300........	489	03	54
400........	652	04	73

CENTIMES.	Francs.	Centimes.	Centièmes.
1........	0	01	63
2........	0	03	26
3........	0	04	89
4........	0	06	52
5........	0	08	15
6........	0	09	78
7........	0	11	41

CENTIMES.	Francs.	Centimes.	Centièmes.
8........	0	13	04
9........	0	14	67
10........	0	16	20
20........	0	32	60
30........	0	48	90
40........	0	65	20
50........	0	81	51
60........	0	97	81
70........	1	14	11
80........	1	30	41
90........	1	46	71

CENTIÈMES. de centime.	Francs.	Centimes.	Centièmes.
1........	0	00	02
2........	0	00	03
3........	0	00	05
4........	0	00	07
5........	0	00	08
6........	0	00	10
7........	0	00	11
8........	0	00	13
9........	0	00	15
10........	0	00	16
20........	0	00	33
30........	0	00	49
40........	0	00	65
50........	0	00	82
60........	0	00	98
70........	0	01	14
80........	0	01	30
90........	0	01	47

DES GRAINS DE CONTRES ET DE SAINT-AIGNAN.

CINQUIEME TABLE, qui donne le prix de l'hectolitre ou setier métrique, comparativement au prix de l'ancien setier de Contres et de Saint-Aignan.

FRANCS.	Francs.	Centimes.	Centièmes.
à 1 franc l'ancien setier de Contres et de St.-Aignan, l'hectolitre vaut.	0	73	61
2	1	47	23
3	2	20	84
4	2	94	46
5	3	68	07
6	4	41	69
7	5	15	30
8	5	88	91
9	6	62	53
10	7	36	14
20	14	72	29
30	22	08	43
40	29	44	57
50	36	80	71
60	44	16	86
70	51	53	00
80	58	89	14

CENTIMES.	Francs.	Centimes.	Centièmes.
1	0	00	74
2	0	01	47
3	0	02	21
4	0	02	94
5	0	03	68
6	0	04	42
7	0	05	15
8	0	05	89
9	0	06	63
10	0	07	36

CENTIMES.	Francs.	Centimes.	Centièmes.
20	0	14	72
30	0	22	08
40	0	29	45
50	0	36	81
60	0	44	17
70	0	51	53
80	0	58	89
90	0	66	25

CENTIÈMES de centime.	Francs.	Centimes.	Centièmes.
1	0	00	01
2	0	00	01
3	0	00	02
4	0	00	03
5	0	00	04
6	0	00	04
7	0	00	05
8	0	00	06
9	0	00	07
10	0	00	07
20	0	00	15
30	0	00	22
40	0	00	29
50	0	00	37
60	0	00	44
70	0	00	52
80	0	00	59
90	0	00	66

MESURES DE CAPACITE

SIXIEME TABLE, qui donne le prix de l'ancien setier de Contres et de Saint-Aignan, comparativement au prix de l'hectolitre ou setier métrique.

FRANCS.

	Francs.	Centimes.	Centièmes.
À 1 franc l'hectolitre, l'ancien setier de Contres et de St-Aignan vaut.	1	35	84
2	2	71	69
3	4	07	53
4	5	43	37
5	6	79	22
6	8	15	06
7	9	50	90
8	10	86	75
9	12	22	59
10	13	58	43
20	27	16	86
30	40	75	30
40	54	33	73
50	67	92	16
60	81	50	59

CENTIMES.

	Francs.	Centimes.	Centièmes.
1	0	01	36
2	0	02	72
3	0	04	08
4	0	05	43
5	0	06	79
6	0	08	15
7	0	09	51
8	0	10	87
9	0	12	23
10	0	13	58
20	0	27	17

CENTIMES.

	Francs.	Centimes.	Centièmes.
30	0	40	75
40	0	54	34
50	0	67	92
60	0	81	51
70	0	95	09
80	1	08	67
90	1	22	26

CENTIÈMES de centime.

	Francs.	Centimes.	Centièmes.
1	0	00	01
2	0	00	03
3	0	00	04
4	0	00	05
5	0	00	07
6	0	00	08
7	0	00	10
8	0	00	11
9	0	00	12
10	0	00	14
20	0	00	27
30	0	00	41
40	0	00	54
50	0	00	68
60	0	00	82
70	0	00	95
80	0	01	09
90	0	01	22

DES GRAINS DE CONTRES ET DE SAINT-AIGNAN.

SEPTIEME TABLE, qui donne le prix du décalitre ou boisseau métrique, comparativement au prix de l'ancien boisseau de Contres et de Saint-Aignan.

FRANCS.

	Francs.	Centimes.	Centièmes.
à 1 fr. l'ancien boisseau de Contres et de Saint-Aignan, le décalitre vaut.	0	88	34
2	1	76	67
3	2	65	01
4	3	53	35
5	4	41	69
6	5	30	02
7	6	18	36
8	7	06	70
9	7	95	03
10	8	83	37

CENTIMES.

	Francs.	Centimes.	Centièmes.
1	0	00	88
2	0	01	77
3	0	02	65
4	0	03	53
5	0	04	42
6	0	05	30
7	0	06	18
8	0	07	07
9	0	07	95
10	0	08	83
20	0	17	67
30	0	26	50
40	0	35	33

CENTIMES.

	Francs.	Centimes.	Centièmes.
50	0	44	17
60	0	53	00
70	0	61	84
80	0	70	67
90	0	79	50

CENTIÈMES de Centime.

	Francs.	Centimes.	Centièmes.
1	0	00	01
2	0	00	02
3	0	00	03
4	0	00	04
5	0	00	04
6	0	00	05
7	0	00	06
8	0	00	07
9	0	00	08
10	0	00	09
20	0	00	18
30	0	00	27
40	0	00	35
50	0	00	44
60	0	00	53
70	0	00	62
80	0	00	71
90	0	00	80

MESURES DE CAPACITÉ

HUITIEME TABLE, qui donne le prix de l'ancien boisseau de Contres et de Saint-Aignan, comparativement au prix du décalitre ou boisseau métrique.

FRANCS.	Francs.	Centimes.	Centièmes.
à 1 fr. le décalitre, l'ancien boisseau de Contres et de St-Aignau vaut ..	1	13	20
2	2	26	41
3	3	39	61
4	4	52	81
5	5	66	01
6	6	79	22
7	7	92	42
8	9	05	62
9	10	18	82
10	11	32	03

CENTIMES.	Francs.	Centimes.	Centièmes.
1	0	01	13
2	0	02	26
3	0	03	40
4	0	04	53
5	0	05	66
6	0	06	79
7	0	07	92
8	0	09	06
9	0	10	19
10	0	11	32
20	0	22	64
30	0	33	96
40	0	45	28
50	0	56	60
60	0	67	92
70	0	79	24
80	0	90	56
90	1	01	88

CENTIÈMES de centime.	Francs.	Centimes.	Centièmes.
1	0	00	01
2	0	00	02
3	0	00	03
4	0	00	05
5	0	00	06
6	0	00	07
7	0	00	08
8	0	00	09
9	0	00	10
10	0	00	11
20	0	00	23
30	0	00	34
40	0	00	45
50	0	00	57
60	0	00	68
70	0	00	79
80	0	00	91
90	0	01	02

DES GRAINS DE ROMORANTIN ET DE SALBRIS.

Grains des marchés de Romorantin et de Salbris.

À Romorantin et à Salbris, les grains se vendaient au *muid*, au *setier* et au *boisseau*.

Le *muid* contenait 12 *setiers* ou 144 *boisseaux*.

Le *setier* contenait 12 *boisseaux*.

Le *boisseau* pesait 15 *livres*, ancien poids (*).

PREMIÈRE TABLE, *qui convertit les anciens muids, setiers et boisseaux de Romorantin et de Salbris, en kilolitres, hectolitres et décalitres.*

Anciens muids de Romorantin et de Salbris.	Kilolitres ou muids métriques.	Hectolitres ou setiers métriques.	Décalitres ou boisseaux métriques.	Litres, dixièmes de décalitre.	Décilitres, centièmes de décalitre.	Anciens muids de Romorantin et de Salbris.	Kilolitres ou muids métriques.	Hectolitres ou setiers métriques.	Décalitres ou boisseaux métriques.	Litres, dixièmes de décalitre.	Décilitres, centièmes de décalitre.
1 éq. à	1	4	5	3	8	40...	58	1	5	3	7
2...	2	9	0	7	7	50...	72	6	9	2	1
3...	4	3	6	1	5	60...	87	2	3	0	6
4...	5	8	1	5	4	70...	101	7	6	9	0
5...	7	2	6	9	2	80...	116	3	0	7	4
6...	8	7	2	3	1	90...	130	8	4	5	9
7...	10	1	7	6	9	100...	145	3	8	4	3
8...	11	6	3	0	7	200...	290	7	6	8	6
9...	13	0	8	4	6	300...	436	1	5	2	9
10...	14	5	3	8	4	400...	581	5	3	7	2
20...	29	0	7	6	9	500...	726	9	2	1	5
30...	43	6	1	5	3						

(*) La Commission des Poids et Mesures n'ayant pu se procurer le *boisseau étalon* de Bracieux, s'est trouvée dans l'impossibilité d'en déterminer la grandeur; elle n'a même pu s'en rapporter au dire du Maire sur ce point, parce que les instructions du Gouvernement étaient formelles et exigeaient qu'elle opérât avec le boisseau même : néanmoins elle a donné à ce boisseau la même capacité qu'à celui de Blois ; à cet égard elle a été induite en erreur. Suivant les renseignemens que j'ai trouvés dans les bureaux de la Préfecture et ceux que m'ont fournis tant le Maire et le Notaire, que le Receveur de l'Enregistrement et les gros propriétaires de la commune, le *boisseau* de Bracieux pesait 15 *livres*, ancien poids ; il y a donc tout lieu de présumer qu'il était le même, ou à-peu-près le même que celui de Romorantin. Le muid de Bracieux était, comme celui de Romorantin, composé de 12 setiers et le setier de 12 boiss.

MESURES DE CAPACITE

ANCIENS SETIERS de Romorantin et de Salbris.

	Kilolitres ou muids métriques.	Hectolitres ou setiers métriques.	Décalitres ou boisseaux métriques.	Litres, dixièmes de décalitre.	Décilitres, centièmes de décalitre.
1 éq. à	0	1	2	1	2
2...	0	2	4	2	3
3...	0	3	6	3	5
4...	0	4	8	4	6
5...	0	6	0	5	8
6...	0	7	2	6	9
7...	0	8	4	8	1
8...	0	9	6	9	2
9...	1	0	9	0	4
10...	1	2	1	1	5
11...	1	3	3	2	7

ANCIENS BOISSEAUX de Romorantin et de Salbris.

	Kilolitres ou muids métriques.	Hectolitres ou setiers métriques.	Décalitres ou boisseaux métriques.	Litres, dixièmes de décalitre.	Décilitres, centièmes de décalitre.
1 éq. à	0	0	1	0	1
2...	0	0	2	0	2
3...	0	0	3	0	3
4...	0	0	4	0	4
5...	0	0	5	0	5
6...	0	0	6	0	6
7...	0	0	7	0	7
8...	0	0	8	0	8
9...	0	0	9	0	9
10...	0	1	0	1	0
11...	0	1	1	1	1

FRACTIONS USITÉES du boisseau.

	Kilolitres ou muids métriques.	Hectolitres ou setiers métriques.	Décalitres ou boisseaux métriques.	Litres, dixièmes de décalitre.	Décilitres, centièmes de décalitre.
1/8..	0	0	0	1	3
1/4..	0	0	0	2	5
1/2..	0	0	0	5	0
3/4..	0	0	0	7	6

CENTIÈMES de boisseau.

	Kilolitres ou muids métriques.	Hectolitres ou setiers métriques.	Décalitres ou boisseaux métriques.	Litres, dixièmes de décalitre.	Décilitres, centièmes de décalitre.
1 éq. à	0	0	0	0	1
2...	0	0	0	0	2
3...	0	0	0	0	3
4...	0	0	0	0	4
5...	0	0	0	0	5
6...	0	0	0	0	6
7...	0	0	0	0	7
8...	0	0	0	0	8
9...	0	0	0	0	9
10...	0	0	0	1	0
20...	0	0	0	2	0
30...	0	0	0	3	0
40...	0	0	0	4	0
50...	0	0	0	5	0
60...	0	0	0	6	1
70...	0	0	0	7	1
80...	0	0	0	8	1
90...	0	0	0	9	1

NOTA. On additionnera cette Table comme les francs et centimes.

DES GRAINS DE ROMORANTIN ET DE SALBRIS.

DEUXIÈME TABLE, qui convertit les kilolitres, hectolitres et décalitres, en anciens muids, setiers et boisseaux de Romorantin et de Salbris.

KILOLITRES. ou muids métriques.	Anciens muids.	Anciens setiers.	Anciens boisseaux.	Centièmes de boisseau.
1 équiv. à	0	8	5	05
2........	1	4	6	10
3........	2	0	9	14
4........	2	9	0	19
5........	3	5	3	24
6........	4	1	6	29
7........	4	9	9	33
8........	5	6	0	58
9........	6	2	3	43
10........	6	10	6	48
20........	13	9	0	96
30........	20	7	7	44
40........	27	6	1	91
50........	34	4	8	39
60........	41	3	2	87
70........	48	1	9	35
80........	55	0	3	83
90........	61	10	10	31
100........	68	9	4	78
200........	137	6	9	57
300........	206	4	2	35
400........	275	1	7	13
500........	343	10	11	92
600........	412	8	4	70
700........	481	5	9	49
800........	550	3	2	27

DÉCALITRES ou Boissseaux métriques.

	Anciens muids.	Anciens setiers.	Anciens boisseaux.	Centièmes de boisseau.
1 équiv. à	0	0	0	99
2........	0	0	1	98
3........	0	0	2	97
4........	0	0	3	96
5........	0	0	4	95

DÉCALITRES ou boisseaux métriques.

	Anciens muids.	Anciens setiers.	Anciens boisseaux.	Centièmes de boisseau.
6........	0	0	5	91
7........	0	0	6	93
8........	0	0	7	92
9........	0	0	8	91
10 ou 1 hectol.	0	0	9	90
20...2....	0	1	7	81
30...3....	0	2	5	71
40...4....	0	3	3	62
50...5....	0	4	1	52
60...6....	0	4	11	43
70...7....	0	5	9	33
80...8....	0	6	7	24
90...9....	0	7	5	14

DÉCILITRES ou Centièmes de Décalitre.

	Anciens muids.	Anciens setiers.	Anciens boisseaux.	Centièmes de boisseau.
1 équiv. à.	0	0	0	01
2........	0	0	0	02
3........	0	0	0	03
4........	0	0	0	04
5........	0	0	0	05
6........	0	0	0	06
7........	0	0	0	07
8........	0	0	0	08
9........	0	0	0	09
10 ou 1 litre	0	0	0	10
20...2....	0	0	0	20
30...3....	0	0	0	30
40...4....	0	0	0	40
50...5....	0	0	0	50
60...6....	0	0	0	59
70...7....	0	0	0	69
80...8....	0	0	0	79
90...9....	0	0	0	89

En additionnant cette Table, on divisera les anciens boisseaux par 12, pour les réduire en anciens setiers, et les anciens setiers par 12, pour les réduire en anciens muids de Romorantin et de Salbris.

MESURES DE CAPACITÉ

TROISIEME TABLE, qui donne le prix du kilolitre ou muid métrique, comparativement au prix de l'ancien muid de Romorantin et de Salbris.

FRANCS.

	Francs.	Centimes.	Centièmes.
à 1 fr. l'ancien muid de Romorantin et de Salbris , le kilolitre vaut ...	0	68	78
2............	1	37	57
3............	2	06	35
4............	2	75	13
5............	3	43	92
6............	4	12	70
7............	4	81	48
8............	5	50	27
9............	6	19	05
10............	6	87	83
20............	13	75	66
30............	20	63	50
40............	27	51	33
50............	34	39	16
60............	41	26	99
70............	48	14	83
80............	55	02	66
90............	61	90	49
100............	68	78	32
200............	137	56	64
300............	206	34	97
400............	275	13	29
500............	343	91	61
600............	412	69	93

CENTIMES.

	Francs.	Centimes.	Centièmes.
1............	0	00	69
2............	0	01	38
3............	0	02	06
4............	0	02	75
5............	0	03	44
6............	0	04	13
7............	0	04	81

CENTIMES.

	Francs.	Centimes.	Centièmes.
8............	0	05	50
9............	0	06	19
10............	0	06	88
20............	0	13	76
30............	0	20	63
40............	0	27	51
50............	0	34	39
60............	0	41	27
70............	0	48	15
80............	0	55	03
90............	0	61	90

CENTIÈMES de centime.

	Francs.	Centimes.	Centièmes.
1............	0	00	01
2............	0	00	01
3............	0	00	02
4............	0	00	03
5............	0	00	03
6............	0	00	04
7............	0	00	05
8............	0	00	06
9............	0	00	06
10............	0	00	07
20............	0	00	14
30............	0	00	21
40............	0	00	28
50............	0	00	34
60............	0	00	41
70............	0	00	48
80............	0	00	55
90............	0	00	62

DES GRAINS DE ROMORANTIN ET DE SALBRIS.

QUATRIEME TABLE, qui donne le prix de l'ancien muid de Romorantin et de Salbris, comparativement au prix du kilolitre ou muid metrique.

FRANCS.	Francs.	Centimes.	Centièmes.
à 1 franc le kilolitre, l'ancien muid de Romorantin et de Salbris vaut......	1	45	38
2	2	90	77
3	4	36	15
4	5	81	54
5	7	26	92
6	8	72	31
7	10	17	69
8	11	63	07
9	13	08	46
10	14	53	84
20	29	07	69
30	43	61	53
40	58	15	37
50	72	69	21
60	87	23	06
70	101	76	90
80	116	30	74
90	130	84	59
100	145	38	43
200	290	76	86
300	436	15	29
400	581	53	72

CENTIMES.	Francs.	Centimes.	Centièmes.
1	0	01	45
2	0	02	91
3	0	04	36
4	0	05	82
5	0	07	27
6	0	08	72
7	0	10	18
8	0	11	63

CENTIMES.	Francs.	Centimes.	Centièmes.
9	0	13	08
10	0	14	54
20	0	29	08
30	0	43	62
40	0	58	15
50	0	72	69
60	0	87	23
70	1	01	77
80	1	16	31
90	1	30	85

CENTIEMES de centime.	Francs.	Centimes.	Centièmes.
1	0	00	01
2	0	00	03
3	0	00	04
4	0	00	06
5	0	00	07
6	0	00	09
7	0	00	10
8	0	00	12
9	0	00	13
10	0	00	15
20	0	00	29
30	0	00	44
40	0	00	58
50	0	00	73
60	0	00	87
70	0	01	02
80	0	01	16
90	0	01	31

MESURES DE CAPACITÉ

CINQUIÈME TABLE, qui donne le prix de l'hectolitre ou setier métrique, comparativement au prix de l'ancien setier de Romorantin et de Salbris.

FRANCS.	Francs.	Centimes.	Centièmes.
à 1 fr. l'ancien setier de Romorantin et de Salbris, l'hectolitre vaut......	0	82	54
2	1	65	08
3	2	47	62
4	3	30	16
5	4	12	70
6	4	95	24
7	5	77	78
8	6	60	32
9	7	42	86
10	8	25	40
20	16	50	80
30	24	76	20
40	33	01	59
50	41	26	99
60	49	52	39
70	57	77	79
80	66	03	19

CENTIMES.	Francs.	Centimes.	Centièmes.
1	0	00	83
2	0	01	65
3	0	02	48
4	0	03	30
5	0	04	13
6	0	04	95
7	0	05	78
8	0	06	60
9	0	07	43
10	0	08	25

CENTIMES.	Francs.	Centimes.	Centièmes.
20	0	16	51
30	0	24	76
40	0	33	02
50	0	41	27
60	0	49	52
70	0	57	78
80	0	66	03
90	0	74	29

CENTIÈMES de centime.	Francs.	Centimes.	Centièmes.
1	0	00	01
2	0	00	02
3	0	00	02
4	0	00	03
5	0	00	04
6	0	00	05
7	0	00	06
8	0	00	07
9	0	00	07
10	0	00	08
20	0	00	17
30	0	00	25
40	0	00	33
50	0	00	41
60	0	00	50
70	0	00	58
80	0	00	66
90	0	00	74

DES GRAINS DE ROMORANTIN ET DE SALBRIS.

SIXIÈME TABLE, qui donne le prix de l'ancien setier de Romorantin et de Salbris, comparativement au prix de l'hectolitre ou setier métrique.

FRANCS.	Francs.	Centimes.	Centièmes.	CENTIMES.	Francs.	Centimes.	Centièmes.
à 1 fr. l'hectolitre, l'ancien setier de Romorantin et de Salbris vaut......	1	21	15	40.............	0	48	46
2.............	2	42	31	50.............	0	60	58
3.............	3	63	46	60.............	0	72	69
4.............	4	84	61	70.............	0	84	81
5.............	6	05	77	80.............	0	96	92
6.............	7	26	92	90.............	1	09	04
7.............	8	48	08				
8.............	9	69	23	CENTIÈMES de centime.			
9.............	10	90	38				
10.............	12	11	54	1.............	0	00	01
20.............	24	23	07	2.............	0	00	02
30.............	36	34	61	3.............	0	00	04
40.............	48	46	14	4.............	0	00	05
50.............	60	57	68	5.............	0	00	06
60.............	72	69	21	6.............	0	00	07
70.............	84	80	75	7.............	0	00	08
CENTIMES				8.............	0	00	10
1.............	0	01	21	9.............	0	00	11
2.............	0	02	42	10.............	0	00	12
3.............	0	03	63	20.............	0	00	24
4.............	0	04	85	30.............	0	00	36
5.............	0	06	06	40.............	0	00	48
6.............	0	07	27	50.............	0	00	61
7.............	0	08	48	60.............	0	00	73
8.............	0	09	69	70.............	0	00	85
9.............	0	10	90	80.............	0	00	97
10.............	0	12	12	90.............	0	01	09
20.............	0	24	23				
30.............	0	36	35				

MESURES DE CAPACITE

SEPTIEME TABLE, qui donne le prix du décalitre ou boisseau métrique, comparativement au prix de l'ancien boisseau de Romorantin et de Salbris.

FRANCS.	Francs.	Centimes.	Centièmes.
à 1 franc l'ancien boisseau de Romorantin et de Salbris, le décalitre vaut	0	99	65
2	1	98	10
3	2	97	14
4	3	96	19
5	4	95	24
6	5	94	29
7	6	93	33
8	7	92	38
9	8	91	43
10	9	90	48

CENTIMES.	Francs.	Centimes.	Centièmes.
1	0	00	99
2	0	01	98
3	0	02	97
4	0	03	96
5	0	04	95
6	0	05	94
7	0	06	93
8	0	07	92
9	0	08	91
10	0	09	90
20	0	19	81
30	0	29	71
40	0	39	62
50	0	49	52

CENTIMES.	Francs.	Centimes.	Centièmes.
60	0	59	43
70	0	69	33
80	0	79	24
90	0	89	14

CENTIÈMES de centime.	Francs.	Centimes.	Centièmes.
1	0	00	01
2	0	00	02
3	0	00	03
4	0	00	04
5	0	00	05
6	0	00	06
7	0	00	07
8	0	00	08
9	0	00	09
10	0	00	10
20	0	00	20
30	0	00	30
40	0	00	40
50	0	00	50
60	0	00	59
70	0	00	69
80	0	00	79
90	0	00	89

DES GRAINS DE ROMORANTIN ET DE SALBRIS.

HUITIÈME TABLE, qui donne le prix de l'ancien bois-seau de Romorantin et de Salbris, comparativement au prix du décalitre ou boisseau métrique.

FRANCS.	Francs.	Centimes.	Centièmes.	CENTIMES.	Francs.	Centimes.	Centièmes.
à 1 fr. le décalitre, l'ancien boisseau de Romorantin et de Salbris vaut......	1	00	96	60............	0	60	58
2............	2	01	92	70............	0	70	67
3............	3	02	88	80............	0	80	77
4............	4	03	85	90............	0	90	87
5............	5	04	81				

CENTIÈMES de centime.	Francs.	Centimes.	Centièmes.
6............	6	05	77
7............	7	06	73
8............	8	07	69
9............	9	08	65
10............	10	09	61

CENTIMES.	Francs.	Centimes.	Centièmes.	CENTIÈMES de centime.	Francs.	Centimes.	Centièmes.
1............	0	01	01	1............	0	00	01
2............	0	02	02	2............	0	00	02
3............	0	03	03	3............	0	00	03
4............	0	04	04	4............	0	00	04
5............	0	05	05	5............	0	00	05
6............	0	06	06	6............	0	00	06
7............	0	07	07	7............	0	00	07
8............	0	08	08	8............	0	00	08
9............	0	09	09	9............	0	00	09
10............	0	10	10	10............	0	00	10
20............	0	20	19	20............	0	00	20
30............	0	30	29	30............	0	00	3.
40............	0	40	38	40............	0	00	40
50............	0	50	48	50............	0	00	50
				60............	0	00	61
				70............	0	00	71
				80............	0	00	81
				90............	0	00	91

MESURES DE CAPACITÉ

Grains du marché de Selles – sur – Cher.

A Selles-sur-Cher, les grains se vendaient au *muid*, au *setier* et au *boisseau*.

Le *muid* contenait 12 *setiers* ou 144 *boisseaux*.

Le *setier* contenait 12 *boisseaux*.

Le *boisseau* pesait près de 17 *livres*, ancien poids.

PREMIÈRE TABLE, qui convertit les anciens muids, setiers et boisseaux de Selles – sur – Cher, en kilolitres, hectolitres et décalitres.

ANCIENS MUIDS de Selles-sur-Cher.	Kilolitres ou muids métriques.	Hectolitres ou setiers métriques.	Décalitres ou boisseaux métriques.	Litres, 10.mes de décalitre.	Décilitres, 100.mes de décalitre.
1 éq.	1	6	2	4	2
2..	3	2	4	8	4
3..	4	8	7	2	6
4..	6	4	9	6	8
5..	8	1	2	1	0
6..	9	7	4	5	2
7..	11	3	6	9	4
8..	12	9	9	3	6
9..	14	6	1	7	8
10..	16	2	4	2	0
20..	32	4	8	4	0
30..	48	7	2	6	0
40..	64	9	6	8	1
50..	81	2	1	0	1
60..	97	4	5	2	1
70..	113	6	9	4	1
80..	129	9	3	6	1
90..	146	1	7	8	1
100..	162	4	2	0	1
200..	324	8	4	0	3
300..	487	2	6	0	4
400..	649	6	8	0	6

ANCIENS SETIERS de Selles-sur-Cher.

	Kilolitres ou muids métriques.	Hectolitres ou setiers métriques.	Décalitres ou boisseaux métriques.	Litres, 10.mes de décalitre.	Décilitres, 100.mes de décalitre.
1 éq.	0	1	3	5	4
2..	0	2	7	0	7
3..	0	4	0	6	1
4..	0	5	4	1	4
5..	0	6	7	6	8
6..	0	8	1	2	1
7..	0	9	4	7	5
8..	1	0	8	2	8
9..	1	2	1	8	2
10..	1	3	5	3	5
11..	1	4	8	8	9

DES GRAINS DE SELLES-SUR-CHER.

ANCIENS BOISSEAUX de Selles.	Kilolitres ou muids métriques.	Hectolitres ou setiers métriques.	Décalitres ou boisseaux métriques.	Litres, 10.mes de décalitre.	Décilitres, 100.mes de décalitre.
1 éq. à	0	0	1	1	3
2...	0	0	2	2	6
3...	0	0	3	3	8
4...	0	0	4	5	1
5...	0	0	5	6	4
6...	0	0	6	7	7
7...	0	0	7	9	0
8...	0	0	9	0	2
9...	0	1	0	1	5
10...	0	1	1	2	8
11...	0	1	2	4	1

FRACTIONS du boisseau.

	Kilolitres ou muids métriques.	Hectolitres ou setiers métriques.	Décalitres ou boisseaux métriques.	Litres, 10.mes de décalitre.	Décilitres, 100.mes de décalitre.
1/8...	0	0	0	1	4
1/4...	0	0	0	2	8
1/2...	0	0	0	5	6
3/4...	0	0	0	8	5

CENTIÈMES de boisseau.	Kilolitres ou muids métriques.	Hectolitres ou setiers métriques.	Décalitres ou boisseaux métriques.	Litres, 10.mes de décalitre.	Décilitres, 100.mes de décalitre.
1 éq. à	0	0	0	0	1
2...	0	0	0	0	2
3...	0	0	0	0	3
4...	0	0	0	0	5
5...	0	0	0	0	6
6...	0	0	0	0	7
7...	0	0	0	0	8
8...	0	0	0	0	9
9...	0	0	0	1	0
10...	0	0	0	1	1
20...	0	0	0	2	3
30...	0	0	0	3	4
40...	0	0	0	4	5
50...	0	0	0	5	6
60...	0	0	0	6	8
70...	0	0	0	7	9
80...	0	0	0	9	0
90...	0	0	1	0	2

Nota. On additionnera cette Table comme les francs et centimes.

MESURES DE CAPACITÉ

DEUXIÈME TABLE, qui convertit les kilolitres, hectolitres et décalitres, en anciens muids, setiers et boisseaux de Selles-sur-Cher.

KILOLITRES ou muids métriques.	Anciens muids.	Anciens setiers.	Anciens boisseaux.	Centièmes de boisseau.
1 équiv. à	0	7	4	66
2	1	2	9	52
3	1	10	1	96
4	2	5	6	64
5	3	0	11	29
6	3	8	3	95
7	4	3	8	61
8	4	11	1	27
9	5	6	5	93
10	6	1	10	59
20	12	3	9	18
30	18	5	7	77
40	24	7	6	56
50	30	9	4	95
60	36	11	3	54
70	45	1	2	13
80	49	3	0	72
90	55	4	11	31
100	61	6	9	90
200	123	1	7	79
300	184	8	5	69
400	246	3	5	58
500	307	10	1	48
600	369	4	11	37

DÉCALITRES ou Boissseaux métriques.

	Anciens muids.	Anciens setiers.	Anciens boisseaux.	Centièmes de boisseau.
1	0	0	0	89
2	0	0	1	77
3	0	0	2	66
4	0	0	3	55
5	0	0	4	43
6	0	0	5	32

DÉCALITRES ou boisseaux métriques.	Anciens muids.	Anciens setiers.	Anciens boisseaux.	Centièmes de boisseau.
7	0	0	6	21
8	0	0	7	09
9	0	0	7	98
10 ou 1 hectol.	0	0	8	87
20...2	0	1	5	75
30...3	0	2	2	60
40...4	0	2	11	46
50...5	0	3	8	33
60...6	0	4	5	20
70...7	0	5	2	06
80...8	0	5	10	93
90...9	0	6	7	79

DÉCILITRES ou Centièmes de décalitre.

	Anciens muids.	Anciens setiers.	Anciens boisseaux.	Centièmes de boisseau.
1	0	0	0	01
2	0	0	0	02
3	0	0	0	03
4	0	0	0	04
5	0	0	0	04
6	0	0	0	05
7	0	0	0	06
8	0	0	0	07
9	0	0	0	08
10 ou 1 litre	0	0	0	09
20...2	0	0	0	18
30...3	0	0	0	27
40...4	0	0	0	35
50...5	0	0	0	44
60...6	0	0	0	53
70...7	0	0	0	62
80...8	0	0	0	71
90...9	0	0	0	80

En additionnant cette Table on divisera les anciens boisseaux par 12, pour les réduire en anciens setiers, et les anciens setiers par 12, pour les réduire en anciens muids de Selles-sur-Cher.

DES GRAINS DE SELLES-SUR-CHER.

TROISIÈME TABLE, qui donne le prix du kilolitre ou muid métrique, comparativement au prix de l'ancien muid de Selles-sur-Cher.

FRANCS.	Francs.	Centimes.	Centièmes.
à 1 franc l'ancien muid de Selles-sur-Cher, le kilolitre vaut	0	61	57
2	1	23	14
3	1	84	71
4	2	46	27
5	3	07	84
6	3	69	41
7	4	30	98
8	4	92	55
9	5	54	12
10	6	15	69
20	12	31	37
30	18	47	06
40	24	62	75
50	30	78	44
60	36	94	12
70	43	09	81
80	49	25	50
90	55	41	18
100	61	56	87
200	123	13	74
300	184	70	62
400	246	27	49
500	307	84	36
600	369	41	23

CENTIMES.	Francs.	Centimes.	Centièmes.
1	0	00	62
2	0	01	23
3	0	01	85
4	0	02	46
5	0	03	08
6	0	03	69
7	0	04	31
8	0	04	93
9	0	05	54
10	0	06	15
20	0	12	31
30	0	18	47
40	0	24	63
50	0	30	78
60	0	36	94
70	0	43	10
80	0	49	25
90	0	55	41

CENTIÈMES de centime.	Francs.	Centimes.	Centièmes.
1	0	00	01
2	0	00	01
3	0	00	02
4	0	00	02
5	0	00	03
6	0	00	04
7	0	00	04
8	0	00	05
9	0	00	06
10	0	00	06
20	0	00	12
30	0	00	18
40	0	00	25
50	0	00	31
60	0	00	37
70	0	00	43
80	0	00	49
90	0	00	55

MESURES DE CAPACITÉ

QUATRIEME TABLE, qui donne le prix de l'ancien muid de *Selles-sur-Cher*, comparativement au prix du kilolitre ou muid métrique.

FRANCS.	Francs,	Centimes.	Centièmes.
à 1 fr. le kilolitre, l'ancien muid de Selles-sur-Cher vaut 1	1	62	42
2	3	24	84
3	4	87	26
4	6	49	68
5	8	12	10
6	9	74	52
7	11	36	94
8	12	99	36
9	14	61	78
10	16	24	20
20	32	48	40
30	48	72	60
40	64	96	81
50	81	21	01
60	97	45	21
70	113	69	41
80	129	93	61
90	146	17	81
100	162	42	01
200	324	84	03
300	487	26	04
400	649	68	06

CENTIMES	Francs,	Centimes.	Centièmes.
1	0	01	62
2	0	03	25
3	0	04	87
4	0	06	50
5	0	08	12
6	0	09	75
7	0	11	37

CENTIMES.	Francs,	Centimes.	Centièmes.
8	0	12	99
9	0	14	62
10	0	16	24
20	0	32	48
30	0	48	73
40	0	64	97
50	0	81	21
60	0	97	45
70	1	13	69
80	1	29	94
90	1	46	18

CENTIÈMES de centime.	Francs,	Centimes.	Centièmes.
1	0	00	02
2	0	00	03
3	0	00	05
4	0	00	06
5	0	00	08
6	0	00	10
7	0	00	11
8	0	00	13
9	0	00	15
10	0	00	16
20	0	00	32
30	0	00	49
40	0	00	65
50	0	00	81
60	0	00	97
70	0	01	14
80	0	01	30
90	0	01	46

DES GRAINS DE SELLES-SUR-CHER.

CINQUIÈME TABLE, qui donne le prix de l'hectolitre ou setier métrique, comparativement au prix de l'ancien setier de Selles-sur-Cher.

FRANCS.	Francs.	Centimes.	Centièmes.
franc l'ancien setier de Selles, l'hectolitre vaut.....	0	73	88
2.........	1	47	76
3.........	2	21	65
4.........	2	95	53
5.........	3	69	41
6.........	4	43	29
7.........	5	17	18
8.........	5	91	06
9.........	6	64	94
10........	7	38	82
20........	14	77	65
30........	22	16	47
40........	29	55	30
50........	36	94	12
60........	44	32	95
70........	51	71	77
80........	59	10	60

CENTIMES.	Francs.	Centimes.	Centièmes.
1.........	0	00	74
2.........	0	01	48
3.........	0	02	22
4.........	0	02	96
5.........	0	03	69
6.........	0	04	43
7.........	0	05	17
8.........	0	05	91
9.........	0	06	65
10........	0	07	39
20........	0	14	78
30........	0	22	16
40........	0	29	55
50........	0	36	94
60........	0	44	33
70........	0	51	72
80........	0	59	11
90........	0	66	49

CENTIÈMES de centime.	Francs.	Centimes.	Centièmes.
1.........	0	00	01
2.........	0	00	01
3.........	0	00	02
4.........	0	00	03
5.........	0	00	04
6.........	0	00	04
7.........	0	00	05
8.........	0	00	06
9.........	0	00	07
10........	0	00	07
20........	0	00	15
30........	0	00	22
40........	0	00	30
50........	0	00	37
60........	0	00	44
70........	0	00	52
80........	0	00	59
90........	0	00	66

MESURES DE CAPACITÉ.

SIXIEME TABLE, qui donne le prix de l'ancien se[tier]
de Selles-sur-Cher, comparativement au prix de l'h[ec]-
tolitre ou setier métrique.

FRANCS.	Francs.	Centimes.	Centièmes.
à 1 fr. l'hectolitre, l'ancien setier de Selles vaut.......	1	35	35
2.........	2	70	70
3.........	4	06	05
4.........	5	41	40
5.........	6	76	75
6.........	8	12	10
7.........	9	47	45
8.........	10	82	80
9.........	12	18	15
10.........	13	53	50
20.........	27	07	00
30.........	40	60	50
40.........	54	14	00
50.........	67	67	51
60.........	81	21	01

CENTIMES.	Francs.	Centimes.	Centièmes.
1.........	0	01	35
2.........	0	02	71
3.........	0	04	06
4.........	0	05	41
5.........	0	06	77
6.........	0	08	12
7.........	0	09	47
8.........	0	10	83
9.........	0	12	18
10.........	0	13	54
20.........	0	27	07

CENTIMES.	Francs.	Centimes.	Centièmes.
30.........	0	40	[illegible]
40.........	0	54	1
50.........	0	67	6
60.........	0	81	2
70.........	0	94	7
80.........	1	08	2
90.........	1	21	8

CENTIÈMES de Centime.	Francs.	Centimes.	Centièmes.
1.........	0	00	[illegible]
2.........	0	00	[illegible]
3.........	0	00	[illegible]
4.........	0	00	[illegible]
5.........	0	00	[illegible]
6.........	0	00	[illegible]
7.........	0	00	[illegible]
8.........	0	00	1
9.........	0	00	1
10.........	0	00	1
20.........	0	00	2
30.........	0	00	4
40.........	0	00	5
50.........	0	00	6
60.........	0	00	8
70.........	0	00	9
80.........	0	01	0
90.........	0	01	2

DES GRAINS DE SELLES-SUR-CHER.

SEPTIEME TABLE, qui donne le prix du décalitre ou boisseau métrique, comparativement au prix de l'ancien boisseau de Selles-sur-Cher.

FRANCS.	Francs.	Centimes.	Centièmes.
à 1 fr. l'ancien boisseau de Selles, le décalitre vaut......	0	83	66
2............	1	77	32
3............	2	65	98
4............	3	54	64
5............	4	43	29
6............	5	31	95
7............	6	20	61
8............	7	09	27
9............	7	97	93
10............	8	86	59

CENTIMES.	Francs.	Centimes.	Centièmes.
1............	0	00	89
2............	0	01	77
3............	0	02	66
4............	0	03	55
5............	0	04	43
6............	0	05	32
7............	0	06	21
8............	0	07	09
9............	0	07	98
10............	0	08	87
20............	0	17	73
30............	0	26	60
40............	0	35	46
50............	0	44	33

CENTIMES.	Francs.	Centimes.	Centièmes.
60............	0	53	20
70............	0	62	06
80............	0	70	93
90............	0	79	79

CENTIÈMES de centime.	Francs.	Centimes.	Centièmes.
1............	0	00	01
2............	0	00	02
3............	0	00	03
4............	0	00	04
5............	0	00	04
6............	0	00	05
7............	0	00	06
8............	0	00	07
9............	0	00	08
10............	0	00	09
20............	0	00	18
30............	0	00	27
40............	0	00	35
50............	0	00	44
60............	0	00	53
70............	0	00	62
80............	0	00	71
90............	0	00	80

MESURES DE CAPACITE

HUITIEME TABLE, qui donne le prix de l'ancien boisseau de Selles-sur-Cher, comparativement au prix du décalitre ou boisseau métrique.

FRANCS.	Francs.	Centimes.	Centièmes.	CENTIMES.	Francs.	Centimes.	Centièmes.
à 1 fr. le décalitre, l'ancien boisseau de Selles vaut...	1	12	79	60..........	0	67	68
2..........	2	25	58	70..........	0	78	95
3..........	3	38	38	80..........	0	90	23
4..........	4	51	17	90..........	1	01	51
5..........	5	63	96				
6..........	6	76	75				
7..........	7	89	54				
8..........	9	02	33				
9..........	10	15	13				
10..........	11	27	92				

CENTIMES	Francs.	Centimes.	Centièmes.	CENTIÈMES de centime.	Francs.	Centimes.	Centièmes.
1..........	0	01	13	1..........	0	00	01
2..........	0	02	26	2..........	0	00	02
3..........	0	03	38	3..........	0	00	03
4..........	0	04	51	4..........	0	00	05
5..........	0	05	64	5..........	0	00	06
6..........	0	06	77	6..........	0	00	07
7..........	0	07	90	7..........	0	00	08
8..........	0	09	02	8..........	0	00	09
9..........	0	10	15	9..........	0	00	10
10..........	0	11	28	10..........	0	00	11
20..........	0	22	56	20..........	0	00	23
30..........	0	33	84	30..........	0	00	34
40..........	0	45	12	40..........	0	00	45
50..........	0	56	40	50..........	0	00	56
				60..........	0	00	68
				70..........	0	00	79
				80..........	0	00	90
				90..........	0	01	02

MESURES DE CAPACITÉ
DES LIQUIDES.

L ES grandes mesures anciennes des liquides, encore usitées dans le département de Loir et Cher, sont le *poinçon*, le *quart* et le *demi-quart*.

Le poinçon est égal à 2 quarts, et le quart à deux demi-quarts.

Le poinçon de Blois doit contenir 240 pintes de Paris, ou 3o veltes de 8 pintes de Paris : s'il contient plus ou moins de 3o veltes, le vendeur et l'acheteur, à moins qu'il y ait convention contraire entr'eux, se tiennent compte de la différence, relativement à l'eau-de-vie, c'est ce qu'on appèle *passe.*

Ce poinçon est en usage dans tout le département, sauf néanmoins à Montrichard et aux environs où, suivant les renseignemens donnés par le Maire, il contient 272 pintes de Paris, ou 34 veltes de 8 pintes de Paris. A Onzain et à Monteaux, l'ancien poinçon contenait aussi 34 veltes ; mais depuis environ douze ans, on ne se sert dans ces deux communes que de celui de Blois.

Avant la révolution, on ne vendait le vin qu'au tonneau ; on ne le vend plus maintenant qu'au poinçon. Le tonneau était égal à deux poinçons.

Les petites mesures des liquides étaient la *pinte*, la *chopine*, le *setier* et le *demi-setier.*

La pinte contenait 2 chopines, la chopine 2 setiers, et le setier deux demi-setiers.

Il y avait dans l'étendue du département dix pintes différentes, savoir : celles de Blois, de

MESURES DE CAPACITE

Vendôme, de Moudoubleau, de Montoire, d'Oucques, d'Onzain, de Contres, de Montrichard, de Romorantin et de Selles-sur-Cher.

Nouvelles Mesures.

Les nouvelles mesures des liquides, maintenant uniformes dans toute la France, sont le *kilolitre*, l'*hectolitre*, le *décalitre*, le *litre* et le *décilitre*.

Le *kilolitre* contient 10 *hectolitres*.

L'*hectolitre* contient 10 *decalitres* ou *veltes métriques*.

Le *décalitre* ou la *velte métrique* contient 10 *litres* ou *pintes métriques*.

Le *litre* ou la *pinte métrique*, qui a pour capacité un décimètre cube ou un millième de mètre cube, contient 10 *décilitres* ou *verres*.

Ainsi le kilolitre est égal à.........
{
10 hectolitres.
100 décalitres ou veltes métriques.
1000 litres ou pintes métriques.
10,000 décilitres ou verres.

L'hectolitre à ...
{
10 décalitres ou veltes métriques.
100 litres ou pintes métriques.
1,000 décilitres ou verres.

Le décalitre ou la velte métrique à...
{
10 litres ou pintes métriques.
100 décilitres ou verres.

Le litre à ......{ 10 décilitres ou verres.

Le décilitre ou verre est le dixième du litre.

DES LIQUIDES.

Dimensions des nouvelles futailles pour le vin, l'eau-de-vie, etc.

NOMS DES PIÈCES.	Leur contenance en litres.	Longueur intérieure.				Diamètre du Bouge.				Diamètre du fond.			
		Mètres.	Décimètres.	Centimètres.	Millimètres.	Mètres.	Décimètres.	Centimètres.	Millimètres.	Mètres.	Décimètres.	Centimètres.	Millimètres.
Kilolitre........	1000	1.	2	3	2	1.	0	5	6	0.	9	3	8
	900	1.	1	9	0	1.	0	1	9	0.	9	0	6
	800	1.	1	4	4	0.	9	8	0	0.	8	7	1
	700	1.	0	9	3	0.	9	3	8	0.	8	3	3
Demi-kilolitre..	600	1.	0	3	9	0.	8	9	1	0.	7	9	1
	500	0.	9	7	6	0.	8	3	8	0.	7	4	5
	400	0.	9	0	8	0.	7	7	8	0.	6	9	1
	300	0.	8	2	5	0.	7	0	7	0.	6	2	8
Double-hectolit.	200	0.	7	2	0	0.	6	1	8	0.	5	4	8
Hectolitre	100	0.	5	7	2	0.	4	9	0	0.	4	3	5
Demi-hectolitre.	50	0.	4	5	4	0.	3	8	0	0.	3	4	5

Dimensions internes des petites mesures des liquides.

NOMS DES MESURES.	DIAMÈTRE.					HAUTEUR.				
	Mètres.	Décimètres.	Centimètres.	Millimètres.	Dixièmes de millimèt.	Mètres.	Décimètres.	Centimètres.	Millimètres.	Dixièmes de millimèt.
Double-litre............	0.	1	0	8	, 4	0.	2	1	6	, 7
Litre..................	0.	0	8	6	, 0	0.	1	7	2	, 0
Demi-litre	0.	0	6	8	, 3	0.	1	3	6	, 6
Double-décilitre	0.	0	5	6	, 3	0.	1	0	0	, 6
Décilitre	0.	0	3	9	, 9	0.	0	7	9	, 9
Demi-décilitre	0.	0	3	1	, 7	0.	0	6	3	, 4

Les mesures de capacité des liquides sont, comme

MESURES DE CAPACITE

celles de capacité pour les grains et matières sèches, des mesures de solidité réduites à des cubes. On leur a donné de même la forme cylindrique, et les dimensions intérieures ou dans œuvre, pour les petites mesures, sont réglées de telle sorte que la hauteur est double du diamètre; ce qui procurera à chacun la facilité de s'assurer si elles sont exactes.

Le poinçon de Blois et celui de Montrichard seront l'un et l'autre représentés par le *double-hectolitre*. Le double hectolitre contiendra 25 pintes 1/4 de Paris, ou 23 litres et demi moins que le poinçon de Blois; et 57 pintes 1/4 de Paris, ou 53 litres 3/10 moins que le poinçon de Montrichard.

La futaille de Blois et celle de Montrichard connues l'une et l'autre sous le nom de *quart*, seront représentées par l'*hectolitre*. L'hectolitre contiendra 12 pintes 8/13 de Paris, ou 11 litres 3/4 moins que le quart de Blois; et 28 pintes 8/13 de Paris, ou 26 litres 2/3 moins que le quart de Montrichard.

La futaille de Blois et celle de Montrichard, qu'on nomme *demi-quart*, seront représentées par le *demi-hectolitre*. Le demi-hectolitre contiendra 6 pintes 3/10 de Paris, ou 5 litres 7/8 moins que le demi-quart de Blois; et 14 pintes 3/10 de Paris, ou 13 litres 1/3 moins que le demi-quart de Montrichard.

Lorsque les grandes mesures métriques seront en usage, le vin ne sera plus vendu qu'à l'*hectolitre*.

Le prix de l'hectolitre étant convenu, on aura facilement le prix du décalitre ou de la velte métrique, et celui du litre ou de la pinte métrique en opérant comme il suit:

Le décalitre étant le dixième de l'hectolitre, et

DES LIQUIDES.

le litre étant le centième, on divisera le prix de l'hectolitre par dix et par cent, en *avançant* d'un et de deux rangs *vers la gauche*, le Point décimal qu'on aura mis entre les francs et les centimes, en chiffrant le prix de l'hectolitre. Ainsi, supposons que le prix de l'hectolitre soit de 25 francs 30 centimes, le décalitre vaudra 2 francs 53 centimes, et le litre 25 centimes et 30 centièmes de centime.

Opération.

	fr.	c.
Prix de l'hectolitre.	25 .	30
Prix du décalitre ou de la velte métrique. . . . . ,	2 .	530
Prix du litre ou de la pinte métrique.	0 .	2530

Lorsque le prix du litre sera déterminé, on aura avec la même facilité le prix du décalitre et celui de l'hectolitre, en *reculant* le même Point décimal d'un et de deux rangs *vers la droite*; opération simple qui multipliera le prix du litre par dix et par cent. Ainsi, supposons que le prix du litre soit de 45 centimes, le décalitre vaudra 4 francs 5 décimes ou 50 centimes, et l'hectolitre 45 francs.

Exemple.

	fr.	c.
Prix du litre ou de la pinte métrique	0 .	45
Prix du décalitre ou de la velte métrique.	4 .	5
Prix de l'hectolitre.	45 .	

Voyez *l'Instruction*, pages xviij, xix et xx.

MESURES DE CAPACITE

On pourra exprimer la nouvelle mesure de liquides par hectolitres, décalitres et litres, ou simplement par litres ou pintes métriques ; ainsi on
pourra dire 3 hectolitres 4 décalitres et 6 litres, ou 346
litres ou pintes métriques.

On pourra ne réunir que les hectolitres et les décalitres, alors on s'exprimera simplement par décalitres ou veltes métriques ; en conséquence, au lieu
de dire 3 hectolitres 4 décalitres 6 litres, on dira
34 décalitres et 6 litres ou 34 veltes et 6 pintes métriques.

On pourra encore ne réunir que les décalitres et
les litres, et on s'exprimera par hectolitres et par
litres ; ainsi, au lieu de dire 3 hectolitres 4 décalitres 6 litres, on dira 3 hectolitres 46 litres.

Récapitulation.

1.re *Expression.* 3 hectolitres 4 décalitres 6 litres.

2.e *Expression.* 346 litres.

3.e *Expression.* 34 décalitres et 6 litres, ou 34 veltes
et 6 pintes métriques.

4.e *Expression.* 3 hectolitres 46 litres.

Il sera très-facile de trouver dans les centièmes
de toutes les anciennes pintes les chopines et les
setiers, mesures usitées avant le nouveau système,
en considérant que

13 centièmes de pinte équivalent à un demi-setier.

25 centièmes à un setier.

50 centièmes à une chopine ou 2 setiers.

75 centièmes à une chopine et 1 setier ou à 3 setiers.

DES POINÇONS DE BLOIS.

POINÇONS DE BLOIS
de 240 pintes de Paris, ou de 30 veltes de 8 pintes de Paris.

PREMIÈRE TABLE, qui convertit les poinçons de Blois en hectolitres.

POINÇONS de Blois.	Hectolitres.	Décalitres ou veltes métr.	Litres ou pintes métriques	Centièmes de litre.
1 équiv.	2	2	5	51
2......	4	4	7	02
3......	6	7	0	54
4......	8	9	4	05
5......	11	1	7	56
6......	13	4	1	07
7......	15	6	4	58
8......	17	8	8	10
9......	20	1	1	61
10......	22	5	5	12
20......	44	7	0	24
30......	67	0	5	36
40......	89	4	0	48
50......	111	7	5	60
60......	134	1	0	72
70......	156	4	5	84
80......	178	8	0	96
90......	201	1	6	08
100......	223	5	1	20
200......	447	0	2	40
300......	670	5	3	60
400......	894	0	4	80
500......	1,117	5	6	00
600......	1,341	0	7	20
700......	1,564	5	8	40
800......	1,788	0	9	60
900......	2,011	6	0	80
1,000......	2,235	1	2	00
2,000......	4,470	2	4	00
3,000......	6,705	3	6	00
4,000......	8,940	4	8	00
5,000......	11,175	6	0	00

POINÇONS de Blois.	Hectolitres.	Décalitres ou veltes métr.	Litres ou pintes métriques	Centièmes de litre.
6,000......	13,410	7	2	00
7,000......	15,645	8	4	00
8,000......	17,880	9	6	00
9,000......	20,115	0	8	00
10,000......	22,351	2	0	00
quart (15 veltes)..	1	1	1	76
demi-quart (7 veltes 4 pintes)........	0	5	5	88

VELTES de Paris.

		Hectolitres.	Décalitres ou veltes métr.	Litres ou pintes métriques	Centièmes de litre.
1..	8 pintes	0	0	7	45
2..	16	0	1	4	90
3..	24	0	2	2	55
4..	32	0	2	9	80
5..	40	0	3	7	25
6..	48	0	4	4	70
7..	56	0	5	2	15
8..	64	0	5	9	60
9..	72	0	6	7	05
10..	80	0	7	4	50
11..	88	0	8	1	95
12..	96	0	8	9	40
13..	104	0	9	6	86
14..	112	1	0	4	31
15..	120	1	1	1	76
16..	128	1	1	9	21
17..	136	1	2	6	66
18..	144	1	3	4	11
19..	152	1	4	1	56
20..	160	1	4	9	01
21..	168	1	5	6	46

MESURES DE CAPACITE

VELTES de Paris.	Hectolitres.	Décalitres ou veltes métr.	Litres ou pintes métriques	Centièmes de litre.	CENTIÈMES de pinte de Paris.	Hectolitres.	Décalitres ou veltes métr.	Litres ou pintes métriques	Centièmes de litre.
22.. 176 pintes.	1	6	3	91	1 équivaut à..	0	0	0	01
23.. 184	1	7	1	36	2............	0	0	0	02
24.. 192	1	7	8	81	3............	0	0	0	03
25.. 200	1	8	6	26	4............	0	0	0	04
26.. 208	1	9	3	71	5............	0	0	0	05
27.. 216	2	0	1	16	6............	0	0	0	06
28.. 224	2	0	8	61	7............	0	0	0	07
29.. 232	2	1	6	06	8............	0	0	0	07
30.. 240	2	2	3	51	9............	0	0	0	08
31.. 248	2	3	0	96	10............	0	0	0	09
32.. 256	2	3	8	41	20............	0	0	0	19
33.. 264	2	4	5	86	30............	0	0	0	28
34.. 272	2	5	3	31	40............	0	0	0	37
					50............	0	0	0	47
PINTES de Paris.					60............	0	0	0	56
1 équivaut à..	0	0	0	93	70............	0	0	0	65
2............	0	0	1	86	80............	0	0	0	75
3............	0	0	2	79	90............	0	0	0	84
4 (demi-velte).	0	0	3	73					
5............	0	0	4	66					
6............	0	0	5	59					
7............	0	0	6	52					

Nota. On additionnera cette Table comme les francs et centimes.

Opération.

	Hectolitres.	Décalitres.	Litres.	Centièmes.
Soit à convertir en hectolitres 126 poinçons et un quart, cherchez :				
100 poinçons, vous aurez...............	223	5	1	20
20 *idem*......................	44	7	0	24
6 *idem*......................	13	4	1	07
et 1 quart......................	1	1	1	76
TOTAL..............	282	7	4	27

Vous aurez pour résultat 282 hectolitres 74 litres et 27 centièmes de litre.

DES POINÇONS DE BLOIS.

Deuxième Table, qui convertit les hectolitres en poinçons de Blois.

HECTOLITRES.	Poinçons de Blois.	Veltes de Paris.	Pintes de Paris.	Centièmes.	HECTOLITRES.	Poinçons de Blois.	Veltes de Paris.	Pintes de Paris.	Centièmes.
1 équiv.	0	13	3	38	6,000	2684	12	4	71
2	0	26	6	75	7,000	3131	24	5	50
3	1	10	2	13	8,000	3579	6	6	28
4	1	23	5	51	9,000	4026	18	7	07
5	2	7	0	88	10,000	4474	0	7	85
6	2	20	4	26	20,000	8948	1	7	70
7	3	3	7	64					
8	3	17	3	01					
9	4	0	6	39		LITRES			
10	4	14	1	77		ou			
20	8	28	3	54		pintes métriques.			
30	13	12	5	3c					
40	17	26	7	07	1 équivaut à	0	0	1	07
50	22	11	0	84	2	0	0	2	15
60	26	25	2	61	3	0	0	3	22
70	31	9	4	37	4	0	0	4	30
80	35	23	6	14	5	0	0	5	37
90	40	7	7	91	6	0	0	6	44
100	44	22	1	68	7	0	0	7	52
200	89	14	3	36	8	0	1	0	59
300	134	6	5	04	9	0	1	1	66
400	178	28	6	71	10 ou 1 décalitre.	0	1	2	74
500	223	21	0	39	20..2	0	2	5	48
600	268	13	2	07	30..3	0	4	0	21
700	313	5	3	75	40..4	0	5	2	95
800	357	27	5	43	50..5 (demi-hect.)	0	6	5	69
900	402	19	7	11	60..6	0	8	0	43
1,000	447	12	0	79	70..7	0	9	3	16
2,000	894	24	1	57	80..8	0	10	5	9'
3,000	1342	6	2	36	90..9	0	12	0	64
4,000	1789	18	3	14					
5,000	2237	0	3	93					

V

MESURES DE CAPACITÉ

CENTIÈMES de litre.	Poinçons de Blois.	Veltes de Paris.	Pintes de Paris.	Centièmes.	CENTIÈMES de litre.	Poinçons de Blois.	Veltes de Paris.	Pintes de Paris.	Centièmes.
1 équivaut à	0	0	0	01	10. 1 (décilitre)	0	0	0	11
2.........	0	0	0	02	20. 2	0	0	0	21
3.........	0	0	0	03	30. 3	0	0	0	32
4.........	0	0	0	04	40. 4	0	0	0	43
5 (demi--décilit.)	0	0	0	05	50. 5 (démi-litr.)	0	0	0	54
6.........	0	0	0	06	60. 6	0	0	0	64
7.........	0	0	0	08	70. 7	0	0	0	75
8.........	0	0	0	09	80. 8	0	0	0	86
9.........	0	0	0	10	90. 9	0	0	0	97

Nota : En additionnant cette Table, on divisera les anciennes pintes par 8, pour les réduire en anciennes veltes, et les anciennes veltes par 30, pour les réduire en poinçons de Blois.

Opération.

	Poinçons de Blois.	Veltes de Paris.	Pintes de Paris.	Centièmes.
Soit à convertir en poinçons de Blois 853 hectolitres et 45 litres, cherchez :				
800 hectolitres, vous aurez............	357	27	5	43
50 *idem*....................	22	11	0	84
8 *idem*	3	17	3	01
40 litres ou 4 décalitres.............	0	5	2	95
et 5 litres	0	0	5	57
TOTAL....................	384	2	1	60

Vous aurez pour résultat 384 poinçons de Blois 2 veltes 1 pinte et 60 centièmes, ou 584 pinçons 17 pintes et 6 dixièmes de pinte.

DES POINÇONS DE BLOIS.

Rapport des 1.re et 2.me Tables.

Opération.

PREMIÈRE TABLE.

	Hectolitres.	Décalitres.	Litres.	Centièmes.
Soit à convertir en hectolitres 74 poinçons et un quart :				
70 poinçons équivalent à............	156	4	5	84
4 *idem* à......................	8	9	4	05
un quart ou 15 veltes à............	1	1	1	76
TOTAL..................	166	5	1	65

On aura 166 hectolitres 51 litres et 65 centièmes , à peu près 2/3 de litre.

Preuve.

DEUXIÈME TABLE.

	Poinçons de Blois.	Veltes de Paris.	Pintes de Paris.	Centièmes.
A convertir en poinçons de Blois 166 hectolitres 51 litres et 65 centièmes ;				
100 hectolitres équivalent à........	44	22	1	68
60 *idem* à......................	26	25	2	61
6 *idem* à.......................	2	20	4	26
50 litres à.......................	0	6	5	69
1 *idem* à.......................	0	0	1	07
60 centièmes de litre à............	0	0	0	64
5 *idem* à.......................	0	0	0	05
TOTAL ÉGAL..............	74	15	0	00

On aura 74 poinçons et 15 veltes ou un quart.

MESURES DE CAPACITE

Opération.

DEUXIÈME TABLE.

A convertir en poinçons de Blois 2348 hectolitres et 53 litres :	Poinçons de Blois.	Veltes de Paris.	Pintes de Paris.	Centièmes.
2000 hectolitres équivalent à............	894	24	1	57
500 *idem* à........................	134	6	5	04
40 *idem* à........................	17	26	7	07
8 *idem* à........................	3	17	3	01
50 litres à........................	0	6	5	69
5 *idem* à........................	0	0	3	22
TOTAL....................	1050	22	1	60

On aura 1050 poinçons 22 veltes 1 pinte et 60 centièmes, ou 1050 poinçons 177 pintes et 6/10 de pinte.

Preuve.

PREMIÈRE TABLE.

A convertir en hectolitres 1050 poinçons de Blois 22 veltes 1 pinte et 60 centièmes de pinte :	Hectolitres.	Décalitres.	Litres.	Centièmes.
1000 poinçons équivalent à............	2255	1	2	00
50 *idem* à........................	111	7	5	60
22 veltes à........................	1	6	3	91
1 pinte à........................	0	0	0	93
60 centièmes de pinte à............	0	0	0	56
TOTAL ÉGAL....................	2348	5	3	00

On aura 2348 hectolitres 53 litres.

DES POINÇONS DE BLOIS.

TROISIÈME TABLE; qui donne le prix de l'hecto-litre, comparativement au prix du poinçon de Blois.

FRANCS.

	Francs.	Centimes.	Centièmes.
à 1 fr. le poinçon de Blois, l'hectolitre vaut	0	44	74
2	0	89	48
3	1	34	22
4	1	78	96
5	2	23	70
6	2	68	44
7	3	13	18
8	3	57	92
9	4	02	66
10	4	47	40
20	8	94	81
30	13	42	21
40	17	89	61
50	22	37	02
60	26	84	42
70	31	31	82
80	35	79	23
90	40	26	63
100	44	74	03
200	89	48	07
300	134	22	10
400	178	96	13
500	223	70	16
600	268	44	20

CENTIMES.

	Francs.	Centimes.	Centièmes.
1	0	00	45
2	0	00	89
3	0	01	34
4	0	01	79
5	0	02	24
6	0	02	68
7	0	03	13
8	0	03	58
9	0	04	03
10	0	04	47
20	0	08	95
30	0	13	42
40	0	17	90
50	0	22	37
60	0	26	84
70	0	31	32
80	0	35	79
90	0	40	27

CENTIÈMES de centime.

	Francs.	Centimes.	Centièmes.
1	0	00	00
2	0	00	01
3	0	00	01
4	0	00	02
5	0	00	02
6	0	00	03
7	0	00	03
8	0	00	04
9	0	00	04
10	0	00	04
20	0	00	09
30	0	00	13
40	0	00	18
50	0	00	22
60	0	00	27
70	0	00	31
80	0	00	36
90	0	00	40

MESURES DE CAPACITE

QUATRIÈME TABLE, qui donne le prix du poinçon de Blois, comparativement au prix de l'hectolitre.

FRANCS.

	Francs.	Centimes.	Centièmes.
à 1 fr. l'hectolitre, le poinçon de Blois vaut	2	23	51
2	4	47	02
3	6	70	54
4	8	94	05
5	11	17	56
6	13	41	07
7	15	64	58
8	17	88	10
9	20	11	61
10	22	35	12
20	44	70	24
30	67	05	36
40	89	40	48
50	111	75	60
60	134	10	72
70	156	45	84
80	178	80	96
90	201	16	08
100	223	51	20
200	447	02	40
300	670	53	60

CENTIMES.

	Francs.	Centimes.	Centièmes.
1	0	02	24
2	0	04	47
3	0	06	71
4	0	08	94
5	0	11	18
6	0	13	41
7	0	15	65
8	0	17	88
9	0	20	12

CENTIMES.

	Francs.	Centimes.	Centièmes.
10	0	22	35
20	0	44	70
30	0	67	05
40	0	89	40
50	1	11	76
60	1	34	11
70	1	56	46
80	1	78	81
90	2	01	16

CENTIÈMES de centime.

	Francs.	Centimes.	Centièmes.
1	0	00	02
2	0	00	04
3	0	00	07
4	0	00	09
5	0	00	11
6	0	00	13
7	0	00	16
8	0	00	18
9	0	00	20
10	0	00	22
20	0	00	45
30	0	00	67
40	0	00	89
50	0	01	12
60	0	01	34
70	0	01	56
80	0	01	79
90	0	02	01

DES POINÇONS DE BLOIS.

CINQUIEME TABLE, qui donne le prix au double hecto-litre, comparativement au prix du poinçon de Blois.

FRANCS.

	Francs.	Centimes.	Centièmes.
à 1 fr, le poinçon de Blois, le double hectolitre vaut...	0	89	48
2	1	78	96
3	2	68	44
4	3	57	92
5	4	47	40
6	5	36	88
7	6	26	36
8	7	15	85
9	8	05	33
10	8	94	81
20	17	89	61
30	26	84	42
40	35	79	23
50	44	74	03
60	53	68	84
70	62	63	65
80	71	58	45
90	80	53	26
100	89	48	07
200	178	96	13
300	268	44	20
400	357	92	26
500	447	40	33
600	536	88	39
700	626	36	46
800	715	84	52
900	805	32	59
1000	894	80	65

CENTIMES.

	Francs.	Centimes.	Centièmes.
1	0	00	89
2	0	01	79
3	0	02	68
4	0	03	58

CENTIMES.

	Francs.	Centimes.	Centièmes.
5	0	04	47
6	0	05	37
7	0	06	26
8	0	07	16
9	0	08	05
10	0	08	95
20	0	17	90
30	0	26	84
40	0	35	79
50	0	44	74
60	0	53	69
70	0	62	64
80	0	71	58
90	0	80	53

CENTIÈMES de centime.

	Francs.	Centimes.	Centièmes.
1	0	00	01
2	0	00	02
3	0	00	03
4	0	00	04
5	0	00	04
6	0	00	05
7	0	00	06
8	0	00	07
9	0	00	08
10	0	00	09
20	0	00	18
30	0	00	27
40	0	00	36
50	0	00	45
60	0	00	54
70	0	00	63
80	0	00	72
90	0	00	81

MESURES DE CAPACITE

SIXIÈME TABLE, qui donne le prix du poinçon de Blois, comparativement au prix du double hectolitre.

FRANCS.	Francs.	Centimes.	Centièmes.
à 1 fr. le double hectolitre, le poinçon de Blois vaut	1	11	76
2	2	23	51
3	3	35	27
4	4	47	02
5	5	58	78
6	6	70	54
7	7	82	29
8	8	94	05
9	10	05	80
10	11	17	56
20	22	35	12
30	33	52	68
40	44	70	24
50	55	87	80
60	67	05	36
70	78	22	92
80	89	40	48
90	100	58	04
100	111	75	60
200	223	51	20
300	335	26	80
400	447	02	40
500	558	78	00
600	670	53	60
700	782	29	20
800	894	04	80
900	1005	80	40
1000	1117	56	00

CENTIMES.	Francs.	Centimes.	Centièmes.
1	0	01	12
2	0	02	24
3	0	03	35
4	0	04	47

CENTIMES.	Francs.	Centimes.	Centièmes.
5	0	05	59
6	0	06	71
7	0	07	82
8	0	08	94
9	0	10	06
10	0	11	18
20	0	22	35
30	0	33	53
40	0	44	70
50	0	55	88
60	0	67	05
70	0	78	23
80	0	89	40
90	1	00	58

CENTIÈMES de centime.	Francs.	Centimes.	Centièmes.
1	0	00	01
2	0	00	02
3	0	00	03
4	0	00	04
5	0	00	06
6	0	00	07
7	0	00	08
8	0	00	09
9	0	00	10
10	0	00	11
20	0	00	22
30	0	00	34
40	0	00	45
50	0	00	56
60	0	00	67
70	0	00	78
80	0	00	89
90	0	01	01

DES POINÇONS DE BLOIS.

SEPTIÈME TABLE, qui donne le prix du décalitre ou de la velte métrique, comparativement au prix de l'ancienne velte de 8 pintes de Paris.

FRANCS.

	Francs.	Centimes.	Centièmes.
à 1 fr. l'ancienne velte de Paris, le décalitre ou la velte métrique vaut......	1	34	22
2..........	2	68	44
3..........	4	02	66
4..........	5	36	88
5..........	6	71	10
6..........	8	05	33
7..........	9	39	55
8..........	10	73	77
9..........	12	07	99
10..........	13	42	21
20..........	26	84	42
30..........	40	26	63
40..........	53	68	84

CENTIMES.

	Francs.	Centimes.	Centièmes.
1..........	0	01	34
2..........	0	02	68
3..........	0	04	03
4..........	0	05	37
5..........	0	06	71
6..........	0	08	05
7..........	0	09	40
8..........	0	10	74
9..........	0	12	08
10..........	0	13	42
20..........	0	26	84
30..........	0	40	27

CENTIMES.

	Francs.	Centimes.	Centièmes.
40..........	0	53	69
50..........	0	67	11
60..........	0	80	53
70..........	0	93	95
80..........	1	07	38
90..........	1	20	80

CENTIÈMES de centime.

	Francs.	Centimes.	Centièmes.
1..........	0	00	01
2..........	0	00	03
3..........	0	00	04
4..........	0	00	05
5..........	0	00	07
6..........	0	00	08
7..........	0	00	09
8..........	0	00	11
9..........	0	00	12
10..........	0	00	13
20..........	0	00	27
30..........	0	00	40
40..........	0	00	54
50..........	0	00	67
60..........	0	00	81
70..........	0	00	94
80..........	0	01	07
90..........	0	01	21

MESURES DE CAPACITE

HUITIEME TABLE, qui donne le prix de l'ancienne velte de 8 pintes de Paris, comparativement au prix du décalitre ou de la velte métrique.

FRANCS.	Francs.	Centimes.	Centièmes.
à 1 fr. le décalit. ou la velte métr. l'ancienne velte de Paris vaut..	0	74	50
2............	1	49	01
3............	2	23	51
4............	2	98	02
5............	3	72	52
6............	4	47	02
7............	5	21	53
8............	5	96	03
9............	6	70	54
10............	7	45	04
20............	14	90	08
30............	22	35	12
40............	29	80	16
50............	37	25	20
60............	44	70	24

CENTIMES.	Francs.	Centimes.	Centièmes.
1............	0	00	75
2............	0	01	49
3............	0	02	24
4............	0	02	98
5............	0	03	73
6............	0	04	47
7............	0	05	22
8............	0	05	96
9............	0	06	71
10............	0	07	45
20............	0	14	90

CENTIMES.	Francs.	Centimes.	Centièmes.
30............	0	22	35
40............	0	29	80
50............	0	37	25
60............	0	44	70
70............	0	52	15
80............	0	59	60
90............	0	67	05

CENTIÈMES de centime.	Francs.	Centimes.	Centièmes.
1............	0	00	01
2............	0	00	01
3............	0	00	02
4............	0	00	03
5............	0	00	04
6............	0	00	04
7............	0	00	05
8............	0	00	06
9............	0	00	07
10............	0	00	07
20............	0	00	15
30............	0	00	22
40............	0	00	30
50............	0	00	37
60............	0	00	45
70............	0	00	52
80............	0	00	60
90............	0	00	67

DES POINÇONS DE MONTRICHARD.

POINÇONS DE MONTRICHARD
De 272 pintes de Paris, ou de 34 veltes de 8 pintes de Paris.

PREMIÈRE TABLE, qui convertit les Poinçons de Montrichard en hectolitres.

Poinçons de Montrichard.	Hectolitres.	Décalitres ou veltes métriques.	Litres ou pintes métriques.	Centièmes de litre.
1 équivaut à	2	5	3	31
2.........	5	0	6	63
3.........	7	5	9	94
4.........	10	1	3	25
5.........	12	6	6	57
6.........	15	1	9	88
7.........	17	7	3	20
8.........	20	2	6	51
9.........	22	7	9	82
10.........	25	3	3	14
20.........	50	6	6	27
30.........	75	9	9	41
40.........	101	3	2	54
50.........	126	6	5	68
60.........	151	9	8	82
70.........	177	3	1	95
80.........	202	6	5	09
90.........	227	9	8	22
100.........	253	3	1	36
200.........	506	6	2	72
300.........	759	9	4	08
400.........	1,013	2	5	44
500.........	1,266	5	6	80
600.........	1,519	8	8	16
700.........	1,773	1	9	52
800.........	2,026	5	0	88
900.........	2,279	8	2	24
1,000.........	2,533	1	3	60

Poinçons de Montrichard.	Hectolitres.	Décalitres ou veltes métriques.	Litres ou pintes métriques.	Centièmes de litre.
2,000.....	5,066	2	7	20
3,000.....	7,599	4	0	80
4,000.....	10,132	5	4	40
5,000.....	12,665	6	8	00
6,000.....	15,198	8	1	60
7,000.....	17,731	9	5	20
8,000.....	20,265	0	8	80
9,000.....	22,798	2	2	40
10,000.....	25,331	3	6	00
Quart (17 veltes).. 1		2	6	66
Demi-quart (8 velt. 4 pintes)....... 0		6	3	33

VELTES
et pintes de Paris.

Voyez leur conversion en nouvelle mesure, pag. 289 et 290.

Nota. On additionnera cette Table comme les francs et centimes.

MESURES DE CAPACITE

DEUXIÈME TABLE, *qui convertit les hectolitres en Poinçons de Montrichard.*

Hectolitres.	Poinçons de Montrichard.	Veltes de Paris.	Pintes de Paris.	Centièmes.	Hectolitres.	Poinçons de Montrichard.	Veltes de Paris.	Pintes de Paris.	Centièmes.
1 équiv. à	0	13	3	38	700..	276	11	3	75
2........	0	26	6	75	800..	315	27	5	43
3........	1	6	2	13	900..	355	9	7	11
4........	1	19	5	51	1,000..	394	26	0	79
5........	1	33	0	88	2,000..	789	18	1	57
6........	2	12	4	26	3,000..	1,184	10	2	36
7........	2	25	7	64	4,000..	1,579	2	3	14
8........	3	5	3	01	5,000..	1,973	28	3	93
9........	3	18	6	59	6,000..	2,363	20	4	71
10........	3	32	1	77	7,000..	2,763	12	5	50
20........	7	30	3	54	8,000..	3,158	4	6	28
30........	11	28	5	30	9,000..	3,552	30	7	07
40........	15	26	7	07	10,000..	3,947	22	7	85
50........	19	25	0	84	20,000..	7,895	11	7	70
60........	23	23	2	61	30,000..	11,843	0	7	55
70........	27	21	4	37					
80........	31	19	6	14					
90........	35	17	7	91					
100........	39	16	1	68					
200........	78	32	3	36					
300........	118	14	5	04					
400........	157	30	6	71					
500........	197	13	0	39					
600........	236	29	2	07					

LITRES et centièmes de litre.

*Voyez leur conversion en an-
ciennes veltes et pintes de Paris,*
pages 291 et 292.

En additionnant cette Table, on divisera les anciennes pintes par 8, pour les réduire en anciennes veltes, et les anciennes veltes par 34, pour les réduire en anciens poinçons de Montrichard.

La manière d'opérer et d'établir les rapports est la même que pour le Poinçon de Blois.

DES POINÇONS DE MONTRICHARD.

TROISIEME TABLE, qui donne le prix de l'hectolitre, comparativement au prix du poinçon de Montrichard.

FRANCS.	Francs.	Centimes.	Centièmes.
à 1 fr. le poinçon de Montrichard, l'hectolitre vaut..	0	39	48
2	0	78	95
3	1	18	43
4	1	57	91
5	1	97	38
6	2	36	86
7	2	76	34
8	3	15	81
9	3	55	29
10	3	94	77
20	7	89	54
30	11	84	30
40	15	79	07
50	19	73	84
60	23	68	61
70	27	63	37
80	31	58	14
90	35	52	91
100	39	47	68
200	78	95	35
300	118	43	03
400	157	90	70
500	197	38	38
600	236	86	06

CENTIMES.	Francs.	Centimes.	Centièmes.
1	0	00	39
2	0	00	79
3	0	01	18
4	0	01	58
5	0	01	97
6	0	02	37
7	0	02	76
8	0	03	16
9	0	03	55
10	0	03	95
20	0	07	90
30	0	11	84
40	0	15	79
50	0	19	74
60	0	23	69
70	0	27	63
80	0	31	58
90	0	35	53

CENTIÈMES de centime.	Francs.	Centimes.	Centièmes.
1	0	00	00
2	0	00	01
3	0	00	01
4	0	00	02
5	0	00	02
6	0	00	02
7	0	00	03
8	0	00	03
9	0	00	04
10	0	00	04
20	0	00	08
30	0	00	12
40	0	00	16
50	0	00	20
60	0	00	24
70	0	00	28
80	0	00	32
90	0	00	36

MESURES DE CAPACITÉ

QUATRIÈME TABLE, qui donne le prix du poinçon de Montrichard, comparativement au prix de l'hectolitre

FRANCS.

à 1 franc l'hectolitre, le poinçon de Montrichard vaut.

FRANCS.	Francs.	Centimes.	Centièmes.
vaut...........	2	53	31
2...........	5	06	63
3...........	7	59	94
4...........	10	13	25
5...........	12	66	57
6...........	15	19	88
7...........	17	73	20
8...........	20	26	51
9...........	22	79	82
10...........	25	33	14
20...........	50	66	27
30...........	75	99	41
40...........	101	32	54
50...........	126	65	68
60...........	151	98	82
70...........	177	31	95
80...........	202	65	09
90...........	227	98	22
100...........	253	31	36
200...........	506	62	72
300...........	759	94	08

CENTIMES.

	Francs.	Centimes.	Centièmes.
1...........	0	02	53
2...........	0	05	07
3...........	0	07	60
4...........	0	10	13
5...........	0	12	67
6...........	0	15	20
7...........	0	17	73
8...........	0	20	27

CENTIMES.

	Francs.	Centimes.	Centièmes.
9...........	0	22	80
10...........	0	25	33
20...........	0	50	66
30...........	0	75	99
40...........	1	01	33
50...........	1	26	66
60...........	1	51	99
70...........	1	77	32
80...........	2	02	65
90...........	2	27	98

CENTIÈMES de centime.

	Francs.	Centimes.	Centièmes.
1...........	0	00	03
2...........	0	00	05
3...........	0	00	08
4...........	0	00	10
5...........	0	00	13
6...........	0	00	15
7...........	0	00	18
8...........	0	00	20
9...........	0	00	23
10...........	0	00	25
20...........	0	00	51
30...........	0	00	76
40...........	0	01	01
50...........	0	01	27
60...........	0	01	52
70...........	0	01	77
80...........	0	02	03
90...........	0	02	28

DES POINÇONS DE MONTRICHARD.

CINQUIEME TABLE , qui donne le prix du double hectolitre , comparativement au prix du poinçon de Montrichard.

FRANCS.	Francs.	Centimes.	Centièmes.
à 1 franc le poinçon de Montrichard, le double hecto-litre vaut........	0	78	95
2............	1	57	91
3............	2	36	86
4............	3	15	81
5............	3	94	77
6............	4	73	72
7............	5	52	67
8............	6	31	63
9............	7	10	58
10............	7	89	54
20............	15	79	07
30............	23	68	61
40............	31	58	14
50............	39	47	68
60............	47	37	21
70............	55	26	75
80............	63	16	28
90............	71	05	82
100............	78	95	35
200............	157	90	70
300............	236	86	06
400............	315	81	41
500............	394	76	76
600............	473	72	11

CENTIMES.	Francs.	Centimes.	Centièmes.
1............	0	00	79
2............	0	01	58
3............	0	02	37
4............	0	03	16
5............	0	03	95
6............	0	04	74

CENTIMES.	Francs.	Centimes.	Centièmes.
7............	0	05	53
8............	0	06	32
9............	0	07	11
10............	0	07	90
20............	0	15	79
30............	0	23	69
40............	0	31	58
50............	0	39	48
60............	0	47	37
70............	0	55	27
80............	0	63	16
90............	0	71	06

CENTIÈMES de centime.	Francs.	Centimes.	Centièmes.
1............	0	00	01
2............	0	00	02
3............	0	00	02
4............	0	00	03
5............	0	00	04
6............	0	00	05
7............	0	00	06
8............	0	00	06
9............	0	00	07
10............	0	00	08
20............	0	00	16
30............	0	00	24
40............	0	00	32
50............	0	00	39
60............	0	00	47
70............	0	00	55
80............	0	00	63
90............	0	00	71

MESURES DE CAPACITÉ.

SIXIÈME TABLE, qui donne le prix du poinçon de Montrichard, comparativement au prix du double hectolitre.

FRANCS	Francs.	Centimes.	Centièmes.
à 1 franc le double hectolitre, le poinçon de Montrichard vaut.......	1	26	66
2..........	2	53	31
3..........	3	79	97
4..........	5	06	63
5..........	6	33	28
6..........	7	59	94
7..........	8	86	60
8..........	10	13	25
9..........	11	39	91
10..........	12	66	57
20..........	25	33	14
30..........	37	99	70
40..........	50	66	27
50..........	63	32	84
60..........	75	99	41
70..........	88	65	98
80..........	101	32	54
90..........	113	99	11
100..........	126	65	68
200..........	253	31	36
300..........	379	97	04
400..........	506	62	72
500..........	633	28	40

CENTIMES.	Francs.	Centimes.	Centièmes.
1..........	0	01	27
2..........	0	02	53
3..........	0	03	80
4..........	0	05	07
5..........	0	06	33
6..........	0	07	60
7..........	0	08	87

CENTIMES.	Francs.	Centimes.	Centièmes.
8..........	0	10	13
9..........	0	11	40
10..........	0	12	67
20..........	0	25	33
30..........	0	38	00
40..........	0	50	66
50..........	0	63	33
60..........	0	75	99
70..........	0	88	66
80..........	1	01	33
90..........	1	13	99

CENTIÈMES de centime.	Francs.	Centimes.	Centièmes.
1..........	0	00	01
2..........	0	00	03
3..........	0	00	04
4..........	0	00	05
5..........	0	00	06
6..........	0	00	08
7..........	0	00	09
8..........	0	00	10
9..........	0	00	11
10..........	0	00	13
20..........	0	00	25
30..........	0	00	38
40..........	0	00	51
50..........	0	00	63
60..........	0	00	76
70..........	0	00	89
80..........	0	01	01
90..........	0	01	14

DES PINTES DE BLOIS.

PINTES DE BLOIS.

PREMIÈRE TABLE, qui convertit les anciennes pintes de Blois en litres ou pintes métriques.

ANCIENNES PINTES de Blois.	Litres ou pintes métriq.	Centièmes de litre.	ANCIENNES PINTES de Blois.	Litres ou pintes métriq.	Centièmes de litre.
1 équivaut à	0	95	700	665	94
2	1	90	800	761	07
3	2	85	900	856	21
4	3	81	1000	951	34
5	4	76	*Centièmes de Pinte*		
6	5	71	1	0	01
7	6	66	2	0	02
8	7	61	3	0	03
9	8	56	4	0	04
10	9	51	5	0	05
20	19	03	6	0	06
30	28	54	7	0	07
40	38	05	8	0	08
50	47	57	9	0	09
60	57	08	10	0	10
70	66	59	20	0	19
80	76	11	25 (ancien setier).	0	24
90	85	62	30	0	29
100	95	13	40	0	38
200	190	27	50 (chopine)	0	48
300	285	40	60	0	57
400	380	54	70	0	67
500	475	67	75 (3 setiers)	0	71
600	570	80	80	0	76
			90	0	86

NOTA. On additionnera cette Table comme les francs et centimes.

Opération.

A convertir en litres ou pintes métriques 125 pintes et 3 setiers ou 75 centièmes de pinte, ancienne mesure de Blois, cherchez :

	Litres.	Centièmes.
100 pintes anciennes, vous aurez	95	13
20 *idem*	19	03
5 *idem*	2	85
3 setiers ou 75 centièmes de pinte	0	71
TOTAL	115	72

Vous aurez 115 litres et 72 centièmes, près de 3/4 de litre.

MESURES DE CAPACITE

DEUXIÈME TABLE, qui convertit les litres ou pintes métriques en anciennes pintes de Blois.

Litres ou Pintes métriques.	Anciennes pintes.	Centièmes.	Litres ou Pintes métriques.	Anciennes pintes.	Centièmes.
1 équivaut à.	1	05	700..........	735	80
2............	2	10	800..........	840	92
3............	3	15	900..........	946	03
4............	4	20	1000.........	1051	15
5............	5	26			
6............	6	31	*Centièmes de litre.*		
7............	7	36	1..........	0	01
8............	8	41	2..........	0	02
9............	9	46	3..........	0	03
10...........	10	51	4..........	0	04
20...........	21	02	5..........	0	05
30...........	31	53	6..........	0	06
40...........	42	05	7..........	0	07
50...........	52	56	8..........	0	08
60...........	63	07	9..........	0	09
70...........	73	58	10..........	0	11
80...........	84	09	20..........	0	21
90...........	94	60	30..........	0	32
100..........	105	11	40..........	0	42
200..........	210	23	50..........	0	53
300..........	315	34	60..........	0	63
400..........	420	46	70..........	0	74
500..........	525	57	80..........	0	84
600..........	630	69	90..........	0	95

Nota. On additionnera cette Table comme les francs et centimes.

Opération.

A convertir en anciennes pintes de Blois 347 litres ou pintes métriques, cherchez :

	Anciennes pintes.	Centièmes.
300 Litres, vous aurez........................	315	54
40 *idem*.................................	42	05
7 *idem*..................................	7	56
TOTAL........................	564	75

Vous aurez 564 pintes anciennes de Blois, et 75 centièmes de pinte, répondant à 3 setiers.

DES PINTES DE BLOIS.

Rapport des 1.re et 2.e Tables.
Opération.
PREMIERE TABLE.

A convertir en litres ou pintes métriques 281 pintes et 3 setiers ou 75 centièmes de pinte, ancienne mesure de Blois ;

	Litres.	Centièmes.
cherchez 200 pintes anciennes, vous aurez.........	190	27
80 idem	76	11
1 idem..	0	95
et 3 setiers ou 75 centièmes de pinte.............	0	71
TOTAL......................	268	04

Le résultat sera 268 litres et 4 centièmes de litre.

Preuve.
DEUXIEME TABLE.

A convertir en anciennes pintes de Blois 268 litres et 4 centièmes ;

	Anciennes pintes.	Centièmes.
cherchez 200 litres, vous aurez...................	210	23
60 idem	63	07
8 idem..	8	41
et 4 centièmes de litre............................	0	04
TOTAL ÉGAL....................	281	75

Le résultat sera 281 pintes anciennes de Blois et 75 centièmes de pinte, équivalant à 3 setiers.

MESURES DE CAPACITE

Opération.

DEUXIEME TABLE.

	Anciennes pintes.	Centièmes.
A convertir en anciennes pintes de Blois 87 litres ;		
80 litres équivalent à........................	84	09
7 *idem*	7	36
TOTAL....................	91	45

Preuve.

PREMIERE TABLE.

	Litres.	Centièmes.
A convertir en litres 91 pintes anciennes de Blois, et 45 centièmes de pinte ;		
90 pintes anciennes équivalent à.............	85	62
1 *idem*	0	95
40 centièmes de pinte à...................	0	38
5 *idem*	0	05
TOTAL ÉGAL....................	87	00

Nota. La manière d'opérer et d'établir les rapports est la même pour toutes les autres pintes.

DES PINTES DE BLOIS.

TROISIÈME TABLE, qui donne le prix du litre ou de la pinte métrique, comparativement au prix de l'ancienne pinte de Blois.

FRANCS.

	Francs.	Centimes.	Centièmes.
à 1 fr. l'ancienne pinte de Blois, le litre vaut........	1	05	11
2..........	2	10	23
3..........	3	15	34
4..........	4	20	46
5..........	5	25	57
6..........	6	30	69
7..........	7	35	80
8..........	8	40	92
9..........	9	46	03
10..........	10	51	15

CENTIMES.

	Francs.	Centimes.	Centièmes.
1..........	0	01	05
2..........	0	02	10
3..........	0	03	15
4..........	0	04	20
5..........	0	05	26
6..........	0	06	31
7..........	0	07	36
8..........	0	08	41
9..........	0	09	46
10..........	0	10	51
20..........	0	21	02
30..........	0	31	53
40..........	0	42	05

CENTIMES.

	Francs.	Centimes.	Centièmes.
50..........	0	52	56
60..........	0	63	07
70..........	0	73	58
80..........	0	84	09
90..........	0	94	60

CENTIÈMES de Centime.

	Francs.	Centimes.	Centièmes.
1..........	0	00	01
2..........	0	00	02
3..........	0	00	03
4..........	0	00	04
5..........	0	00	05
6..........	0	00	06
7..........	0	00	07
8..........	0	00	08
9..........	0	00	09
10..........	0	00	11
20..........	0	00	21
30..........	0	00	32
40..........	0	00	42
50..........	0	00	53
60..........	0	00	63
70..........	0	00	74
80..........	0	00	84
90..........	0	00	95

MESURES DE CAPACITÉ

QUATRIÈME TABLE, qui donne le prix de l'ancienne pinte de *Blois*, comparativement au prix du litre ou de la pinte métrique.

	Francs.	Centimes.	Centièmes.
FRANCS.			
à 1 fr. le litre, l'ancienne pinte de Blois vaut ...	0	95	13
2	1	90	27
3	2	85	40
4	3	80	54
5	4	75	67
6	5	70	80
7	6	65	94
8	7	61	07
9	8	56	21
10	9	51	34
CENTIMES.			
1	0	00	95
2	0	01	90
3	0	02	85
4	0	03	81
5	0	04	76
6	0	05	71
7	0	06	66
8	0	07	61
9	0	08	56
10	0	09	51
20	0	19	03
30	0	28	54
40	0	38	05

	Francs.	Centimes.	Centièmes.
CENTIMES.			
50	0	47	57
60	0	57	08
70	0	66	59
80	0	76	11
90	0	85	62
CENTIÈMES de centime.			
1	0	00	01
2	0	00	02
3	0	00	03
4	0	00	04
5	0	00	05
6	0	00	06
7	0	00	07
8	0	00	08
9	0	00	09
10	0	00	10
20	0	00	19
30	0	00	29
40	0	00	38
50	0	00	48
60	0	00	57
70	0	00	67
80	0	00	76
90	0	00	86

DES PINTES DE VENDOME.

PINTES DE VENDOME.

PREMIÈRE TABLE, qui convertit les anciennes pintes de Vendôme en litres ou pintes métriques.

ANCIENNES PINTES de VENDOME.	Litres ou pintes métriques.	Centièmes de litre.	ANCIENNES PINTES de VENDOME,	Litres ou pintes métriques.	Centièmes de litre.
1 équivaut à.	1	17	800..........	935	75
2............	2	34	900..........	1052	72
3............	3	51	1000..........	1169	69
4............	4	68	**CENTIÈMES DE PINTE.**		
5............	5	85			
6............	7	02	1............	0	01
7............	8	19	2............	0	02
8............	9	36	3............	0	04
9............	10	53	4............	0	05
10............	11	70	5............	0	06
20............	23	39	6............	0	07
30............	35	09	7............	0	08
40............	46	79	8............	0	09
50............	58	48	9............	0	11
60............	70	18	10............	0	12
70............	81	88	20............	0	23
80............	93	58	25.. (setier)	0	29
90............	105	27	30............	0	35
100............	116	97	40............	0	47
200............	233	94	50.. (chopine) ...	0	58
300............	350	91	60............	0	70
400............	467	88	70............	0	82
500............	584	85	75.. (3 setiers) ..	0	88
600............	701	81	80............	0	94
700............	818	78	90............	1	05

Nota. On additionnera cette Table comme les francs et centimes.

MESURES DE CAPACITÉ

DEUXIEME TABLE , qui convertit les litres ou pintes métriques en anciennes pintes de Vendôme.

LITRES ou PINTES MÉTRIQUES.	Anciennes pintes.	Centièmes.	LITRES ou PINTES MÉTRIQUES.	Anciennes pintes.	Centièmes.
1 équivaut à.	0	85	700	598	45
2	1	71	800	683	94
3	2	56	900	769	43
4	3	42	1000	854	93
5	4	27			
6	5	13	Centièmes de litre.		
7	5	98	1	0	01
8	6	84	2	0	02
9	7	69	3	0	03
10	8	55	4	0	03
20	17	10	5	0	04
30	25	65	6	0	05
40	34	20	7	0	06
50	42	75	8	0	07
60	51	30	9	0	08
70	59	84	10	0	09
80	68	39	20	0	17
90	76	94	30	0	26
100	85	49	40	0	34
200	170	99	50	0	43
300	256	48	60	0	51
400	341	97	70	0	60
500	427	46	80	0	68
600	512	96	90	0	77

Nota. On additionnera cette Table comme les francs et centimes.

DES PINTES DE VENDOME.

TROISIEME TABLE, qui donne *le prix du litre ou de la pinte métrique, comparativement au prix de l'ancienne pinte de Vendôme.*

FRANCS.	Francs.	Centimes.	Centièmes.
à 1 fr. l'ancienne pinte de Vendôme, le litre ou la pinte métrique vaut....	0	85	49
2..........	1	70	99
3..........	2	56	46
4..........	3	41	97
5..........	4	27	46
6..........	5	12	96
7..........	5	98	45
8..........	6	83	94
9..........	7	69	43
10..........	8	54	93

CENTIMES.	Francs.	Centimes.	Centièmes.
1..........	0	00	85
2..........	0	01	71
3..........	0	02	56
4..........	0	03	42
5..........	0	04	27
6..........	0	05	13
7..........	0	05	98
8..........	0	06	84
9..........	0	07	69
10..........	0	08	55
20..........	0	17	10
30..........	0	25	65
40..........	0	34	20

CENTIMES.	Francs.	Centimes.	Centièmes.
50..........	0	42	75
60..........	0	51	30
70..........	0	59	84
80..........	0	68	39
90..........	0	76	94

CENTIÈMES de centime.	Francs.	Centimes.	Centièmes.
1..........	0	00	01
2..........	0	00	02
3..........	0	00	03
4..........	0	00	03
5..........	0	00	04
6..........	0	00	05
7..........	0	00	06
8..........	0	00	07
9..........	0	00	08
10..........	0	00	09
20..........	0	00	17
30..........	0	00	26
40..........	0	00	34
50..........	0	00	43
60..........	0	00	51
70..........	0	00	60
80..........	0	00	68
90..........	0	00	77

MESURES DE CAPACITE

QUATRIÈME TABLE, qui donné le prix de l'ancienne pinte de Vendôme, comparativement au prix du litre ou de la pinte metrique.

FRANCS.

à 1 fr. le litre, ou la pinte métriq. l'ancienne pinte de Vendôme v.

FRANCS.	Francs.	Centimes.	Centièmes.
1	1	16	97
2	2	33	94
3	3	50	91
4	4	67	88
5	5	84	85
6	7	01	81
7	8	18	78
8	9	35	75
9	10	52	72
10	11	69	69

CENTIMES.

CENTIMES.	Francs.	Centimes.	Centièmes.
1	0	01	17
2	0	02	34
3	0	03	51
4	0	04	68
5	0	05	85
6	0	07	02
7	0	08	19
8	0	09	36
9	0	10	53
10	0	11	70
20	0	23	39
30	0	35	09
40	0	46	79
50	0	58	48

CENTIMES.

CENTIMES.	Francs.	Centimes.	Centièmes.
60	0	70	18
70	0	81	88
80	0	93	58
90	1	05	27

CENTIÈMES. de centime.

CENTIÈMES de centime.	Francs.	Centimes.	Centièmes.
1	0	00	01
2	0	00	02
3	0	00	04
4	0	00	05
5	0	00	06
6	0	00	07
7	0	00	08
8	0	00	09
9	0	00	11
10	0	00	12
20	0	00	23
30	0	00	35
40	0	00	47
50	0	00	58
60	0	00	70
70	0	00	82
80	0	00	94
90	0	01	05

...ES .... DE MONDOUBLEAU.

PINTES DE MONDOUBLEAU.

PREMIÈRE TABLE, qui convertit les anciennes pintes de Mondoubleau en litres ou pintes métriques.

ANCIENNES PINTES de MONDOUBLEAU.	Litres ou pintes métriques.	Centièmes de litr.
1 équivaut à	1	54
2	3	09
3	4	63
4	6	18
5	7	72
6	9	27
7	10	81
8	12	35
9	13	90
10	15	44
20	30	89
30	46	33
40	61	77
50	77	22
60	92	66
70	108	10
80	123	54
90	138	99
100	154	43
200	308	86
300	463	29
400	617	72
500	772	15
600	926	59
700	1081	02
800	1235	45
900	1389	88
1000	1544	31

CENTIÈMES de PINTE.	Litres ou pintes métriques.	Centièmes de litr.
1	0	02
2	0	03
3	0	05
4	0	06
5	0	08
6	0	09
7	0	11
8	0	12
9	0	14
10	0	15
20	0	31
25 (ancien setier).	0	39
30	0	46
40	0	62
50 (ancienne chop.)	0	77
60	0	93
70	1	08
75 (3 setiers)....	1	16
80	1	24
90	1	39

On additionnera cette Table comme les francs et centimes.

MESURES DE CAPACITE

DEUXIEME TABLE, qui convertit les litres ou pintes métriques en anciennes pintes de Mondoubleau.

LITRES ou PINTES MÉTRIQUES.	Anciennes pintes.	Centièmes.	CENTIÈMES de LITRE.	Anciennes pintes.	Centièmes.
1 équivaut à	0	65	1	0	01
2	1	30	2	0	01
3	1	94	3	0	02
4	2	59	4	0	03
5	3	24	5	0	03
6	3	89	6	0	04
7	4	53	7	0	05
8	5	18	8	0	05
9	5	83	9	0	06
10	6	48	10	0	06
20	12	95	20	0	13
30	19	43	30	0	19
40	25	90	40	0	26
50	32	38	50	0	32
60	38	85	60	0	39
70	45	33	70	0	45
80	51	80	80	0	52
90	58	28	90	0	58
100	64	75			
200	129	51			
300	194	26			
400	259	02			
500	323	77			
600	388	52			
700	453	28			
800	518	03			
900	582	78			
1000	647	54			

Nota. On additionnera cette Table comme les francs et centimes.

DES PINTES DE MONDOUBLEAU.

TROISIÈME TABLE, *qui donne le prix du litre ou de la pinte métrique, comparativement au prix de l'ancienne pinte de Mondoubleau.*

FRANCS.	Francs.	Centimes.	Centièmes.
à 1 fr. l'ancienne pinte de Mondoubleau, le litre ou la pinte métr. vaut.	0	64	75
2	1	29	51
3	1	94	26
4	2	59	02
5	3	23	77
6	3	88	52
7	4	53	28
8	5	18	03
9	5	82	78
10	6	47	54

CENTIMES.	Francs.	Centimes.	Centièmes.
1	0	00	65
2	0	01	30
3	0	01	94
4	0	02	59
5	0	03	24
6	0	03	89
7	0	04	53
8	0	05	18
9	0	05	83
10	0	06	48
20	0	12	95
30	0	19	43
40	0	25	90
50	0	32	38

CENTIMES.	Francs.	Centimes.	Centièmes.
60	0	38	85
70	0	45	33
80	0	51	80
90	0	58	28

CENTIÈMES de centime.	Francs.	Centimes.	Centièmes.
1	0	00	01
2	0	00	01
3	0	00	02
4	0	00	03
5	0	00	03
6	0	00	04
7	0	00	05
8	0	00	05
9	0	00	06
10	0	00	06
20	0	00	13
30	0	00	19
40	0	00	26
50	0	00	32
60	0	00	39
70	0	00	45
80	0	00	52
90	0	00	58

MESURES DE CAPACITE

QUATRIEME TABLE, qui donne le prix de l'ancienne pinte de M........au, comparativement au prix du litre ou de la ..te métrique.

FRANCS.	Francs.	Centimes.	Centièmes.	CENTIMES.	Francs.	Centimes.	Centièmes.
à 1 franc le litre ou la pinte métrique, l'ancienne pinte de Mondoubleauvaut	1	54	43	60............	0	92	66
2............	3	08	86	70............	1	08	10
3............	4	63	29	80............	1	23	54
4............	6	17	72	90............	1	38	99
5............	7	72	15				
6............	9	26	59	CENTIÈMES de centime.			
7............	10	81	02				
8............	12	35	45	1............	0	00	02
9............	13	89	88	2............	0	00	03
10............	15	44	31	3............	0	00	05
CENTIMES.				4............	0	00	06
1............	0	01	54	5............	0	00	08
2............	0	03	09	6............	0	00	09
3............	0	04	63	7............	0	00	11
4............	0	06	18	8............	0	00	12
5............	0	07	72	9............	0	00	14
6............	0	09	27	10............	0	00	15
7............	0	10	81	20............	0	00	31
8............	0	12	35	30............	0	00	46
9............	0	13	90	40............	0	00	62
10............	0	15	44	50............	0	00	77
20............	0	30	89	60............	0	00	93
30............	0	46	33	70............	0	01	08
40............	0	61	77	80............	0	01	24
50............	0	77	22	90............	0	01	39

DES PINTES DE MONTOIRE.

PINTES DE MONTOIRE.

PREMIÈRE TABLE, qui convertit les anciennes pintes de Montoire en litres ou pintes métriques.

ANCIENNES PINTES de MONTOIRE.	Litres ou pintes métriq.	Centièmes de litre	CENTIÈMES de PINTE.	Litres ou pintes métriq.	Centièmes de litre.
1 équivaut à	1	32	1............	0	01
2..........	2	65	2............	0	03
3..........	3	97	3............	0	04
4..........	5	30	4............	0	05
5..........	6	62	5............	0	07
6..........	7	94	6............	0	08
7..........	9	27	7............	0	09
8..........	10	59	8............	0	11
9..........	11	92	9............	0	12
10..........	13	24	10..........	0	13
20..........	26	48	20..........	0	26
30..........	39	72	25 (ancien setier)	0	33
40..........	52	97	30..........	0	40
50..........	66	21	40..........	0	53
60..........	79	45	50 (chopine)...	0	66
70..........	92	69	60..........	0	79
80..........	105	93	70..........	0	93
90..........	119	17	75 (3 setiers)...	0	99
100..........	132	41	80..........	1	06
200..........	264	83	90..........	1	19
300..........	397	24			
400..........	529	65			
500..........	662	06			
600..........	794	48			
700..........	926	89			
800..........	1059	30			
900..........	1191	72			
1000..........	1324	13			

Nota. On additionnera cette Table comme les francs et centimes.

MESURES DE CAPACITÉ

DEUXIÈME TABLE, qui convertit les litres ou pintes métriques en anciennes pintes de Montoire.

LITRES ou PINTES MÉTRIQUES.	Anciennes pintes.	Centièmes.	CENTIÈMES de LITRE.	Anciennes pintes.	Centièmes.
1 équivaut à	0	76	1	0	01
2	1	51	2	0	02
3	2	27	3	0	02
4	3	02	4	0	03
5	3	78	5	0	04
6	4	53	6	0	05
7	5	29	7	0	05
8	6	04	8	0	06
9	6	80	9	0	07
10	7	55	10	0	08
20	15	10	20	0	15
30	22	66	30	0	23
40	30	21	40	0	30
50	37	76	50	0	38
60	45	31	60	0	45
70	52	86	70	0	53
80	60	42	80	0	60
90	67	97	90	0	68
100	75	52			
200	151	04			
300	226	56			
400	302	09			
500	377	61			
600	453	13			
700	528	65			
800	604	17			
900	679	69			
1000	755	21			
2000	1510	43			

Nota. On additionnera cette Table comme les francs et centimes.

DES PINTES DE MONTOIRE.

ROISIEME TABLE, qui donne le prix du litre ou
le la pinte métrique, comparativement au prix de
l'ancienne pinte de Montoire.

FRANCS.

franc l'ancienne
nte de Montoire,
litre ou la pinte
étrique vaut....

	Francs.	Centimes.	Centièmes.
franc ... vaut....	0	75	52
2..............	1	51	04
3..............	2	26	56
4..............	3	02	09
5..............	3	77	61
6..............	4	53	13
7..............	5	28	65
8..............	6	04	17
9..............	6	79	69
10.............	7	55	21

CENTIMES.

	Francs.	Centimes.	Centièmes.
1..............	0	00	76
2..............	0	01	51
3..............	0	02	27
4..............	0	03	02
5..............	0	03	78
6..............	0	04	53
7..............	0	05	29
8..............	0	06	04
9..............	0	06	80
10.............	0	07	55
20.............	0	15	10
30.............	0	22	66
40.............	0	30	21
50.............	0	37	76
60.............	0	45	31
70.............	0	52	86
80.............	0	60	42
90.............	0	67	97

CENTIÈMES de centime.

	Francs.	Centimes.	Centièmes.
1..............	0	00	01
2..............	0	00	02
3..............	0	00	02
4..............	0	00	03
5..............	0	00	04
6..............	0	00	05
7..............	0	00	05
8..............	0	00	06
9..............	0	00	07
10.............	0	00	08
20.............	0	00	15
30.............	0	00	23
40.............	0	00	30
50.............	0	00	38
60.............	0	00	45
70.............	0	00	53
80.............	0	00	60
90.............	0	00	68

MESURES DE CAPACITÉ

QUATRIÈME TABLE, qui donne le prix de l'ancienne pinte de Montoire, comparativement au prix du litre ou de la pinte métrique.

FRANCS.	Francs.	Centimes.	Centièmes.
à 1 franc le litre ou la pinte métrique, l'ancienne pinte de Montoire vaut.....	1	32	41
2.............	2	64	83
3.............	3	97	24
4.............	5	29	65
5.............	6	62	06
6.............	7	94	48
7.............	9	26	89
8.............	10	59	30
9.............	11	91	72
10.............	13	24	13

CENTIMES.	Francs.	Centimes.	Centièmes.
1.............	0	01	32
2.............	0	02	65
3.............	0	03	97
4.............	0	05	30
5.............	0	06	62
6.............	0	07	94
7.............	0	09	27
8.............	0	10	59
9.............	0	11	92
10.............	0	13	24
20.............	0	26	48
30.............	0	39	72
40.............	0	52	97
50.............	0	66	21
60.............	0	79	45
70.............	0	92	69
80.............	1	05	93
90.............	1	19	17

CENTIÈMES de centime.	Francs.	Centimes.	Centièmes.
1.............	0	00	01
2.............	0	00	03
3.............	0	00	04
4.............	0	00	05
5.............	0	00	07
6.............	0	00	08
7.............	0	00	09
8.............	0	00	11
9.............	0	00	12
10.............	0	00	13
20.............	0	00	26
30.............	0	00	40
40.............	0	00	53
50.............	0	00	66
60.............	0	00	79
70.............	0	00	93
80.............	0	01	06
90.............	0	01	19

PINTES D'OUCQUES.

PREMIERE TABLE , qui convertit les anciennes pintes d'Oucques en litres ou pintes métriques.

ANCIENNES PINTES D'OUCQUES	Litres ou pintes métriq.	Centièmes de litre.	CENTIÈMES de PINTE.	Litres ou Pintes métriq.	Centièmes de litre
1 équivaut à	1	48	1............	0	01
2............	2	96	2............	0	03
3............	4	44	3............	0	04
4............	5	92	4............	0	06
5............	7	40	5............	0	07
6............	8	87	6............	0	09
7............	10	35	7............	0	10
8............	11	83	8............	0	12
9............	13	31	9............	0	13
10............	14	79	10............	0	15
20............	29	58	20............	0	30
30............	44	37	25 (ancien setier).	0	37
40............	59	17	30............	0	44
50............	73	96	40............	0	59
60............	88	75	50. (chopine).	0	74
70............	103	54	60............	0	89
80............	118	33	70............	1	04
90............	133	12	75. (3 setiers).	1	11
100............	147	91	80............	1	18
200............	295	83	90............	1	33
300............	443	74			
400............	591	66			
500............	739	57			
600............	887	48			
700............	1035	40			
800............	1183	31			
900............	1331	22			
1000............	1479	14			

Nota. On additionnera cette table comme les francs et centimes.

MESURES DE CAPACITE

DEUXIEME TABLE, *qui convertit les litres ou pintes metriques en anciennes pintes d'Oucques.*

LITRES ou PINTES MÉTRIQUES.	Anciennes pintes.	Centièmes.	CENTIÈMES de LITRE.	Anciennes pintes.	Centièmes.
1 équivaut à	0	68	1	0	01
2	1	35	2	0	01
3	2	03	3	0	02
4	2	70	4	0	03
5	3	38	5	0	03
6	4	06	6	0	04
7	4	73	7	0	05
8	5	41	8	0	05
9	6	08	9	0	06
10	6	76	10	0	07
20	13	52	20	0	14
30	20	28	30	0	20
40	27	04	40	0	27
50	33	80	50	0	34
60	40	56	60	0	41
70	47	32	70	0	47
80	54	09	80	0	54
90	60	85	90	0	61
100	67	61			
200	135	21			
300	202	82			
400	270	43			
500	338	03			
600	405	64			
700	473	25			
800	540	86			
900	608	46			
1000	676	07			

Nota. On additionnera cette table comme les francs et centimes.

DES PINTES D'OUCQUES.

TROISIEME TABLE, qui donne le prix du litre ou de la pinte métrique, comparativement au prix de l'ancienne pinte d'Oucques.

FRANCS.	Francs.	Centimes.	Centièmes.
à 1 fr. l'ancienne pinte d'Oucques, le litre ou la pinte métrique vaut..	0	67	61
2............	1	35	21
3............	2	02	82
4............	2	70	43
5............	3	38	03
6............	4	05	64
7............	4	73	25
8............	5	40	86
9............	6	08	46
10...........	6	76	07

CENTIMES.	Francs.	Centimes.	Centièmes.
1............	0	00	68
2............	0	01	35
3............	0	02	03
4............	0	02	70
5............	0	03	38
6............	0	04	06
7............	0	04	73
8............	0	05	41
9............	0	06	08
10...........	0	06	76
20...........	0	13	52
30...........	0	20	28
40...........	0	27	04

CENTIMES.	Francs.	Centimes.	Centièmes.
50..........	0	33	80
60..........	0	40	56
70..........	0	47	32
80..........	0	54	09
90..........	0	60	85

CENTIÈMES de centime.	Francs.	Centimes.	Centièmes.
1............	0	00	01
2............	0	00	01
3............	0	00	02
4............	0	00	03
5............	0	00	03
6............	0	00	04
7............	0	00	05
8............	0	00	05
9............	0	00	06
10...........	0	00	07
20...........	0	00	14
30...........	0	00	20
40...........	0	00	27
50...........	0	00	34
60...........	0	00	41
70...........	0	00	47
80...........	0	00	54
90...........	0	00	61

MESURES DE CAPACITE

QUATRIEME TABLE, *qui donne le prix de l'ancienne pinte d'Oucques , comparativement au prix du litre ou de la pinte métrique.*

FRANCS.	Francs.	Centimes.	Centièmes.
à 1 fr. le litre ou la pinte métrique , l'ancienne pinte d'Oucques vaut..	1	47	91
2............	2	95	83
3..........	4	43	74
4..........	5	91	66
5..........	7	39	57
6............	8	87	48
7..........	10	35	40
8..........	11	83	31
9..........	13	31	22
10..........	14	79	14

CENTIMES.	Francs.	Centimes.	Centièmes.
1............	0	01	48
2..........	0	02	96
3..........	0	04	44
4..........	0	05	92
5..........	0	07	40
6..........	0	08	87
7..........	0	10	35
8..........	0	11	83
9..........	0	13	31
10..........	0	14	79
20..........	0	29	58
30..........	0	44	37
40..........	0	59	17
50..........	0	73	96

CENTIMES.	Francs.	Centimes.	Centièmes.
60............	0	88	75
70..........	1	03	54
80..........	1	18	33
90..........	1	33	12

CENTIÈMES de centime.	Francs.	Centimes.	Centièmes.
1............	0	00	01
2..........	0	00	03
3..........	0	00	04
4..........	0	00	06
5..........	0	00	07
6..........	0	00	09
7..........	0	00	10
8..........	0	00	12
9..........	0	00	13
10..........	0	00	15
20..........	0	00	30
30..........	0	00	44
40..........	0	00	59
50..........	0	00	74
60..........	0	00	89
70..........	0	01	04
80..........	0	01	18
90..........	0	01	33

PINTES D'ONZAIN.

PREMIERE TABLE, qui convertit les anciennes pintes d'Onzain en litres ou pintes métriques.

ANCIENNES PINTES D'ONZAIN.	Litres ou pintes métriques.	Centièmes de litr.	CENTIÈMES de PINTE.	Litres ou pintes métriques.	Centièmes de litr.
1 équivaut à	1	52	1	0	02
2	3	03	2	0	03
3	4	55	3	0	05
4	6	06	4	0	06
5	7	58	5	0	08
6	9	10	6	0	09
7	10	61	7	0	11
8	12	13	8	0	12
9	13	65	9	0	14
10	15	16	10	0	15
20	30	32	20	0	30
30	45	49	25 (ancien setier)	0	38
40	60	65	30	0	45
50	75	81	40	0	61
60	90	97	50 (ancienne chop.)	0	76
70	106	14	60	0	91
80	121	30	70	1	06
90	136	46	75 (3 setiers)	1	14
100	151	62	80	1	21
200	303	25	90	1	36
300	454	87			
400	606	49			
500	758	11			
600	909	74			
700	1061	36			
800	1212	98			
900	1364	60			
1000	1516	23			

On additionnera cette Table comme les francs et centimes.

MESURES DE CAPACITÉ

DEUXIÈME TABLE, qui convertit les litres ou pintes métriques en anciennes pintes d'Onzain.

LITRES ou PINTES MÉTRIQUES.	Anciennes pintes.	Centièmes.	LITRES ou PINTES MÉTRIQUES.	Anciennes pintes.	Centièmes.
1 équivaut à	0	66	700.........	461	67
2..........	1	32	800.........	527	63
3..........	1	98	900.........	593	58
4..........	2	64	1000.........	659	53
5..........	3	30			
6..........	3	96	Centièmes de litre.		
7..........	4	62	1..........	0	01
8..........	5	28	2..........	0	01
9..........	5	94	3..........	0	02
10..........	6	60	4..........	0	03
20..........	13	19	5..........	0	03
30..........	19	79	6..........	0	04
40..........	26	38	7..........	0	05
50..........	32	98	8..........	0	05
60..........	39	57	9..........	0	06
70..........	46	17	10..........	0	07
80..........	52	76	20..........	0	13
90..........	59	36	30..........	0	20
100 équivaut à	65	95	40..........	0	26
200..........	131	91	50..........	0	33
300..........	197	86	60..........	0	40
400..........	263	81	70..........	0	46
500..........	329	77	80..........	0	53
600..........	395	72	90..........	0	59

Nota. On additionnera cette Table comme les francs et centimes.

DES PINTES D'ONZAIN.

TROISIEME TABLE, qui donne le prix du litre ou de la pinte métrique, comparativement au prix de l'ancienne pinte d'Onzain.

FRANCS.	Francs.	Centimes.	Centièmes.
à 1 fr. l'ancienne pinte d'Onzain, le litre ou la pinte métrique vaut....	0	65	95
2..........	1	31	91
3..........	1	97	86
4..........	2	63	81
5..........	3	29	77
6..........	3	95	72
7..........	4	61	67
8..........	5	27	63
9..........	5	93	58
10..........	6	59	53

CENTIMES.	Francs.	Centimes.	Centièmes.
1..........	0	00	66
2..........	0	01	32
3..........	0	01	98
4..........	0	02	64
5..........	0	03	30
6..........	0	03	96
7..........	0	04	62
8..........	0	05	28
9..........	0	05	94
10..........	0	06	60
20..........	0	13	19
30..........	0	19	79
40..........	0	26	38
50..........	0	32	98

CENTIMES.	Francs.	Centimes.	Centièmes.
60..........	0	39	57
70..........	0	46	17
80..........	0	52	76
90..........	0	59	36

CENTIÈMES de centime.	Francs.	Centimes.	Centièmes.
1..........	0	00	01
2..........	0	00	01
3..........	0	00	02
4..........	0	00	03
5..........	0	00	03
6..........	0	00	04
7..........	0	00	05
8..........	0	00	05
9..........	0	00	06
10..........	0	00	07
20..........	0	00	13
30..........	0	00	20
40..........	0	00	26
50..........	0	00	33
60..........	0	00	40
70..........	0	00	46
80..........	0	00	53
90..........	0	00	59

MESURES DE CAPACITE

QUATRIEME TABLE, qui donne le prix de l'ancienne pinte d'Onzain, comparativement au prix du litre ou de la pinte métrique.

FRANCS.	Francs.	Centimes.	Centièmes.
à 1 fr. le litre ou la pinte métrique, l'ancienne pinte d'Onzain vaut...	1	51	62
2	3	03	25
3	4	54	87
4	6	06	49
5	7	58	11
6	9	09	74
7	10	61	36
8	12	12	98
9	13	64	60
10	15	16	23

CENTIMES	Francs.	Centimes.	Centièmes.
1	0	01	52
2	0	03	03
3	0	04	55
4	0	06	06
5	0	07	58
6	0	09	10
7	0	10	61
8	0	12	13
9	0	13	65
10	0	15	16
20	0	30	32
30	0	45	49
40	0	60	65
50	0	75	81

CENTIMES.	Francs.	Centimes.	Centièmes.
60	0	90	97
70	1	06	14
80	1	21	30
90	1	36	46

CENTIÈMES de centime.	Francs.	Centimes.	Centièmes.
1	0	00	02
2	0	00	03
3	0	00	05
4	0	00	06
5	0	00	08
6	0	00	09
7	0	00	11
8	0	00	12
9	0	00	14
10	0	00	15
20	0	00	30
30	0	00	45
40	0	00	61
50	0	00	76
60	0	00	91
70	0	01	06
80	0	01	21
90	0	01	36

DES PINTES DE CONTRES

PINTES DE CONTRES.

PREMIERE TABLE, qui convertit les anciennes pintes de Contres en litres ou pintes métriques.

Anciennes pintes de Contres.	Litres ou pintes métriques.	Centièmes de litre.	Anciennes pintes de Contres,	Litres ou pintes métriques.	Centièmes de litre.
1 équivaut à.	1	51	800............	1211	46
2............	3	03	900............	1362	89
3............	4	54	1000...........	1514	32
4............	6	06			
5............	7	57	CENTIÈMES DE PINTE.		
6............	9	09	1............	0	02
7............	10	60	2............	0	03
8............	12	11	3............	0	05
9............	13	63	4............	0	06
10...........	15	14	5............	0	08
20...........	30	29	6............	0	09
30...........	45	43	7............	0	11
40...........	60	57	8............	0	12
50...........	75	72	9............	0	14
60...........	90	86	10...........	0	15
70...........	106	00	20...........	0	30
80...........	121	15	25.. (setier)....	0	38
90...........	136	29	30...........	0	45
100..........	151	43	40...........	0	61
200..........	302	86	50.. (chopine)...	0	76
300..........	454	30	60...........	0	91
400..........	605	73	70...........	1	06
500..........	757	16	75.. (3 setiers)..	1	14
600..........	908	59	80...........	1	21
700..........	1060	02	90...........	1	36

Nota. On additionnera cette Table comme les francs et centimes.

MESURES DE CAPACITE

DEUXIEME TABLE, qui convertit les litres ou pintes métriques en anciennes pintes de Contres.

LITRES ou PINTES MÉTRIQUES.	Anciennes pintes.	Centièmes.	CENTIÈMES de LITRE.	Anciennes pintes.	Centièmes.
1 équivaut à	0	66	1.............	0	01
2.............	1	32	2.............	0	01
3.............	1	98	3.............	0	02
4.............	2	64	4.............	0	03
5.............	3	30	5.............	0	03
6.............	3	96	6.............	0	04
7.............	4	62	7.............	0	05
8.............	5	28	8.............	0	05
9.............	5	94	9.............	0	06
10.............	6	60	10.............	0	07
20.............	13	21	20.............	0	13
30.............	19	81	30.............	0	20
40.............	26	41	40.............	0	26
50.............	33	02	50.............	0	33
60.............	39	62	60.............	0	40
70.............	46	23	70.............	0	46
80.............	52	83	80.............	0	53
90.............	59	43	90.............	0	59
100.............	66	04			
200.............	132	07			
300.............	198	11			
400.............	264	14	*Nota.* On additionnera cette Table comme les francs et centimes.		
500.............	330	18			
600.............	396	22			
700.............	462	25			
800.............	528	29			
900.............	594	33			
1000.............	660	36			

DES PINTES DE CONTRES.

TROISIÈME TABLE, qui donne le prix du litre ou de la pinte métrique, comparativement au prix de l'ancienne pinte de Contres.

FRANCS.

	Francs.	Centimes.	Centièmes.
à 1 fr. l'ancienne pinte de Contres, le litre ou la pinte métrique vaut...	0	66	04
2..............	1	32	07
3..............	1	98	11
4..............	2	64	14
5..............	3	30	18
6..............	3	96	22
7..............	4	62	25
8..............	5	28	29
9..............	5	94	33
10.............	6	60	36

CENTIMES.

	Francs.	Centimes.	Centièmes.
1..............	0	00	66
2..............	0	01	32
3..............	0	01	98
4..............	0	02	64
5..............	0	03	30
6..............	0	03	96
7..............	0	04	62
8..............	0	05	28
9..............	0	05	94
10.............	0	06	60
20.............	0	13	21
30.............	0	19	81
40.............	0	26	41
50.............	0	33	02

CENTIMES.

	Francs.	Centimes.	Centièmes.
60.............	0	39	62
70.............	0	46	23
80.............	0	52	83
90.............	0	59	43

CENTIÈMES de centime.

	Francs.	Centimes.	Centièmes.
1..............	0	00	01
2..............	0	00	01
3..............	0	00	02
4..............	0	00	03
5..............	0	00	03
6..............	0	00	04
7..............	0	00	05
8..............	0	00	05
9..............	0	00	06
10.............	0	00	07
20.............	0	00	13
30.............	0	00	20
40.............	0	00	26
50.............	0	00	33
60.............	0	00	40
70.............	0	00	46
80.............	0	00	53
90.............	0	00	59

MESURES DE CAPACITE

QUATRIEME TABLE, qui donne le prix de l'ancienne pinte de Contres, comparativement au prix du litre ou de la pinte métrique.

FRANCS.	Francs.	Centimes.	Centièmes.	CENTIMES.	Francs.	Centimes.	Centièmes.
à 1 fr. le litre ou la pinte métrique, l'ancienne pinte de Contres vaut. 1	1	51	43	60............	0	90	86
2..........	3	02	86	70............	1	06	00
3..........	4	54	30	80............	1	21	15
4..........	6	05	73	90............	1	36	29
5..........	7	57	16				
6..........	9	08	59				
7..........	10	60	02	CENTIÈMES de centime.			
8..........	12	11	46				
9..........	13	62	89	1............	0	00	02
10..........	15	14	32	2............	0	00	03
CENTIMES				3............	0	00	05
				4............	0	00	06
1..........	0	01	51	5............	0	00	08
2..........	0	03	03	6............	0	00	09
3..........	0	04	54	7............	0	00	11
4..........	0	06	06	8............	0	00	12
5..........	0	07	57	9............	0	00	14
6..........	0	09	09	10............	0	00	15
7..........	0	10	60	20............	0	00	30
8..........	0	12	11	30............	0	00	45
9..........	0	13	63	40............	0	00	61
10..........	0	15	14	50............	0	00	76
20..........	0	30	29	60............	0	00	91
30..........	0	45	43	70............	0	01	06
40..........	0	60	57	80............	0	01	21
50..........	0	75	72	90............	0	01	36

PINTES DE MONTRICHARD.

PREMIERE TABLE, *qui convertit les anciennes pintes de Montrichard en litres ou pintes métriques.*

ANCIENNES PINTES de MONTRICHARD,	Litres ou pintes métriq.	Centièmes de litre.	CENTIÈMES de PINTE	Litres ou pintes métriq.	Centièmes de litre.
1 équivaut à	1	19	1............	0	01
2..........	2	39	2............	0	02
3..........	3	58	3............	0	04
4..........	4	78	4............	0	05
5..........	5	97	5............	0	06
6..........	7	16	6............	0	07
7..........	8	36	7............	0	08
8..........	9	55	8............	0	10
9..........	10	75	9............	0	11
10..........	11	94	10..........	0	12
20..........	23	88	20..........	0	24
30..........	35	82	25 (ancien setier)	0	30
40..........	47	76	30..........	0	36
50..........	59	70	40..........	0	48
60..........	71	64	50 (chopine)...	0	60
70..........	83	59	60..........	0	72
80..........	95	53	70..........	0	84
90..........	107	47	75 (3 setiers)...	0	90
100..........	119	41	80..........	0	96
200..........	238	81	90..........	1	07
300..........	358	22			
400..........	477	63			
500..........	597	04			
600..........	716	44			
700..........	835	85			
800..........	955	26			
900..........	1074	66			
1000..........	1194	07			

Nota. On additionnera cette Table comme les francs et centimes.

MESURES DE CAPACITE

DEUXIEME TABLE, *qui convertit les litres ou pintes métriques en anciennes pintes de Montrichard.*

LITRES ou PINTES MÉTRIQUES.	Anciennes pintes.	Centièmes.	CENTIÈMES de LITRE.	Anciennes pintes.	Centièmes.
1 équivaut à	0	84	1	0	01
2	1	67	2	0	02
3	2	51	3	0	03
4	3	35	4	0	03
5	4	19	5	0	04
6	5	02	6	0	05
7	5	86	7	0	06
8	6	70	8	0	07
9	7	54	9	0	08
10	8	37	10	0	08
20	16	75	20	0	17
30	25	12	30	0	25
40	33	50	40	0	33
50	41	87	50	0	42
60	50	25	60	0	50
70	58	62	70	0	59
80	67	00	80	0	67
90	75	37	90	0	75
100	83	75			
200	167	49			
300	251	24			
400	334	99			
500	418	74			
600	502	48			
700	586	23			
800	669	98			
900	753	72			
1000	837	47			

Nota. On additionnera cette Table comme les francs et centimes.

DES PINTES DE MONTRICHARD.

TROISIEME TABLE, qui donne le prix du litre ou de la pinte métrique, comparativement au prix de l'ancienne pinte de Montrichard.

FRANCS.

à 1 fr. l'ancienne pinte de Montrichard, le litre ou la pinte métrique vaut....	Francs.	Centimes.	Centièmes.
	0	83	75
2............	1	67	49
3............	2	51	24
4............	3	34	99
5............	4	18	74
6............	5	02	48
7............	5	86	23
8............	6	69	98
9............	7	53	72
10............	8	37	47

CENTIMES.

	Francs.	Centimes.	Centièmes.
1............	0	00	84
2............	0	01	67
3............	0	02	51
4............	0	03	35
5............	0	04	19
6............	0	05	02
7............	0	05	86
8............	0	06	70
9............	0	07	54
10............	0	08	37
20............	0	16	75
30............	0	25	12
40............	0	33	50
50............	0	41	87
60............	0	50	25
70............	0	58	62
80............	0	67	00
90............	0	75	37

CENTIÈMES de centime.

	Francs.	Centimes.	Centièmes.
1............	0	00	01
2............	0	00	02
3............	0	00	03
4............	0	00	03
5............	0	00	04
6............	0	00	05
7............	0	00	06
8............	0	00	07
9............	0	00	08
10............	0	00	08
20............	0	00	17
30............	0	00	25
40............	0	00	33
50............	0	00	42
60............	0	00	50
70............	0	00	59
80............	0	00	67
90............	0	00	75

MESURES DE CAPACITÉ

QUATRIÈME TABLE, *qui donne le prix de l'ancienne pinte de Montrichard, comparativement au prix du litre ou de la pinte métrique.*

FRANCS.	Francs.	Centimes.	Centièmes.
à 1 fr. le litre, ou la pinte métrique, l'ancienne pinte de Montrichard vaut.	1	19	41
2................	2	38	81
3................	3	58	22
4................	4	77	63
5................	5	97	04
6................	7	16	44
7................	8	35	85
8................	9	55	26
9................	10	74	66
10................	11	94	07

CENTIMES.	Francs.	Centimes.	Centièmes.
1................	0	01	19
2................	0	02	39
3................	0	03	58
4................	0	04	78
5................	0	05	97
6................	0	07	16
7................	0	08	36
8................	0	09	55
9................	0	10	75
10................	0	11	94
20................	0	23	88
30................	0	35	82
40................	0	47	76
50................	0	59	70

CENTIMES.	Francs.	Centimes.	Centièmes.
60................	0	71	64
70................	0	83	59
80................	0	95	53
90................	1	07	47

CENTIÈMES de centime.	Francs.	Centimes.	Centièmes.
1................	0	00	01
2................	0	00	02
3................	0	00	04
4................	0	00	05
5................	0	00	06
6................	0	00	07
7................	0	00	08
8................	0	00	10
9................	0	00	11
10................	0	00	12
20................	0	00	24
30................	0	00	36
40................	0	00	48
50................	0	00	60
60................	0	00	72
70................	0	00	84
80................	0	00	96
90................	0	01	07

PINTES DE ROMORANTIN.

PREMIÈRE TABLE, qui convertit les anciennes pintes de Romorantin, en litres ou pintes métriques.

ANCIENNES PINTES de Romorantin.	Litres ou pintes métriq.	Centièmes de litre.	ANCIENNES PINTES de Romorantin.	Litres ou pintes métriq.	Centièmes de litre.
1 équivaut à	1	07	700..........	747	03
2...........	2	13	800..........	853	75
3...........	3	20	900..........	960	47
4...........	4	27	1000..........	1067	19
5...........	5	34	Centièmes de Pinte.		
6...........	6	40	1...........	0	01
7...........	7	47	2...........	0	02
8...........	8	54	3...........	0	03
9...........	9	60	4...........	0	04
10...........	10	67	5...........	0	05
20...........	21	34	6...........	0	06
30...........	32	02	7...........	0	07
40...........	42	69	8...........	0	09
50...........	53	36	9...........	0	10
60...........	64	03	10...........	0	11
70...........	74	70	20...........	0	21
80...........	85	37	25 (ancien setier).	0	27
90...........	96	05	30...........	0	32
100...........	106	72	40...........	0	43
200...........	213	44	50 (chopine)....	0	53
300...........	320	16	60...........	0	64
400...........	426	87	70...........	0	75
500...........	533	59	75 (3 setiers)....	0	80
600...........	640	31	80...........	0	85
			90...........	0	96

NOTA. On additionnera cette Table comme les francs et centimes.

MESURES DE CAPACITÉ

DEUXIÈME TABLE, qui convertit les litres ou pintes métriques, en anciennes pintes de Romorantin.

Litres ou Pintes métriques.	Anciennes Pintes.	Centièmes.	Litres ou Pintes métriques.	Anciennes Pintes.	Centièmes.
1 équivaut à .	0	94	700..........	655	93
2.............	1	87	800..........	749	64
3.............	2	81	900..........	843	34
4.............	3	75	1000.........	937	04
5.............	4	69			
6.............	5	62	Centièmes de Litre.		
7.............	6	56	1.............	0	01
8.............	7	50	2.............	0	02
9.............	8	43	3.............	0	03
10............	9	37	4.............	0	04
20............	18	74	5.............	0	05
30............	28	11	6.............	0	06
40............	37	48	7.............	0	07
50............	46	85	8.............	0	07
60............	56	22	9.............	0	08
70............	65	59	10............	0	09
80............	74	96	20............	0	19
90............	84	33	30............	0	28
100...........	93	70	40............	0	37
200...........	187	41	50............	0	47
300...........	281	11	60............	0	56
400...........	374	82	70............	0	66
500...........	468	52	80............	0	75
600...........	562	23	90............	0	84

Nota. On additionnera cette Table comme les francs et centimes.

DES PINTES DE ROMORANTIN.

TROISIEME TABLE, qui donne le prix du litre ou de la pinte métrique, comparativement au prix de l'ancienne pinte de Romorantin.

FRANCS.	Francs.	Centimes.	Centièmes.
à 1 fr. l'ancienne pinte de Romorantin, le litre ou la pinte métrique vaut....	0	93	70
2.........	1	87	41
3.........	2	81	11
4.........	3	74	82
5.........	4	68	52
6.........	5	62	23
7.........	6	55	93
8.........	7	49	64
9.........	8	43	34
10.........	9	37	04

CENTIMES.	Francs.	Centimes.	Centièmes.
1.........	0	00	94
2.........	0	01	87
3.........	0	02	81
4.........	0	03	75
5.........	0	04	69
6.........	0	05	62
7.........	0	06	56
8.........	0	07	50
9.........	0	08	43
10.........	0	09	37
20.........	0	18	74
30.........	0	28	11
40.........	0	37	48
50.........	0	46	85

CENTIMES.	Francs.	Centimes.	Centièmes.
60.........	0	56	22
70.........	0	65	59
80.........	0	74	96
90.........	0	84	33

CENTIÈMES de centime.	Francs.	Centimes.	Centièmes.
1.........	0	00	01
2.........	0	00	02
3.........	0	00	03
4.........	0	00	04
5.........	0	00	05
6.........	0	00	06
7.........	0	00	07
8.........	0	00	07
9.........	0	00	08
10.........	0	00	09
20.........	0	00	19
30.........	0	00	28
40.........	0	00	37
50.........	0	00	47
60.........	0	00	56
70.........	0	00	66
80.........	0	00	75
90.........	0	00	84

MESURES DE CAPACITÉ

QUATRIEME TABLE, *qui donne le prix de l'ancienne pinte de Romorantin, comparativement au prix du litre ou de la pinte métrique.*

FRANCS.	Francs.	Centimes.	Centièmes.
à 1 fr. le litre ou la pinte métrique, l'ancienne pinte de Romorantin vaut.	1	06	72
2	2	13	44
3	3	20	16
4	4	26	87
5	5	33	59
6	6	40	31
7	7	47	03
8	8	53	75
9	9	60	47
10	10	67	19

CENTIMES.	Francs.	Centimes.	Centièmes.
1	0	01	07
2	0	02	13
3	0	03	20
4	0	04	27
5	0	05	34
6	0	06	40
7	0	07	47
8	0	08	54
9	0	09	60
10	0	10	67
20	0	21	34
30	0	32	02
40	0	42	69
50	0	53	36

CENTIMES.	Francs.	Centimes.	Centièmes.
60	0	64	03
70	0	74	70
80	0	85	37
90	0	96	05

CENTIÈMES de centime.	Francs.	Centimes.	Centièmes.
1	0	00	01
2	0	00	02
3	0	00	03
4	0	00	04
5	0	00	05
6	0	00	06
7	0	00	07
8	0	00	09
9	0	00	10
10	0	00	11
20	0	00	21
30	0	00	32
40	0	00	43
50	0	00	53
60	0	00	64
70	0	00	75
80	0	00	85
90	0	00	96

DES PINTES DE SELLES-SUR-CHER.

PINTES DE SELLES-SUR-CHER.

PREMIERE TABLE, qui convertit les anciennes pintes de Selles-sur-Cher en litres ou pintes métriques.

Anciennes Pintes de Selles-sur-Cher.	Litres ou pintes métriques.	Centièmes de litre.	Anciennes Pintes de Selles-sur-Cher.	Litres ou pintes métriques.	Centièmes de litre.
1 équivaut à.	1	05	800.........	841	29
2............	2	10	900.........	946	45
3............	3	15	1000.........	1051	61
4............	4	21	Centièmes de pinte.		
5............	5	26			
6............	6	31	1............	0	01
7............	7	36	2............	0	02
8............	8	41	3............	0	03
9............	9	46	4............	0	04
10............	10	52	5............	0	05
20............	21	03	6............	0	06
30............	31	55	7............	0	07
40............	42	06	8............	0	08
50............	52	58	9............	0	09
60............	63	10	10............	0	11
70............	73	61	20............	0	21
80............	84	13	25 (ancien set.r)	0	26
90............	94	65	30............	0	32
100............	105	16	40............	0	42
200............	210	32	50 (chopine)..	0	53
300............	315	48	60............	0	63
400............	420	65	70............	0	74
500............	525	81	75 (3 setiers).	0	79
600............	630	97	80............	0	84
700............	736	13	90............	0	95

Nota. On additionnera cette table comme les francs et centimes.

MESURES DE CAPACITE

DEUXIEME TABLE, qui convertit les litres ou pintes métriques en anciennes pintes de Selles-sur-Cher.

LITRES ou PINTES MÉTRIQUES.	Anciennes pintes.	Centièmes.	LITRES ou PINTES MÉTRIQUES.	Anciennes pintes.	Centièmes.
1 équivaut à..	0	95	700..........	665	64
2............	1	90	800..........	760	74
3............	2	85	900..........	855	83
4............	3	80	1000.........	950	92
5............	4	75			
6............	5	71	Centièmes de litre.		
7............	6	66	1............	0	01
8............	7	61	2............	0	02
9............	8	56	3............	0	03
10...........	9	51	4............	0	04
20...........	19	02	5............	0	05
30...........	28	53	6............	0	06
40...........	38	04	7............	0	07
50...........	47	55	8............	0	08
60...........	57	06	9............	0	09
70...........	66	56	10...........	0	10
80...........	76	07	20...........	0	19
90...........	85	58	30...........	0	29
100..........	95	09	40...........	0	38
200..........	190	18	50...........	0	48
300..........	285	28	60...........	0	57
400..........	380	37	70...........	0	67
500..........	475	46	80...........	0	76
600..........	570	55	90...........	0	86

Nota. On additionnera cette Table comme les francs et centimes.

DES PINTES DE SELLES-SUR-CHER.

TROISIÈME TABLE, qui donne le prix du litre ou de la pinte métrique, comparativement au prix de l'ancienne pinte de Selles-sur-Cher.

FRANCS.	Francs.	Centimes.	Centièmes.	CENTIMES.	Francs.	Centimes.	Centièmes.
à 1 fr. l'ancienne pinte de Selles-sur-Cher, le litre ou la pinte métriq. vaut.	0	95	09	60	0	57	06
2	1	90	18	70	0	66	56
3	2	85	28	80	0	76	07
4 . . . . ,	3	80	37	90	0	85	58
5	4	75	46				
6	5	70	55	**CENTIÈMES de centime.**			
7	6	65	64	1	0	00	01
8	7	60	74	2	0	00	02
9	8	55	83	3	0	00	03
10	9	50	92	4	0	00	04
CENTIMES				5	0	00	05
1	0	00	95	6	0	00	06
2	0	01	90	7	0	00	07
3	0	02	85	8	0	00	08
4	0	03	80	9	0	00	09
5	0	04	75	10	0	00	10
6	0	05	71	20	0	00	19
7	0	06	66	30	0	00	29
8	0	07	61	40	0	00	38
9	0	08	56	50	0	00	48
10	0	09	51	60	0	00	57
20	0	19	02	70	0	00	67
30	0	28	53	80	0	00	76
40	0	38	04	90	0	00	86
50	0	47	55				

MESURES DE CAPACITE.

QUATRIÈME TABLE, qui donne le prix de l'ancienne pinte de Selles-snr-Cher, comparativement au prix du litre ou de la pinte métrique.

FRANCS.

	Francs.	Centimes.	Centièmes.
à 1 fr. le litre, ou la pinte métrique, l'ancienne pinte de Selles-sur-Cher vaut	1	05	16
2...........	2	10	32
3...........	3	15	48
4...........	4	20	65
5...........	5	25	81
6...........	6	30	97
7...........	7	36	13
8...........	8	41	29
9...........	9	46	45
10...........	10	51	61

CENTIMES.

	Francs.	Centimes.	Centièmes.
1...........	0	01	05
2...........	0	02	10
3...........	0	03	15
4...........	0	04	21
5...........	0	05	26
6...........	0	06	31
7...........	0	07	36
8...........	0	08	41
9...........	0	09	46
10...........	0	10	52
20...........	0	21	03
30...........	0	31	55
40...........	0	42	06
50...........	0	52	58

CENTIMES.

	Francs.	Centimes.	Centièmes.
60...........	0	63	10
70...........	0	73	61
80...........	0	84	13
90...........	0	94	65

CENTIÈMES de centime.

	Francs.	Centimes.	Centièmes.
1...........	0	00	01
2...........	0	00	02
3...........	0	00	03
4...........	0	00	04
5...........	0	00	05
6...........	0	00	06
7...........	0	00	07
8...........	0	00	08
9...........	0	00	09
10...........	0	00	11
20...........	0	00	21
30...........	0	00	32
40...........	0	00	42
50...........	0	00	53
60...........	0	00	63
70...........	0	00	74
80...........	0	00	84
90...........	0	00	95

MESURES DE SUPERFICIE.

SIXIÈME PARTIE.

De la Toise carrée.

LA Toise carrée désignait une surface ayant une toise sur tous les sens. Elle se divisait ou en *trente-six parties égales* nommées *pieds carrés*, ou en *six parties égales* nommées *toises-pieds*.

Toise carrée divisée en pieds carrés.

La *toise carrée* contenait 36 *pieds carrés*.

Le *pied carré* désignait une surface ayant *un pied* sur tous les sens. Il contenait 144 *pouces carrés*.

Le *pouce carré* désignait une surface ayant *un pouce* sur tous les sens. Il contenait 144 *lignes carrées*.

La *ligne carrée* désignait une surface ayant *une ligne* sur tous les sens.

Ainsi, la toise car-
rée de cette 1.re divi-
sion équivalait à...
$\left\{\begin{array}{l}\text{36 pieds carrés.}\\ \text{5,184 pouces carrés.}\\ \text{746,496 lignes carrées.}\end{array}\right.$

Le pied carré à...
$\left\{\begin{array}{l}\text{144 pouces carrés.}\\ \text{20,736 lignes carrées.}\end{array}\right.$

Le pouce carré à. | 144 lignes carrées.

Toise carrée divisée en toises-pieds.

La *toise carrée* contenait 6 *toises-pieds*.

La *toise-pied* désignait une surface ayant *une toise* d'un sens sur *un pied* de l'autre. Elle équivalait à 6 pieds carrés, et elle contenait 12 *toises-pouces*.

La *toise-pouce* désignait une surface ayant *une toise* d'un sens sur un *pouce* de l'autre. Elle équivalait à 72 pouces carrés, et elle contenait 12 *toises-lignes*.

La *toise-ligne* désignait une surface ayant *une toise* d'un sens sur *une ligne* de l'autre. Elle équivalait à

MESURES DE SUPERFICIE

864 lignes carrées, et elle contenait 12 *toises-points*.

La *toise-point* désignait une surface ayant *une toise* d'un sens sur *un point* de l'autre. Elle équivalait à 72 *lignes carrées*.

Ainsi, la toise car-
rée de cette 2.e division était égale à...
- 6 toises-pieds.
- 72 toises-pouces.
- 864 toises-lignes.
- 10,368 toises-points.

La toise-pied à...
- 12 toises-pouces.
- 144 toises-lignes.
- 1,728 toises-points.

La toise-pouce...
- 12 toises-lignes.
- 144 toises-points.

La toise-ligne à... 12 toises-points.

Se mesuraient à la toise carrée les ouvrages de menuiserie, peinture, maçonnerie, couverture, etc.

LA NOUVELLE MESURE qui remplace la toise carrée est le *mètre carré*.

Le *mètre carré* désigne une surface ayant un *mètre* sur tous les sens. Il contient 100 *décimètres* ou *palmes carrés*.

Le *décimètre* ou *palme carré* désigne une surface ayant *un décimètre* ou *palme carré* sur tous les sens. Il contient 100 *centimètres* ou *doigts carrés*.

Le *centimètre* ou *doigt carré* désigne une surface ayant un *centimètre* ou *doigt* sur tous les sens. Il contient 100 *millimètres* ou *traits carrés*.

Le *millimètre* ou *trait carré* désigne une surface ayant un *millimètre* ou *trait* sur tous les sens.

Ainsi, le mètre
carré est égal à.....
- 100 décimètres ou palmes carrés.
- 10,000 centimètres ou doigts carrés.
- 1,000,000 millimètres ou traits carrés.

Le décimètre carré à
- 100 centimètres ou doigts carrés.
- 10,000 millimètres ou traits carrés.

Le centimètre carré à 100 millimètres ou traits carrés.

DE LA TOISE CARREE.

TOISE CARRÉE
DIVISÉE EN PIEDS CARRÉS.

Première Table, qui convertit les toises, pieds, pouces et lignes carrées, en mètres, décimètres, centimètres et millimètres carrés.

Toises carrées.	Mètres carrés.	Décimètres carrés.	Centimètres carrés.	Millimètres carrés.	Pieds carrés.	Mètres carrés.	Décimètres carrés.	Centimètres carrés.	Millimètres carrés.
1 vaut.	3	79	87	43	1............	0	10	55	21
2.....	7	59	74	85	2............	0	21	10	41
3.....	11	39	62	28	3............	0	31	65	62
4.....	15	19	49	70	4............	0	42	20	83
5.....	18	99	37	13	5............	0	52	76	03
6.....	22	79	24	55	6............	0	63	31	24
7.....	26	59	11	98	7............	0	73	86	44
8.....	30	38	99	40	8............	0	84	41	65
9.....	34	18	86	83	9............	0	94	96	86
10.....	37	98	74	25	10............	1	05	52	06
20.....	75	97	48	51	20............	2	11	04	13
30.....	113	96	22	76	30............	3	16	56	19
40.....	151	94	97	02					
50.....	189	93	71	27	Pouces carrés.				
60.....	227	92	45	52	1............	0	00	07	33
70.....	265	91	19	78	2............	0	00	14	66
80.....	303	89	94	03	3............	0	00	21	98
90.....	341	88	68	28	4............	0	00	29	31
100.....	379	87	42	54	5............	0	00	36	64
200.....	759	74	85	08	6............	0	00	43	97
300.....	1,139	62	27	61	7............	0	00	51	29
400.....	1,519	49	70	15	8............	0	00	58	62
500.....	1,899	37	12	69	9............	0	00	65	95
600.....	2,279	24	55	23	10............	0	00	73	28
700.....	2,659	11	97	76	20............	0	01	46	56
800.....	3,038	99	40	30	30............	0	02	19	83
900.....	3,418	86	82	84	40............	0	02	93	11
1,000.....	3,798	74	25	38	50............	0	03	66	39
2,000.....	7,597	48	50	75	60............	0	04	39	67
3,000.....	11,396	22	76	13	70............	0	05	12	95
4,000.....	15,194	97	01	51	80............	0	05	86	23
5,000.....	18,993	71	26	88	90............	0	06	59	50
6,000.....	22,792	45	52	26	100............	0	07	32	78
7,000.....	26,591	19	77	64	110............	0	08	06	06
8,000.....	30,389	94	03	02	120............	0	08	79	34
9,000.....	34,188	68	28	39	130............	0	09	52	62
10,000.....	37,987	42	53	77	140............	0	10	25	90

MESURES DE SUPERFICIE

Lignes carrées.	Mètres carrés.	Décimètres carrés.	Centimètres carrés.	Millimètres carrés.	Lignes carrées.	Mètres carrés.	Décimètres carrés.	Centimètres carrés.	Millimètres carrés.
1	0	00	00	05	40	0	00	02	04
2	0	00	00	10	50	0	00	02	54
3	0	00	00	15	60	0	00	03	05
4	0	00	00	20	70	0	00	03	56
5	0	00	00	25	80	0	00	04	07
6	0	00	00	31	90	0	00	04	58
7	0	00	00	36	100	0	00	05	09
8	0	00	00	41	110	0	00	05	60
9	0	00	00	46	120	0	00	06	11
10	0	00	00	51	130	0	00	06	62
20	0	00	01	02	140	0	00	07	12
30	0	00	01	53					

Nota. On additionnera cette Table comme les francs et centimes.

Opération.

Soit à convertir en mètres carrés 115 toises 28 pieds 118 pouces 126 lignes carrées,

	Mètres carrés.	Décimètres carrés.	Centimètres carrés.	Millimètres carrés.
Cherchez 100 toises carrées, vous trouverez qu'elles valent	379	87	42	54
10 toises	37	98	74	25
5 toises	18	99	37	13
20 pieds carrés	2	11	04	13
8 *idem*	0	84	41	65
110 pouces carrés	0	08	06	06
8 *idem*	0	00	58	62
120 lignes carrées	0	00	06	11
6 *idem*	0	00	00	31
TOTAL	439	89	70	80

vous aurez 439 mètres 89 décimètres 70 centimètres et 80 millimètres carrés.

On négligeait ordinairement les lignes carrées. On pourra de même négliger les millimètres carrés du résultat de l'addition, en ayant soin d'augmenter de 1 les centimètres lorsque les millimètres excéderont 49. Ainsi dans l'opération ci-dessus, en retranchant les millimètres, on aura 439 mètres 89 décimètres 71 centimètres carrés.

DE LA TOISE CARRÉE.

Deuxième Table, qui convertit les mètres, décimètres, centimètres et millimètres carrés en toises, pieds, pouces et lignes carrés.

MÈTRES CARRÉS.	Toises carrées.	Pieds carrés.	Pouces carrés.	Lignes carrées.
1 vaut.	0	9	68	95
2......	0	18	137	47
3......	0	28	61	142
4......	1	1	130	93
5......	1	11	55	45
6......	1	20	123	140
7......	1	30	47	91
8......	2	3	117	43
9......	2	13	41	138
10......	2	22	110	89
20......	5	9	77	25
30......	7	32	43	124
40......	10	19	10	70
50......	13	5	121	15
60......	15	28	87	104
70......	18	15	54	50
80......	21	2	20	140
90......	23	24	131	85
100......	26	11	98	30
200......	52	23	52	61
300......	78	35	6	91
400......	105	10	104	121
500......	131	22	59	8
600......	157	34	13	38
700......	184	9	111	68
800......	210	21	65	99
900......	236	33	19	129
1,000......	263	8	118	16
2,000......	526	17	92	31
3,000......	789	26	66	47
4,000......	1,052	35	40	62
5,000......	1,316	8	14	78
6,000......	1,579	16	132	94
7,000......	1,842	25	106	109
8,000......	2,105	34	80	125
9,000......	2,369	7	54	140
10,000......	2,652	16	29	12

DÉCIMÈTRES CARRÉS,	Toises carrées.	Pieds carrés.	Pouces carrés.	Lignes carrées.
1............	0	0	13	93
2............	0	0	27	42
3............	0	0	40	135
4............	0	0	54	84
5............	0	0	68	34
6............	0	0	81	127
7............	0	0	95	76
8............	0	0	109	25
9............	0	0	122	118
10............	0	0	136	67
20............	0	1	128	134
30............	0	2	121	57
40............	0	3	113	125
50............	0	4	106	48
60............	0	5	98	115
70............	0	6	91	38
80............	0	7	83	105
90............	0	8	76	28

Centimètres carrés.

	Toises carrées.	Pieds carrés.	Pouces carrés.	Lignes carrées.
1............	0	0	0	20
2............	0	0	0	39
3............	0	0	0	59
4............	0	0	0	79
5............	0	0	0	98
6............	0	0	0	118
7............	0	0	0	138
8............	0	0	1	13
9............	0	0	1	35
10............	0	0	1	53
20............	0	0	2	105
30............	0	0	4	14
40............	0	0	5	66
50............	0	0	6	119
60............	0	0	8	27
70............	0	0	9	80
80............	0	0	10	132
90............	0	0	12	41

MESURES DE SUPERFICIE

MILLIMÈTRES CARRÉS.	Toises carrées.	Pieds carrés.	Pouces carrés.	Lignes carrées.	MILLIMÈTRES CARRÉS.	Toises carrées.	Pieds carrés.	Pouces carrés.	Lignes carrées.
1.............	0	0	0	0	10.............	0	0	0	2
2.............	0	0	0	0	20.............	0	0	0	4
3.............	0	0	0	1	30.............	0	0	0	6
4.............	0	0	0	1	40.............	0	0	0	8
5.............	0	0	0	1	50.............	0	0	0	10
6.............	0	0	0	1	60.............	0	0	0	12
7.............	0	0	0	1	70.............	0	0	0	14
8.............	0	0	0	2	80.............	0	0	0	16
9.............	0	0	0	2	90.............	0	0	0	18

Nota. Dans l'addition de cette Table, on divisera les lignes carrées par 144 pour les convertir en pouces carrés ; les pouces carrés par 144 pour les convertir en pieds carrés ; et les pieds carrés par 36 pour les convertir en toises carrées.

Opération.

Soit à convertir en toises, pieds, pouces et lignes carrés 693 mètres 28 décimètres 36 centimètres et 42 millimètres carrés, cherchez :

	Toises carrées.	Pieds carrés.	Pouces carrés.	Lignes carrées.
600 mètres carrés ; vous trouverez qu'ils valent...	157	34	13	38
90 *idem*.............	23	24	131	85
3 *idem*.............	0	28	61	142
20 décimètres carrés.............	0	1	128	134
8 *idem*.............	0	0	109	25
30 centimètres carrés.............	0	0	4	14
6 *idem*.............	0	0	0	118
40 millimètres carrés.............	0	0	0	8
2 *idem*.............	0	0	0	0
TOTAL.............	182	18	17	132

Vous aurez pour résultat 182 toises 18 pieds 17 pouces et 132 lignes carrées.

DE LA TOISE CARREE.

Rapport des 1.re et 2.me Tables.

Opération.

PREMIÈRE TABLE.

	Mètres carrés.	Décimètres carrés.	Centimètres carrés.	Millimètres carrés.
Soit à convertir en mètres carrés 214 toises 28 pieds 75 pouces carrés ;				
200 toises carrées équivalent à.........	759	74	85	08
10 *idem* à.........................	37	98	74	25
4 *idem* à.........................	15	19	49	70
20 pieds carrés à.....................	2	11	04	13
8 *idem* à.........................	0	84	41	65
70 pouces carrés à...................	0	05	12	95
5 *idem* à.........................	0	00	36	64
TOTAL.....................	815	94	04	40

Preuve.

DEUXIÈME TABLE.

	Toises carrées.	Pieds carrés.	Pouces carrés.	Lignes carrées.
A convertir en toises carrées 815 mètres 94 décimètres 4 centimètres et 40 millimètres carrés ;				
800 mètres carrés équivalent à..........	210	21	65	99
10 *idem* à.........................	2	22	110	89
5 *idem* à.........................	1	11	55	45
90 décimètres carrés à................	0	8	76	28
4 *idem* à.........................	0	0	54	84
4 centimètres carrés à................	0	0	0	79
40 millimètres carrés à...............	0	0	0	8
TOTAL ÉGAL...................	214	28	75	0

Aa

MESURES DE SUPERFICIE.

TROISIÈME TABLE, qui donne le prix du mètre carré, comparativement au prix de la toise carrée.

FRANCS.	Francs.	Centimes.	Centièmes.
à 1 fr. la toise carrée, le mètre carré vaut.....	0	26	32
2..........	0	52	65
3..........	0	78	97
4..........	1	05	30
5..........	1	31	62
6..........	1	57	95
7..........	1	84	27
8..........	2	10	60
9..........	2	36	92
10..........	2	63	25
20..........	5	26	49
30..........	7	89	74
40..........	10	52	98
50..........	13	16	23
60..........	15	79	47
70..........	18	42	72
80..........	21	05	96
90..........	23	69	21
100..........	26	32	45

CENTIMES.	Francs.	Centimes.	Centièmes.
1..........	0	00	26
2..........	0	00	53
3..........	0	00	79
4..........	0	01	05
5..........	0	01	32
6..........	0	01	58
7..........	0	01	84
8..........	0	02	11
9..........	0	02	37

CENTIMES.	Francs.	Centimes.	Centièmes.
10..........	0	02	63
20..........	0	05	26
30..........	0	07	90
40..........	0	10	53
50..........	0	13	16
60..........	0	15	79
70..........	0	18	43
80..........	0	21	06
90..........	0	23	69

CENTIÈMES de centime.	Francs.	Centimes.	Centièmes.
1..........	0	00	00
2..........	0	00	01
3..........	0	00	01
4..........	0	00	01
5..........	0	00	01
6..........	0	00	02
7..........	0	00	02
8..........	0	00	02
9..........	0	00	02
10..........	0	00	03
20..........	0	00	05
30..........	0	00	08
40..........	0	00	11
50..........	0	00	13
60..........	0	00	16
70..........	0	00	18
80..........	0	00	21
90..........	0	00	24

DE LA TOISE CARRÉE.

QUATRIÈME TABLE, *qui donne le prix de la toise carrée, comparativement au prix du mètre carré.*

FRANCS.

	Francs.	Centimes.	Centièmes.
à 1 franc le mètre carré, la toise carrée vaut.............	3	79	87
2............	7	59	75
3............	11	39	62
4............	15	19	50
5............	18	99	37
6............	22	79	25
7............	26	59	12
8............	30	38	99
9............	34	18	87
10............	37	98	74
20............	75	97	49
30............	113	96	23
40............	151	94	97

CENTIMES.

	Francs.	Centimes.	Centièmes.
1............	0	03	80
2............	0	07	60
3............	0	11	40
4............	0	15	19
5............	0	18	99
6............	0	22	79
7............	0	26	59
8............	0	30	39
9............	0	34	19
10............	0	37	99
20............	0	75	97
30............	1	1	96

CENTIMES.

	Francs.	Centimes.	Centièmes.
40............	1	51	95
50............	1	89	94
60............	2	27	92
70............	2	65	91
80............	3	03	90
90............	3	41	89

CENTIÈMES de centime.

	Francs.	Centimes.	Centièmes.
1............	0	00	04
2............	0	00	08
3............	0	00	11
4............	0	00	15
5............	0	00	19
6............	0	00	23
7............	0	00	27
8............	0	00	30
9............	0	00	34
10............	0	00	38
20............	0	00	76
30............	0	01	14
40............	0	01	52
50............	0	01	90
60............	0	02	28
70............	0	02	66
80............	0	03	04
90............	0	03	42

MESURES DE SUPERFICIE

CINQUIÈME TABLE, qui donne le prix au décimètre carré, comparativement au prix du pied carré.

FRANCS.	Francs.	Centimes.	Centièmes.
à 1 fr. le pied carré, le décimètre carré vaut	0	09	48
2	0	18	95
3	0	28	43
4	0	37	91
5	0	47	38
6	0	56	86
7	0	66	34
8	0	75	81
9	0	85	29
10	0	94	77
20	1	89	54
30	2	84	30
40	3	79	07

CENTIMES.	Francs.	Centimes.	Centièmes.
1	0	00	09
2	0	00	19
3	0	00	28
4	0	00	38
5	0	00	47
6	0	00	57
7	0	00	66
8	0	00	76
9	0	00	85
10	0	00	95
20	0	01	90
30	0	02	84
40	0	03	79

CENTIMES.	Francs.	Centimes.	Centièmes.
50	0	04	74
60	0	05	69
70	0	06	63
80	0	07	58
90	0	08	53

CENTIÈMES de centime.	Francs.	Centimes.	Centièmes.
1	0	00	00
2	0	00	00
3	0	00	00
4	0	00	00
5	0	00	00
6	0	00	01
7	0	00	01
8	0	00	01
9	0	00	01
10	0	00	01
20	0	00	02
30	0	00	03
40	0	00	04
50	0	00	05
60	0	00	06
70	0	00	07
80	0	00	08
90	0	00	09

DE LA TOISE CARRÉE.

SIXIEME TABLE, qui donne le prix du pied carré, comparativement au prix du décimètre carré.

FRANCS.	Francs.	Centimes.	Centièmes.	CENTIMES.	Francs.	Centimes.	Centièmes.
à 1 franc le décimètre carré, le pied carré vaut.	10	55	21	80	8	44	17
2	21	10	41	90	9	49	69
3	31	65	62	**CENTIÈMES de centime.**			
4	42	20	83	1	0	00	11
CENTIMES.				2	0	00	21
1	0	10	55	3	0	00	32
2	0	21	10	4	0	00	42
3	0	31	66	5	0	00	53
4	0	42	21	6	0	00	63
5	0	52	76	7	0	00	74
6	0	63	31	8	0	00	84
7	0	73	86	9	0	00	95
8	0	84	42	10	0	01	06
9	0	94	97	20	0	02	11
10	1	05	52	30	0	03	17
20	2	11	04	40	0	04	22
30	3	16	56	50	0	05	28
40	4	22	08	60	0	06	33
50	5	27	60	70	0	07	39
60	6	33	12	80	0	08	44
70	7	38	64	90	0	09	50

MESURES DE SUPERFICIE

SEPTIEME TABLE, qui donne le prix du centimètre carré, comparativement au prix du pouce carré.

FRANCS.	Francs.	Centimes.	Centièmes.
à 1 fr, le pouce carré, le centimètre carré vaut...	0	13	65
2.........	0	27	29
3.........	0	40	94
4.........	0	54	59
5.........	0	68	23
6.........	0	81	88
7.........	0	95	53
8.........	1	09	17
9.........	1	22	82
10.........	1	36	47

CENTIMES.	Francs.	Centimes.	Centièmes.
1...........	0	00	14
2...........	0	00	27
3...........	0	00	41
4...........	0	00	55
5...........	0	00	68
6...........	0	00	82
7...........	0	00	96
8...........	0	01	09
9...........	0	01	23
10...........	0	01	36
20...........	0	02	73
30...........	0	04	09
40...........	0	05	46
50...........	0	06	82

CENTIMES.	Francs	Centimes	Centièmes.
60...........	0	08	19
70...........	0	09	55
80...........	0	10	92
90...........	0	12	28

CENTIÈMES. de centime.	Francs	Centimes	Centièmes.
1...........	0	00	00
2...........	0	00	00
3...........	0	00	00
4...........	0	00	01
5...........	0	00	01
6...........	0	00	01
7...........	0	00	01
8...........	0	00	01
9...........	0	00	01
10...........	0	00	01
20...........	0	00	03
30...........	0	00	04
40...........	0	00	05
50...........	0	00	07
60...........	0	00	08
70...........	0	00	10
80...........	0	00	11
90...........	0	00	12

DE LA TOISE CARRÉE.

HUITIÈME TABLE, qui donne le prix du pouce carré, comparativement au prix du centimètre carré.

FRANCS.	Francs.	Centimes.	Centièmes.
à 1 franc le centimètre carré, le pouce carré vaut..	7	32	78
2.........	14	65	56

CENTIMES.	Francs.	Centimes.	Centièmes.
1.........	0	07	33
2.........	0	14	66
3.........	0	21	98
4.........	0	29	31
5.........	0	36	64
6.........	0	43	97
7.........	0	51	29
8.........	0	58	62
9.........	0	65	95
10.........	0	73	28
20.........	1	46	56
30.........	2	19	83
40.........	2	93	11
50.........	3	66	39
60.........	4	39	67
70.........	5	12	95
80.........	5	86	23
90.........	6	59	50

CENTIÈMES de centime.	Francs.	Centimes.	Centièmes.
1.........	0	00	07
2.........	0	00	15
3.........	0	00	22
4.........	0	00	29
5.........	0	00	37
6.........	0	00	44
7.........	0	00	51
8.........	0	00	59
9.........	0	00	66
10.........	0	00	73
20.........	0	01	47
30.........	0	02	20
40.........	0	02	93
50.........	0	03	66
60.........	0	04	40
70.........	0	05	13
80.........	0	05	86
90.........	0	06	60

MESURES DE SUPERFICIE

TOISE CARRÉE
DIVISÉE EN TOISES-PIEDS.

PREMIÈRE TABLE, qui convertit les toises carrées, toises-pieds, toises-pouces, toises-lignes et toises-points en mètres, décimètres et centimètres carrés.

TOISES CARRÉES.	Mètres carrés.	Décimètres carrés.	Centimètres carrés.	TOISES CARRÉES.	Mètres carrés.	Décimètres carrés.	Centimètres carrés.
1 vaut...	3	79	87	700........	2659	11	98
2........	7	59	75	800........	3038	99	40
3........	11	39	62	900........	3418	86	83
4........	15	19	50	1000........	3798	74	25
5........	18	99	37				
6........	22	79	25	TOISES-PIEDS.			
7........	26	59	12	1........	0	63	31
8........	30	38	99	2........	1	26	62
9........	34	18	87	3........	1	89	94
10........	37	98	74	4........	2	53	25
20........	75	97	49	5........	3	16	56
30........	113	96	23				
40........	151	94	97	TOISES-POUCES.			
50........	189	93	71	1........	0	05	28
60........	227	92	46	2........	0	10	55
70........	265	91	20	3........	0	15	83
80........	303	89	94	4........	0	21	10
90........	341	88	68	5........	0	26	38
100........	379	87	43	6........	0	31	66
200........	759	74	85	7........	0	36	93
300........	1139	62	28	8........	0	42	21
400........	1519	49	70	9........	0	47	48
500........	1899	37	13	10........	0	52	76
600........	2279	24	55	11........	0	58	04

DE LA TOISE CARRÉE.

TOISES-LIGNES.	Mètres carrés.	Décimètres carrés.	Centimètres carrés.	TOISES-POINTS.	Mètres carrés.	Décimètres carrés.	Centimètres carrés.
1 vaut.....	0	00	44	1..............	0	00	04
2.............	0	00	88	2.............	0	00	07
3.............	0	01	32	3.............	0	00	11
4.............	0	01	76	4.............	0	00	15
5.............	0	02	20	5.............	0	00	18
6.............	0	02	64	6.............	0	00	22
7.............	0	03	08	7.............	0	00	26
8.............	0	03	52	8.............	0	00	29
9.............	0	03	96	9.............	0	00	33
10.............	0	04	40	10.............	0	00	37
11.............	0	04	84	11.............	0	00	40

Nota. On additionnera cette Table comme les francs et centimes.

Opération.

Soit à convertir en mètres carrés 123 toises carrées 4 toises-pieds, 8 toises-pouces, 5 toises-lignes et 10 toises-points, cherchez :

	Mètres carrés.	Décimètres carrés.	Centimètres carrés.
100 toises carrées ; vous trouverez qu'elles valent:	379	87	43
20 *idem*	75	97	49
3 *idem*...	11	39	62
4 toises-pieds...	2	53	25
8 toises-pouces...	0	42	21
5 toises-lignes...	0	02	20
10 toises-points...	0	00	37
TOTAL...	470	22	57

Vous aurez pour résultat 470 mètres 22 décimètres et 57 centimètres carrés.

MESURES DE SUPERFICIE

DEUXIEME TABLE , qui convertit les mètres, décimètres et centimètres carrés en toises carrées, toises-pieds, toises-pouces, toises-lignes et toises-points.

MÈTRES CARRÉS.	Toises carrées.	Toises-pieds.	Toises-pouces.	Toises-lignes.	Toises-points.
1 vaut.	0	1	6	11	5
2	0	3	1	10	11
3	0	4	8	10	4
4	1	0	3	9	9
5	1	1	10	9	2
6	1	3	5	8	8
7	1	5	0	8	1
8	2	0	7	7	7
9	2	2	2	7	0
10	2	3	9	6	5
20	5	1	7	0	10
30	7	5	4	7	4
40	10	3	2	1	9
50	13	0	11	8	2
60	15	4	9	2	7
70	18	2	6	9	1
80	21	0	4	3	6
90	23	4	1	9	11
100	26	1	11	4	4
200	52	3	10	8	9
300	78	5	10	1	1
400	105	1	9	5	6
500	131	3	8	9	10
600	157	5	8	2	2
700	184	1	7	6	7
800	210	3	6	10	11
900	236	5	6	3	4
1.000	263	1	5	7	8

DÉCIMÈTRES CARRÉS.	Toises carrées.	Toises-pieds.	Toises-pouces.	Toises-lignes.	Toises-points.
1	0	0	0	2	3
2	0	0	0	4	7
3	0	0	0	6	10
4	0	0	0	9	1
5	0	0	0	11	4
6	0	0	1	1	7
7	0	0	1	3	11
8	0	0	1	6	2
9	0	0	1	8	6
10	0	0	1	10	9
20	0	0	3	9	6
30	0	0	5	8	3
40	0	0	7	7	0
50	0	0	9	5	9
60	0	0	11	4	6
70	0	1	1	3	3
80	0	1	3	2	0
90	0	1	5	0	9

Centimètres carrés.	Toises carrées.	Toises-pieds.	Toises-pouces.	Toises-lignes.	Toises-points.
1	0	0	0	0	0
2	0	0	0	0	1
3	0	0	0	0	1
4	0	0	0	0	1
5	0	0	0	0	1
6	0	0	0	0	2
7	0	0	0	0	2
8	0	0	0	0	2

DE LA TOISE CARRÉE.

CENTIMÈTRES carrés.	Toises carrées.	Toises-pieds.	Toises-pouces.	Toises-lignes.	Toises-points.	CENTIMÈTRES carrés.	Toises carrées.	Toises-pieds.	Toises-pouces.	Toises-lignes.	Toises-points.
9 valent...	0	0	0	0	2	50.........	0	0	0	1	2
10.........	0	0	0	0	3	60.........	0	0	0	1	4
20.........	0	0	0	0	5	70.........	0	0	0	1	7
30.........	0	0	0	0	8	80.........	0	0	0	1	10
40.........	0	0	0	0	11	90.........	0	0	0	2	0

Nota. En additionnant cette Table, on divisera les toises-points par 12 pour les réduire en toises-lignes ; les toises-lignes par 12 pour les réduire en toises-pouces ; les toises-pouces par 12 pour les réduire en toises-pieds ; et les toises-pieds par 6 pour les réduire en toises carrées.

Opération.

Soit à convertir en toises carrées et toises-pieds 548 mètres 73 décimètres 84 centimètres carrés, cherchez :

	Toises carrées.	Toises-pieds.	Toises-pouces.	Toises-lignes.	Toises-points.
500 mètres carrés, vous trouverez qu'ils valent..	131	3	8	9	10
40 *idem*..	10	3	2	1	9
8 *idem*..	2	0	7	7	7
70 décimètres carrés................................	0	1	1	3	3
3 *idem*..	0	0	0	6	10
80 centimètres carrés...............................	0	0	0	1	10
4 *idem*..	0	0	0	0	1
TOTAL......................	144	2	8	7	2

Vous aurez pour résultat 144 toises carrées 2 toises-pieds 8 toises-pouces 7 toises-lignes 2 toises-points.

MESURES DE SUPERFICIE

Rapport des 1.re *et* 2.e *Tables.*

Opération.

PREMIERE TABLE.

Soit à convertir en mètres carrés 86 toises carrées 3 toises-pieds 5 toises-pouces 9 toises-lignes et 6 toises-points , cherchez :

	Mètres carrés.	Décimètres carrés.	Centimètres carrés.
80 toises carrées.....................................	3o3	89	94
6 *idem*..	22	79	25
3 toises-pieds	1	89	94
5 toises-pouces...................................	0	26	38
9 toises-lignes...................................	0	o3	96
6 toises-points...................................	0	oo	22
TOTAL.................................	3a8	89	69

Preuve.

DEUXIÈME TABLE.

Soit à convertir en toises-pieds 3a8 mètres 89 décimètres et 69 centimètres carrés , cherchez :

	Toises carrées.	Toises-pieds.	Toises-pouces.	Toises-lignes.	Toises-points.
3oo mètres carrés valent.....................	78	5	10	1	1
20 *idem*....................................	5	1	7	0	10
8 *idem*.....................................	2	0	7	7	7
80 décimètres carrés........................	0	1	3	2	0
9 *idem*.....................................	0	0	1	8	6
60 centimètres carrés.......................	0	0	0	1	4
9 *idem*	0	0	0	0	2
TOTAL ÉGAL.....................	86	3	5	9	6

DE L'AUNE CARRÉE.

AUNES CARRÉES.

PREMIÈRE TABLE, qni convertit les aunes carrées en mètres carrés.

AUNES CARRÉES.	Mètres carrés.	Centièmes de mètre carré.	FRACTIONS DE L'AUNE CARRÉE.	Mètres carrés.	Centièmes de mètre carré.
1 équivaut à....	1	41	Un seizième.......	0	09
2..............	2	82	Un douzième......	0	12
3..............	4	24	1/8.ᵉ ou demi-quart.	0	18
4..............	5	65	1/6.ᵉ ou demi-tiers.	0	24
5..............	7	06	Uu quart..........	0	35
6..............	8	47	Un tiers...........	0	47
7..............	9	89	Une demie.........	0	71
8..............	11	30	Deux-tiers	0	94
9..............	12	71	Trois-quarts.......	1	06
10.............	14	12	Centièmes d'aune carrée.		
20.............	28	25	1.................	0	01
30.............	42	37	2.................	0	03
40.............	56	50	3.................	0	04
50.............	70	62	4.................	0	06
60.............	84	74	5.................	0	07
70.............	98	87	6.................	0	08
80.............	112	99	7.................	0	10
90.............	127	12	8.................	0	11
100............	141	24	9.................	0	13
200............	282	48	10................	0	14
300............	423	72	20................	0	28
400............	564	96	30................	0	42
500............	706	20	40................	0	56
600............	847	44	50................	0	71
700............	988	68	60................	0	85
800............	1,129	92	70................	9	99
900............	1,271	16	80................	1	13
1000...........	1,412	40	90................	1	27

Nota. On additionnera cette Table comme les francs et centimes.

Opération.

A convertir en mètres carrés 56 aunes carrées et un quart ;

	Mètres carrés.	Centièmes de mètre carré.
50 aunes carrées valent...............	70	62
6 *idem*	8	47
Et un quart........................	0	35
TOTAL..................	79	44

On aura 79 mètres carrés et 44 centièmes de mètre carré.

MESURES DE SUPERFICIE

DEUXIÈME TABLE, qui convertit les mètres carrés en aunes carrées.

MÈTRES CARRÉS.	Aunes carrées.	Centièmes d'aune carrée.	CENTIÈMES DE MÈTRE CARRÉ.	Aunes carrées.	Centièmes d'aune carrée.
1 équivaut à.	0	71	1	0	01
2	1	42	2	0	01
3	2	12	3	0	02
4	2	83	4	0	03
5	3	54	5	0	04
6	4	25	6	0	04
7	4	96	7	0	05
8	5	66	8	0	06
9	6	37	9	0	06
10	7	08	10	0	07
20	14	16	20	0	14
30	21	24	30	0	21
40	28	32	40	0	28
50	35	40	50	0	35
60	42	48	60	0	42
70	49	56	70	0	50
80	56	64	80	0	57
90	63	72	90	0	64
100	70	80			
200	141	60			
300	212	40			
400	283	21			
500	354	01			
600	424	81			
700	495	61			
800	566	41			
900	637	21			
1,000	708	01			

Nota. On additionnera cette Table comme les francs et centimes.

Opération.

A convertir en aunes carrées 186 mètres carrés;

	Aunes carrées.	Centièmes.
100 mètres carrés valent	70	80
80 *idem*	56	64
6 *idem*	4	25
TOTAL	131	69

DE L'AUNE CARRÉE.

TROISIEME TABLE, qui donne le prix du mètre carré, comparativement au prix de l'aune carrée.

FRANCS.

	Francs.	Centimes.	Centièmes.
à 1 fr. l'aune carrée, le mètre carré vaut..........	0	70	80
2..............	1	41	60
3..............	2	12	40
4..............	2	83	21
5..............	3	54	01
6..............	4	24	81
7..............	4	95	61
8..............	5	66	41
9..............	6	37	21
10..............	7	08	01
20..............	14	16	03
30..............	21	24	04
40..............	28	32	06
50..............	35	40	07
60..............	42	48	08
70..............	49	56	10
80..............	56	64	11
90..............	63	72	13
100..............	70	80	14

CENTIMES.

	Francs.	Centimes.	Centièmes.
1..............	0	00	71
2..............	0	01	42
3..............	0	02	12
4..............	0	02	83
5..............	0	03	54
6..............	0	04	25
7..............	0	04	96
8..............	0	05	66
9..............	0	06	37

CENTIMES.

	Francs.	Centimes.	Centièmes.
10..............	0	07	08
20..............	0	14	16
30..............	0	21	24
40..............	0	28	32
50..............	0	35	40
60..............	0	42	48
70..............	0	49	56
80..............	0	56	64
90..............	0	63	72

CENTIÈMES de centime.

	Francs.	Centimes.	Centièmes.
1..............	0	00	01
2..............	0	00	01
3..............	0	00	02
4..............	0	00	03
5..............	0	00	04
6..............	0	00	04
7..............	0	00	05
8..............	0	00	06
9..............	0	00	06
10..............	0	00	07
20..............	0	00	14
30..............	0	00	21
40..............	0	00	28
50..............	0	00	35
60..............	0	00	42
70..............	0	00	50
80..............	0	00	57
90..............	0	00	64

MESURES DE SUPERFICIE

QUATRIÈME TABLE, qui donne le prix de l'aune carrée comparativement au prix du mètre carré.

FRANCS.

	Francs.	Centimes.	Centièmes.
à 1 franc le mètre carré, l'aune carrée vaut............	1	41	24
2............	2	82	48
3............	4	23	72
4............	5	64	96
5............	7	06	20
6............	8	47	44
7............	9	88	68
8............	11	29	92
9............	12	71	16
10............	14	12	40
20............	28	24	80
30............	42	37	20
40............	56	49	61
50............	70	62	01
60............	84	74	41
70............	98	86	81
80............	112	99	21
90............	127	11	61
100............	141	24	02

CENTIMES.

	Francs.	Centimes.	Centièmes.
1............	0	01	41
2............	0	02	82
3............	0	04	24
4............	0	05	65
5............	0	07	06
6............	0	08	47
7............	0	09	89
8............	0	11	30
9............	0	12	71
10............	0	14	12
20............	0	28	25
30............	0	42	37
40............	0	56	50
50............	0	70	62
60............	0	84	74
70............	0	98	87
80............	1	12	99
90............	1	27	12

CENTIEMES de centime.

	Francs.	Centimes.	Centièmes.
1............	0	00	01
2............	0	00	03
3............	0	00	04
4............	0	00	06
5............	0	00	07
6............	0	00	08
7............	0	00	10
8............	0	00	11
9............	0	00	13
10............	0	00	14
20............	0	00	28
30............	0	00	42
40............	0	00	56
50............	0	00	71
60............	0	00	85
70............	0	00	99
80............	0	01	13
90............	0	01	27

LIEUES COMMUNES CARRÉES.

PREMIERE TABLE, qui convertit les anciennes lieues communes carrées en myriamètres et kilomètres carrés.

Anciennes lieues communes carrées.	Myriamètres carrés.	Kilomètres carrés.	Dixièmes carrés.	Anciennes lieues communes carrées.	Myriamètres carrés.	Kilomètres carrés.	Dixièmes carrés.
1 équivaut à	0	19	75	700	138	27	16
2	0	39	51	800	158	02	47
3	0	59	26	900	177	77	77
4	0	79	01	1000	197	53	08

DIXIÈMES de Lieue carrée.

Anciennes lieues communes carrées.	Myriamètres carrés.	Kilomètres carrés.	Dixièmes carrés.	Dixièmes de Lieue carrée.	Myriamètres carrés.	Kilomètres carrés.	Dixièmes carrés.
5	0	98	77	1	0	00	20
6	1	18	52	2	0	00	40
7	1	38	27	3	0	00	59
8	1	58	02	4	0	00	79
9	1	77	78	5	0	00	99
10	1	97	53	6	0	01	19
20	3	95	06	7	0	01	38
30	5	92	59	8	0	01	58
40	7	90	12	9	0	01	78
50	9	87	65	10	0	01	98
60	11	85	18	20	0	03	95
70	13	82	72	30	0	05	93
80	15	80	25	40	0	07	90
90	17	77	78	50	0	09	88
100	19	75	31	60	0	11	85
200	39	50	62	70	0	13	83
300	59	25	92	80	0	15	80
400	79	01	23	90	0	17	78
500	98	76	54				
600	118	51	85				

Nota: On additionnera cette Table comme les francs et centimes.

MESURES DE SUPERFICIE

DEUXIEME TABLE, qui convertit les myriamètres et kilomètres carrés en anciennes lieues communes carrées.

Myriamètres carrés.	Anciennes lieues carrés.	Dixièmes carrés.	Kilomètres carrés.	Anciennes lieues carrées.	Dixièmes carrés.
1 équivaut à	5	06	5............	0	25
2............	10	13	6............	0	30
3............	15	19	7............	0	35
4............	20	25	8............	0	41
5............	25	31	9............	0	46
6............	30	38	10...........	0	51
7............	35	44	20...........	1	01
8............	40	50	30...........	1	52
9............	45	56	40...........	2	03
10...........	50	63	50...........	2	53
20...........	101	25	60...........	3	04
30...........	151	88	70...........	3	54
40...........	202	50	80...........	4	05
50...........	253	13	90...........	4	56
60...........	303	75	**Dixièmes carrés.**		
70...........	354	38	1............	0	00
80...........	405	00	2............	0	00
90...........	455	63	3............	0	00
100..........	506	25	4............	0	00
200..........	1012	50	5............	0	00
300..........	1518	75	6............	0	00
400..........	2025	00	7............	0	00
500..........	2531	25	8............	0	00
600..........	3037	50	9............	0	00
700..........	3543	75	10...........	0	01
800..........	4050	00	20...........	0	01
900..........	4556	25	30...........	0	02
1000.........	5062	50	40...........	0	02
Kilomètres carrés.			50...........	0	03
1............	0	05	60...........	0	03
2............	0	10	70...........	0	04
3............	0	15	80...........	0	04
4............	0	20	90...........	0	05

Nota. On additionnera cette Table comme les francs et centimes.

SUITE DES MESURES DE SUPERFICIE.

Mesures agraires.

Tous les arpens de ce département étaient composés de 100 perches carrées; mais ils comprenaient une superficie de terrain plus ou moins étendue suivant la longueur de la perche qui, à Vendôme, était de 28 pieds : à Montoire, Mondoubleau et Montrichard, de 25 pieds : à Blois, Onzain, Herbault et Romorantin, de 24 pieds : à Oucques, Freteval, la Ville-aux-Clercs, Souvigny et Neung-sur-Beuvron, de 22 pieds : à Droué et à la Motte-sur-Beuvron, de 20 pieds. Ils avaient aussi différentes divisions, et ces divisions différentes dénominations suivant les localités.

Dans plusieurs communes, les terres s'arpentaient au *setier* et à la *septerée*. Le setier et la septerée comprenaient également une surface plus ou moins grande, suivant le nombre de perches carrées que contenaient ces deux mesures locales.

Tous les bois nationaux s'arpentaient à la perche linéaire de 22 pieds; quant aux bois des particuliers, ils s'arpentaient dans la plus grande partie des communes à la même perche et à la même division que les terres; l'arpent de bois et l'arpent de terre avaient aussi la même division dans les communes qui faisaient usage de la mesure forestière pour l'arpentage des bois.

Ces anciennes mesures sont remplacées maintenant par *l'hectare*, *l'are* et le *centiare.*

L'hectare ou *l'arpent métrique*, de 10,000 mètres carrés, contient 100 *ares* ou *perches métriques.*

L'are ou la *perche métrique* contient 100 *centiares* ou *mètres carrés.*

Bb

MESURES AGRAIRES,

Le *centiare* ou le *mètre carré* est la centième partie de l'are et la dix-millième partie de l'hectare.

Pour déterminer la surface d'un terrain, les Arpenteurs doivent faire usage du *décamètre*. Le décamètre est une chaîne de dix mètres de longueur, dont les chaînons qui la composent sont d'un, de deux ou de cinq décimètres de longueur, à partir du centre d'un des anneaux qui les lient au centre de l'anneau suivant ; tous les anneaux qui lient ces chaînons sont en fer, à l'exception de ceux qui marquent la longueur d'un mètre, qui sont en cuivre.

Après avoir mesuré la longueur et la largeur d'un terrain, sa surface est toujours le résultat du calcul.

Le centiare équivalant à 1 et à 2 millièmes de boisselée, j'ai été obligé de diviser les anciennes boisselées et les anciens boisseaux en millièmes, afin d'obtenir un rapport plus exact ; mais on convertira facilement ces millièmes en fractions ordinaires, au moyen de la deuxième table générale, page xxviij.

ARPENS DE VENDOME.
Perche linéaire de 28 pieds.

A VENDÔME, l'arpent de terre, de vigne et de pré contenait 100 perches carrées : il se divisait en 2 demi-arpens, 4 quartiers, 8 demi-quartiers et en 16 boisselées.

Les terres se mesuraient aussi à la *septerée*. La septerée était composée de 75 perches carrées ou de 12 boisselées ; conséquemment, elle ne contenait que les 3 quarts de l'arpent.

Dans quelques anciens titres du Vendômois, on trouve les termes de *minée* et de *mouée*. La minée équivalait à une demi-septerée ou 6 boisselées. La mouée contenait 9 arpens, ou 12 septerées ou 144 boisselées.

Les bois nationaux et ceux des particuliers s'arpentaient à la perche linéaire de 22 pieds. L'arpent était composé de 100 perches carrées, et se divisait en 16 boisselées.

	Boisselées	Perches carrées.	Toises carrées.	Pieds carrés.	Pieds carrés.
Ainsi , l'arpent de terre, de vigne et de pré était égal à............	16	100	2177	28	78,400
Les trois quartiers ou la septerée à.	12	75	1633	12	58,800
Le demi-arpent à..................	8	50	1088	32	39,200
Le quartier à....................	4	25	544	16	19,600
Le demi-quartier à...............	2	12 1/2	272	8	9,800
La boisselée à...................		6 1/4	136	4	4,900
La perche à......................			21	28	784

Arpentaient à cette mesure les communes qui suivent :

VENDÔME.
Ambloi *en partie* (1).

Areines.
Azé.

(1) Une petite partie de la commune d'Ambloi suivait la mesure agraire de Vendôme ; la plus grande partie s'arpentait à la perche linéaire de 25 pieds, et suivait la mesure agraire de Montoire.

MESURES AGRAIRES.

Baignaux.	Pezou.
Busloup.	Pray.
La Chapelle - Enchérie.	Renay.
Coulommiers.	Rhodon.
Crucheray.	Rocé.
Danzé.	Saint-Amand *en partie* (4).
Epiais.	Sainte-Anne.
Espereuse.	Saint-Firmin.
Faye.	Sainte-Gemmes.
Gombergeant.	Saint-Ouen.
Huisseau en Beauce.	Selommes.
Lancé.	Thoré.
Lancôme *en partie* (1).	Tourailles.
Landes *en partie* (2).	La Ville-aux-Clercs *en partie* (5).
Lignières *en partie* (3).	Villefrancœur *en partie* (6).
Lisle.	Villemardi.
Marcilly.	Villerable.
Mazangé.	Villeromain.
Meslay.	Villetrun.
Naveil.	Villiers.
Nouray.	Villiersfaux.
Périgny.	

(1) Une partie de la commune de Lancôme suivait la mesure agraire de Vendôme, et l'autre partie s'arpentait à la perche linéaire de 24 pieds, et suivait la mesure agraire de Blois.

(2) Il n'y avait que quelques climats de la commune de Landes qui s'arpentaient à la perche linéaire de 28 pieds ; le surplus s'arpentait à la perche linéaire de 24 pieds et à la même division que l'arpent de Blois.

(3) La commune de Lignières suivait la mesure agraire de Vendôme, à l'exception de la partie qui était enclavée dans le ci-devant fief de Rocheux, qui s'arpentait à la perche linéaire de 22 pieds, et qui suivait la mesure agraire de Freteval.

(4) La plus grande partie de la commune de Saint-Amand suivait la mesure agraire de Vendôme ; le surplus s'arpentait à la perche linéaire de 25 pieds, et suivait la mesure agraire de Montoire.

(5) Le seul territoire qu'embrassait la ci-devant Châtellenie de L'isle dans la commune de la Ville-aux-Clercs, s'arpentai à la perche linéaire de 28 pieds, et suivait la mesure agraire de Vendôme.

(6) Il n'y avait que les hameaux du Breuil, de Budan et de Villebouzon, dépendans de Villefrancœur, qui suivaient la mesure agraire de Vendôme ; le surplus de la commune s'arpentait à la perche linéaire de 24 pieds, et suivait la mesure agraire de Blois.

ARPENS DE VENDÔME.

PREMIERE TABLE, *qui convertit les perches, arpens, septerées et boisselées de Vendôme en hectares, ares et centiares.*

PERCHES carrées.	Hectares ou Arpens métriq.	Ares ou Perches métriques.	Centiares ou mètres carrés.
1 équiv. à.	0	00	83
2..........	0	01	65
3..........	0	02	48
4..........	0	03	31
5..........	0	04	14
6..........	0	04	96
7..........	0	05	79
8..........	0	06	62
9..........	0	07	45
10.........	0	08	27
20.........	0	16	55
30.........	0	24	82
40.........	0	33	09
50.........	0	41	36
60.........	0	49	64
70.........	0	57	91
80.........	0	66	18
90.........	0	74	46

ARPENS de Vendôme.	Hectares ou Arpens métriq.	Ares ou Perches métriques.	Centiares ou mètres carrés.
1 équiv. à.	0	82	73
2..........	1	65	46
3..........	2	48	18
4..........	3	30	91
5..........	4	13	64
6..........	4	96	37
7..........	5	79	10
8..........	6	61	83
9..........	7	44	55
10.........	8	27	28
20.........	16	54	56

ARPENS de Vendôme.	Hectares ou Arpens métriq.	Ares ou Perches métriques.	Centiares ou mètres carrés.
30........	24	81	85
40........	33	09	13
50........	41	36	41
60........	49	63	69
70........	57	90	97
80........	66	18	25
90........	74	45	54
100........	82	72	82
200........	165	45	63
300........	248	18	45
400........	330	91	27
500........	413	64	09
600........	496	36	90
700........	579	09	72
800........	661	82	54
900........	744	55	35
1000........	827	28	17
3 quartiers.....	0	62	05
demi-arpent...	0	41	36
quartier.......	0	20	68
demi-quartier .	0	10	34

SEPTERÉES de Vendôme.	Hectares ou Arpens métriq.	Ares ou Perches métriques.	Centiares ou mètres carrés.
1 équiv. à	0	62	05
2........	1	24	09
3........	1	86	14
4........	2	48	18
5........	3	10	23
6........	3	72	28
7........	4	34	32

MESURES AGRAIRES.

SEPTERÉES de Vendôme.

	Hectares ou Arpens métriq.	Ares ou Perches métriques.	Centiares ou mètres carrés.
8 équiv. à	4	96	37
9	5	58	42
10	6	20	46
20	12	40	92
30	18	61	38
40	24	81	85
50	31	02	31
60	37	22	77
70	43	43	23
80	49	63	69
90	55	84	15
100	62	04	61
200	124	09	23
300	186	13	84
400	248	18	45
500	310	23	06
600	372	27	68
700	434	32	29
800	496	36	90
900	558	41	52
1000	620	46	13
La mouée équiv. à	7	44	55
La minée à	0	31	02

BOISSELÉES de Vendôme.

	Hectares ou Arpens métriq.	Ares ou Perches métriques.	Centiares ou mètres carrés.
1 vaut	0	05	17
2	0	10	34
3	0	15	51
4	0	20	68
5	0	25	85
6	0	31	02
7	0	36	19
8	0	41	36
9	0	46	53
10	0	51	71
11	0	56	88
12	0	62	05
13	0	67	22
14	0	72	39
15	0	77	56

FRACTIONS USITÉES de la boisselée de Vendôme.

	Hectares ou Arpens métriq.	Ares ou Perches métriques.	Centiares ou mètres carrés.
Un huitième	0	00	65
Un sixième	0	00	86
Un cinquième	0	01	03
Un quart	0	01	29
Un tiers	0	01	72
Une demie	0	02	59
Deux-tiers	0	03	45
Trois-qnarts	0	03	88

MILLIÈMES de boisselée.

	Hectares ou Arpens métriq.	Ares ou Perches métriques.	Centiares ou mètres carrés.
1 vaut	0	00	01
2	0	00	01
3	0	00	02
4	0	00	02
5	0	00	03
6	0	00	03
7	0	00	04
8	0	00	04
9	0	00	05
10	0	00	05
20	0	00	10
30	0	00	16
40	0	00	21
50	0	00	26

ARPENS DE VENDOME.

MILLIÈMES de boisselée.	Hectares ou Arpens métriq.	Ares ou Perches métriques.	Centiares ou mètres carrés.	MILLIÈMES de boisselée.	Hectares ou Arpens métriq.	Ares ou Perches métriques.	Centiares ou mètres carrés.
60 valent...	o	oo	31	400.........,	o	o2	o7
70...........	o	oo	36	500.........,	o	o2	59
80...........	o	oo	41	600........	o	o3	10
90...........	o	oo	47	700........	o	o3	62
100...........	o	oo	52	800........	o	o4	14
200...........	o	o1	o3	900........	o	o4	65
300...........	o	o1	55				

Nota. On additionnera cette Table comme les francs et centimes.

Opérations.

Soit à convertir en hectares, ares et centiares 126 arpens 14 boisselées et demie, mesure agraire de Vendôme ;

	Hectares.	Ares.	Centiares.
100 arpens équivalent à....................	82	72	82
20 *idem* à.............................	16	54	56
6 *idem* à.............................	4	96	37
14 boisselées à...........................	o	72	39
la 1/2 boisselée à........................	o	o2	59
T O T A L.........................	104	98	73

On aura 104 hectares ou arpens métriques 98 ares ou perches métriques 73 centiares ou mètres carrés.

A convertir en nouvelle mesure 48 septerées 5 boisselées deux tiers, mesure agraire de Vendôme ;

40 septerées équivalent à....................	24	81	85
8 *idem* à.............................	4	96	37
5 boisselées à...........................	o	25	85
deux-tiers de boisselée à.................	o	o3	45
T O T A L.........................	3o	o7	52

On aura 3o hectares ou arpens métriques 7 ares ou perches métriques 52 centiares ou mètres carrés.

MESURES AGRAIRES.

DEUXIEME TABLE, qui convertit les hectares, ares et centiares, 1.° en arpens et boisselées, 2.° et en septerées et boisselées, ancienne mesure agraire de Vendôme,

HECTARES ou ARPENS MÉTRIQUES.	1.re CONVERSION.				2.e CONVERSION.		
	Arpens.	Boisselées.	Millié. de boisselée.		Septerées.	Boisselées.	Millié. de boisselée.
1 vaut......	1	3	340	ou	1	7	340
2..........	2	6	681		3	2	681
3..........	3	10	021		4	10	021
4..........	4	13	362		6	5	362
5..........	6	0	702		8	0	702
6..........	7	4	043		9	8	043
7..........	8	7	383		11	3	383
8..........	9	10	724		12	10	724
9..........	10	14	064		14	6	064
10..........	12	1	404		16	1	404
20..........	24	2	809		32	2	809
30..........	36	4	213		48	4	213
40..........	48	5	618		64	5	618
50..........	60	7	022		80	7	022
60..........	72	8	427		96	8	427
70..........	84	9	831		112	9	831
80..........	96	11	236		128	11	236
90..........	108	12	640		145	0	640
100..........	120	14	045		161	2	045
200..........	241	12	090		322	4	090
300..........	362	10	135		483	6	135
400..........	483	8	180		644	8	180
500..........	604	6	225		805	10	225
600..........	725	4	270		967	0	270
700..........	846	2	315		1128	2	315
800..........	967	0	360		1289	4	360
900..........	1087	14	404		1450	6	404
1000..........	1208	12	449		1611	8	449

ARPENS DE VENDOME.

ARES ou PERCHES MÉTRIQUES.	1.re CONVERSION.				2.e CONVERSION.		
	Arpens.	Boisselées.	Millié. de boisselée.		Septerées.	Boisselées.	Millié. de boisselée.
1 équivaut à....	0	0	193	ou	0	0	193
2....................	0	0	387		0	0	387
3....................	0	0	580		0	0	580
4....................	0	0	774		0	0	774
5....................	0	0	967		0	0	967
6....................	0	1	160		0	1	160
7....................	0	1	354		0	1	354
8....................	0	1	547		0	1	547
9....................	0	1	741		0	1	741
10....................	0	1	934		0	1	934
20....................	0	3	868		0	3	868
30....................	0	5	802		0	5	802
40....................	0	7	736		0	7	736
50....................	0	9	670		0	9	670
60....................	0	11	604		0	11	604
70....................	0	13	538		1	1	538
80....................	0	15	472		1	3	472
90....................	1	1	406		1	5	406
CENTIARES ou Mètres carrés.							
1 équivaut à...	0	0	002		0	0	002
2....................	0	0	004		0	0	004
3....................	0	0	006		0	0	006
4....................	0	0	008		0	0	008
5....................	0	0	010		0	0	010
6....................	0	0	012		0	0	012
7....................	0	0	014		0	0	014
8....................	0	0	015		0	0	015
9....................	0	0	017		0	0	017
10....................	0	0	019		0	0	019
20....................	0	0	039		0	0	039

MESURES AGRAIRES.

CENTIARES ou MÈTRES CARRÉS.	1.re CONVERSION,			ou	2.e CONVERSION.		
	Arpens.	Boisselées.	Milliè. de boisselée.		Septerées.	Boisselées.	Milliè. de boisselée.
30............................	0	0	058	ou	0	0	058
40............................	0	0	077		0	0	077
50............................	0	0	097		0	0	097
60............................	0	0	116		0	0	116
70............................	0	0	135		0	0	135
80............................	0	0	155		0	0	155
90............................	0	0	174		0	0	174

Dans l'addition de cette Table, on divisera les boisselées par 16 pour les réduire en arpens, et par 12 pour les réduire en septe-rées. Quant aux millièmes de boisselée, on aura recours à la deuxième Table générale, qui convertit les millièmes en fractions ordinaires, page xxviij.

Opération.

Soit à convertir en arpens et boisselées de Vendôme 126 hectares 58 ares et 87 centiares, ou la même quantité en septerées et boisselées de Vendôme ;

	Arpens.	Boisselées.	Millièmes de boisselée.	ou	Septerées.	Boisselées.	Millièmes de boisselée.
100 hectares équivalent à....	120	14	045	ou	161	2	045
20 *idem* à................	24	2	809		32	2	809
6 *idem* à................	7	4	043		9	8	043
50 ares à................	0	9	670		0	9	670
8 *idem* à................	0	1	547		0	1	547
80 centiares à............	0	0	155		0	0	155
7 *idem* à................	0	0	014		0	0	014
TOTAL............	153	0	283		204	0	283

ARPENS DE VENDOME.

Rapport des 1.re et 2.e Tables.

Opération.

PREMIERE TABLE.

	Hectares.	Ares.	Centiares.
A convertir en hectares, ares et centiares 95 arpens 15 boisselées et un sixième de boisselée, mesure agraire de Vendôme ;			
90 arpens équivalent à.........................	74	45	54
5 *idem* à.............................	4	13	64
15 boisselées à.............................	0	77	56
le sixième de boisselée à........................	0	00	86
TOTAL.....................	79	37	60

Preuve.

DEUXIEME TABLE.

	Arpens.	Boisselées.	Millièmes.
A convertir en arpens de Vendôme 79 hectares 37 ares 60 centiares ;			
70 hectares équivalent à........................	84	9	831
9 *idem* à...............................	10	14	064
30 ares à..............................	0	5	802
7 *idem* à..............................	0	1	354
60 centiares à.............................	0	0	116
TOTAL ÉGAL.................	95	15	167

En jettant les yeux sur la 2.e Table générale qui convertit les millièmes en fractions ordinaires, page xxviij, on trouvera que 167 millièmes représentent un sixième. Ainsi, on aura 95 arpens 15 boisselées et un sixième de boisselée.

MESURES AGRAIRES.

TROISIEME TABLE, qui donne le prix de l'hectare, comparativement au prix de l'ancien arpent de Vendôme.

FRANCS.	Francs.	Centimes.	Centièmes.
à 1 franc l'ancien arpent de Vendôme, l'hectare vaut...........	1	20	88
2......	2	41	76
3......	3	62	63
4......	4	83	51
5......	6	04	39
6......	7	25	27
7......	8	46	14
8......	9	67	02
9......	10	87	90
10......	12	08	78
20......	24	17	56
30......	36	26	33
40......	48	35	11
50......	60	43	89
60......	72	52	67
70......	84	61	45
80......	96	70	22
90......	108	79	00
100......	120	87	78
200......	241	75	56
300......	362	63	34
400......	483	51	12
500......	604	38	90
600......	725	26	69
700......	846	14	47
800......	967	02	25
900......	1087	90	03
1000......	1208	77	81
2000......	2417	55	62
3000......	3626	33	43
4000......	4835	11	23
5000......	6043	89	04
6000......	7252	66	85
7000......	8461	44	66
8000......	9670	22	47
9000......	10,879	00	28
10,000......	12,087	78	09

CENTIMES.	Francs.	Centimes.	Centièmes.
1............	0	01	21
2............	0	02	42
3............	0	03	63
4............	0	04	84
5............	0	06	04
6............	0	07	25
7............	0	08	46
8............	0	09	67
9............	0	10	88
10............	0	12	09
20............	0	24	18
30............	0	36	26
40............	0	48	35
50............	0	60	44
60............	0	72	53
70............	0	84	61
80............	0	96	70
90............	1	08	79

Centièmes de centime.

	Francs.	Centimes.	Centièmes.
1............	0	00	01
2............	0	00	02
3............	0	00	04
4............	0	00	05
5............	0	00	06
6............	0	00	07
7............	0	00	08
8............	0	00	10
9............	0	00	11
10............	0	00	12
20............	0	00	24
30............	0	00	36
40............	0	00	48
50............	0	00	60
60............	0	00	73
70............	0	00	85
80............	0	00	97
90............	0	01	09

ARPENS DE VENDOME.

QUATRIÈME TABLE, qui donne le prix de l'ancien arpent de Vendôme, comparativement au prix de l'hectare.

FRANCS.	Francs.	Centimes.	Centièmes.
à 1 franc l'hectare, l'ancien arpent de Vendôme vaut...	0	82	73
2	1	65	46
3	2	48	18
4	3	30	91
5	4	13	64
6	4	96	37
7	5	79	10
8	6	61	83
9	7	44	55
10	8	27	28
20	16	54	56
30	24	81	85
40	33	09	13
50	41	36	41
60	49	63	69
70	57	90	97
80	66	18	25
90	74	45	54
100	82	72	82
200	165	45	63
300	248	18	45
400	330	91	27
500	413	64	09
600	496	36	90
700	579	09	72
800	661	82	54
900	744	55	35
1000	827	28	17
2000	1654	56	34
3000	2481	84	51
4000	3309	12	68
5000	4136	40	85
6000	4963	69	02
7000	5790	97	20
8000	6618	25	37
9000	7445	53	54
10,000	8272	81	71

CENTIMES.	Francs.	Centimes.	Centièmes.
1	0	00	83
2	0	01	65
3	0	02	48
4	0	03	31
5	0	04	14
6	0	04	96
7	0	05	79
8	0	06	62
9	0	07	45
10	0	08	27
20	0	16	55
30	0	24	82
40	0	33	09
50	0	41	36
60	0	49	64
70	0	57	91
80	0	66	18
90	0	74	46

Centièmes de centime.

	Francs.	Centimes.	Centièmes.
1	0	00	01
2	0	00	02
3	0	00	02
4	0	00	03
5	0	00	04
6	0	00	05
7	0	00	06
8	0	00	07
9	0	00	07
10	0	00	08
20	0	00	17
30	0	00	25
40	0	00	33
50	0	00	41
60	0	00	50
70	0	00	58
80	0	00	66
90	0	00	74

MESURES AGRAIRES.

CINQUIEME TABLE, qui donne le prix de l'hectare, comparativement au prix de la septerée de Vendôme

FRANCS.	Francs.	Centimes.	Centièmes.
à 1 franc la septerée de Vendôme l'hectare vaut.........	1	61	17
2........	3	22	34
3......	4	83	51
4......	6	44	68
5......	8	05	85
6......	9	67	02
7......	11	28	19
8......	12	89	36
9......	14	50	53
10......	16	11	70
20......	32	23	41
30......	48	35	11
40......	64	46	82
50......	80	58	52
60......	96	70	22
70......	112	81	93
80......	128	93	63
90......	145	05	34
100......	161	17	04
200......	322	34	08
300......	483	51	12
400......	644	68	16
500......	805	85	21
600......	967	02	25
700......	1128	19	29
800......	1289	36	33
900......	1450	53	37
1000......	1611	70	41
2000......	3223	40	82
3000......	4835	11	23
4000......	6446	81	65
5000......	8058	52	06
6000......	9670	22	47
7000......	11,281	92	88

CENTIMES.	Francs.	Centimes.	Centièmes.
1............	0	01	61
2............	0	03	22
3............	0	04	84
4............	0	06	45
5............	0	08	06
6............	0	09	67
7............	0	11	28
8............	0	12	89
9............	0	14	51
10............	0	16	12
20............	0	32	23
30............	0	48	35
40............	0	64	47
50............	0	80	59
60............	0	96	70
70............	1	12	82
80............	1	28	94
90............	1	45	05

Centièmes de centime.

	Francs.	Centimes.	Centièmes.
1............	0	00	02
2............	0	00	03
3............	0	00	05
4............	0	00	06
5............	0	00	08
6............	0	00	10
7............	0	00	11
8............	0	00	13
9............	0	00	15
10............	0	00	16
20............	0	00	32
30............	0	00	48
40............	0	00	64
50............	0	00	81
60............	0	00	97
70............	0	01	13
80............	0	01	29
90............	0	01	45

ARPENS DE VENDOME

SIXIÈME TABLE, *qui donne le prix de la septerée de Ven-dôme, comparativement au prix de l'hectare.*

FRANCS.	Francs.	Centimes.	Centièmes.	CENTIMES.	Francs.	Centimes.	Centièmes.
à 1 franc l'hectare, la septerée de Vendôme vaut......	0	62	05	1.............	0	00	62
2......	1	24	09	2.............	0	01	24
3......	1	86	14	3.............	0	01	86
4......	2	48	18	4.............	0	02	48
5......	3	10	23	5.............	0	03	10
6......	3	72	28	6.............	0	03	72
7......	4	34	32	7.............	0	04	34
8......	4	96	37	8.............	0	04	96
9......	5	58	42	9.............	0	05	58
10......	6	20	46	10.............	0	06	20
20......	12	40	92	20.............	0	12	41
30......	18	61	38	30.............	0	18	61
40......	24	81	85	40.............	0	24	82
50......	31	02	31	50.............	0	31	02
60......	37	22	77	60.............	0	37	23
70......	43	43	23	70.............	0	43	43
80......	49	63	69	80.............	0	49	64
90......	55	84	15	90.............	0	55	84
100......	62	04	61	*Centièmes de centime.*			
200......	124	09	23	1.............	0	00	01
300......	186	13	84	2.............	0	00	01
400......	248	18	45	3.............	0	00	02
500......	310	23	06	4.............	0	00	02
600......	372	27	68	5.............	0	00	03
700......	434	32	29	6.............	0	00	04
800......	496	36	90	7.............	0	00	04
900......	558	41	52	8.............	0	00	05
1000......	620	46	13	9.............	0	00	06
2000......	1240	92	26	10.............	0	00	06
3000......	1861	38	38	20.............	0	00	12
4000......	2481	84	51	30.............	0	00	19
5000......	3102	30	64	40.............	0	00	25
6000......	3722	76	77	50.............	0	00	31
7000......	4343	22	90	60.............	0	00	37
8000......	4963	69	02	70.............	0	00	43
9000......	5584	15	15	80.............	0	00	50
10,000......	6204	61	28	90.............	0	00	56

Cc

MESURES AGRAIRES.

ARPENS DE MONTOIRE.
Perche linéaire de 25 pieds.

A Montoire, l'arpent était composé de 100 chaînées ou perches carrées.

Il se divisait, pour les terres, en 2 demi-arpens, 4 quartiers, 8 demi-quartiers et en 10 boisselées.

Et pour les vignes, les prés et les bois des particuliers, en 2 demi-arpens, 4 quartiers, 8 demi-quartiers, et en 16 quarts de quartier ou seizièmes d'arpent.

Lorsque l'étendue superficielle d'un terrain excédait le complet d'une des divisions ci-dessus, on exprimait cette étendue par chaînées ou perches carrées.

Les bois nationaux s'arpentaient à la perche linéaire de 22 pieds. L'arpent était composé de 100 perches carrées, et avait la même division que l'arpent de vignes et de pré.

	Boisselées.	Quarts de quartier.	Chaînées ou Perches carrées.	Toises carrées.	Pieds carrés.	Pouces carrés.	Pieds carrés.	Pouces carrés.
L'arpent était égal à....	10	16	100	1756	4	»	62,500	»
Les trois quartiers à....	7 1/2	12	75	1302	3	»	46,875	»
Le demi-arpent à.......	5	8	50	868	2	»	31,250	»
Le quartier à..........	2 1/2	4	25	434	1	»	15,625	»
Le demi-quartier à.....	1 1/4	2	12 1/2	217	»	72	7,812	72
La boisselée à.........	....	..	10	173	22	»	6,25	»
Le quart de quartier à..	....	..	6 1/4	108	18	36	3,90	36
La chaînée ou la perche carrée à.............	....	..	......	17	13	»	625	»

Arpentaient à cette mesure les communes qui suivent :

MONTOIRE.   Artins.
Ambloi *en partie* (1).   Anthon.

(1) La plus grande partie de la commune d'Ambloi suivait la mesure agraire de Montoire, et la plus petite partie s'arpentait à la perche linéaire de 28 pieds, et suivait la mesure agraire de Vendôme.

ARPENS DE MONTOIRE.

Bonneveau.	Saint-Amaud *en partie* (4).
Boursai *en partie* (1).	Saint-Arnoult.
Cellé *en partie* (2).	Saint-Cyr-du-Gault.
La Chapelle - vicomtesse.	Saint-Gourgon.
Chauvigni *en partie* (3).	Saint-Jacques-des-Guérets.
Coutures.	Saint-Martin-du-Bois.
Les Essards.	Saint-Pierre-du-Bois.
Fontaines, en Beauce.	Saint-Quentin.
Fortan.	Saint-Rimai.
Les Haies.	Sasnières.
Houssai.	Sougé.
Lavardin,	Ternai.
Longpré.	Trehet.
Lunai.	Troô.
Marcé.	Villavard.
Montrouveau.	Villechauve.
Prunai.	Villedieu, en Beauce.
Les Roches.	Villeporcher.
Romilli	

(1) La partie de la commune de Boursai , ci-devant régie par la coutume du Maine, s'arpentait à la perche linéaire de 25 pieds , et l'arpent de toutes propriétés avait la même division que l'arpent de vignes et de pré de Montoire ; l'autre partie de la même commune, ci-devant régie par la coutume du Dunois, s'arpentait à la perche linéaire de 20 pieds , et suivait la mesure agraire de Droué.

(2) Tous les héritages de la commune de Cellé s'arpentaient à la perche linéaire de 25 pieds ; mais l'arpent, dans une partie de cette commune, se divisait en 10 boisselées (mesure agraire de Montoire), et dans l'autre partie en 8 (mesure agraire de Mondoubleau).

(3) La partie de la commune de Chauvigni , ci-devant régie par la coutume du Maine, s'arpentait à la perche linéaire de 25 pieds ; l'autre partie, ci-devant régie par la coutume de Chartres , s'arpentait à la perche linéaire de 22 pieds , et l'arpent ou setier se divisait en 10 boisselées.

(4) Une petite partie de la commune de Saint-Amand suivait la mesure agraire de Montoire ; là plus grande partie s'arpentait à la perche linéaire de 28 pieds, et suivait la mesure agraire de Vendôme.

MESURES AGRAIRES

PREMIERE TABLE, qui convertit l'ancienne mesure agraire de Montoire en hectares, ares et centiares.

CHAINÉES ou PERCHES CARRÉES.	Hectares ou arpens métriques.	Ares ou perches métriques.	Centiares ou mètres carrés.
1 équivaut à	0	00	66
2	0	01	32
3	0	01	98
4	0	02	64
5	0	03	30
6	0	03	96
7	0	04	62
8	0	05	28
9	0	05	94
10 ou 1 boisselée	0	06	60
20. 2	0	13	19
30. 3	0	19	79
40. 4	0	26	38
50. 5	0	32	98
60. 6	0	39	57
70. 7	0	46	17
80. 8	0	52	76
90. 9	0	59	36

CENTIÈMES DE CHAINÉE ou de PERCHE CARRÉE.	Hectares ou arpens métriques.	Ares ou perches métriques.	Centiares ou mètres carrés.
30	0	00	20
40	0	00	26
50	0	00	33
60	0	00	40
70	0	00	46
80	0	00	53
90	0	00	59

FRACTIONS USITÉES de la Boisselée.

	Hectares ou arpens métriques.	Ares ou perches métriques.	Centiares ou mètres carrés.
Un douzième	0	00	55
Un huitième	0	00	82
Un sixième	0	01	10
Un quart	0	01	65
Un tiers	0	02	20
Une demie	0	03	30
Deux-tiers	0	04	40
Trois-quarts	0	04	95

CENTIÈMES de CHAINÉE ou de perche carrée.

	Hectares ou arpens métriques.	Ares ou perches métriques.	Centiares ou mètres carrés.
1	0	00	01
2	0	00	01
3	0	00	02
4	0	00	03
5	0	00	03
6	0	00	04
7	0	00	05
8	0	00	05
9	0	00	06
10	0	00	07
20	0	00	13

QUARTS DE QUARTIER ou seizièmes d'Arpent.

	Hectares ou arpens métriques.	Ares ou perches métriques.	Centiares ou mètres carrés.
1	0	04	12
2	0	08	24
3	0	12	37
4	0	16	49
5	0	20	61
6	0	24	73
7	0	28	85
8	0	32	98
9	0	37	10

ARPENS DE MONTOIRE.

QUARTS DE QUARTIER ou seizièmes d'Arpent.	Hectares ou arpens métriques.	Ares ou perches métriques.	Centiares ou mètres carrés.
10 équival. à	0	41	22
11	0	45	34
12	0	49	46
13	0	53	58
14	0	57	71
15	0	61	83

ARPENS de Montoire.	Hectares ou arpens métriques.	Ares ou perches métriques.	Centiares ou mètres carrés.
1	0	65	95
2	1	31	90
3	1	97	85
4	2	63	80
5	3	29	75
6	3	95	70
7	4	61	65
8	5	27	60
9	5	93	55
10	6	59	50

ARPENS de Montoire.	Hectares ou arpens métriques.	Ares ou perches métriques.	Centiares ou mètres carrés.
20	13	19	01
30	19	78	51
40	26	38	02
50	32	97	52
60	39	57	02
70	46	16	53
80	52	76	03
90	59	35	54
100	65	95	04
200	131	90	08
300	197	85	12
400	263	80	16
500	329	75	20
600	395	70	23
700	461	65	27
800	527	60	31
900	593	55	35
1000	659	50	39

Nota. On additionnera cette table comme les francs et centimes.

MESURES AGRAIRES.

Opérations.

	Hectares.	Ares.	Centiares.
Soit à convertir en nouvelle mesure agraire 43 arpens 6 boisselées de terre, ancienne mesure agraire de Montoire, cherchez :			
40 arpens, vous trouverez qu'ils équivalent à..	26	58	02
5 *idem* à....................................	1	97	85
Et 6 boisselées *ou* 60 chaînées *ou* perches carrées à..	0	59	57
TOTAL............................	28	75	44

Vous aurez pour résultat 28 hectares 75 ares 44 centiares.

	Hectares.	Ares.	Centiares.
Soit à convertir en nouvelle mesure 25 arpens et 7 quarts de quartier de vignes ;			
20 arpens équivalent à.....................	13	19	01
5 *idem* à................................	1	97	85
Et 7 quarts de quartier à	0	28	85
TOTAL............................	15	45	71

ARPENS DE MONTOIRE.

DEUXIEME TABLE, qui convertit les hectares, ares et centiares en ancienne mesure agraire de Montoire.

HECTARES ou Arpens métriques.

	Anciens Arpens.	Chaînées ou Perches.	Centièmes de Perche.
1	1	51	63
2	3	03	26
3	4	54	89
4	6	06	52
5	7	58	15
6	9	09	77
7	10	61	40
8	12	13	03
9	13	64	66
10	15	16	29
20	30	32	48
30	45	48	87
40	60	65	16
50	75	81	46
60	90	97	75
70	106	14	04
80	121	30	33
90	136	46	62
100	151	62	91
200	303	25	82
300	454	88	74
400	606	51	65
500	758	14	56
600	909	77	47
700	1061	40	39
800	1213	03	30
900	1364	66	21
1000	1516	29	12

ARES ou Perches métriques.

	Anciens Arpens.	Chaînées ou Perches.	Centièmes de Perche.
1	0	1	52
2	0	3	03
3	0	4	55
4	0	6	07
5	0	7	58
6	0	9	10
7	0	10	61
8	0	12	13
9	0	13	65
10	0	15	16
20	0	30	33
30	0	45	49
40	0	60	65
50	0	75	81
60	0	90	98
70	1	6	14
80	1	21	30
90	1	36	47

Centiares ou mètres carrés.

	Anciens Arpens.	Chaînées ou Perches.	Centièmes de Perche.
1	0	0	02
2	0	0	03
3	0	0	05
4	0	0	06
5	0	0	08
6	0	0	09
7	0	0	11
8	0	0	12
9	0	0	14
10	0	0	15
20	0	0	30
30	0	0	45
40	0	0	61
50	0	0	76
60	0	0	91
70	0	1	06
80	0	1	21
90	0	1	36

Nota. On additionnera cette Table comme les francs et centimes.

MESURES AGRAIRES.

Observation.

L'arpent de Montoire se divisant en 10 boisselées, en 16 quarts de quartier, et en 100 chaînées ou perches carrées, j'ai, dans la seconde table, converti la nouvelle mesure en anciens arpens et perches, afin qu'on puisse faire le rapport de toutes les divisions.

Dans les perches carrées ou chaînées on trouvera facilement les boisselées, en faisant attention que toutes les dixaines de perches ou de chaînées forment des boisselées. Ainsi, 28 perches donnent 2 boisselées 8 perches ou chaînées ; 56 perches donnent 5 boisselées 6 perches ; 93 perches donnent 9 boisselées 3 perches, etc.

On trouvera avec la même facilité les quarts de quartier, en considérant

que	Chaînées ou perches.	Centièmes.		Quarts de quartier.
que	6	25	équivalent à..........	1
	12	50	....	2
	18	75	....	3
	25	00	....	4
	31	25	....	5
	37	50	....	6
	43	75	....	7
	50	00	....	8
	56	25	....	9
	62	50	....	10
	68	75	....	11
	75	00	....	12
	81	25	....	13
	87	50	....	14
	93	75	....	15

ARPENS DE MONTOIRE.

Rapport des 1.re *et* 2.e *Tables.*

Opération.

PREMIÈRE TABLE.

A convertir en nouvelle mesure 12 arpens 7 boisselées ou 70 perches carrées, mesure agraire de Montoire ;

	Hectare.	Ares.	Centiares.
10 arpens équivalent à............................	6	59	50
2 *idem* à................................	1	31	90
7 boisselées ou 70 perches à................	0	46	17
TOTAL............................	8	37	57

Preuve.

DEUXIEME TABLE.

A convertir en ancienne mesure agraire de Montoire 8 hectares 37 ares 57 centiares ;

	Arpens.	Chaînées ou perches carrées.	Centièmes.
8 hectares équivalent à......................	12	13	03
30 ares à................................	0	45	49
7 *idem* à................................	0	10	61
50 centiares à............................	0	00	76
7 *idem* à................................	0	00	11
TOTAL ÉGAL......................	12	70	00

Les dixaines de perches ou de chaînées formant des boisselées, on verra sans difficulté que les 70 perches forment 7 boisselées.

MESURES AGRAIRES.

Opération.

PREMIÈRE TABLE.

	Hectares.	Arcs.	Centiares.
A convertir en nouvelle mesure 23 arpens et 11 quarts de quartier de vignes ;			
20 arpens équivalent à.........................	13	19	01
3 *idem* à...............................	1	97	85
11 quarts de quartier à......................	0	45	54
TOTAL............................	15	62	20

Preuve.

DEUXIÈME TABLE.

	Arpens.	Chaînées ou perches carrées.	Centièmes.
A convertir en arpens et quarts de quartier 15 hectares 62 ares 20 centiares ;			
10 Hectares équivalent à.....................	15	16	29
5 *idem* à..............................	7	58	15
60 ares à	0	90	98
2 *idem* à.............................	0	3	03
20 centiares à..........................	0	0	30
TOTAL ÉGAL....................	23	68	75

En jetant les yeux sur le nombre de perches ou de chaînées qui composent les quarts de quartier, *page* 394, on verra que 68 perches 75 centièmes équivalent à 11 quarts de quartier.

ARPENS DE MONTOIRE.

TROISIÈME TABLE, qui donne le prix de l'hectare, comparativement au prix de l'ancien arpent de Montoire.

FRANCS.	Francs.	Centimes.	Centièmes
à 1 franc l'ancien arpent de Montoire, l'hectare vaut. ...	1	51	63
2	3	03	26
3	4	54	89
4	6	06	52
5	7	58	15
6	9	09	77
7	10	61	40
8	12	13	03
9	13	64	66
10	15	16	29
20	30	32	58
30	45	48	87
40	60	65	16
50	75	81	46
60	90	97	75
70	106	14	04
80	121	30	33
90	136	46	62
100	151	62	91
200	303	25	82
300	454	88	74
400	606	51	65
500	758	14	56
600	909	77	47
700	1061	40	39
800	1213	03	30
900	1364	66	21
1000	1516	29	12
2000	3032	58	25
3000	4548	87	37
4000	6665	16	49
5000	7581	45	62
6000	9097	74	74
7000	10,614	03	86
8000	12,130	32	99
9000	13,646	62	11
10000	15,162	91	23

CENTIMES.	Francs.	Centimes.	Centièmes
1	0	01	52
2	0	03	03
3	0	04	55
4	0	06	07
5	0	07	58
6	0	09	10
7	0	10	61
8	0	12	13
9	0	13	65
10	0	15	16
20	0	30	33
30	0	45	49
40	0	60	65
50	0	75	81
60	0	90	98
70	1	06	14
80	1	21	30
90	1	36	47

Centièmes de centime.

	Francs.	Centimes.	Centièmes
1	0	00	02
2	0	00	03
3	0	00	05
4	0	00	06
5	0	00	08
6	0	00	09
7	0	00	11
8	0	00	12
9	0	00	14
10	0	00	15
20	0	00	30
30	0	00	45
40	0	00	61
50	0	00	76
60	0	00	91
70	0	01	06
80	0	01	21
90	0	01	36

MESURES AGRAIRES.

QUATRIÈME TABLE, qui donne le prix de l'ancien arpent de Montoire, comparativement au prix de l'hectare.

FRANCS.	Francs.	Centimes.	Centièmes.
à 1 franc l'hectare, l'ancien arpent de Montoire vaut...	0	65	95
2......	1	31	90
3......	1	97	85
4......	2	63	80
5......	3	29	75
6......	3	95	70
7......	4	61	65
8......	5	27	60
9......	5	93	55
10......	6	59	50
20......	13	19	01
30......	19	78	51
40......	26	38	02
50......	32	97	52
60......	39	57	02
70......	46	16	53
80......	52	76	03
90......	59	35	54
100......	65	95	04
200......	131	90	08
300......	197	85	12
400......	263	80	16
500......	329	75	20
600......	395	70	23
700......	461	65	27
800......	527	60	31
900......	593	55	35
1000......	659	50	39
2000......	1319	00	78
3000......	1978	51	17
4000......	2638	01	57
5000......	3297	51	96
6000......	3957	02	35
7000......	4616	52	74
8000......	5276	03	13
9000......	5935	53	52
10,000......	6595	03	91

CENTIMES.	Francs.	Centimes.	Centièmes.
1............	0	00	66
2............	0	01	32
3............	0	01	98
4............	0	02	64
5............	0	03	30
6............	0	03	96
7............	0	04	62
8............	0	05	28
9............	0	05	94
10............	0	06	60
20............	0	13	19
30............	0	19	79
40............	0	26	38
50............	0	32	98
60............	0	39	57
70............	0	46	17
80............	0	52	76
90............	0	59	36

Centièmes de centime.

	Francs.	Centimes.	Centièmes.
1............	0	00	01
2............	0	00	01
3............	0	00	02
4............	0	00	03
5............	0	00	03
6............	0	00	04
7............	0	00	05
8............	0	00	05
9............	0	00	06
10............	0	00	07
20............	0	00	13
30............	0	00	20
40............	0	00	26
50............	0	00	33
60............	0	00	40
70............	0	00	46
80............	0	00	53
90............	0	00	59

ARPENS DE MONDOUBLEAU.
Perche linéaire de 25 pieds.

A MONDOUBLEAU, l'arpent de terre, de pré et des bois des particuliers contenait 100 perches carrées. Il était égal en superficie à l'arpent de Montoire.

Il se divisait en 2 demi-arpens, 4 quartiers et en 8 boisselées.

Les bois nationaux s'arpentaient à la perche linéaire de 22 pieds. L'arpent était composé de 100 perches carrées. Il se divisait en 8 boisselées.

Arpentaient á cette mesure les communes qui suivent :

MONDOUBLEAU.
Baillou.
Beauchesne.
Cellé *en partie* (1).
Chouë.
Cormenon.
Epuisai.
Saint-Agil.
Saint-Marc-du-Cor.
Sargé.

Savigni.
Soudai.
Le Temple.

Arrondissement de Blois.

Angé.
Faverolles.
Mareuil (2).
Pouillé (3).
Saint-Julien-de-Chedon.

(1) Tous les héritages de la commune de Cellé s'arpentaient à la perche linéaire de 25 pieds ; mais l'arpent, dans une partie de la commune, se divisait en 8 boisselées (mesure agraire de Mondoubleau), et dans l'autre, en 10 boisselées (mesure agraire de Montoire.

(2) } La septerée était usitée à Mareuil et à Pouillé ; elle
(3) } contenait 12 boisselées ou 1 arpent et demi.

MESURES AGRAIRES.

PREMIERE TABLE, qui convertit l'ancienne mesure agraire de *Mondoubleau* en hectares, ares et centiares.

PERCHES ou CHAINÉES de Mondoubleau.

Voyez la conversion en nouvelle mesure des Perches ou Chaînées de Montoire, page 390.

ARPENS de Mondoubleau.

Voyez la conversion en nouvelle mesure des anciens Arpens de Montoire, page 391.

FRACTIONS usitées de la Boisselée.	Hectares ou arpens métriques.	Ares ou perches métriques.	Centiares ou mètres carrés.
Huitième......	0	01	03
Sixième.......	0	01	37
Cinquième.....	0	01	65
Quart.........	0	02	06
Tiers	0	02	75
Demie	0	04	12
Deux-tiers	0	05	50
Trois-quarts...	0	06	18

BOISSELÉES de Mondoubleau.	Hectares ou arpens métriques.	Ares ou perches métriques.	Centiares ou mètres carrés.
1 équivaut à	0	08	24
2..........	0	16	49
3..........	0	24	73
4..........	0	32	98
5..........	0	41	22
6..........	0	49	46
7..........	0	57	71
8..........	0	65	95
9..........	0	74	19
10..........	0	82	44
11..........	0	90	68

MILLIÈMES de Boisselée.	Hectares ou arpens métriques.	Ares ou perches métriques.	Centiares ou mètres carrés.
1 équiv. à...	0	00	01
2...........	0	00	02
3...........	0	00	02
4...........	0	00	03
5...........	0	00	04
6...........	0	00	05
7...........	0	00	06
8...........	0	00	07
9...........	0	00	07
10...........	0	00	08
20...........	0	00	16
30...........	0	00	25
40...........	0	00	33
50...........	0	00	41
60...........	0	00	49
70...........	0	00	58

ARPENS DE MONDOUBLEAU.

MILLIÈMES de Boisselée.	Hectares ou arpens métriques.	Arcs ou perches métriques.	Centiares ou mètres carrés.	SEPTERÉES de Mareuil et de Pouillé.	Hectares ou arpens métriques.	Arcs ou perches métriques.	Centiares ou mètres carrés.
80 équiv. à	0	00	66	8........	7	91	40
90........	0	00	74	9........	8	90	33
100........	0	00	82	10........	9	89	26
200........	0	01	65	20........	19	78	51
300........	0	02	47	30........	29	67	77
400........	0	03	30	40........	39	57	02
500........	0	04	12	50........	49	46	28
600........	0	04	95	60........	59	35	54
700........	0	05	77	70........	69	24	79
800........	0	06	60	80........	79	14	05
900........	0	07	42	90........	89	03	30
SEPTERÉES de Mareuil et de Pouillé.				100........	98	92	56
1........	0	98	93	200........	197	85	12
2........	1	97	85	300........	296	77	68
3........	2	96	78	400........	395	70	23
4........	3	95	70	500........	494	62	79
5........	4	94	63	600........	593	55	35
6........	5	93	55	700........	692	47	91
7........	6	92	48	800........	791	40	47
				900........	890	33	03
				1000........	989	25	59

Nota. On additionnera cette Table comme les francs et centimes.

MESURES AGRAIRES.

*DEUXIEME TABLE, qui convertit les hectares, ares et cen-
tiares, 1.º en arpens et boisselées de Mondoubleau ; 2.º pour
Mareuil et Pouillé en septerées et boisselées.*

HECTARES ou ARPENS MÉTRIQUES.	1.ʳᵉ CONVERSION.				2.ᶜ CONVERSION.		
	Arpens.	Boisselées.	Milliè. de boisselée.		Septerées.	Boisselées.	Milliè. de boisselée.
1 vaut......	1	4	130	ou	1	0	130
2..........	3	0	261		2	0	261
3..........	4	4	391		3	0	391
4..........	6	0	521		4	0	521
5..........	7	4	652		5	0	652
6..........	9	0	782		6	0	782
7..........	10	4	912		7	0	912
8..........	12	1	043		8	1	043
9..........	13	5	173		9	1	173
10..........	15	1	303		10	1	303
20..........	30	2	607		20	2	607
30..........	45	3	910		30	3	910
40..........	60	5	213		40	5	213
50..........	75	6	516		50	6	516
60..........	90	7	820		60	7	820
70..........	106	1	123		70	9	123
80..........	121	2	426		80	10	426
90..........	136	3	730		90	11	730
100..........	151	5	033		101	1	033
200..........	303	2	066		202	2	066
300..........	454	7	099		303	3	099
400..........	606	4	132		404	4	132
500..........	758	1	165		505	5	165
600..........	909	6	198		606	6	198
700..........	1061	3	231		707	7	231
800..........	1213	0	264		808	8	264
900..........	1364	5	297		909	9	297
1000..........	1516	2	330		1010	10	330

ARPENS DE MONDOUBLEAU.

	1.re CONVERSION.			2.e CONVERSION.		
ARES ou PERCHES MÉTRIQUES.	Arpens.	Boisselées.	Milliè. de boisselée.	Septerées.	Boisselées.	Milliè. de boisselée.
1 équivaut à....	0	0	121	0	0	121
2...............	0	0	243	0	0	243
3...............	0	0	364	0	0	364
4...............	0	0	485	0	0	485
5...............	0	0	607	0	0	607
6...............	0	0	728	0	0	728
7...............	0	0	849	0	0	849
8...............	0	0	970	0	0	970
9...............	0	1	092	0	1	092
10...............	0	1	213	0	1	213
20...............	0	2	426	0	2	426
30...............	0	3	639	0	3	639
40...............	0	4	852	0	4	852
50...............	0	6	065	0	6	065
60...............	0	7	278	0	7	278
70...............	1	0	491	0	8	491
80...............	1	1	704	0	9	704
90...............	1	2	917	0	10	917

CENTIARES ou Mètres carrés.

	Arpens.	Boisselées.	Milliè. de boisselée.	Septerées.	Boisselées.	Milliè. de boisselée.
1 équivaut à...	0	0	001	0	0	001
2...............	0	0	002	0	0	002
3...............	0	0	004	0	0	004
4...............	0	0	005	0	0	005
5...............	0	0	006	0	0	006
6...............	0	0	007	0	0	007
7...............	0	0	008	0	0	008
8...............	0	0	010	0	0	010
9...............	0	0	011	0	0	011
10...............	0	0	012	0	0	012
20...............	0	0	024	0	0	024

MESURES AGRAIRES.

CENTIARES ou MÈTRES CARRÉS.	1.ʳᵉ CONVERSION.			2.ᵉ CONVERSION.		
	Arpens.	Boisselées.	Milliè. de boisselée.	Septerées.	Boisselées.	Milliè. de boisselée.
30	o	o	036	ou o	o	036
40	o	o	049	o	o	049
50	o	o	061	o	o	061
60	o	o	073	o	o	073
70	o	o	085	o	o	085
80	o	o	097	o	o	097
90	o	o	109	o	o	109

En additionnant cette Table, on divisera les Boisselées par 8 pour les réduire en anciens arpens, et par 12 pour les réduire en septerées.

On aura recours, pour les millièmes de Boisselée, à la 2.ᵉ Table générale, qui convertit les millièmes en fractions ordinaires, *page* xxviij.

ARPENS DE MONTRICHARD.
Perche linéaire de 25 pieds.

A MONTRICHARD, l'arpent de terre, de vigne, de pré et des bois des particuliers était composé de 100 perches carrées ou chaînées. Il était égal en superficie à l'ancien arpent de Montoire.

Il se divisait en 2 demi-arpens, 4 quartiers, 8 demi-quartiers et en 12 boisselées.

	Boisselées.	Chaînées ou perches carrées.	Toises carrées.	Pieds carrés.	Pouces carrés.	Pieds carrés.	Pouces carrés.
Ainsi, l'arpent était égal à	12	100	1736	4	»	62,500	»
Les trois quartiers à.....	9	75	1302	3	»	46,875	»
Le demi-arpent à.......	6	50	868	2	»	31,250	»
Le quartier à..........	3	25	434	1	»	15.625	»
Le demi-quartier à......	1 1/2	12 1/2	217	»	72	7,812	72
La boisselée à.................		8 1/3	144	24	48	5,208	48
La perche à.................		......	17	13	»	625	»

Arpentaient à cette mesure les communes qui suivent :

MONTRICHARD.
Bourré.
Chissai.

Laleu.
Saint-Georges.

MESURES AGRAIRES.

PREMIERE TABLE, qui convertit l'ancienne mesure agraire de Montrichard en hectares, ares et centiares.

PERCHES OU CHAÎNÉES de Montrichard.

Voyez la conversion en nouvelle mesure des Perches ou Chaînées de Montoire, page 390.

ANCIENS ARPENS de Montrichard.

Voyez la conversion en nouvelle mesure des anciens arpens de Montoire, page 391.

BOISSELÉES de Montrichard.	Hectares ou arpens métriques.	Ares ou perches métriques.	Centiares ou mètres carrés.
1 équivaut à..	0	05	50
2............	0	10	99
3............	0	16	49
4............	0	21	98
5............	0	27	48
6............	0	32	98
7............	0	38	47
8............	0	43	97
9............	0	49	46
10............	0	54	96
11............	0	60	45

FRACTIONS USITÉES de la boisselée.

	Hectares ou arpens métriques.	Ares ou perches métriques.	Centiares ou mètres carrés.
Huitième......	0	00	69
Sixième.......	0	00	92
Cinquième....	0	01	10
Quart........	0	01	37
Tiers........	0	01	85
Demie.......	0	02	75
Deux-tiers....	0	03	66
Trois-quarts..	0	04	12

MILLIÉMES de BOISSELÉE.	Hectares ou arpens métriques.	Ares ou perches métriques.	Centiares ou mètres carrés.
1 vaut...	0	00	01
2........	0	00	01
3........	0	00	02
4........	0	00	02
5........	0	00	03
6........	0	00	03
7........	0	00	04
8........	0	00	04
9........	0	00	05
10........	0	00	05
20........	0	00	11
30........	0	00	16
40........	0	00	22
50........	0	00	27
60........	0	00	33
70........	0	00	38
80........	0	00	44
90........	0	00	49
100........	0	00	55
200........	0	01	10
300........	0	01	65
400........	0	02	20
500........	0	02	75
600........	0	03	30
700........	0	03	85
800........	0	04	40
900........	0	04	95

On additionnera cette Table comme les francs et centimes.

ARPENS DE MONTRICHARD.

DEUXIEME TABLE, *qui convertit les hectares, ares et centiares en anciens arpens et boisselées de Montrichard.*

HECTARES ou ARPENS MÉTRIQ.	Anciens arpens.	Boisselées.	Millièmes de boisselée.	ARES ou PERCHES MÉTRIQ.	Anciens arpens.	Boisselées.	Millièmes de boisselée.
1 vaut.	1	6	195	5	0	0	910
2	3	0	391	6	0	1	092
3	4	6	586	7	0	1	274
4	6	0	782	8	0	1	456
5	7	6	977	9	0	1	638
6	9	1	173	10	0	1	820
7	10	7	368	20	0	3	639
8	12	1	564	30	0	5	459
9	13	7	759	40	0	7	278
10	15	1	955	50	0	9	098
20	30	3	910	60	0	10	917
30	45	5	865	70	1	0	737
40	60	7	820	80	1	2	556
50	75	9	775	90	1	4	376
60	90	11	730	**Centiares ou mètres carrés.**			
70	106	1	685	1	0	0	002
80	121	3	640	2	0	0	004
90	136	5	595	3	0	0	005
100	151	7	549	4	0	0	007
200	303	3	099	5	0	0	009
300	454	10	648	6	0	0	011
400	606	6	198	7	0	0	013
500	758	1	747	8	0	0	015
600	909	9	297	9	0	0	016
700	1061	4	846	10	0	0	018
800	1213	0	396	20	0	0	036
900	1364	7	945	30	0	0	055
1000	1516	3	495	40	0	0	073
Ares ou Perches métriques.				50	0	0	091
1	0	0	182	60	0	0	109
2	0	0	364	70	0	0	127
3	0	0	546	80	0	0	146
4	0	0	728	90	0	0	164

Dans l'addition de cette Table, on divisera les boisselées par 12, pour les réduire en anciens arpens.

On aura recours pour les millièmes de boisselée à la 2.ᵉ Table générale, qui convertit les millièmes en fractions ordinaires, *page xxviij.*

MESURES AGRAIRES.

ARPENS DE BLOIS.
Perche linéaire de 24 pieds.

A BLOIS, l'arpent de terre, de vigne, de pré et des bois des particuliers était composé de 100 perches carrées.

Il se divisait en 2 demi-arpens, 4 quartiers, 8 demi-quartiers et en 12 boisselées.

Les bois nationaux s'arpentaient à la perche linéaire de 22 pieds ; l'arpent était composé de 100 perches carrées, et il se divisait également en 12 boisselées.

Quelques Maires ont indiqué la mesure agraire des près et des bois des particuliers dans leur communes à la perche linéaire de 22 pieds et à la même division de l'arpent en 12 boisselées. Elles sont désignées par ce signe *.

	Boisselées.	Perches carrées.	Toises carrées.	Pieds carrés.	Pieds carrés.
Ainsi, l'arpent était égal à....	12	100	1600	»	57,600
Les trois quartiers à........	9	75	1200	»	43,200
Le demi-arpent à..........	6	50	800	»	28,800
Le quartier à..	3	25	400	»	14,400
Le demi-quartier à..........	1 1/2	12 1/2	200	»	7,200
La boisselée à...................		8 1/3	133	12	4,800
La perche à		......	16	»	576
La septerée à..............	18	150	2400	»	86,400

Arpentaient à cette mesure les communes suivantes.

Blois.

Averdon

Baazi.

Boisseau.

* Bracieux.

Candé.

ARPENS DE BLOIS.

Cellettes,
Chailles.
* Chambon.
Champigui.
La Chapelle-Vendômoise.
La Chaussée-Saint-Victor.
Cheverni.
Chitenai.
Choussi.
Chouzi.
* Conan.
Contres.
Couddes.
Coulanges.
* Cour-sur-Loire.
Cour-Cheverni.
* Feings.
Fontaines en Sologne.

Fossé.
* Fougères.
Fresne.
Herbilli.
* Huisseau-sur-Cosson.
Lancôme *en partie* (1).
Landes *en partie* (2).
Maslives.
Marolles.
Maves *en partie* (3).
Menars.
* Mer.
Mont.
Monthou-sur-Bièvre.
Monthou-sur-Cher.
Les Montils.
Montlivault.

(1) Une partie de la commune de Lancôme suivait la mesure agraire de Blois ; l'autre partie s'arpentait à la perche linéaire de 28 pieds, et suivait la mesure agraire de Vendôme.

(2) La commune de Landes suivait la mesure agraire de Blois sauf quelques climats qui s'arpentaient à la perche linéaire de 28 pieds et qui suivaient la mesure agraire de Vendôme.

(3 (Il y avait dans la commune de Maves trois mesures agraires: la partie régie par la ci-devant coutume de Blois s'arpentait à la perche linéaire de 24 pieds, et suivait la mesure agraire de Blois ; la partie régie par la ci-devant coutume d'Orléans s'arpentait à la perche linéaire de 22 pieds, elle suivait la mesure agraire de la Chapelle-Saint-Martin ; l'arpent se divisait en 12 boisselées ; et l'autre partie s'arpentait également à la perche linéaire de 22 pieds ; elle suivait la mesure agraire d'Oucques, et l'arpent ou setier se divisait en 8 boisseaux.

MESURES AGRAIRES.

Muides.	* Saint-Secondin.
Mulsans *en partie* (1).	Saint-Sulpice.
Neuvi.	Sambin.
Nouan-sur-Loire.	Sassai.
Oisli.	Seur.
Orchaise.	Suèvres *en partie* (2).
Ouchamps.	Thenai.
Pont-le-Voi.	Thesée.
Rilli.	Tour en Sologne.
Saint-Bohaire.	Valaire.
Saint-Claude.	Valières-les-grandes.
Saint-Denis-sur-Loire.	Villebarou.
Saint-Dié.	Villefrancœur *en partie* (3).
Saint-Gervais.	Villerbon.
St-Lubin-en-Vergonnois.	Vineuil.

(1) La commune de Mulsans suivait la mesure agraire de Blois, sauf un canton qui s'arpentait à la perche linéaire de 22 pieds, et qui suivait la mesure agraire de la Chapelle-Saint-Martin.

(2) La partie de la commune de Suèvres, ci-devant régie par la coutume de Blois, s'arpentait à la perche linéaire de 24 pieds, et suivait la mesure agraire de Blois; et la partie ci-devant régie par la coutume d'Orléans, s'arpentait à la perche linéaire de 22 pieds, et suivait la mesure agraire de la Chapelle-Saint-Martin.

(3) La commune de Villefrancœur suivait la mesure agraire de Blois, sauf les hameaux du Breuil, de Budan et de Villebouzon en dépendant, qui s'arpentaient à la perche linéaire de 28 pieds, et qui suivaient la mesure agraire de Vendôme.

(*Nota*). A Bauzi, Bracieux, Contres, Fontaines en Sologne, Neuvi, Ouchamps, Sassai, Tour en Sologne, et dans une partie de la commune de Cheverni, la septerée était en usage pour les terres; elle contenait 2400 toises carrées; elle équivalait à 18 boisselées ou un arpent et demi.

ARPENS DE BLOIS.

PREMIERE TABLE, qui convertit les perches, arpens, septerées et boisselées de Blois en hectares, ares et centiares.

PERCHES carrées.	Hectares ou Arpens métriq.	Ares ou Perches métriques.	Centiares ou mètres carrés.
1 équivaut à..	0	00	61
2............	0	01	22
3............	0	01	82
4............	0	02	43
5............	0	03	04
6............	0	03	65
7............	0	04	25
8............	0	04	86
9............	0	05	47
10............	0	06	08
20............	0	12	16
30............	0	18	23
40............	0	24	31
50............	0	30	39
60............	0	36	47
70............	0	42	55
80............	0	48	62
90............	0	54	70

Centièmes de Perche.

	Hectares ou Arpens métriq.	Ares ou Perches métriques.	Centiares ou mètres carrés.
1............	0	00	01
2............	0	00	01
3............	0	00	02
4............	0	00	02
5............	0	00	03
6............	0	00	04
7............	0	00	04
8............	0	00	05
9............	0	00	05
10............	0	00	06
20............	0	00	12
30............	0	00	18
40............	0	00	24
50............	0	00	30
60............	0	00	36
70............	0	00	43
80............	0	00	49
90............	0	00	55

ARPENS de Blois.	Hectares ou Arpens métriq.	Ares ou Perches métriques.	Centiares ou mètres carrés.
1 équiv. à	0	60	78
2........	1	21	56
3........	1	82	34
4........	2	43	12
5........	3	03	90
6........	3	64	68
7........	4	25	46
8........	4	86	24
9........	5	47	02
10........	6	07	80
20........	12	15	60
30........	18	23	40
40........	24	31	20
50........	30	38	99
60........	36	46	79
70........	42	54	59
80........	48	62	39
90........	54	70	19
100........	60	77	99
200........	121	55	98
300........	182	33	96
400........	243	11	95
500........	303	89	94
600........	364	67	93
700........	425	45	92
800........	486	23	90
900........	547	01	89
1000........	607	79	88
3 quartiers....	0	45	58
demi-arpent...	0	30	39
quartier.......	0	15	19
demi-quartier.	0	07	60

MESURES AGRAIRES.

SEPTERÉES de 2400 toises carr.	Hectares ou Arpens métriq.	Ares ou Perches métriques.	Centiares ou mètres carrés.
1 équiv.	0	91	17
2........	1	82	34
3........	2	73	51
4........	3	64	68
5........	4	55	85
6........	5	47	02
7........	6	38	19
8........	7	29	36
9........	8	20	53
10........	9	11	70
20........	18	23	40
30........	27	35	09
40........	36	46	79
50........	45	58	49
60........	54	70	19
70........	63	81	89
80........	72	93	59
90........	82	05	28
100........	91	16	98
200........	182	33	96
300........	273	50	95
400........	364	67	93
500........	455	84	91
600........	547	01	89
700........	638	18	87
800........	729	35	86
900........	820	52	84
1000........	911	69	82

BOISSELÉES de Blois.	Hectares ou Arpens métriq.	Ares ou Perches métriques.	Centiares ou mètres carrés.
1 vaut..	0	05	06
2........	0	10	13
3........	0	15	19
4........	0	20	26
5........	0	25	32
6........	0	30	39
7........	0	35	45
8........	0	40	52
9........	0	45	58
10........	0	50	65
11........	0	55	71
12........	0	60	78
13........	0	65	84
14........	0	70	91
15........	0	75	97
16........	0	81	04
17........	0	86	10

FRACTIONS USITÉES de la boissolée de Blois.

	Hectares ou Arpens métriq.	Ares ou Perches métriques.	Centiares ou mètres carrés.
Un huitième...	0	00	63
Un sixième....	0	00	84
Un cinquième.	0	01	01
Un quart......	0	01	27
Un tiers......	0	01	69
Une demie....	0	02	53
Deux-tiers....	0	03	38
Trois-quarts ..	0	03	80

ARPENS DE BLOIS.

MILLIÈMES de boisselée.	Hectares ou Arpens métriq.	Ares ou Perches métriques.	Centiares ou mètres carrés.	MILLIÈMES de boisselée.	Hectares ou Arpens métriq.	Ares ou Perches métriques.	Centiares ou mètres carrés.
1 vaut,..	0	00	01	60 valent...	0	00	30
2........	0	00	01	70..........	0	00	35
3........	0	00	02	80..........	0	00	41
4........	0	00	02	90..........	0	00	46
5........	0	00	03	100.........	0	00	51
6........	0	00	03	200.........	0	01	01
7........	0	00	04	300.........	0	01	52
8........	0	00	04	400.........	0	02	03
9........	0	00	05	500.........	0	02	53
10.......	0	00	05	600.........	0	03	04
20,......	0	00	10	700.........	0	03	55
30.......	0	00	15	800.........	0	04	05
40.......	0	00	20	900.........	0	04	56
50.......	0	00	25				

Nota. On additionnera cette Table comme les francs et centimes.

Opération.

A convertir en nouvelle mesure 112 arpens 8 boisselées et demie de Blois, cherchez

	Hectares.	Ares.	Centiares.
100 arpens, vous trouverez qu'ils valent.....	60	77	99
10 *idem*	6	07	80
2 *idem*	1	21	56
8 boisselées	0	40	52
la 1/2 boisselée	0	02	53
TOTAL.........................	68	50	40

Vous aurez 68 hectares ou arpens métriques 50 ares ou perches métriques 40 centiares ou mètres carrés.

MESURES AGRAIRES.

DEUXIEME TABLE, qui convertit les hectares, ares et centiares, 1.º en arpens et boisselées de *Blois*, 2.º et en septerées et boisselées.

HECTARES ou ARPENS MÉTRIQUES.	1.re CONVERSION.			2.e CONVERSION.		
	Arpens.	Boisselées.	Milliè. de boisselée.	Septerées.	Boisselées.	Milliè. de boisselée.
1 équiv. à.....	1	7	743	1	1	743
2.............	3	3	487	2	3	487
3.............	4	11	230	3	5	230
4.............	6	6	974	4	6	974
5.............	8	2	717	5	8	717
6.............	9	10	460	6	10	460
7.............	11	6	204	7	12	204
8.............	13	1	947	8	13	947
9.............	14	9	690	9	15	690
10............	16	5	434	10	17	434
20............	32	10	868	21	16	868
30............	49	4	301	32	16	301
40............	65	9	735	43	15	735
50............	82	3	169	54	15	169
60............	98	8	603	65	14	603
70............	115	2	036	76	14	036
80............	131	7	470	87	13	470
90............	148	0	904	98	12	904
100...........	164	6	338	109	12	338
200...........	329	0	675	219	6	675
300...........	493	7	013	329	1	013
400...........	658	1	350	438	13	350
500...........	822	7	688	548	7	688
600...........	987	2	025	658	2	025
700...........	1151	8	363	767	14	363
800...........	1316	2	700	877	8	700
900...........	1480	9	038	987	3	038
1000..........	1645	3	375	1096	15	375

ARPENS DE BLOIS.

Ares ou PERCHES MÉTRIQUES.	1.re CONVERSION.			ou	2.e CONVERSION.		
	Arpens.	Boisselées.	Milliè. de boisselée.		Septerées.	Boisselées.	Milliè. de boisselée.
1 équivaut à......	0	0	197	ou	0	0	197
2..................	0	0	395		0	0	395
3..................	0	0	592		0	0	592
4..................	0	0	790		0	0	790
5..................	0	0	987		0	0	987
6..................	0	1	185		0	1	185
7..................	0	1	382		0	1	382
8..................	0	1	579		0	1	579
9..................	0	1	777		0	1	777
10.................	0	1	974		0	1	974
20.................	0	3	949		0	3	949
30.................	0	5	923		0	5	923
40.................	0	7	897		0	7	897
50.................	0	9	872		0	9	872
60.................	0	11	846		0	11	846
70.................	1	1	820		0	13	820
80.................	1	3	795		0	15	795
90.................	1	5	769		0	17	769

CENTIARES ou Metres carrés.

	Arpens.	Boisselées.	Milliè. de boisselée.		Septerées.	Boisselées.	Milliè. de boisselée.
1.................	0	0	002		0	0	002
2.................	0	0	004		0	0	004
3.................	0	0	006		0	0	006
4.................	0	0	008		0	0	008
5.................	0	0	010		0	0	010
6.................	0	0	012		0	0	012
7.................	0	0	014		0	0	014
8.................	0	0	016		0	0	016
9.................	0	0	018		0	0	018
10................	0	0	020		0	0	020
20................	0	0	039		0	0	039

MESURES AGRAIRES.

CENTIARES ou MÈTRES CARRÉS.	1.re CONVERSION.				2.e CONVERSION.		
	Arpens.	Boisselées.	Milliè. de boisselée.		Septerées.	Boisselées.	Milliè. de boisselée.
30.................	0	0	059	ou	0	0	059
40.................	0	0	079		0	0	079
50.................	0	0	099		0	0	099
60.................	0	0	118		0	0	118
70.................	0	0	138		0	0	138
80.................	0	0	158		0	0	158
90.................	0	0	178		0	0	178

En additionnant cette Table, on divisera les boisselées par 12 pour les réduire en anciens arpens, et par 18 pour les réduire en septerées. Quant aux millièmes de boisselée, on aura recours à la 2.e Table générale, qui convertit les millièmes en fractions ordinaires, *page* xxviij.

Opération.

Soit à convertir en arpens et boisselées de Blois 42 hectares 36 ares et 25 centiares, ou la même quantité en septerées et boisselées.

	Arpens.	Boisselées.	Millièmes de boisselée.		Septerées.	Boisselées.	Millièmes de boisselée.
40 hectares équivalent à.....	65	9	735	ou	43	15	735
2 *idem* à..................	3	3	487		2	3	487
30 ares à...................	0	5	923		0	5	923
6 *idem* à..................	0	1	185		0	1	185
20 centiares à..............	0	0	039		0	0	039
5 *idem* à..................	0	0	010		0	0	010
TOTAL................	69	8	379		46	8	379

ARPENS DE BLOIS.

TROISIEME TABLE, qui donne le prix de l'hectare, comparativement au prix de l'ancien arpent de Blois.

FRANCS.	Francs.	Centimes.	Centièmes.	CENTIMES.	Francs.	Centimes.	Centièmes.
à 1 franc l'ancien arpent de Blois, l'hectare vaut....	1	64	53	1............	0	01	65
2......	3	29	06	2............	0	03	29
3......	4	93	58	3............	0	04	94
4......	6	58	11	4............	0	06	58
5......	8	22	64	5............	0	08	23
6......	9	87	17	6............	0	09	87
7......	11	51	70	7............	0	11	52
8......	13	16	23	8............	0	13	16
9......	14	80	75	9............	0	14	81
10......	16	45	28	10............	0	16	45
20......	32	90	56	20............	0	32	91
30......	49	35	84	30............	0	49	36
40......	65	81	13	40............	0	65	81
50......	82	26	41	50............	0	82	26
60......	98	71	69	60............	0	98	72
70......	115	16	97	70............	1	15	17
80......	131	62	25	80............	1	31	62
90......	148	07	53	90............	1	48	08
100......	164	52	81	**Centièmes de centime.**			
200......	329	05	63	1............	0	00	02
300......	493	58	44	2............	0	00	03
400......	658	11	25	3............	0	00	05
500......	822	64	06	4............	0	00	07
600......	987	16	88	5............	0	00	08
700......	1151	69	69	6............	0	00	10
800......	1316	22	50	7............	0	00	12
900......	1480	75	32	8............	0	00	13
1000......	1645	28	13	9............	0	00	15
2000......	3290	56	26	10............	0	00	16
3000......	4935	84	39	20............	0	00	33
4000......	6581	12	51	30............	0	00	49
5000......	8226	40	64	40............	0	00	66
6000......	9871	68	77	50............	0	00	82
7000......	11,516	96	90	60............	0	00	99
8000......	13,162	25	03	70............	0	01	15
9000......	14,807	53	16	80............	0	01	32
10,000......	16,452	81	28	90............	0	01	48

MESURES AGRAIRES.

QUATRIÈME TABLE, qui donne le prix de l'ancien arpent de Blois, comparativement au prix de l'hectare.

FRANCS.	Francs.	Centimes.	Centièmes.
à 1 franc l'hectare, l'ancien arpent de Blois vaut......	0	60	78
2......	1	21	56
3......	1	82	34
4......	2	43	12
5......	3	03	90
6......	3	64	68
7......	4	25	46
8......	4	86	24
9......	5	47	02
10.....	6	07	80
20.....	12	15	60
30.....	18	23	40
40.....	24	31	20
50.....	30	38	99
60.....	36	46	79
70.....	42	54	59
80.....	48	62	39
90.....	54	70	19
100....	60	77	99
200....	121	55	98
300....	182	33	96
400....	243	11	95
500....	303	89	94
600....	364	67	93
700....	425	45	92
800....	486	23	90
900....	547	01	89
1000...	607	79	88
2000...	1215	59	76
3000...	1823	39	64
4000...	2431	19	52
5000...	3038	99	40
6000...	3646	79	28
7000...	4254	59	16
8000...	4862	39	04
9000...	5470	18	93
10,000.	6077	98	81

CENTIMES.	Francs.	Centimes.	Centièmes.
1..........	0	00	61
2..........	0	01	22
3..........	0	01	82
4..........	0	02	43
5..........	0	03	04
6..........	0	03	65
7..........	0	04	25
8..........	0	04	86
9..........	0	05	47
10..........	0	06	08
20..........	0	12	16
30..........	0	18	23
40..........	0	24	31
50..........	0	30	39
60..........	0	36	47
70..........	0	42	55
80..........	0	48	62
90..........	0	54	70

Centièmes de centime.

	Francs.	Centimes.	Centièmes.
1..........	0	00	01
2..........	0	00	01
3..........	0	00	02
4..........	0	00	02
5..........	0	00	03
6..........	0	00	04
7..........	0	00	04
8..........	0	00	05
9..........	0	00	05
10..........	0	00	06
20..........	0	00	12
30..........	0	00	18
40..........	0	00	24
50..........	0	00	30
60..........	0	00	36
70..........	0	00	43
80..........	0	00	49
90..........	0	00	55

ARPENS DE BLOIS.

CINQUIEME TABLE, *qui donne le prix de l'hectare, comparativement au prix de la septerée de 2400 toises carrées.*

FRANCS.	Francs.	Centimes.	Centièmes.
à 1 franc la septerée, l'hectare vaut...	1	09	69
2	2	19	37
3	3	29	06
4	4	38	74
5	5	48	43
6	6	58	11
7	7	67	80
8	8	77	48
9	9	87	17
10	10	96	85
20	21	93	71
30	32	90	56
40	43	87	42
50	54	84	27
60	65	81	13
70	76	77	98
80	87	74	83
90	98	71	69
100	109	68	54
200	219	37	08
300	329	05	63
400	438	74	17
500	548	42	71
600	658	11	25
700	767	79	79
800	877	48	34
900	987	16	88
1000	1096	85	42
2000	2193	70	84
3000	3290	56	26
4000	4387	41	68
5000	5484	27	09
6000	6581	12	51
7000	7677	97	93
8000	8774	83	35
9000	9871	68	77
10,000	10,968	54	19

CENTIMES.	Francs.	Centimes.	Centièmes.
1	0	01	10
2	0	02	19
3	0	03	29
4	0	04	39
5	0	05	48
6	0	06	58
7	0	07	68
8	0	08	77
9	0	09	87
10	0	10	97
20	0	21	94
30	0	32	91
40	0	43	87
50	0	54	84
60	0	65	81
70	0	76	78
80	0	87	75
90	0	98	72

Centièmes de centime.

	Francs.	Centimes.	Centièmes.
1	0	00	01
2	0	00	02
3	0	00	03
4	0	00	04
5	0	00	05
6	0	00	07
7	0	00	08
8	0	00	09
9	0	00	10
10	0	00	11
20	0	00	22
30	0	00	33
40	0	00	44
50	0	00	55
60	0	00	66
70	0	00	77
80	0	00	88
90	0	00	99

MESURES AGRAIRES.

SIXIEME TABLE, qui donne le prix de la septerée de 2400 toises carrées, comparativement au prix de l'hectare ou arpent métrique.

FRANCS.	Francs.	Centimes.	Centièmes.	CENTIMES.	Francs.	Centimes.	Centièmes.
à 1 franc l'hectare, la septerée vaut. ...	0	91	17	1	0	00	91
2	1	82	34	2	0	01	82
3	2	73	51	3	0	02	74
4	3	64	68	4	0	03	65
5	4	55	85	5	0	04	56
6	5	47	02	6	0	05	47
7	6	38	19	7	0	06	38
8	7	29	36	8	0	07	29
9	8	20	53	9	0	08	21
10	9	11	70	10	0	09	12
20	18	23	40	20	0	18	23
30	27	35	09	30	0	27	35
40	36	46	79	40	0	36	47
50	45	58	49	50	0	45	58
60	54	70	19	60	0	54	70
70	63	81	89	70	0	63	82
80	72	93	59	80	0	72	94
90	82	05	28	90	0	82	05
100	91	16	98	Centièmes de centime.			
200	182	33	96	1	0	00	01
300	273	50	95	2	0	00	02
400	364	67	93	3	0	00	03
500	455	84	91	4	0	00	04
600	547	01	85	5	0	00	05
700	638	18	87	6	0	00	05
800	729	35	86	7	0	00	06
900	820	52	84	8	0	00	07
1000	911	69	82	9	0	00	08
2000	1823	39	64	10	0	00	09
3000	2735	09	46	20	0	00	18
4000	3646	79	28	30	0	00	27
5000	4558	49	10	40	0	00	36
6000	5470	18	93	50	0	00	46
7000	6381	88	75	60	0	00	55
8000	7293	58	57	70	0	00	64
9000	8205	28	39	80	0	00	73
10,000	9116	98	21	90	0	00	82

ARPENS DE ROMORANTIN.
Perche linéaire de 24 pieds.

A ROMORANTIN, l'arpent de toute nature de propriété était composé de 100 perches carrées ; il était égal en superficie à l'arpent de Blois.

Il se divisait pour les terres en 8 *boisselées*, pour les vignes en 12 *journaux* ou *journées*, et pour les prés en 2 *journaux* ; le journal de pré contenait 4 boissellées ou un demi-arpent.

Les terres se mesuraient encore à la *septerée*. La septerée contenait 150 perches carrées ou 2400 toises carrées ; elle équivalait à 12 boisselées ou un arpent et demi.

La *mouée* était également usitée pour les terres ; elle contenait 12 septerées ou 18 arpens.

On se servait encore à Saint-Aignan de la dénomination de *pointe de pré*. La pointe de pré comprenait 6 pieds de largeur, sans désignation de longueur, de sorte que celui qui avait titre de trois pointes de pré joignant son voisin, avait 18 pieds de largeur et en même longueur que l'héritage de son voisin.

Les étangs ne se mesuraient point par septerée, ni par arpent, mais par milliers d'empoissonnement.

Les bois des particuliers s'arpentaient dans plusieurs communes à la perche linéaire de 24 pieds, dans d'autres à la perche linéaire de 22 pieds, et l'arpent, à l'une ou à l'autre perche, se divisait en 8 boisselées.

MESURES AGRAIRES.

	Perches carrées.	Toises carrées.	Pieds carrés.	Pieds carrés.
Ainsi, l'arpent était égal à { 8 boisselées de terre... / 12 journaux de vignes... / 2 journaux de pré..... }	100	1600	»	57,600
Les trois quartiers à..... { 6 boisselées de terre.... / 9 journaux de vignes... / 1 journal et 1/2 de pré.. }	75	1200	»	43;200
Le demi-arpent à....... { 4 boisselées de terre... / 6 journaux de vignes... / 1 journal de pré....... }	50	800	»	28,800
Le quartier à......... { 2 boisselées de terre.... / 3 journaux de vignes... / 1/2 journal de pré....... }	25	400	»	14,400
Le demi-quartier à..... { 1 boisselée de terre..... / 1 journal et 1/2 de vignes / 1/4 de journal de pré..... }	12 1/2	200	»	7,200
Le journal de pré à..... { 4 boisselées...........	50	800	»	28,800
Le journal de vignes à...................	8 1/3	133	12	4,800
La boisselée de terre à...................	12 1/2	200	»	7,200
La perche à..................		16	»	57

Arpentaient à cette mesure les communes qui suivent :

ROMORANTIN.

Bauzi (1).

Billi.

La Chapelle Mont-Martin.

(1) *A Bauzi.* L'arpent, qui était de 1600 toises carrées, avait deux divisions : la 1.re en 8 grandes boissselées, chacune de 200 toises carrées ; la septerée, qui était de 2400 toises carrées, contenait 12 grandes boisselées. Cette 1.re division était la mesure agraire de Romorantin.

(*) *A Neuvi.* La seconde, en 12 petites boisselées, chacune de 133 toises 12 pieds carrés ; la septerée, également de 2400 toises carrées, contenait 18 petites boisselées. Cette 2.e division était la mesure agraire de Blois.

ARPENS DE ROMORANTIN.

Chateauvieux.

Chatillon.

Châtres.

Chemeri.

La Commanderie ou l'Hôpital.

Couffi.

Courmémin.

Doulcai.

Gièvres.

Gi.

Langon.

Lanthenai.

Lassai.

Loreux.

Marai.

Marcilli-en-Gault.

Mehers.

Mennetou.

Meusnes.

Millançai.

Monthault,

Mur.

Neuvi (*).

Noyers.

Orcai.

Pierrefite.

Pruniers.

Rougeou.

Saint-Aignan.

Saint-Julien-sur-Cher.

Saint-Loup.

Saint-Romain.

Salbris.

Seigi.

Selles-Saint-Denis.

Selles-sur-Cher.

Soings.

Souesmes.

Theillai-le-Pailleux.

Viellein.

Vernou.

Villedieu en Sologne.

Villefranche.

Villeherviers.

(*) *Voyez la note précédente.*

MESURES AGRAIRES.

PREMIERE TABLE, qui convertit l'ancienne mesure agraire de Romorantin en hectares, ares et centiares.

PERCHES CARRÉES de ROMORANTIN.

Voyez la conversion des Perches carrées de Blois en nouvelle mesure, page 411.

ARPENS DE ROMORANTIN.

Voyez la conversion des Arpens de Blois en nouvelle mesure, p. 411.

SEPTERÉES DE ROMORANTIN

de 2400 toises.

Voyez la conversion des Septerées de 2400 toises en nouvelle mesure, page 412.

JOURNAUX OU JOURNÉES

de vignes de Romorantin.

Voyez la conversion des Boisselées de Blois en nouvelle mesure, page 412.

FRACTIONS USIT. de la Boisselée de terre.	Hectares ou arpens métriques.	Ares ou perches métriques.	Centiares ou mètres carrés.
Huitième	0	00	95
Sixième	0	01	27
Quart	0	01	90
Tiers	0	02	53
Demie	0	03	80
Deux-tiers	0	05	06
Trois-quarts ...	0	05	70

MILLIÈMES de Boisselée.	Hectares ou arpens métriques.	Ares ou perches métriques.	Centiares ou mètres carrés.
1 équivaut à.	0	00	01
2	0	00	02
3	0	00	02
4	0	00	03
5	0	00	04
6	0	00	05
7	0	00	05
8	0	00	06
9	0	00	07
10	0	00	08
20	0	00	15
30	0	00	23
40	0	00	30
50	0	00	38
60	0	00	46
70	0	00	53
80	0	00	61
90	0	00	68
100	0	00	76
200	0	01	52
300	0	02	28
400	0	03	04
500	0	03	80
600	0	04	56
700	0	05	32
800	0	06	08
900 équivaut à.	0	06	84

BOISSELÉES de terre de Romorantin.	Hectares ou arpens métriques.	Ares ou perches métriques.	Centiares ou mètres carrés.
1 équivaut à...	0	07	60
2	0	15	19
3	0	22	79
4	0	30	39
5	0	37	99
6	0	45	58
7	0	53	18
8	0	60	78
9	0	68	38
10	0	75	97
11	0	83	57

ARPENS DE ROMORANTIN.

JOURNAUX de pré de Romorantin.	Hectares ou Arpens métriq.	Ares ou Perches métriques.	Centiares ou mètres carrés.
1 équiv. à	0	30	39
2	0	60	78
3	0	91	17
4	1	21	56
5	1	51	95
6	1	82	34
7	2	12	73
8	2	43	12
9	2	73	51
10	3	03	90
20	6	07	80
30	9	11	70
40	12	15	60
50	15	19	50
60	18	23	40
70	21	27	30
80	24	31	20
90	27	35	09
100	30	38	99
200	60	77	99
300	91	16	98
400	121	55	98
500	151	94	97
600	182	33	96
700	212	72	96
800	243	11	95
900	273	50	95
1000	303	89	94

FRACTIONS USITÉES du Journal de pré.	Hectares ou Arpens métriq.	Arcs ou Perches métriques.	Centiares ou mètres carrés.
Seizième	0	01	90
Douzième	0	02	55
Dixième	0	03	04
Huitième	0	03	80
Sixième	0	05	06
Cinquième	0	06	08
Quart	0	07	60
Tiers	0	10	13
Demi	0	15	19
Deux-tiers	0	20	26
Trois-quarts	0	22	79

MILLIÈMES de journal de pré.	Hectares ou Arpens métriq.	Arcs ou Perches métriques.	Centiares ou mètres carrés.
1 équivaut à	0	00	03
2	0	00	06
3	0	00	09
4	0	00	12
5	0	00	15
6	0	00	18
7	0	00	21
8	0	00	24
9	0	00	27
10	0	00	30
20	0	00	61
30	0	00	91
40	0	01	22
50	0	01	52
60	0	01	82
70	0	02	13
80	0	02	45
90	0	02	74
100	0	03	04
200	0	06	08
300	0	09	12
400	0	12	16
500	0	15	19
600	0	18	23
700	0	21	27
800	0	24	31
900	0	27	35

Nota. On additionnera cette Table comme les francs et centimes.

MESURES AGRAIRES.

1.ʳᵉ CONVERSION
pour les terres.

ARES
ou
PERCHES MÉTRIQUES.

	Septerées.	Boisselées.	Millièmes de boisseléc.
1 équivaut à	0	0	132
2	0	0	263
3	0	0	395
4	0	0	526
5	0	0	658
6	0	0	790
7	0	0	921
8	0	1	053
9	0	1	185
10	0	1	316
20	0	2	632
30	0	3	949
40	0	5	265
50	0	6	581
60	0	7	897
70	0	9	214
80	0	10	530
90	0	11	846

CENTIARES
ou
MÉTRES CARRÉS.

	Septerées.	Boisselées.	Millièmes de boisseléc.
1	0	0	001
2	0	0	003
3	0	0	004
4	0	0	005
5	0	0	007
6	0	0	008
7	0	0	009
8	0	0	011
9	0	0	012
10	0	0	013
20	0	0	025
30	0	0	039
40	0	0	053
50	0	0	066
60	0	0	079
70	0	0	092
80	0	0	105
90	0	0	118

Dans l'addition de cette Table, on divisera les boisselées de terre
pens. On divisera les journaux ou journées de vignes par 12 pour les
francs et centimes. Quant aux millièmes de boisselée et de journal, on
tions ordinaires, *page* xxviij.

ARPENS DE ROMORANTIN.

2.ᵉ CONVERSION pour les terres.			3.ᵉ CONVERSION pour les vignes.			4.ᵉ CONVERSION pour les prés.	
Arpens.	Boisselées.	Millièmes de boisselée.	Arpens.	Journaux ou journées.	Millièmes de journal.	Journaux.	Millièmes de journal.
0	0	132	0	0	197	0	035
0	0	263	0	0	395	0	066
0	0	395	0	0	592	0	099
0	0	526	0	0	790	0	132
0	0	658	0	0	987	0	165
0	0	790	0	1	185	0	197
0	0	921	0	1	382	0	230
0	1	053	0	1	579	0	263
0	1	185	0	1	777	0	296
0	1	316	0	1	974	0	329
0	2	632	0	3	949	0	658
0	3	949	0	5	923	0	987
0	5	265	0	7	897	1	316
0	6	581	0	9	872	1	645
0	7	897	0	11	846	1	974
1	1	214	1	1	820	2	303
1	2	530	1	3	795	2	632
1	3	846	1	5	769	2	962

2.ᵉ CONVERSION pour les terres.			3.ᵉ CONVERSION pour les vignes.			4.ᵉ CONVERSION pour les prés.	
Arpens.	Boisselées.	Millièmes de boisselée.	Arpens.	Journaux ou journées.	Millièmes de journal.	Journaux.	Millièmes de journal.
0	0	001	0	0	002	0	000
0	0	003	0	0	004	0	001
0	0	004	0	0	006	0	001
0	0	005	0	0	008	0	001
0	0	007	0	0	010	0	002
0	0	008	0	0	012	0	002
0	0	009	0	0	014	0	002
0	0	011	0	0	016	0	003
0	0	012	0	0	018	0	003
0	0	013	0	0	020	0	003
0	0	026	0	0	039	0	007
0	0	039	0	0	059	0	010
0	0	053	0	0	079	0	013
0	0	066	0	0	099	0	016
0	0	079	0	0	118	0	020
0	0	092	0	0	138	0	023
0	0	105	0	0	158	0	026
0	0	118	0	0	178	0	036

par 12 pour les réduire en septerées, et par 8 pour les réduire en ar-
réduire en arpens ; et on additionnera les journaux de pré comme les
aura recours à la 2.ᵉ Table générale, qui convertit les millièmes en frac-

MESURES AGRAIRES

Rapport des 1.ʳᵉ et 2.ᵉ Tables.

Opération.

PREMIÈRE TABLE.

	Hectares.	res.	Centiares.
A convertir en nouvelle mesure 34 septerées 10 boisselées et 3/4 de boisselée de terre, ancienne mesure de Romorantin			
3o septerées , *page 412*, valent................	27	35	o9
4 *idem*.........................	3	64	68
1o boisselées, *page 424*................	o	75	97
Et trois-quarts de boisselée................	o	o5	7o
TOTAL.........................	31	81	44

Preuve.

DEUXIEME TABLE

1.ʳᵉ CONVERSION.

	Septerées.	Boisselées.	Millièmes.
A convertir en septerées de Romorantin 31 hectares 81 ares 44 centiares ;			
3o hectares valent................	32	1o	868
1 *idem*.........................	1	1	162
8o ares........................	o	1o	53o
1 *idem*.........................	o	o	132
4o centiares.......................	o	o	o53
4 *idem*.........................	o	o	oo5
TOTAL ÉGAL.....................	34	1o	75o

En jetant les yeux sur la 2.ᵉ Table générale , *page xxviij*, qui convertit les millièmes en fractions ordinaires, on trouvera que 75o millièmes représentent trois-quarts.

ARPENS DE ROMORANTIN.

Opération.
DEUXIEME TABLE.
3.ᵉ CONVERSION.

	Arpens.	Journaux.	Millièmes.
A convertir en arpens et journaux de Romorantin 12 hectares 26 ares 38 centiares de vignes ;			
10 hectares valent...............................	16	5	434
2 *idem*..	3	3	487
20 ares..	0	5	949
6 *idem*..	0	1	185
30 centiares...................................	0	0	059
8 *idem*..	0	0	016
TOTAL....................	20	2	130

Preuve.
PREMIERE TABLE.

	Hectares.	Ares.	Centiares.
A convertir en nouvelle mesure 20 arpens 2 journaux de vignes et 130 millièmes ;			
L'arpent de Romorantin et l'arpent de Blois étant les mêmes, voyez la 1.ʳᵉ Table de la mesure agraire de Blois, page 411, et cherchez 20 arpens, vous trouverez qu'ils valent........................	12	15	60
Le journal de vignes et la boisselée de Blois étant les mêmes, cherchez 2 boisselées de Blois, page 412, vous aurez................................	0	10	13
Cherchez 100 millièmes de la boisselée de Blois, page 413, qui valent........................	0	0	51
Et 30 *idem*...................................	0	0	15
TOTAL....................	12	26	39

MESURES AGRAIRES.

ARPENS D'HERBAULT.

Perche linéaire de 24 pieds.

A HERBAULT, l'arpent de terre, de vigne et de pré contenait 100 perches carrées. Il était égal en superficie à l'arpent de Blois.

Il se divisait en 2 demi-arpens, 4 quartiers, 8 demi-quartiers et en 9 boisselées.

Les bois s'arpentaient à la perche linéaire de 22 pieds. L'arpent se divisait en 9 boisselées.

	Boisselées.	Perches carrées.	Toises carrées.	Pieds carrés.	Pieds carrés.
Ainsi, l'arpent était égal à...	9	100	1600	»	57,600
Les trois quartiers à........	6 3/4	75	1200	»	43,200
Le demi-arpent à..........	4 1/2	50	800	»	28,800
Le quartier à..	2 1/4	25	400	»	14,400
Le demi-quartier à..........	1 1/8	12 1/2	200	»	7,200
La boisselée à....................		11 1/9	177	28	6,400
La perche à		......	16	»	576

Arpentaient à cette mesure les communes qui suivent :

HERBAULT.
Françai.

Saint-Etienne-des-Guerêts.
Santenai.

ARPENS D'HERBAULT.

PREMIERE TABLE, qui convertit les arpens et bois-selées d'Herbault en hectares, ares et centiares.

PERCHE CARRÉES d'Herbault.

Voyez la conversion des Perches carrées de Blois en nouvelle me-sure, page 411.

ARPENS d'Herbault.

Voyez la conversion des Arpens de Blois en nouvelle mesure, page 411.

BOISSELÉES d'Herbault.	Hectares ou arpens métriques.	Ares ou perches métriques.	Centiares ou mètres carrés.
1 équivaut à..	0	06	75
2............	0	13	51
3............	0	20	26
4............	0	27	01
5............	0	33	77
6............	0	40	52
7............	0	47	27
8............	0	54	03

FRACTIONS USITÉES de la boisselée.

	Hectares ou arpens métriques.	Ares ou perches métriques.	Centiares ou mètres carrés.
Huitième......	0	00	84
Sixième.......	0	01	13
Cinquième....	0	01	35
Quart........	0	01	69
Tiers.........	0	02	25
Demie........	0	03	38
Deux-tiers....	0	04	50
Trois-quarts..	0	05	06

MILLIÉMES de BOISSELÉE.	Hectares ou arpens métriques.	Ares ou perches métriques.	Centiares ou mètres carrés.
1 vaut...	0	00	01
2........	0	00	01
3........	0	00	02
4........	0	00	03
5........	0	00	03
6........	0	00	04
7........	0	00	05
8........	0	00	05
9........	0	00	06
10........	0	00	07
20........	0	00	14
30........	0	00	20
40........	0	00	27
50........	0	00	34
60........	0	00	41
70........	0	00	47
80........	0	00	54
90........	0	00	61
100........	0	00	68
200........	0	01	35
300........	0	02	03
400........	0	02	70
500........	0	03	38
600........	0	04	05
700........	0	04	73
800........	0	05	40
900........	0	06	08

On additionnera cette Table comme les francs et centimes.

MESURES AGRAIRES.

DEUXIEME TABLE, qui convertit les hectares, ares et centiares en arpens et boisselées d'Herbault.

HECTARES ou ARPENS MÉTRIQ.

	Anciens arpens	Boisselées	Millièmes de boisselée
1 vaut.	1	5	808
2	3	2	615
3	4	8	423
4	6	5	230
5	8	2	038
6	9	7	845
7	11	4	653
8	13	1	460
9	14	7	268
10	16	4	075
20	32	8	151
30	49	3	226
40	65	7	301
50	82	2	377
60	98	6	452
70	115	1	527
80	131	5	603
90	148	0	678
100	164	4	753
200	329	0	506
300	493	5	259
400	658	1	013
500	822	5	766
600	987	1	519
700	1151	6	272
800	1316	2	025
900	1480	6	778
1000	1645	2	532

Ares ou Perches métriques.

	Anciens arpens	Boisselées	Millièmes de boisselée
1	0	0	148
2	0	0	296
3	0	0	444
4	0	0	592

ARES ou PERCHES MÉTRIQ.

	Anciens arpens	Boisselées	Millièmes de boisselée
5	0	0	740
6	0	0	888
7	0	1	037
8	0	1	185
9	0	1	333
10	0	1	481
20	0	2	962
30	0	4	442
40	0	5	923
50	0	7	404
60	0	8	885
70	1	1	365
80	1	2	846
90	2	4	327

Centiares ou mètres carrés.

	Anciens arpens	Boisselées	Millièmes de boisselée
1	0	0	001
2	0	0	003
3	0	0	004
4	0	0	006
5	0	0	007
6	0	0	009
7	0	0	010
8	0	0	012
9	0	0	013
10	0	0	015
20	0	0	030
30	0	0	044
40	0	0	059
50	0	0	074
60	0	0	089
70	0	0	104
80	0	0	118
90	0	0	133

Dans l'addition de cette Table, on divisera les boisselées par 9, pour les convertir en anciens arpens d'Herbault.

On aura recours pour les millièmes de boisselée à la 2.e Table générale, qui convertit les millièmes en fractions ordinaires, *page* xxviij.

ARPENS D'ONZAIN.
Perche linéaire de 24 pieds.

A ONZAIN, l'arpent de terre, de vigne et de pré contenait 100 chaînées ou perches carrées ; il était égal en superficie à l'arpent de Blois.

L'arpent de terre se divisait en deux demi-arpens, 4 quartiers, 8 demi-quartiers, et en 10 boisselées.

L'arpent de vignes et de pré se divisait en 2 demi-arpens, 4 quartiers, 8 demi-quartiers et en 16 quarts de quartier.

Lorsque l'étendue superficielle d'une pièce de vigne ou de pré excedait le complet d'une des divisions ci-dessus, on exprimait cette étendue par chaînées.

L'arpent de pré se divisait encore en *tierciers* et *demi-tierciers*, c'est-à-dire, en tiers et sixièmes d'arpent.

Anciennement la *mouée* et la *septerée* étaient connues à Onzain ; ces mesures n'étaient en usage que pour les terres. La *mouée* contenait 8 arpens, et la *septerée*, deux-tiers d'arpent ou 66 perches 2/3.

Les bois s'arpentaient à la perche linéaire de 22 pieds ; l'arpent contenait 100 perches carrées, et il avait la même division que l'arpent de vignes et de pré.

	Boisselées.	Quarts de quartier.	Chaînées ou Perches carrées.	Toises carrées.	Pieds carrés.	Pieds carrés.
Ainsi, l'arpent était égal à.	10	16	100	1600	»	57,600
Les trois quartiers à....	7 1/2	12	75	1200	»	43,200
Le demi-arpent à........	5	8	50	800	»	28,800
Le quartier à..........	2 1/2	4	25	400	»	14,400
Le demi-quartier à.....	1 1/4	2	12 1/2	200	»	7,200
La boisselée à.........	.....	..	10	160	»	5,760
Le quart de quartier à..	......	..	6 1/4	100	»	3,600
Le tiercier de pré à....	......	..	33 1/3	533	12	19,200
Le demi-tiercier à.....	......	..	16 2/3	266	24	9,600

Arpentaient à cette mesure les communes qui suivent :

ONZAIN.
Chaumont-sur-Loire.
Mesland.
Monteaux.
Seillac.
Veuves.

MESURES AGRAIRES.

PREMIERE TABLE, *qui convertit les arpens et boisselées d'Onzain en hectares, ares et centiares.*

CHAINÉES OU PERCHES CARRÉES d'Onzain.

Voyez la conversion des Perches carrées de Blois en nouvelle mesure, page 411.

ALPENS D'ONZAIN.

Voyez la conversion des arpens de Blois en nouvelle mesure, page 411.

BOISSELÉES d'Onzain.

	Hectares ou arpens métriques.	Ares ou perches métriques.	Centiares ou mètres carrés.
1 équiv. à.	0	06	08
2..........	0	12	16
3..........	0	18	23
4..........	0	24	31
5..........	0	30	39
6..........	0	36	47
7..........	0	42	55
8..........	0	48	62
9..........	0	54	70

QUARTS DE QUARTIER d'Onzain.

	Hectares ou arpens métriques.	Ares ou perches métriques.	Centiares ou mètres carrés.
1 équiv. à..	0	03	80
2............	0	07	60
3............	0	11	40
4............	0	15	19
5............	0	18	99
6............	0	22	79
7............	0	26	59
8............	0	30	39
9............	0	34	19
10............	0	37	99
11............	0	41	79
12............	0	45	58
13............	0	49	38
14............	0	53	18
15............	0	56	98

Tierciers de pré.

	Hectares ou arpens métriques.	Ares ou perches métriques.	Centiares ou mètres carrés.
1 équiv. à..	0	20	26
2............	0	40	52

	Hectares ou arpens métriques.	Ares ou perches métriques.	Centiares ou mètres carrés.
Demi-tiercier..	0	10	13

	Hectares ou arpens métriques.	Ares ou perches métriques.	Centiares ou mètres carrés.
La mouée équiv. à	4	86	24
La septerée à....	0	40	52

Nota. On additionnera cette Table comme les francs et centimes.

ARPENS D'ONZAIN.

DEUXIEME TABLE, qui convertit les hectares, ares et centiares en ancienne mesure agraire d'Onzain.

HECTARES ou Arpens métriques.	Arpens.	Chaînées ou Perches.	Centièmes de Perche.	ARES ou Perches métriques.	Arpens.	Chaînées ou Perches.	Centièmes de Perche.
1	1	64	53	1	0	1	65
2	3	29	06	2	0	3	29
3	4	93	58	3	0	4	94
4	6	58	11	4	0	6	58
5	8	22	64	5	0	8	23
6	9	87	17	6	0	9	87
7	11	51	70	7	0	11	52
8	13	16	23	8	0	13	16
9	14	80	75	9	0	14	81
10	16	45	28	10	0	16	45
20	32	90	56	20	0	32	91
30	49	35	84	30	0	49	36
40	65	81	13	40	0	65	81
50	82	26	41	50	0	82	26
60	98	71	69	60	0	98	72
70	115	16	97	70	1	15	17
80	131	62	25	80	1	31	62
90	148	07	53	90	1	48	08

Centiares ou mètres carrés.

Centiares ou mètres carrés.	Arpens.	Chaînées ou Perches.	Centièmes de Perche.
1	0	0	02
2	0	0	03
3	0	0	05
4	0	0	07
5	0	0	08
6	0	0	10
7	0	0	12
8	0	0	13
9	0	0	15
10	0	0	16
20	0	0	33
30	0	0	49
40	0	0	66
50	0	0	82
60	0	0	99
70	0	1	15
80	0	1	32
90	0	1	48

The Hectares column continues:

HECTARES ou Arpens métriques.	Arpens.	Chaînées ou Perches.	Centièmes de Perche.
100	164	52	81
200	329	05	63
300	493	58	44
400	658	11	25
500	822	64	06
600	987	16	88
700	1151	69	69
800	1316	22	50
900	1480	75	32
1000	1645	28	13

Nota. On additionnera cette Table comme les francs et centimes.

MESURES AGRAIRES.

Observation.

L'arpent d'Onzain se divisant en 10 boisselées, en 16 quarts de quartier, et en 100 chaînées ou perches carrées, j'ai, dans la seconde table, converti la nouvelle mesure en anciens arpens et perches, afin qu'on puisse faire le rapport de toutes les divisions.

.Dans les perches carrées ou chaînées on trouvera facilement les boisselées, en faisant attention que toutes les dixaines de perches ou de chaînées forment des boisselées. Ainsi, 28 perches donnent 2 boisselées 8 perches ou chaînées ; 56 perches donnent 5 boisselées 6 perches ; 93 perches donnent 9 boisselées 3 perches, etc.

On trouvera avec la même facilité les quarts de quartier, en considérant

que	Chaînées ou perches.	Centièmes.		Quarts de quartier.
que	6	25	équivalent à........	1
	12	50	....	2
	18	75	....	3
	25	00	....	4
	31	25	....	5
	37	50	....	6
	43	75	....	7
	50	00	....	8
	56	25	....	9
	62	50	....	10
	68	75	....	11
	75	00	....	12
	81	25	....	13
	87	50	....	14
	93	75	....	15

Pour la manière d'opérer et d'établir les rapports, voir l'observation à la suite de la mesure agraire de Montoire qui a la même division, *pages* 394, 395, et 396.

SETIERS ou ARPENS D'OUCQUES.
Perche linéaire de 22 pieds.

A OUCQUES, le setier ou l'arpent de terre était composé de 100 perches carrées.

Il se divisait en 2 mines, en 4 minots et en 8 boisseaux.

La mine ou le demi-arpent contenait 2 minots ; le minot ou le quartier contenait 2 boisseaux ; le boisseau contenait 4 quartes ou 8 demi-quartes.

On se servait encore à Avarai, pour les terres, de la dénomination de *mouée*, de *minée* et de *demi-minée* : la mouée contenait 12 arpens ; la minée contenait un quartier et demi ou 37 perches et demie carrées ; et la demi-minée contenait les trois quarts du quartier ou 18 perches 3/4.

Il existait à Morée une mesure locale pour les jardins et terres à chénevière, laquelle s'évaluait en boisseaux, dont chacun formait le tiers du boisseau de la mesure ordinaire.

L'arpent de vignes, de pré et de bois à Avarai, à Morée et à Saint-Laurent-des-Eaux, se divisait en 2 demi-arpens, 4 quartiers, 8 demi-quartiers ou 8 boisselées, et enfin en 16 parties. Cette seizième partie s'appelait à Avarai, *quart de quartier*, à Morée, *maillée* ; et à Saint-Laurent-des-Eaux, *gerbe*.

MESURES AGRAIRES.

	Boisseaux ou boisselées.	Perches carrées.	Toises carrées.	Pieds carrés.	Pouces carrés.	Pieds carrés.	Pouces carrés.
Le setier ou l'arpent était égal à..............	8	100	1344	16	»	48,400	»
Les trois minots ou les trois quartiers à......	6	75	1008	12	»	36,300	1
La mine ou le demi-arpent à..............	4	5o	672	8	»	24,200	»
Le minot ou le quartier à.	2	25	336	4	»	12,100	»
Le boisseau ou la boisselée ou le demi-quartier à.	»	12 1/2	168	2	»	6,05o	»
La minée d'Avarai à....	3	37 1/2	5o4	6	»	18,15o	»
La demi-minée à.......	1 1/2	18 3/4	252	3	»	9,075	»
Quart de quartier, maillée et gerbe à..........	1/2	6 1/4	84	1	»	3,025	»
La quarte à...........	....	3 1/8	42	»	72	1,512	72
La demi-quarte à.......	....	......	21	»	36	756	36
Le boisseau de jardin, à Morée à..........	1/3	......	56	»	96	2,016	96
La perche à...........	....	......	13	16	»	484	»

Arpentaient à cette mesure les communes qui suivent:

Oucques.

Autainville.

Avarai.

Beauvilliers.

Binas.

La Bosse.

Briou.

La Colombe.

Concriès.

Courbouzon.

Ecoman.

Josnes.

Lestiou.

Lorges.

La Madeleine-Villefrouin.

Marchenoir.

Maves *en partie* (1).

(1) La commune de Maves avait trois mesures agraires ; une partie suivait la mesure agraire d'Oucques ; la partie qui était regie par la ci-devant coutume d'Orléans s'arpentait à la perche linéaire de 22 pieds ; elle suivait la mesure agraire de la Chapelle Saint-Martin , l'arpent se divisait en 12 boisselées ; et l'autre partie regie par la ci-devant coutume de Blois , s'arpentait à la perche linéaire de 24 pieds , et suivait la mesure agraire de Blois.

SETIERS OU ARPENS D'OUCQUES.

Moisi.

Morée.

Ouzouer-le-Doyen.

Ouzouer-le-Marché.

Le Plessis l'Echelle.

Roches.

S.-Jean-Froidmentel *en partie* (1).

Saint-Laurent-des-Bois.

Saint-Laurent-des-Eaux.

Saint-Léonard.

Seris.

Talci *en partie* (2).

Viévi-le-Rayé.

Villeneuve-Frouville.

Villermain.

(1) La partie de la commune de Saint-Jean-Froidmentel enclavée dans le ci-devant fief de Rougemont, s'arpentait à la perche linéaire de 22 pieds et suivait la mesure agraire d'Oucques ; le surplus de la commune relevant ci-devant du chateau de Montigni, s'arpentait à la perche linéaire de 20 pieds, et suivait la mesure agraire de Droué.

(2) Une partie de la commune de Talci suivait la mesure agraire d'Oucques, et l'autre partie, la mesure agraire de la Chapelle Saint-Martin.

MESURES AGRAIRES.

PREMIERE TABLE, qui convertit l'ancienne mesure agraire d'Oucques en hectares, ares et centiares.

PERCHES carrées d'Oucques.	Hectares ou Arpens métriq.	Ares ou Perches métriques.	Centiares ou mètres carrés.
1 équivaut à..	0	00	51
2................	0	01	02
3................	0	01	53
4................	0	02	04
5................	0	02	55
6................	0	03	06
7................	0	03	58
8................	0	04	09
9................	0	04	60
10...............	0	05	11
20...............	0	10	21
30...............	0	15	32
40...............	0	20	43
50...............	0	25	54
60...............	0	30	64
70...............	0	35	75
80...............	0	40	86
90...............	0	45	96

Centièmes de Perche.

	Hectares ou Arpens métriq.	Ares ou Perches métriques.	Centiares ou mètres carrés.
1................	0	00	01
2................	0	00	01
3................	0	00	02
4................	0	00	02
5................	0	00	03
6................	0	00	03
7................	0	00	04
8................	0	00	04
9................	0	00	05
10...............	0	00	05
20...............	0	00	10
30...............	0	00	15
40...............	0	00	20
50...............	0	00	26
60...............	0	00	31
70...............	0	00	36
80...............	0	00	41
90...............	0	00	46

SETIERS ou ARPENS d'Oucques.	Hectares ou Arpens métriq.	Ares ou Perches métriques.	Centiares ou mètres carrés.
1 équivaut à.	0	51	07
2.............	1	02	14
3.............	1	53	22
4.............	2	04	29
5.............	2	55	36
6.............	3	06	43
7.............	3	57	50
8.............	4	08	58
9.............	4	59	65
10............	5	10	72
20............	10	21	44
30............	15	32	16
40............	20	42	88
50............	25	53	60
60............	30	64	32
70............	35	75	04
80............	40	85	76
90............	45	96	48
100...........	51	07	20
200...........	102	14	40
300...........	153	21	59
400...........	204	28	79
500...........	255	55	99
600...........	306	43	19
700...........	357	50	39
800...........	408	57	59
900...........	459	64	78
1000..........	510	71	98
Trois minots ou trois quartiers	0	38	30
Mine ou demi-arpent.......	0	25	54
Minot ou quartier..........	0	12	77
Boisseau ou boisselée ou demi-quartier......	0	06	38

SETIERS OU ARPENS D'OUCQUES.

QUARTS DE QUARTIER, MAILLÉES et GERBES

	Hectares ou arpens métriques.	Ares ou perches métriques.	Centiares ou mètres carrés.
1 équivaut à...	0	03	19
2.............	0	06	38
3.............	0	09	58
4.............	0	12	77
5.............	0	15	96
6.............	0	19	15
7.............	0	22	34
8.............	0	25	54
9.............	0	28	73
10............	0	31	92
11............	0	35	11
12............	0	38	30
13............	0	41	50
14............	0	44	69
15............	0	47	88
La mouée équiv. à	6	12	86
La minée à.......	0	19	15
La demi-minée à.	0	09	58

Boisseaux d'Oucques ou Boisselées.

	Hectares ou arpens métriques.	Ares ou perches métriques.	Centiares ou mètres carrés.
1 équivaut.....	0	06	38
2.............	0	12	77
3.............	0	19	15
4.............	0	25	54
5.............	0	31	92
6.............	0	38	30
7.............	0	44	69

Quartes ou Quarts de boisseau d'Oucques.

	Hectares ou arpens métriques.	Ares ou perches métriques.	Centiares ou mètres carrés.
1.............	0	01	60
2.............	0	03	19
3.............	0	04	79
Demi-quarte....	0	00	80

MILLIÈMES DE BOISSEAU d'Oucqves.

	Hectares ou arpens métriques.	Ares ou perches métriques.	Centiares ou mètres carrés.
1.............	0	00	01
2.............	0	00	01
3.............	0	00	02
4.............	0	00	03
5.............	0	00	03
6.............	0	00	04
7.............	0	00	04
8.............	0	00	05
9.............	0	00	06
10............	0	00	06
20............	0	00	13
30............	0	00	19
40............	0	00	26
50............	0	00	32
60............	0	00	38
70............	0	00	45
80............	0	00	51
90............	0	00	57
100...........	0	00	64
200...........	0	01	28
300...........	0	01	92
400...........	0	02	55
500...........	0	03	19
600...........	0	03	83
700...........	0	04	47
800...........	0	05	11
900...........	0	05	75

Nota. On additionnera cette Table comme les francs et centimes.

Cette Table et la suivante peuvent servir pour la conversion en nouvelle mesure de l'arpent des eaux et forêts divisé en 8 boisselées. Et *vice versâ.*

MESURES AGRAIRES.

DEUXIEME TABLE, qui convertit les hectares, ares et centiares en ancienne mesure agraire d'Oucques.

HECTARES ou ARPENS MÉTRIQ.	Anciens arpens ou setiers.	Boisseaux ou Boisselées.	Millièmes de boisseau.
1 vaut.	1	7	664
2	3	7	328
3	5	6	992
4	7	6	657
5	9	6	321
6	11	5	985
7	13	5	649
8	15	5	313
9	17	4	977
10	19	4	642
20	39	1	283
30	58	5	925
40	78	2	567
50	97	7	208
60	117	3	850
70	137	0	492
80	156	5	133
90	176	1	775
100	195	6	417
200	391	4	833
300	587	3	250
400	783	1	666
500	979	0	083
600	1174	6	499
700	1370	4	916
800	1566	3	333
900	1762	1	749
1000	1958	0	166

Ares ou Perches métriques.

	Anciens arpens ou setiers.	Boisseaux ou Boisselées.	Millièmes de boisseau.
1	0	0	157
2	0	0	313
3	0	0	470
4	0	0	627

ARES ou PERCHES MÉTRIQ.	Anciens arpens ou setiers.	Boisseaux ou Boisselées.	Millièmes de boisseau.
5	0	0	783
6	0	0	940
7	0	1	096
8	0	1	253
9	0	1	410
10	0	1	566
20	0	3	133
30	0	4	699
40	0	6	266
50	0	7	832
60	1	1	398
70	1	2	965
80	1	4	531
90	1	6	098

Centiares ou mètres carrés.

	Anciens arpens ou setiers.	Boisseaux ou Boisselées.	Millièmes de boisseau.
1	0	0	002
2	0	0	003
3	0	0	005
4	0	0	006
5	0	0	008
6	0	0	009
7	0	0	011
8	0	0	013
9	0	0	014
10	0	0	016
20	0	0	031
30	0	0	047
40	0	0	063
50	0	0	078
60	0	0	094
70	0	0	110
80	0	0	125
90	0	0	141

En additionnant cette Table, on divisera les boisseaux ou boisselées par 8, pour les convertir en setiers ou arpens d'Oucques. Quant aux millièmes de boisseau ou de boisselée, on aura recours à la 2.ᵉ Table générale, *page* xxviij.

SETIERS OU ARPENS D'OUCQUES.

Observation.

Quoique je n'aye converti dans la 2.ᵉ Table les hectares, ares et centiares qu'en setiers, boisseaux et millièmes de boisseau, division qui n'est que pour les terres, on trouvera néanmoins très-facilement, dans ces boisseaux et millièmes, la division de l'arpent de vignes, de pré et de bois en quarts de quartier, maillées et gerbes; et en demi-quartiers, quartiers, demi-arpens et trois quartiers, en considérant

Boisseaux ou boisselées.	Millièmes.		Quarts de quartier, maillées, gerbes.	
que 0	500	équivalent à.	1	
1	000	....	2	(demi-quartier).
1	500	....	3	
2	000	....	4	(quartier).
2	500	....	5	
3	000	....	6	(quartier et demi).
3	500	....	7	
4	000	....	8	(demi-arpent).
4	500	....	9	
5	000	....	10	(demi-arpent, demi-quartier).
5	500	....	11	
6	000	....	12	(trois quartiers).
6	500	....	13	
7	000	....	14	(trois quartiers et demi).
7	500	....	15	

MESURES AGRAIRES

Rapport des 1.ʳᵉ *et* 2.ᵉ *Tables.*

Opération.

PREMIÈRE TABLE.

	Hectares.	Ares.	Centiares.
A convertir en nouvelle mesure 45 setiers 6 boisseaux et trois quartes de terre, ancienne mesure d'Oucques, cherchez :			
40 arpens, vous aurez..........................	20	42	88
5 *idem*..............................	2	55	36
6 boisseaux..............................	0	58	30
3 quartes..............................	0	04	79
TOTAL..............................	23	41	33

Preuve.

DEUXIEME TABLE.

	Setiers.	Boisseaux.	Millièmes.
A convertir en ancienne mesure d'Oucques 23 hectares 41 ares et 33 centiares.			
20 hectares équivalent à..........................	39	1	283
3 *idem*..............................	5	6	992
40 ares..............................	0	6	266
1 *idem*..............................	0	0	157
30 centiares..............................	0	0	047
3 *idem*..............................	0	0	005
TOTAL ÉGAL..........................	45	6	750

Sur la 2.ᵉ Table générale, qui convertit les millièmes en fractions ordinaires, *page* xxviij, on verra que 750 millièmes équivalent à trois-quarts, représentant trois-quartes de boisseau.

SETIERS OU ARPENS D'OUCQUES.

Opération.

PREMIERE TABLE.

A convertir en nouvelle mesure 26 arpens un quartier de vignes, prés ou bois, cherchez :	Hectares.	Ares.	Centiares.
20 Arpens, vous aurez.........................	10	21	44
6 *idem.*...................................	3	o6	43
1 quartier.................................	o	12	77
TOTAL...............................	13	4o	64

Preuve.

DEUXIEME TABLE.

A convertir en ancienne mesure d'Oucques 13 hectares 4o ares 64 centiares :	Setiers.	Boisseaux.	Millièmes.
10 hectares valent.........................	19	4	642
3 *idem.*.................................	5	6	992
4o ares...................................	o	6	266
6o centiares..............................	o	o	094
4 *idem.*.................................	o	o	006
TOTAL...............................	26	2	000

En jettant les yeux sur le nombre de boisseaux et de millièmes qui composent les quarts de quartier, maillées et gerbes, et autres divisions de l'arpent, *page 443*, on verra que 2 boisseaux équivalent à 1 quartier.

MESURES AGRAIRES.

TROISIEME TABLE, qui donne le prix de l'hectare, comparativement au prix du setier ou arpent d'Oucques.

FRANCS.	Francs.	Centimes.	Centièmes.
à 1 fr. le setier ou l'arpent d'Oucq., l'hectare vaut....	1	95	80
2......	3	91	60
3......	5	87	41
4......	7	83	21
5......	9	79	01
6......	11	74	81
7......	13	70	61
8......	15	66	42
9......	17	62	22
10......	19	58	02
20......	39	16	04
30......	58	74	06
40......	78	32	08
50......	97	90	10
60......	117	48	12
70......	137	06	14
80......	156	64	17
90......	176	22	19
100......	195	80	21
200......	391	60	41
300......	587	40	62
400......	783	20	83
500......	979	01	04
600......	1174	81	24
700......	1370	61	45
800......	1566	41	66
900......	1762	21	86
1000......	1958	02	07
2000......	3916	04	14
3000......	5874	06	21
4000......	7832	08	28
5000......	9790	10	35
6000......	11,748	12	42
7000......	13,706	14	49
8000......	15,664	16	56
9000......	17,622	18	63
10,000......	19,580	20	70

CENTIMES.	Francs.	Centimes.	Centièmes.
1............	0	01	96
2............	0	03	92
3............	0	05	87
4............	0	07	83
5............	0	09	79
6............	0	11	75
7............	0	13	71
8............	0	15	66
9............	0	17	62
10............	0	19	58
20............	0	39	16
30............	0	58	74
40............	0	78	32
50............	0	97	90
60............	1	17	48
70............	1	37	06
80............	1	56	64
90............	1	76	22

Centièmes de centime.

	Francs.	Centimes.	Centièmes.
1............	0	00	02
2............	0	00	04
3............	0	00	06
4............	0	00	08
5............	0	00	10
6............	0	00	12
7............	0	00	14
8............	0	00	16
9............	0	00	18
10............	0	00	20
20............	0	00	39
30............	0	00	59
40............	0	00	78
50............	0	00	98
60............	0	01	17
70............	0	01	37
80............	0	01	57
90............	0	01	76

SETIERS OU ARPENS D'OUCQUES

QUATRIÈME TABLE, qui donne le prix du setier ou de l'arpent d'Oucques, comparativement au prix de l'hectare.

FRANCS.	Francs.	Centimes.	Centièmes.
à 1 franc l'hectare, le setier ou l'arpent d'Oucques vaut..	0	51	07
2......	1	02	14
3......	1	53	22
4......	2	04	29
5......	2	55	36
6......	3	06	43
7......	3	57	50
8......	4	08	58
9......	4	59	65
10......	5	10	72
20......	10	21	44
30......	15	32	16
40......	20	42	88
50......	25	53	60
60......	30	64	32
70......	35	75	04
80......	40	85	76
90......	45	96	48
100......	51	07	20
200......	102	14	40
300......	153	21	59
400......	204	28	79
500......	255	35	99
600......	306	43	19
700......	357	50	39
800......	408	57	59
900......	459	64	78
1000......	510	71	98
2000......	1021	43	97
3000......	1532	15	95
4000......	2042	87	93
5000......	2553	59	92
6000......	3064	31	90
7000......	3575	03	88
8000......	4085	75	86
9000......	4596	47	85
10,000......	5107	19	83

CENTIMES.	Francs.	Centimes.	Centièmes.
1............	0	00	51
2............	0	01	02
3............	0	01	53
4............	0	02	04
5............	0	02	55
6............	0	03	06
7............	0	03	58
8............	0	04	09
9............	0	04	60
10............	0	05	11
20............	0	10	21
30............	0	15	32
40............	0	20	43
50............	0	25	54
60............	0	30	64
70............	0	35	75
80............	0	40	86
90............	0	45	96

Centièmes de centime.

	Francs.	Centimes.	Centièmes.
1............	0	00	01
2............	0	00	01
3............	0	00	02
4............	0	00	02
5............	0	00	03
6............	0	00	03
7............	0	00	04
8............	0	00	04
9............	0	00	05
10............	0	00	05
20............	0	00	10
30............	0	00	15
40............	0	00	20
50............	0	00	26
60............	0	00	31
70............	0	00	36
80............	0	00	41
90............	0	00	46

MESURES AGRAIRES.

ARPENS
DE LA CHAPELLE-SAINT-MARTIN.
Perche linéaire de 22 pieds.

A LA Chapelle-Saint-Martin, l'arpent de terre, de vignes, de pré et de bois contenait 100 perches carrées. Il était égal en superficie au setier ou arpent d'Oucques.

Il se divisait en 2 demi-arpens, 4 quartiers, 8 demi-quartiers et en 12 boisselées.

	Boisselées.	Perches carrées.	Toises carrées.	Pieds carrés.	Pouces carrés.	Pieds carrés.	Pouces carrés.
Ainsi, l'arpent était égal à	12	100	1344	16	»	48,400	»
Les trois quartiers à......	9	75	1008	12	»	36,300	»
Le demi-arpent à.......	6	50	672	8	»	24,200	»
Le quartier à..........	3	25	336	4	»	12,100	»
Le demi-quartier à......	1 1/2	12 1/2	168	2	»	6,050	»
La boisselée à.................		8 1/3	112	1	48	4,033	48
La perche à..................		....	13	16	»	484	»

Arpentaient à cette mesure les communes qui suivent :

La Chapelle-S.t-Martin.   Suèvres *en partie* (3)
Chambord.   Talci *en partie* (4).
Maves *en partie* (1).   Villexanton.
Mulsans *en partie* (2).

(1) Il y avait dans la commune de Maves trois mesures agraires. La partie régie par la ci-devant coutume d'Orléans, suivait la mesure agraire de la Chapelle-Saint-Martin ; une autre suivait la mesure agraire d'Oucques, et la partie ci-devant régie par la coutume de Blois, suivait la mesure agraire de Blois.

(2) Un seul canton, dans la commune de Mulsans, suivait la mesure agraire de la Chapelle-Saint-Martin : le surplus suivait la mesure agraire de Blois.

(3) La partie de la commune de Suèvres, ci-devant régie par la coutume d'Orléans, suivait la mesure agraire de la Chapelle-Saint-Martin, et la partie régie par la ci-devant coutume de Blois, suivait la mesure agraire de Blois.

(4) Une partie de la commune de Talci suivait la mesure agraire de la Chapelle-Saint-Martin, et l'autre partie suivait la mesure agraire d'Oucques.

ARPENS DE LA CHAPELLE-SAINT-MARTIN.

PREMIERE TABLE, qui convertit l'ancienne mesure agraire de la Chapelle S. Martin en hectares, ares et centiares.

PERCHES CARRÉES
de la Chapelle-Saint-Martin.

Voyez la conversion en nouvelle mesure des Perches carrées d'Oucques, page 440.

ARPENS
de la Chapelle-Saint-Martin.

Voyez la conversion des Setiers ou Arpens d'Oucques en nouvelle mesure, page 440.

BOISSELÉES de la Chapelle-S.t-Martin.	Hectares ou arpens-métriq.	Ares ou perches métriq.	Centiares ou mètres carrés.
1 équivaut à..	0	04	26
2	0	08	51
3	0	12	77
4	0	17	02
5	0	21	28
6	0	25	54
7	0	29	79
8	0	34	05
9	0	38	30
10	0	42	56
11	0	46	82

FRACTIONS USITÉES de la boisselée.

	Hectares ou arpens-métriq.	Ares ou perches métriq.	Centiares ou mètres carrés.
Huitième	0	00	53
Sixième	0	00	71
Quart	0	01	06
Tiers	0	01	42
Demie	0	02	13
Deux-tiers	0	02	84
Trois-quarts	0	03	19

MILLIÈMES de BOISSELÉE.	Hectares ou arpens métriques.	Ares ou perches métriques.	Centiares ou mètres carrés.
1 vaut...	0	00	00
2	0	00	01
3	0	00	01
4	0	00	02
5	0	00	02
6	0	00	03
7	0	00	03
8	0	00	03
9	0	00	04
10	0	00	04
20	0	00	09
30	0	00	13
40	0	00	17
50	0	00	21
60	0	00	26
70	0	00	30
80	0	00	34
90	0	00	38
100	0	00	43
200	0	00	85
300	0	01	28
400	0	01	70
500	0	02	13
600	0	02	55
700	0	02	98
800	0	03	40
900	0	03	83

On additionnera cette Table comme les francs et centimes.

Cette Table et la suivante peuvent servir pour la conversion en nouvelle mesure de l'arpent des Eaux et Forêts divisé en 12 boisselées, et vice versâ.

MESURES AGRAIRES.

DEUXIEME TABLE, qui convertit les hectares, ares et centiares en ancienne mesure agraire de la Chapelle-Saint-Martin.

HECTARES ou ARPENS MÉTRIQ.

	Anciens arpens.	Boisselées.	Millièmes de boisselée.
1 vaut:	1	11	496
2	3	10	992
3	5	10	489
4	7	9	985
5	9	9	481
6	11	8	977
7	13	8	474
8	15	7	970
9	17	7	466
10	19	6	962
20	39	1	925
30	58	8	887
40	78	3	850
50	97	10	812
60	117	5	775
70	137	0	737
80	156	7	700
90	176	2	662
100	195	9	625
200	391	7	250
300	587	4	875
400	783	2	499
500	979	0	124
600	1174	9	749
700	1370	7	374
800	1566	4	999
900	1762	2	624
1000	1958	0	248

Ares ou Perches métriques.

	Anciens arpens.	Boisselées.	Millièmes de boisselée.
1	0	0	235
2	0	0	470
3	0	0	705
4	0	0	940

ARES ou PERCHES MÉTRIQ.

	Anciens arpens.	Boisselées.	Millièmes de boisselée.
5	0	1	175
6	0	1	410
7	0	1	645
8	0	1	880
9	0	2	115
10	0	2	350
20	0	4	699
30	0	7	049
40	0	9	398
50	0	11	748
60	1	2	098
70	1	4	447
80	1	6	797
90	1	9	147

Centiares ou mètres carrés.

	Anciens arpens.	Boisselées.	Millièmes de boisselée.
1	0	0	002
2	0	0	005
3	0	0	007
4	0	0	009
5	0	0	012
6	0	0	014
7	0	0	016
8	0	0	019
9	0	0	021
10	0	0	023
20	0	0	047
30	0	0	070
40	0	0	094
50	0	0	117
60	0	0	141
70	0	0	164
80	0	0	188
90	0	0	211

En additionnant cette Table, on divisera les boisselées par 12 pour les convertir en anciens arpens.

Quant aux millièmes de boisselée, on aura recours à la 2.ᵉ Table générale, *page* xxviij.

ARPENS DE FRÉTEVAL.

Perche linéaire de 22 pieds.

A FRÉTEVAL, l'arpent de vignes, de pré et de bois était composé de 100 perches carrées, il était égal en superficie à l'arpent ou setier d'Oucques.

Il se divisait en 2 demi-arpens, 4 quartiers, 8 demi-quartiers, et en 10 boisselées ; la boisselée se divisait en deux maillées.

Les terres ne s'arpentaient qu'au *setier*. Le setier était composé de 120 perches carrées. Il se divisait en 2 mines, 4 minots et en 12 boisseaux.

La mine contenait 2 minots, le minot 3 boisseaux, et le boisseau 4 quartes,

	Boisselées.	Perches carrées.	Toises carrées.	Pieds carrés.	Pieds carrés.
Ainsi, l'arpent de vignes, de pré et de bois était égal à.	10	100	1344	16	48,400
Les trois quartiers à........	7 1/2	75	1008	12	36,500
Le demi-arpent à...........	5	50	672	8	24,200
Le quartier à.............	2 1/2	25	336	4	12,100
Le demi-quartier à..........	1 1/4	12 1/2	168	2	6,050
La boisselée à...................		10	134	16	4,840
Demi-boisselée ou maillée à.........		5	67	8	2,420

	Boisseaux.	Perches carrées.	Toises carrées.	Pieds carrés.	Pieds carrés.
Le setier de terre à..........	12	120	1613	12	58,080
Les trois minots à..........	9	90	1210		43,560
La mine à................	6	60	806	24	29,040
Le minot à................	3	30	403	12	14,520
Le boisseau à.................		10	134	16	4,840
La quarte à................	1/4	2 1/2	33	22	1,210
La perche à................			13	16	484

Gg.

MESURES AGRAIRES

Arpentaient à cette mesure les communes qui suivent :

FRÉTEVAL.
Arville *en partie.* (1)
Chauvigny *en partie.* (2)
Le Gault *en partie.* (3)
Liguières *en partie.* (4)

Saint-Hilaire-la-Gravelle.
Saint-Lubin-des-prés.
La Ville-aux-Clercs *en partie.* (5)

(1 et 3) L'arpent de toutes propriétés de la partie de la commune d'Arville et de celle du Gault, ci-devant régie par la coutume de Chartres se divisait, comme l'arpent de vignes, de pré et de bois de Fréteval, en 10 boisselées : la partie de ces deux communes, ci-devant régie par la coutume de Dunois, s'arpentait à la perche linéaire de 20 pieds, et suivait la mesure agraire de Droué.

(2) L'arpent de toutes propriétés de la commune de Chauvigny, ci-devant régie par la coutume de Chartres, se divisait en 10 boisselées, l'arpent ou le setier étaient synonimes ; et l'autre partie de la même commune, ci-devant régie par la coutume du Maine, s'arpentait à la perche linéaire de 25 pieds, et suivait la mesure agraire de Montoire.

(4) Il n'y avait que la partie de la commune de Liguières, enclavée dans le ci-devant fief de Rocheux, qui suivait la mesure agraire de Fréteval ; le surplus de la commune s'arpentait à la perche linéaire de 28 pieds, et suivait la mesure agraire de Vendôme.

(5) La commune de la Ville-aux-Clercs, suivait la mesure agraire de Fréteval, à l'exception du territoire qu'embrassait la ci-devant châtellenie de Lisle qui suivait la mesure agraire de Vendôme. A la Ville-aux-Clercs, on ne se servait pas du terme de setier pour les terres, on n'employait que celui de *septerée*, qui, comme le setier de Fréteval, était composée de 120 perches carrées : elle se divisait en 12 boisselées.

ARPENS DE FRETEVAL.

PREMIERE TABLE, qui convertit l'ancienne mesure agraire de Fréteval en hectares, ares et centiares.

PERCHES CARRÉES
de Fréteval.

Voyez la conversion en nouvelle mesure des Perches carrées d'Oucques, page 440.

ARPENS
de bois, de vignes et de pré de Fréteval.

Voyez la conversion en nouvelle mesure des anciens setiers ou arpens d'Oucques, page 440.

BOISSELÉES de bois, de vignes et de pré de Fréteval.	Hectares ou arpens métriques.	Ares ou perches métriques.	Centiares ou mètres carrés.
1 équivaut à....	0	05	11
2............	0	10	21
3............	0	15	32
4............	0	20	43
5............	0	25	54
6............	0	30	64
7............	0	35	75
8............	0	40	86
9............	0	45	96
10............	0	51	07
11............	0	56	18

FRACTIONS USITÉES de la Boisselée.

	Hectares	Ares	Centiares
Huitième......	0	00	64
Sixième.......	0	00	85
Quart.........	0	01	28
Tiers.........	0	01	70
Demicoumaillée	0	02	55
Deux-tiers.....	0	03	40
Trois-quarts...	0	03	83

MILLIÈMES de Boisselée.	Hectares ou arpens métriques.	Ares ou perches métriques.	Centiares ou mètres carrés.
1 équivaut à	0	00	01
2..........	0	00	01
3..........	0	00	02
4..........	0	00	02
5..........	0	00	03
6..........	0	00	03
7..........	0	00	04
8..........	0	00	04
9..........	0	00	05
10..........	0	00	05
20..........	0	00	10
30..........	0	00	15
40..........	0	00	20
50..........	0	00	26
60..........	0	00	31
70..........	0	00	36
80..........	0	00	41
90..........	0	00	46
100..........	0	00	51
200..........	0	01	02
300..........	0	01	53
400..........	0	02	04
500..........	0	02	55
600..........	0	03	06
700..........	0	03	58
800..........	0	04	09
900..........	0	04	60

MESURES AGRAIRES.

SETIERS de TERRE de Fréteval et SEPTERÉES de la Ville-aux-Clercs, l'un et l'autre de 120 perches carr	Hectares ou Arpens métriques.	Ares ou Perches métriques.	Centiares ou Mètres carrés.	SETIERS de TERRE de Fréteval et SEPTERÉES de la Ville-aux-Clercs, l'un et l'autre de 120 perches carr	Hectares ou Arpens métriques.	Ares ou Perches métriques.	Centiares ou Mètres carrés.
1 équiv. à	0	61	29	400.........	245	14	55
2.........	1	22	57	500.........	306	43	19
3.........	1	83	86	600.........	367	71	83
4.........	2	45	15	700.........	429	00	47
5.........	3	06	43	800.........	490	29	10
6.........	3	67	72	900.........	551	57	74
7.........	4	29	00	1000.........	612	86	38
8.........	4	90	29				
9.........	5	51	58	Les 3 minots éq. à	0	45	96
10.........	6	12	86	La mine à.....	0	30	64
20.........	12	25	73	Le minot à.....	0	15	32
30.........	18	38	59	Le demi-minot à	0	07	66
40.........	24	51	46				
50.........	30	64	32				
60.........	36	77	18	BOISSEAUX DE TERRE de Fréteval.			
70.........	42	90	05				
80.........	49	02	91	*Voyez dans cette Table la*			
90.........	55	15	77	*conversion en nouvelle mesure*			
100.........	61	28	64	*des boisselées de pré et de bois*			
200.........	122	57	28	*de Fréteval.*			
300.........	183	85	91				

Nota. On additionnera cette Table comme les francs et centimes.

Cette Table et la suivante peuvent servir pour la conversion en nouvelle mesure de l'arpent des Eaux et Forêts divisé en 10 boisselées, *et vice versâ.*

ARPENS DE FRETEVAL.

DEUXIEME TABLE, *qui convertit les hectares*, *ares et centiares*, 1.° *en arpens et boisselées de Fréteval, pour les prés et les bois ; 2.° et en setiers et boisseaux pour les terres.*

HECTARES ou ARPENS MÉTRIQUES.	1.re CONVERSION.				2.e CONVERSION.		
	Arpens.	Boisselées.	Milliè. de boisselée.		Setiers et septerées.	Boisseaux et boissel.	Millièmes.
1 équiv. à.....	1	9	580	ou	1	7	580
2............	3	9	160		3	3	160
3............	5	8	741		4	10	741
4............	7	8	321		6	6	321
5............	9	7	901		8	1	901
6............	11	7	481		9	9	481
7............	13	7	061		11	5	061
8............	15	6	642		13	0	642
9............	17	6	222		14	8	222
10............	19	5	802		16	3	802
20............	39	1	604		32	7	604
30............	58	7	406		48	11	406
40............	78	3	208		65	3	208
50............	97	9	010		81	7	010
60............	117	4	812		97	10	812
70............	137	0	614		114	2	614
80............	156	6	417		130	6	417
90............	176	2	219		146	10	219
100............	195	8	021		163	2	021
200............	391	6	041		326	4	041
300............	587	4	062		489	6	062
400............	783	2	083		652	8	083
500............	979	0	104		815	10	104
600............	1174	8	124		979	0	124
700............	1370	6	145		1142	2	145
800............	1566	4	166		1305	4	166
900............	1762	2	186		1468	6	186
1000............	1958	0	207		1631	8	207

MESURES AGRAIRES.

ARES ou PERCHES MÉTRIQUES.	1.re CONVERSION.			2.e CONVERSION.		
	Arpens.	Boisselées.	Milliè. de boisselée.	Setiers et septerées.	Boisseaux et boissel.	Millièmes.
1 équivaut à....	0	0	196	ou 0	0	196
2...............	0	0	392	0	0	392
3...............	0	0	587	0	0	587
4...............	0	0	783	0	0	783
5...............	0	0	979	0	0	979
6...............	0	1	175	0	1	175
7...............	0	1	371	0	1	371
8...............	0	1	566	0	1	566
9...............	0	1	762	0	1	762
10..............	0	1	958	0	1	958
20..............	0	3	916	0	3	916
30..............	0	5	874	0	5	874
40..............	0	7	832	0	7	832
50..............	0	9	790	0	9	790
60..............	1	1	748	0	11	748
70..............	1	3	706	1	1	706
80..............	1	5	664	1	3	664
90..............	1	7	622	1	5	622

CENTIARES ou Mètres carrés.

	Arpens.	Boisselées.	Milliè. de boisselée.	Setiers et septerées.	Boisseaux et boissel.	Millièmes.
1 équivaut à....	0	0	002	0	0	002
2...............	0	0	004	0	0	004
3...............	0	0	006	0	0	006
4...............	0	0	008	0	0	008
5...............	0	0	010	0	0	010
6...............	0	0	012	0	0	012
7...............	0	0	014	0	0	014
8...............	0	0	016	0	0	016
9...............	0	0	018	0	0	018
10..............	0	0	020	0	0	020
20..............	0	0	039	0	0	039

ARPENS DE FRETEVAL.

CENTIARES ou MÈTRES CARRÉS.	1.re CONVERSION.				2.e CONVERSION.		
	Arpens.	Boisselées.	Milliè. de boisselée.		Setiers et septerées.	Boisseaux et boissel.	Millièmes.
30................	0	0	059	ou	0	0	059
40................	0	0	078		0	0	078
50................	0	0	098		0	0	098
60................	0	0	117		0	0	117
70................	0	0	137		0	0	137
80................	0	0	157		0	0	157
90................	0	0	176		0	0	176

Nota. En additionnant cette Table, on divisera les boisselées par 10 pour les réduire en anciens arpens, et les boisseaux et boisselées par 12 pour les réduire en setiers et en septerées. Quant aux millièmes de boisselée et de boisseau, on aura recours à la 2.e Table générale, qui convertit les millièmes en fractions ordinaires, *page xxviij.*

MESURES AGRAIRES.

TROISIEME TABLE, *qui donne le prix de l'hectare, comparativement au prix du setier de Freteval et de la septerée de la Ville-aux-Clercs.*

FRANCS.	Francs.	Centimes.	Centièmes.
à 1 franc le setier et la septerée, l'hectare vaut.......	1	63	17
2.......	3	26	34
3.......	4	89	51
4.......	6	52	67
5.......	8	15	84
6.......	9	79	01
7.......	11	42	18
8.......	13	05	35
9.......	14	68	52
10.......	16	31	68
20.......	32	63	37
30.......	48	95	05
40.......	65	26	74
50.......	81	58	42
60.......	97	90	10
70.......	114	21	79
80.......	130	53	47
90.......	146	85	16
100.......	163	16	84
200.......	326	33	68
300.......	489	50	52
400.......	652	67	36
500.......	815	84	20
600.......	979	01	04
700.......	1142	17	87
800.......	1305	34	71
900.......	1468	51	55
1000.......	1631	68	39
2000.......	3263	36	78
3000.......	4895	05	18
4000.......	6526	73	57
5000.......	8158	41	96
6000.......	9790	10	35
7000.......	11,421	78	74

CENTIMES.	Francs.	Centimes.	Centièmes.
1...........	0	01	63
2...........	0	03	26
3...........	0	04	90
4...........	0	06	53
5...........	0	08	16
6...........	0	09	79
7...........	0	11	42
8...........	0	13	05
9...........	0	14	69
10...........	0	16	32
20...........	0	32	63
30...........	0	48	95
40...........	0	65	27
50...........	0	81	58
60...........	0	97	90
70...........	1	14	22
80...........	1	30	53
90...........	1	46	85

Centièmes de centime.

	Francs.	Centimes.	Centièmes.
1...........	0	00	02
2...........	0	00	03
3...........	0	00	05
4...........	0	00	07
5...........	0	00	08
6...........	0	00	10
7...........	0	00	11
8...........	0	00	13
9...........	0	00	15
10...........	0	00	16
20...........	0	00	33
30...........	0	00	49
40...........	0	00	65
50...........	0	00	82
60...........	0	00	98
70...........	0	01	14
80...........	0	01	31
90...........	0	01	47

ARPENS DE FRETEVAL.

QUATRIEME TABLE, qui donne le prix du setier de Freteval, et de la septerée de la Ville-aux-Clercs, comparativement au prix de l'hectare.

FRANCS.	Francs.	Centimes.	Centièmes.	CENTIMES.	Francs.	Centimes.	Centièmes.
à 1 franc l'hectare, le setier et la septerée valent......	0	61	29	1.............	0	00	61
2.......	1	22	57	2.............	0	01	23
3.......	1	83	86	3.............	0	01	84
4.......	2	45	15	4.............	0	02	45
5.......	3	06	43	5.............	0	03	06
6.......	3	67	72	6.............	0	03	68
7.......	4	29	00	7.............	0	04	29
8.......	4	90	29	8.............	0	04	90
9.......	5	51	58	9.............	0	05	52
10......	6	12	86	10.............	0	06	13
20......	12	25	73	20.............	0	12	26
30......	18	38	59	30.............	0	18	39
40......	24	51	46	40.............	0	24	51
50......	30	64	32	50.............	0	30	64
60......	36	77	18	60.............	0	36	77
70......	42	90	05	70.............	0	42	90
80......	49	02	91	80.............	0	49	03
90......	55	15	77	90.............	0	55	16
100......	61	28	64	**Centièmes de centime.**			
200......	122	57	28	1.............	0	00	01
300......	183	85	91	2.............	0	00	01
400......	245	14	55	3.............	0	00	02
500......	306	43	19	4.............	0	00	02
600......	367	7¹	83	5.............	0	00	03
700......	429	00	47	6.............	0	00	04
800......	490	29	10	7.............	0	00	04
900......	551	57	74	8.............	0	00	05
1000......	612	86	38	9.............	0	00	06
2000......	1225	72	76	10.............	0	00	06
3000......	1838	59	14	20.............	0	00	12
4000......	2451	45	52	30.............	0	00	18
5000......	3064	31	90	40.............	0	00	25
6000......	3677	18	28	50.............	0	00	31
7000......	4290	04	66	60.............	0	00	37
8000......	4902	91	04	70.............	0	00	43
9000......	5515	77	42	80.............	0	00	49
10,000......	6128	63	80	90.............	0	00	55

MESURES AGRAIRES.

ARPENS

DE NEUNG-SUR-BEUVRON.

Perche linéaire de 22 pieds.

A Neung-sur-Beuvron, l'arpent était composé de 100 perches carrées. Il était égal en superficie à l'arpent ou setier d'Oucques.

Il se divisait en six boisselées, chacune de 16 perches 2/3, et en 2 demi-arpens 4 quartiers et 8 demi-quartiers.

Les terres se mesuraient ordinairement à la *septerée*. La septerée contenait un arpent et un tiers. Elle se divisait en 2 mines, en 4 minots et en 8 boisselées.

On se servait aussi pour les terres de la dénomination de *muid* ou de *mouée*. le muid ou la mouée contenait 12 septerées ou 16 arpens.

Les prés se mesuraient au *journal* ou à *la journée*. Le journal ou la journée contenait 66 perches 2/3, c'est-à-dire, les deux tiers de l'arpent ; il était égal en superficie à la mine de terre. On divisait le journal ou la journée en demi, quart, demi-quart, tiers, sixièmes, etc.

	Boisselées.	Perches carrées.	Toises carrées.	Pieds carrés.	Ponces carrés.	Pieds carrés.	Pouces carrés.
Ainsi, la septerée était égale à...............	8	133 1/3	1792	21	48	64,533	48
La mine de terre et le journal ou la journée de pré à............	4	66 2/3	896	10	96	32,266	96
Le minot à............	2	33 1/3	448	5	48	16,133	48
La boisselée à................		16 2/3	224	2	96	8,066	96
La perche à...............		......	13	16	»	484	»

Arpentaient à cette mesure les communes qui suivent :

Neung-sur-Beuvron.	La Ferté-Saint-Aignan ou la Ferté-Hubert.	Thouri.
Bonneville.		Villeneuve,
D'Huisou.	La Marole.	Villeni.
La Ferté-Beauharnois ou la Ferté-Avrain.	Montrieux. Saint-Cyr-Sembleci.	

ARPENS DE NEUNG-SUR-BEUVRON.

PREMIÈRE TABLE, *qui convertit l'ancienne mesure agraire de Neung-sur-Beuvron en hectares, ares et centiares.*

PERCHES CARRÉES
de Neung-sur-Beuvron.

Voyez la conversion des Perches carrées d'Oucques en nouvelle mesure, page 440.

ARPENS DE VIGNES OU DE BOIS
de Neung-sur-Beuvron.

Voyez la conversion des Arpens ou setiers d'Oucques en nouvelle mesure, page 440.

SEPTERÉES de terre de Neung-sur-Beuvron.

	Hectares ou arpens métriques.	Ares ou perches métriques.	Centiares ou mètres carrés.
1 équiv. à	0	68	10
2	1	36	19
3	2	04	29
4	2	72	38
5	3	40	48
6	4	08	58
7	4	76	67
8	5	44	77
9	6	12	86
10	6	80	96
20	13	61	92
30	20	42	88
40	27	23	84
50	34	04	80
60	40	85	76
70	47	66	72
80	54	47	68
90	61	28	64
100	68	09	60

SEPTERÉES de terre de Neung-sur-Beuvron.

	Hectares ou arpens métriques.	Ares ou perches métriques.	Centiares ou mètres carrés.
200 équiv. à	136	19	20
300	204	28	79
400	272	38	39
500	340	47	99
600	408	57	59
700	476	67	18
800	544	76	78
900	612	86	38
1000	680	95	98
Le muid ou la mouée équiv. à..	8	17	15

BOISSELÉES de Neung.

1	0	08	51
2 (minot)	0	17	02
3	0	25	54
4 (mine)	0	34	05
5	0	42	56
6 (3 minots)	0	51	07
7	0	59	58

FRACTIONS USITÉES de la boisselée.

Huitième	0	01	06
Sixième	0	01	42
Quart	0	02	13
Tiers	0	02	84
Demie	0	04	26
Deux-tiers	0	05	67
Trois-quarts	0	06	38

MESURES AGRAIRES.

MILLIÈMES de BOISSELÉE.	Hectares ou arpens métriques.	Ares ou perches métriques.	Centiares ou mètres carrés.	JOURNAUX ou JOURNÉES de PRÉ de Neung-sur-Beuvron	Hectares ou arpens métriques.	Ares ou perches métriques.	Centiares ou mètres carrés.
1 équiv. à..	0	00	01	1 équiv. à	0	34	05
2	0	00	02	2	0	68	10
3	0	00	03	3	1	02	14
4	0	00	03	4	1	36	19
5	0	00	04	5	1	70	24
6	0	00	05	6	2	04	29
7	0	00	06	7	2	38	34
8	0	00	07	8	2	72	38
9	0	00	08	9	3	06	43
10	0	00	09	10	3	40	48
20	0	00	17	20	6	80	96
30	0	00	26	30	10	21	44
40	0	00	34	40	13	61	92
50	0	00	43	50	17	02	40
60	0	00	51	60	20	42	88
70	0	00	60	70	23	83	36
80	0	00	68	80	27	23	84
90	0	00	77	90	30	64	32
100	0	00	85	100	34	04	80
200	0	01	70	200	68	09	60
300	0	02	55	300	102	14	40
400	0	03	40	400	136	19	20
500	0	04	26	500	170	23	99
600	0	05	11	600	204	28	79
700	0	05	96	700	238	33	59
800	0	06	81	800	272	38	39
900	0	07	66	900	306	43	19
				1000	340	47	99

ARPENS DE NEUNG-SUR-BEUVRON.

FRACTIONS USITÉES du Journal ou de la Journée.	Hectares ou arpens métriques.	Ares ou perches métriques.	Centiares ou mètres carrés.	MILLIÈMES de Journal ou de Journée.	Hectares ou arpens métriques.	Ares ou perches métriques.	Centiares ou mètres carrés.
Seizième........	0	02	13	8..........	0	00	27
Douzième......	0	02	84	9..........	0	00	31
Huitième	0	04	26	10..........	0	00	34
Sixième........	0	05	67	20..........	0	00	68
Quart	0	08	51	30..........	0	01	02
Tiers..........	0	11	35	40..........	0	01	36
Demi..........	0	17	02	50..........	0	01	70
Deux-tiers	0	22	70	60..........	0	02	04
Trois-quarts....	0	25	54	70..........	0	02	38
MILLIÈMES de Journal ou de Journée.				80..........	0	02	72
				90..........	0	03	06
1 équiv. à..	0	00	03	100..........	0	03	40
2...........	0	00	07	200..........	0	06	81
3...........	0	00	10	300..........	0	10	21
4...........	0	00	14	400..........	0	13	62
5...........	0	00	17	500..........	0	17	02
6...........	0	00	20	600..........	0	20	43
7...........	0	00	24	700..........	0	23	83
				800..........	0	27	24
				900..........	0	30	64

Nota. On additionnera cette table comme les francs et centimes.

MESURES AGRAIRES.

DEUXIÈME TABLE, qui convertit les hectares, ares, et centiares, 1.° pour les terres, en septerées et boisselées ; 2.° pour les vignes et bois, en arpens et boisselées ; 3.° et pour les prés, en journaux ou journées de Neung-sur-Beuvron.

HECTARES ou ARPENS MÉTRIQUES.	1.re CONVERSION pour les terres.			2.e CONVERSION pour les vignes et les bois.			3.e CONVERSION pour les prés.	
	Septerées.	Boisselées.	Millièmes de boisselée.	Arpens.	Boisselées.	Millièmes de boisselée.	Journées ou journaux.	Millièmes de journée.
1 équivaut à.	1	5	748 *ou à* 1	5	748 *ou à* 2	057
2..........	2	7	496	3	5	496	5	874
3..........	4	5	244	5	5	244	8	811
4..........	5	6	992	7	4	992	11	748
5..........	7	2	741	9	4	741	14	685
6..........	8	6	489	11	4	489	17	622
7..........	10	2	237	13	4	237	20	559
8..........	11	5	985	15	3	985	23	496
9..........	13	1	755	17	5	755	26	453
10..........	14	5	481	19	5	481	29	570
20..........	29	2	962	39	0	962	58	741
30..........	44	0	444	58	4	444	88	111
40..........	58	5	925	78	1	925	117	481
50..........	73	3	406	97	5	406	146	852
60..........	88	0	887	117	2	887	176	222
70..........	102	6	369	137	0	369	205	592
80..........	117	3	850	156	5	850	234	962
90..........	132	1	331	176	1	331	264	333
100..........	146	6	812	195	4	812	293	703
200..........	293	5	625	391	3	625	587	406
300..........	440	4	437	587	2	437	881	109
400..........	587	3	250	783	1	250	1174	812
500..........	734	2	062	979	0	062	1468	516
600..........	881	0	875	1174	4	875	1762	219
700..........	1027	7	687	1370	3	687	2055	922
800..........	1174	6	499	1566	2	499	2349	625
900..........	1321	5	312	1762	1	312	2643	328
1000..........	1468	4	124	1958	0	124	2937	031

ARPENS DE NEUNG-SUR-BEUVRON.

ARES ou PERCHES MÉTRIQUES.	1.re CONVERSION pour les terres.			2.e CONVERSION pour les vignes et les bois.			3.e CONVERSION pour les prés.	
	Septerées.	Boisselées.	Millièmes de boisse.	Arpens.	Boisselées.	Millièmes de boisse.	Journées ou journa.	Millièmes de journ.
1 équivaut à....	0	0	117 ou à 0	0	117 bu à 0		0	029
2..............	0	0	235	0	0	235	0	059
3..............	0	0	352	0	0	352	0	088
4..............	0	0	470	0	0	470	0	117
5..............	0	0	587	0	0	587	0	147
6..............	0	0	705	0	0	705	0	176
7..............	0	0	822	0	0	822	0	206
8..............	0	0	940	0	0	940	0	235
9..............	0	1	057	0	1	057	0	264
10.............	0	1	175	0	1	175	0	294
20.............	0	2	350	0	2	350	0	587
30.............	0	3	524	0	3	524	0	881
40.............	0	4	699	0	4	699	1	175
50.............	0	5	874	0	5	874	1	469
60.............	0	7	049	1	1	049	1	762
70.............	1	0	224	1	2	224	2	056
80.............	1	1	398	1	3	398	2	350
90.............	1	2	573	1	4	573	2	643

CENTIARES ou mètres carrés.

	Septerées.	Boisselées.	Millièmes de boisse.	Arpens.	Boisselées.	Millièmes de boisse.	Journées ou journa.	Millièmes de journ.
1 équivaut à...	0	0	001	0	0	001	0	000
2..............	0	0	002	0	0	002	0	001
3..............	0	0	004	0	0	004	0	001
4..............	0	0	005	0	0	005	0	001
5..............	0	0	006	0	0	006	0	001
6..............	0	0	007	0	0	007	0	002
7..............	0	0	008	0	0	008	0	002
8..............	0	0	009	0	0	009	0	002
9..............	0	0	011	0	0	011	0	003
10.............	0	0	012	0	0	012	0	003
20.............	0	0	023	0	0	023	0	006
30.............	0	0	035	0	0	035	0	009
40.............	0	0	047	0	0	047	0	012
50.............	0	0	059	0	0	059	0	015
60.............	0	0	070	0	0	070	0	018
70.............	0	0	082	0	0	082	0	021
80.............	0	0	094	0	0	094	0	023
90.............	0	0	106	0	0	106	0	026

En additionnant cette Table, on divisera les boisselées par 6 pour les réduire en anciens arpens, et par 8 pour les réduire en septerées. On additionnera les journaux ou journées de pré et les millièmes comme les francs et centimes. On aura recours pour les millièmes de boisselée et de journal ou journée à la 2.e Table générale, qui convertit les millièmes en fractions ordinaires, *page xxviij*.

MESURES AGRAIRES

TROISIEME TABLE, qui donne le prix de l'hectare comparativement au prix de la septerée de terre de Neung-sur-Beuvron.

FRANCS.	Francs.	Centimes.	Centièmes.	CENTIMES.	Francs.	Centimes.	Centièmes.
à 1 franc la septerée de terre de Neung, l'hectare vaut....	1	46	85	1............	0	01	47
2......	2	93	70	2............	0	02	94
3......	4	40	55	3............	0	04	41
4......	5	87	41	4............	0	05	87
5......	7	34	26	5............	0	07	34
6......	8	81	11	6............	0	08	81
7......	10	27	96	7............	0	10	28
8......	11	74	81	8............	0	11	75
9......	13	21	66	9............	0	13	22
10......	14	68	52	10............	0	14	69
20......	29	37	03	20............	0	29	37
30......	44	05	55	30............	0	44	06
40......	58	74	06	40............	0	58	74
50......	73	42	58	50............	0	73	43
60......	88	11	09	60............	0	88	11
70......	102	79	61	70............	1	02	80
80......	117	48	12	80............	1	17	48
90......	132	16	64	90............	1	32	17
100......	146	85	16	Centièmes de centime.			
200......	293	70	31	1............	0	00	01
300......	440	55	47	2............	0	00	03
400......	587	40	62	3............	0	00	04
500......	734	25	78	4............	0	00	06
600......	881	10	93	5............	0	00	07
700......	1027	96	09	6............	0	00	09
800......	1174	81	24	7............	0	00	10
900......	1321	66	40	8............	0	00	12
1000......	1468	51	55	9............	0	00	13
2000......	2937	03	11	10............	0	00	15
3000......	4405	54	66	20............	0	00	29
4000......	5874	06	21	30............	0	00	44
5000......	7342	57	76	40............	0	00	59
				50............	0	00	73
				60............	0	00	88
				70............	0	01	03
				80............	0	01	17
				90............	0	01	32

ARPENS DE NEUNG-SUR-BEUVRON.

QUATRIÈME TABLE, qui donne le prix de la septerée de terre de Neung-sur-Beuvron, comparativement au prix de l'hectare.

FRANCS.	Francs.	Centimes.	Centièmes.	CENTIMES.	Francs.	Centimes.	Centièmes.
à 1 franc l'hectare, la septerée de Neung vaut....	0	68	10	1............	0	00	68
2........	1	36	19	2............	0	01	36
3........	2	04	29	3............	0	02	04
4........	2	72	38	4............	0	02	72
5........	3	40	48	5............	0	03	40
6........	4	08	58	6............	0	04	09
7........	4	76	67	7............	0	04	77
8........	5	44	77	8............	0	05	45
9........	6	12	86	9............	0	06	13
10........	6	80	96	10............	0	06	81
20........	13	61	92	20............	0	13	62
30........	20	42	88	30............	0	20	43
40........	27	23	84	40............	0	27	24
50........	34	04	80	50............	0	34	05
60........	40	85	76	60............	0	40	86
70........	47	66	72	70............	0	47	67
80........	54	47	68	80............	0	54	48
90........	61	28	64	90............	0	61	29
100........	68	09	60	*Centièmes de centime.*			
200........	136	19	20	1............	0	00	01
300........	204	28	79	2............	0	00	01
400........	272	38	39	3............	0	00	02
500........	340	47	99	4............	0	00	03
600........	408	57	59	5............	0	00	03
700........	476	67	18	6............	0	00	04
800........	544	76	78	7............	0	00	05
900........	612	86	38	8............	0	00	05
1000........	680	95	98	9............	0	00	06
2000........	1361	91	95	10............	0	00	07
3000........	2042	87	93	20............	0	00	14
4000........	2723	83	91	30............	0	00	20
5000........	3404	79	89	40............	0	00	27
				50............	0	00	34
				60............	0	00	41
				70............	0	00	48
				80............	0	00	54
				90............	0	00	61

MESURES AGRAIRES.

CINQUIEME TABLE, qui donne le prix de l'hectare, comparativement au prix du journal ou de la journée de pré de Neung-sur-Beuvron.

FRANCS.	Francs.	Centimes.	Centièmes.
à 1 franc le journal ou la journée de pré de Neung, l'hectare vaut..	2	93	72
2	5	87	41
3	8	81	11
4	11	74	81
5	14	68	52
6	17	62	22
7	20	55	92
8	23	49	62
9	26	43	33
10	29	37	03
20	58	74	06
30	88	11	09
40	117	48	12
50	146	85	16
60	176	22	19
70	205	59	22
80	234	96	25
90	264	33	28
100	293	70	31
200	587	40	62
300	881	10	93
400	1174	81	24
500	1468	51	55
600	1762	21	86
700	2055	92	17
800	2349	62	48
900	2643	32	79
1000	2937	03	11
2000	5874	06	21

CENTIMES.	Francs.	Centimes.	Centièmes.
1	0	02	94
2	0	05	87
3	0	08	81
4	0	11	75
5	0	14	69
6	0	17	62
7	0	20	56
8	0	23	50
9	0	26	43
10	0	29	37
20	0	58	74
30	0	88	11
40	1	17	48
50	1	46	85
60	1	76	22
70	2	05	59
80	2	34	96
90	2	64	33

Centièmes de centime.

	Francs.	Centimes.	Centièmes.
1	0	00	03
2	0	00	06
3	0	00	09
4	0	00	12
5	0	00	15
6	0	00	18
7	0	00	21
8	0	00	23
9	0	00	26
10	0	00	29
20	0	00	59
30	0	00	88
40	0	01	17
50	0	01	47
60	0	01	76
70	0	02	06
80	0	02	35
90	0	02	64

ARPENS DE NEUNG-SUR-BEUVRON.

SIXIEME TABLE, qui donne le prix du journal ou de la journée de pré de Neung-sur-Beuvron, comparativement au prix de l'hectare.

FRANCS.	Francs.	Centimes.	Centièmes.
à 1 franc l'hectare, le journal ou la journée de pré de Neung vaut.....	0	34	05
2......	0	68	10
3......	1	02	14
4......	1	36	19
5......	1	70	24
6......	2	04	29
7......	2	38	34
8......	2	72	38
9......	3	06	43
10......	3	40	48
20......	6	80	96
30......	10	21	44
40......	13	61	92
50......	17	02	40
60......	20	42	88
70......	23	83	36
80......	27	23	84
90......	30	64	32
100......	34	04	80
200......	68	09	60
300......	102	14	40
400......	136	19	20
500......	170	23	99
600......	204	28	79
700......	238	33	59
800......	272	38	39
900......	306	43	19
1000......	340	47	99
2000......	680	95	98
3000......	1021	43	97
4000......	1361	91	95
5000......	1702	39	94
6000......	2042	87	93

CENTIMES.	Francs.	Centimes.	Centièmes.
1..........	0	00	34
2..........	0	00	68
3..........	0	01	02
4..........	0	01	36
5..........	0	01	70
6..........	0	02	04
7..........	0	02	38
8..........	0	02	72
9..........	0	03	06
10..........	0	03	40
20..........	0	06	81
30..........	0	10	21
40..........	0	13	62
50..........	0	17	02
60..........	0	20	43
70..........	0	23	83
80..........	0	27	24
90..........	0	30	64

Centièmes de centime.

	Francs.	Centimes.	Centièmes.
1..........	0	00	00
2..........	0	00	01
3..........	0	00	01
4..........	0	00	01
5..........	0	00	02
6..........	0	00	02
7..........	0	00	02
8..........	0	00	03
9..........	0	00	03
10..........	0	00	03
20..........	0	00	07
30..........	0	00	10
40..........	0	00	14
50..........	0	00	17
60..........	0	00	20
70..........	0	00	24
80..........	0	00	27
90..........	0	00	31

MESURES AGRAIRES.

ARPENS DE SOUVIGNI ET DE CHAON.
Perche linéaire de 22 pieds.

A Souvigni et à Chaon, l'arpent de pâtis, bruyères, étang et bois taillis était composé de 100 perches carrées. Il était égal en superficie à l'arpent ou setier d'Oucques.

Il se divisait en 2 demi-arpens, 4 quartiers, 8 demi-quartiers, et en 3 tierciers et 6 demi-tierciers.

Les terres n'étaient mesurées qu'à la *minée*. La minée contenait 80 perches carrées, et elle se divisait en 4 quartes et en 8 boisseaux.

Les prés se comptaient par *journée*, demi-journée, quart, tiers, sixième, huitième de journée, etc. La journée de pré contenait 60 perches carrées.

	Boisseaux.	Perches carrées.	Toises carrées.	Pieds carrés.	Pouces carrés.	Pieds carrés.	Pouces carrés.
L'arpent de pâtis et de bois taillis était égal à.	»	100	1344	16	»	48,400	»
Les trois quartiers à...	»	75	1008	12	»	36,300	»
Le demi-arpent à.....	»	50	672	8	»	24,200	»
Le quartier à..........	»	25	336	4	»	12,100	»
Le demi-quartier à......	»	12 1/2	168	2	»	6,050	»
Le tiercier à...........	»	33 1/3	448	5	48	16,133	48
Le demi-tiercier à......	»	16 2/3	224	2	96	8,066	96
La minée de terre à....	8	80	1075	20	»	38,720	»
Les trois quartes à.....	6	60	806	24	»	29,040	»
La demi-minée à.......	4	40	557	28	»	19,360	»
La quarte à...........	2	20	268	32	»	9,680	»
Le boisseau à..........	....	10	134	16	»	4,840	»
La journée de pré à....	....	60	806	24	»	29,040	»
La perche carrée à.....	....	......	13	16	»	484	»

ARPENS DE SOUVIGNI ET DE CHAON.

PREMIERE TABLE, qui convertit l'ancienne mesure agraire de Souvigni et de Chaon en hectares, ares et centiares.

PERCHES CARRÉES de Souvigni et de Chaon.

Voyez la conversion en nouvelle mesure des Perches carrées d'Oucques, page 440.

ANCIENS ARPENS de pâtis, bois-taillis, ect., de Souvigni et de Chaon.

Voyez la conversion en nouvelle mesure des anciens setiers ou arpens d'Oucques, page 440.

MINÉES DE TERRE de Souvigni et de Chaon.

	Hectares ou arpens métriques.	Ares ou perches métriques.	Centiares ou mètres carrés.
200 équiv. à	81	71	52
300	122	57	28
400	163	43	03
500	204	28	79
600	245	14	55
700	286	00	31
800	326	86	07
900	367	71	83
1000	408	57	59

MINÉES DE TERRE de Souvigni et de Chaon.

	Hectares ou arpens métriques.	Ares ou perches métriques.	Centiares ou mètres carrés.
1 équiv. à	0	40	86
2	0	81	72
3	1	22	57
4	1	63	43
5	2	04	29
6	2	45	15
7	2	86	00
8	3	26	86
9	3	67	72
10	4	08	58
20	8	17	15
30	12	25	73
40	16	34	31
50	20	42	88
60	24	51	46
70	28	60	03
80	32	68	61
90	36	77	18
100	40	85	76

BOISSEAUX DE TERRE de Souvigni et de Chaon.

	Hectares ou arpens métriques.	Ares ou perches métriques.	Centiares ou mètres carrés.
1	0	05	11
2 (quarte)	0	10	21
3	0	15	32
4 (1/2 minée)	0	20	43
5	0	25	54
6 (3 quartes)	0	30	64
7	0	35	75

FRACTIONS USITÉES de la boisselée.

	Hectares ou arpens métriques.	Ares ou perches métriques.	Centiares ou mètres carrés.
Huitième	0	00	64
Sixième	0	00	85
Quart	0	01	28
Tiers	0	01	70
Demie	0	02	55
Deux-tiers	0	03	40
Trois-quarts	0	03	83

MESURES AGRAIRES.

MILLIÈMES de BOISSEAU.	Hectares ou arpens métriques.	Ares ou perches métriques.	Centiares ou mètres carrés.	JOURNÉES de PRÉ de Souvigni et de Chaon.	Hectares ou arpens métriques.	Ares ou perches métriques.	Centiares ou mètres carrés.
1 équiv. à..	0	00	01	1 équiv. à	0	30	64
2............	0	00	01	2........	0	61	29
3............	0	00	02	3........	0	91	93
4............	0	00	02	4........	1	22	57
5............	0	00	03	5........	1	53	22
6............	0	00	03	6........	1	83	86
7............	0	00	04	7........	2	14	50
8............	0	00	04	8........	2	45	15
9............	0	00	05	9........	2	75	79
10............	0	00	05	10........	3	06	43
20............	0	00	10	20........	6	12	85
30............	0	00	15	30........	9	19	30
40............	0	00	20	40........	12	25	73
50............	0	00	26	50........	15	32	16
60............	0	00	31	60........	18	38	59
70............	0	00	36	70........	21	45	02
80............	0	00	41	80........	24	51	46
90............	0	00	46	90........	27	57	89
100............	0	00	51	100........	30	64	32
200............	0	01	02	200........	61	28	64
300............	0	01	53	300........	91	92	96
400............	0	02	04	400........	122	57	28
500............	0	02	55	500........	153	21	59
600............	0	03	06	600........	183	85	91
700............	0	03	58	700........	214	50	23
800............	0	04	09	800........	245	14	55
900............	0	04	60	900........	275	78	87
				1000........	306	43	19

ARPENS DE SOUVIGNI ET DE CHAON.

FRACTIONS USITÉES de la Journée de pré.	Hectares ou arpens métriques.	Ares ou perches métriques.	Centiares ou mètres carrés.	MILLIÈMES de Journée de pré.	Hectares ou arpens métriques.	Ares ou perches métriques.	Centiares ou mètres carrés.
Huitième	0	03	83	8	0	00	25
Sixième	0	05	11	9	0	00	28
Quart	0	07	66	10	0	00	31
Tiers	0	10	21	20	0	00	61
Demi	0	15	32	30	0	00	92
Deux-tiers	0	20	43	40	0	01	23
Trois-quarts	0	22	98	50	0	01	53
				60	0	01	84
				70	0	02	15
MILLIÈMES de Journée de pré.				80	0	02	45
				90	0	02	76
				100	0	03	06
				200	0	06	13
1 équiv. à ..	0	00	03	300	0	09	19
2	0	00	06	400	0	12	26
3	0	00	09	500	0	15	32
4	0	00	12	600	0	18	39
5	0	00	15	700	0	21	45
6	0	00	18	800	0	24	51
7	0	00	21	900	0	27	58

Nota. On additionnera cette table comme les francs et centimes.

MESURES AGRAIRES.

DEUXIÈME TABLE, qui convertit les hectares, ares et centiares 1.° pour les terres, en minées et boisseaux; 2.° pour les prés, en journées et millièmes, ancienne mesure agraire de Souvigni et Chaon.

HECTARES ou ARPENS MÉTRIQUES.	1.re CONVERSION pour les terres.				2.e CONVERSION pour les prés.	
	Minées.	Boisseaux.	Milliè. de boisseau.		Journées.	Milliè. de journée.
1 équivaut à..	2	3	580	ou	3	263
2............	4	7	160		6	527
3............	7	2	741		9	790
4............	9	6	321		13	053
5............	12	1	901		16	317
6............	14	5	481		19	580
7............	17	1	061		22	844
8............	19	4	642		26	107
9............	22	0	222		29	370
10............	24	3	802		32	634
20............	48	7	604		65	267
30............	73	3	406		97	901
40............	97	7	208		130	535
50............	122	3	010		163	168
60............	146	6	812		195	802
70............	171	2	614		228	436
80............	195	6	417		261	069
90............	220	2	219		293	703
100............	244	6	021		325	337
200............	489	4	041		652	674
300............	734	2	062		979	010
400............	979	0	083		1305	347
500............	1223	6	104		1631	684
600............	1468	4	124		1958	021
700............	1713	2	145		2284	357
800............	1958	0	166		2610	694
900............	2202	6	186		2937	031
1000............	2447	4	207		3263	368

ARPENS DE SOUVIGNI ET CHAON.

ARES ou PERCHES MÉTRIQUES.	1.re CONVERSION pour les terres.				2.e CONVERSION pour les prés.	
	Minées.	Boisseaux.	Millié. de boisseau.		Journées.	Millié. de Journée.
1 équivaut à......	0	0	196	ou	0	033
2...................	0	0	392		0	065
3...................	0	0	587		0	098
4...................	0	0	783		0	131
5...................	0	0	979		0	163
6...................	0	1	175		0	196
7...................	0	1	371		0	228
8...................	0	1	566		0	261
9...................	0	1	762		0	294
10..................	0	1	958		0	326
20..................	0	3	916		0	653
30..................	0	5	874		0	979
40..................	0	7	832		1	305
50..................	1	1	790		1	632
60..................	1	3	748		1	958
70..................	1	5	706		2	284
80..................	1	7	664		2	611
90..................	2	1	622		2	937

CENTIARES ou Metres carrés.						
1...................	0	0	002		0	000
2...................	0	0	004		0	001
3...................	0	0	006		0	001
4...................	0	0	008		0	001
5...................	0	0	010		0	002
6...................	0	0	012		0	002
7...................	0	0	014		0	002
8...................	0	0	016		0	003
9...................	0	0	018		0	003
10..................	0	0	020		0	003
20..................	0	0	039		0	007

MESURES AGRAIRES.

CENTIARES ou MÈTRES CARRÉS.	1.re CONVERSION pour les terres.			ou	2.e CONVERSION pour les prés.	
	Minées.	Boisseaux.	Milliè. de boisseau.		Journées.	Milliè. de journée.
3o...............	o	o	o59	ou	o	o1o
4o...............	o	o	o78		o	o13
5o...............	o	o	o98		o	o16
6o...............	o	o	117		o	o2o
7o...............	o	o	137		o	o23
8o...............	o	o	157		o	o26
9o...............	o	o	176		o	o29

En additionnant cette Table , on divisera les boisseaux de terre par 8 pour les réduire en minées; et on additionnera les journées de pré et millièmes comme les francs et centimes.

Quant aux millièmes de boisseau et de journée, on aura recours à la 2.e Table générale, qui convertit les millièmes en fractions ordinaires, *page xxviij*.

ARPENS DE SOUVIGNI ET DE CHAON.

TROISIÈME TABLE, qui donne le prix de l'hectare comparativement au prix de la minée de terre de Souvigni et Chaon.

FRANCS à 1 franc la minée de Souvigni et de Chaon, l'hectare vaut	Francs.	Centimes.	Centièmes.	CENTIMES.	Francs.	Centimes.	Centièmes.
.....	2	44	75	1............	0	02	45
2........	4	89	51	2............	0	04	90
3........	7	34	26	3............	0	07	54
4........	9	79	01	4............	0	09	79
5........	12	23	76	5............	0	12	24
6........	14	68	52	6............	0	14	69
7........	17	13	27	7............	0	17	13
8........	19	58	02	8............	0	19	58
9........	22	02	77	9............	0	22	03
10........	24	47	53	10............	0	24	48
20........	48	95	00	20............	0	48	95
30........	73	42	58	30............	0	73	43
40........	97	90	10	40............	0	97	90
50........	122	37	63	50............	1	22	38
60........	146	85	16	60............	1	46	85
70........	171	32	68	70............	1	71	33
80........	195	80	21	80............	1	95	80
90........	220	27	73	90............	2	20	28
100........	244	75	26	**Centièmes de centime.**			
200........	489	50	52	1............	0	00	02
300........	734	25	78	2............	0	00	05
400........	979	01	04	3............	0	00	07
500........	1223	76	29	4............	0	00	10
600........	1468	51	55	5............	0	00	12
700........	1713	26	81	6............	0	00	15
800........	1958	02	07	7............	0	00	17
900........	2202	77	33	8............	0	00	20
1000........	2447	52	59	9............	0	00	22
2000........	4895	05	18	10............	0	00	24
3000........	7342	57	76	20............	0	00	49
4000........	9790	10	35	30............	0	00	73
5000........	12,237	62	94	40............	0	00	98
				50............	0	01	22
				60............	0	01	47
				70............	0	01	71
				80............	0	01	96
				90............	0	02	20

MESURES AGRAIRES.

QUATRIEME TABLE, qui donne le prix de la minée de terre de Souvigni et de Chaon, comparativement au prix de l'hectare.

FRANCS.	Francs.	Centimes.	Centièmes.	CENTIMES.	Francs.	Centimes.	Centièmes.
à 1 franc l'hectare, la minée de Souvigni et de Chaon vaut..	0	40	86	1	0	00	41
2	0	81	72	2	0	00	82
3	1	22	57	3	0	01	23
4	1	63	43	4	0	01	63
5	2	04	29	5	0	02	04
6	2	45	15	6	0	02	45
7	2	86	00	7	0	02	86
8	3	26	86	8	0	03	27
9	3	67	72	9	0	03	68
10	4	08	58	10	0	04	09
20	8	17	15	20	0	08	17
30	12	25	73	30	0	12	26
40	16	34	30	40	0	16	34
50	20	42	88	50	0	20	43
60	24	51	46	60	0	24	51
70	28	60	03	70	0	28	60
80	32	68	61	80	0	32	69
90	36	77	18	90	0	36	77
100	40	85	76	Centièmes de centime.			
200	81	71	52	1	0	00	00
300	122	57	28	2	0	00	01
400	163	43	03	3	0	00	01
500	204	28	79	4	0	00	02
600	245	14	55	5	0	00	02
700	286	00	31	6	0	00	02
800	326	86	07	7	0	00	02
900	367	71	83	8	0	00	03
1000	408	57	59	9	0	00	04
2000	817	15	17	10	0	00	04
3000	1225	72	76	20	0	00	08
4000	1634	30	35	30	0	00	12
5000	2042	87	93	40	0	00	16
6000	2451	45	52	50	0	00	20
7000	2860	03	10	60	0	00	25
8000	3268	60	69	70	0	00	29
9000	3677	18	28	80	0	00	33
10,000	4085	75	86	90	0	00	37

ARPENS DE SOUVIGNI ET DE CHAON.

CINQUIÈME TABLE, qui donne le prix de l'hectare comparativement au prix de la journée de pré de Souvigni et de Chaon.

FRANCS	Francs.	Centimes.	Centiemes.	CENTIMES	Francs.	Centimes.	Centiemes.
à 1 franc la journée de pré de Souvigni et de Chaon, l'hectare vaut........	3	26	34	1............	0	03	26
2........	6	52	67	2............	0	06	53
3........	9	79	01	3............	0	09	79
4........	13	05	35	4............	0	13	05
5........	16	31	68	5............	0	16	32
6........	19	58	02	6............	0	19	58
7........	22	84	36	7............	0	22	84
8........	26	10	69	8............	0	26	11
9........	29	37	03	9............	0	29	37
10........	32	63	37	10............	0	32	63
20........	65	26	74	20............	0	65	27
30........	97	90	10	30............	0	97	90
40........	130	53	47	40............	1	30	53
50........	163	16	84	50............	1	63	17
60........	195	80	21	60............	1	95	80
70........	228	43	57	70............	2	28	44
80........	261	06	94	80............	2	61	07
90........	293	70	31	90............	2	93	70
100........	326	33	68				
200........	652	67	36	Centiemes de centime.			
300........	979	01	04	1............	0	00	03
400........	1305	34	71	2............	0	00	07
500........	1631	68	39	3............	0	00	10
600........	1958	02	07	4............	0	00	13
700........	2284	35	75	5............	0	00	16
800........	2610	69	43	6............	0	00	20
900........	2937	03	11	7............	0	00	23
1000........	3263	36	78	8............	0	00	26
2000........	6526	73	57	9............	0	00	29
3000........	9790	10	35	10............	0	00	33
4000........	13,053	47	13	20............	0	00	65
				30............	0	00	98
				40............	0	01	31
				50............	0	01	63
				60............	0	01	96
				70............	0	02	28
				80............	0	02	61
				90............	0	02	94

MESURES AGRAIRES.

SIXIEME TABLE, qui donne le prix de la journée de pré de Souvigni et de Chaon, comparativement au prix de l'hectare,

FRANCS.

	Francs.	Centimes.	Centièmes.
à 1 franc l'hectare, la journée de pré de Souvigni et de Chaon vaut.....	0	30	64
2.......	0	61	29
3.......	0	91	93
4.......	1	22	57
5.......	1	53	22
6.......	1	83	86
7.......	2	14	50
8.......	2	45	15
9.......	2	75	79
10.......	3	06	43
20.......	6	12	86
30.......	9	19	30
40.......	12	25	73
50.......	15	32	16
60.......	18	38	59
70.......	21	45	02
80.......	24	51	46
90.......	27	57	89
100.......	30	64	32
200.......	61	28	64
300.......	91	92	96
400.......	122	57	28
500.......	153	21	59
600.......	183	85	91
700.......	214	50	23
800.......	245	14	55
900.......	275	78	87
1000.......	306	43	19
2000.......	612	86	38
3000.......	919	29	57
4000.......	1225	72	76
5000.......	1532	15	95
6000.......	1838	59	14
7000.......	2145	02	33
8000.......	2451	45	52
9000.......	2757	88	71
10,000.......	3064	31	90

CENTIMES.

	Francs.	Centimes.	Centièmes.
1...........	0	00	31
2...........	0	00	61
3...........	0	00	92
4...........	0	01	23
5...........	0	01	53
6...........	0	01	84
7...........	0	02	15
8...........	0	02	45
9...........	0	02	76
10...........	0	03	06
20...........	0	06	13
30...........	0	09	19
40...........	0	12	26
50...........	0	15	32
60...........	0	18	39
70...........	0	21	45
80...........	0	24	51
90...........	0	27	58

Centièmes de centime.

	Francs.	Centimes.	Centièmes.
1...........	0	00	00
2...........	0	00	01
3...........	0	00	01
4...........	0	00	01
5...........	0	00	02
6...........	0	00	02
7...........	0	00	02
8...........	0	00	02
9...........	0	00	03
10...........	0	00	03
20...........	0	00	06
30...........	0	00	09
40...........	0	00	12
50...........	0	00	15
60...........	0	00	18
70...........	0	00	21
80...........	0	00	25
90...........	0	00	28

ARPENS DES EAUX ET FORÊTS.
Perche linéaire de 22 pieds.

L'ARPENT des eaux et forêts se divisait en 2 demi-arpens, 4 quartiers, 8 demi-quartiers, et quelquefois en 16 quarts de quartier ou seizièmes d'arpent. Il était égal en superficie à l'arpent ou setier d'Oucques.

	Perches carrées.	Toises carrées.	Pieds carrés.	Pieds carrés.
Ainsi, l'arpent était égal à..	100	1344	16	48,400
Les trois quartiers à........	75	1008	12	36,300
Le demi-arpent à..........	50	672	8	24,200
Le quartier à.............	25	336	4	12,100
Le demi-quartier à.........	12 1/2	168	2	6,050
Le quart de quartier à......	6 1/4	84	1	3,025
La perche carrée à................		13	16	484

Nota. Toutes les communes du département de Loir et Cher donnant à l'arpent de bois (et souvent à l'arpent de pré, lorsqu'elles le mesuraient à la perche linéaire de 22 pieds), la division de l'arpent de terre, il s'ensuit que l'arpent de bois était composé de 100 chaînées ou perches carrées, et de 8, 9, 10, 12 et 16 boisselées suivant les localités : en conséquence, j'ai cru devoir donner la conversion en nouvelle mesure de toutes les divisions de cet arpent, afin que chaque commune trouve celle qui lui sera nécessaire.

L'arpent des eaux et forêts et le setier ou l'arpent d'Oucques étant les mêmes, on se servira pour les prix comparatifs de l'arpent des eaux et forêts à l'hectare, et *vice versá*, des troisième et quatrième tableaux de la mesure agraire d'Oucques, *pages* 446 et 447.

MESURES AGRAIRES.

ARPENT DES EAUX ET FORÊTS
divisé en 8 boisselées.

Voyez la 1.re Table de la mesure agraire d'Oucques pour la conversion de l'ancienne mesure en nouvelle, page 440, et la 2.e Table, pour convertir la nouvelle en ancienne, page 442. On substituera seulement cu mot boisseau, celui de boisselée.

ARPENT DES EAUX ET FORÊTS
divisé en 10 boisselées.

Voyez, pour la conversion de l'ancienne mesure en nouvelle, la 1.re Table de la mesure agraire de Fréteval, page 453, et pour convertir la nouvelle en ancienne, la 2.e Table de la même mesure agraire, 1.re conversion, page 455.

ARPENT DES EAUX ET FORÊTS
divisé en 12 boisselées.

Voyez, pour convertir l'ancienne mesure en nouvelle, la 1.re Table de la mesure agraire de la Chapelle-Saint-Martin, page 449, et pour la conversion de la nouvelle en ancienne, la 2.e Table de la même mesure agraire, page 450.

ARPENS DES EAUX ET FORETS
DIVISÉ EN 9 BOISSELÉES.

Cette boisselée était
égale à.......... {
11 perches carrées un neuviéme.
149 toises 13 pieds 112 pouces carrés.
5,377 pieds 112 pouces carrés.

PREMIERE TABLE, qui convertit en hectares, ares et centiares l'arpent des eaux et foréts divisé en 9 boisselées.

ARPENS DES EAUX ET FORÊTS.

Voyez la conversion en nouvelle mesure des Arpens ou Setiers d'Oucques, page 440.

BOISSELÉES.	Hectares ou arpens métriques.	Ares ou perches métriques.	Centiares ou mètres carrés.
1 équivaut à...	0	05	67
2...............	0	11	35
3...............	0	17	02
4...............	0	22	70
5...............	0	28	37
6...............	0	34	05
7...............	0	39	72
8...............	0	45	40

FRACTIONS USITÉES de la Boisselée.

	Hectares ou arpens métriques.	Ares ou perches métriques.	Centiares ou mètres carrés.
Huitième.......	0	00	71
Sixième........	0	00	95
Quart..........	0	01	42
Tiers..........	0	01	89
Demie.........	0	02	84
Deux-tiers.....	0	03	78
Trois-quarts...	0	04	26

MILLIÈMES de Boisselée.	Hectares ou arpens métriques.	Ares ou perches métriques.	Centiares ou mètres carrés.
1 équivaut à..	0	00	01
2..............	0	00	01
3..............	0	00	02
4..............	0	00	02
5..............	0	00	03
6..............	0	00	03
7..............	0	00	04
8..............	0	00	05
9..............	0	00	05
10.............	0	00	06
20.............	0	00	11
30.............	0	00	17
40.............	0	00	23
50.............	0	00	28
60.............	0	00	34
70.............	0	00	40
80.............	0	00	45
90.............	0	00	51
100............	0	00	57
200............	0	01	13
300............	0	01	70
400............	0	02	27
500............	0	02	84
600............	0	03	40
700............	0	03	97
800............	0	04	54
900............	0	05	11

Nota. On additionnera cette Table comme les francs et centimes.

MESURES AGRAIRES.

DEUXIEME TABLE, qui convertit les hectares, ares et centiares en arpens des eaux et forêts divisés en 9 boisselées.

HECTARES ou ARPENS MÉTRIQ.	Anciens arpens.	Boisselées.	Millièmes de boisselée.
1 éq. à.	1	8	622
2	3	8	244
3	5	7	867
4	7	7	489
5	9	7	111
6	11	6	733
7	13	6	355
8	15	5	977
9	17	5	600
10	19	5	222
20	39	1	444
30	58	6	666
40	78	2	887
50	97	8	109
60	117	4	331
70	137	0	553
80	156	5	775
90	176	1	997
100	195	7	219
200	391	5	437
300	587	3	656
400	783	1	875
500	979	0	093
600	1174	7	312
700	1370	5	530
800	1566	3	749
900	1762	1	968
1000	1958	0	186

Ares ou Perches métriques.

	Anciens arpens.	Boisselées.	Millièmes de boisselée.
1	0	0	176
2	0	0	352
3	0	0	529
4	0	0	705

ARES ou PERCHES MÉTRIQ.	Anciens arpens.	Boisselées.	Millièmes de boisselée.
5	0	0	881
6	0	1	057
7	0	1	234
8	0	1	410
9	0	1	586
10	0	1	762
20	0	3	524
30	0	5	287
40	0	7	049
50	0	8	811
60	1	1	573
70	1	3	336
80	1	5	098
90	1	6	860

Centiares ou mètres carrés.

	Anciens arpens.	Boisselées.	Millièmes de boisselée.
1	0	0	002
2	0	0	004
3	0	0	005
4	0	0	007
5	0	0	009
6	0	0	011
7	0	0	012
8	0	0	014
9	0	0	016
10	0	0	018
20	0	0	035
30	0	0	053
40	0	0	070
50	0	0	088
60	0	0	106
70	0	0	123
80	0	0	141
90	0	0	159

En additionnant cette Table, on divisera les boisselées par 9 pour les convertir en anciens arpens.

Quant aux millièmes de boisselée, on aura recours à la 2.e Table générale, *page* xxviij.

ARPENS DES EAUX ET FORETS.

ARPENT DES EAUX ET FORETS
DIVISÉ EN 16 BOISSELÉES.

Cette boisselée était égale à.......... { 6 perches un quart. — 84 toises 1 pied carré. — 3025 pieds carrés.

PREMIERE TABLE, qui convertit en hectares, ares et centiares l'arpent des eaux et forêts divisé en 16 boisselées.

ARPENS DES EAUX ET FORÊTS.

Voyez la conversion en nouvelle mesure des Arpens ou Setiers d'Cucques, page 440.

BOISSELÉES.	Hectares ou arpens métriq.	Ares ou perches métriq.	Centiares ou mètres carrés.
1 équivaut à..	0	03	19
2	0	06	58
3	0	09	58
4	0	12	77
5	0	15	96
6	0	19	15
7	0	22	34
8	0	25	54
9	0	28	75
10	0	31	92
11	0	35	11
12	0	38	30
13	0	41	50
14	0	44	69
15	0	47	88

FRACTIONS USITÉES de la boisselée.

	Hectares ou arpens métriq.	Ares ou perches métriq.	Centiares ou mètres carrés.
Huitième	0	00	40
Sixième	0	00	53
Quart	0	00	80
Tiers	0	01	06
Demie	0	01	60
Deux-tiers	0	02	13
Trois-quarts	0	02	39

MILLIÉMES de BOISSELÉE.	Hectares ou arpens métriques.	Ares ou perches métriques.	Centiares ou mètres carrés.
1 équivaut à..	0	00	00
2	0	00	01
3	0	00	01
4	0	00	01
5	0	00	02
6	0	00	02
7	0	00	02
8	0	00	03
9	0	00	03
10	0	00	03
20	0	00	06
30	0	00	10
40	0	00	13
50	0	00	16
60	0	00	19
70	0	00	22
80	0	00	26
90	0	00	29
100	0	00	32
200	0	00	64
300	0	00	96
400	0	01	28
500	0	01	60
600	0	01	92
700	0	02	23
800	0	02	55
900	0	02	87

On additionnera cette Table comme les francs et centimes.

MESURES AGRAIRES

*DEUXIEME TABLE, qui convertit les hectares, ares et cen-
tiares en arpens des eaux et forêts divisés en 16 boisselées.*

HECTARES ou ARPENS MÉTRIQ.	Anciens arpens.	Boisselées.	Millièmes de boisselée.
1 équiv. à	1	15	328
2	3	14	657
3	5	13	985
4	7	13	313
5	9	12	642
6	11	11	970
7	13	11	298
8	15	10	627
9	17	9	955
10	19	9	283
20	39	2	567
30	58	11	856
40	78	5	133
50	97	14	417
60	117	7	700
70	137	0	983
80	156	10	266
90	176	3	550
100	195	12	833
200	391	9	666
300	587	6	499
400	783	3	332
500	979	0	166
600	1174	12	999
700	1370	9	832
800	1566	6	665
900	1762	3	498
1000	1958	0	331

Ares ou Perches métriques.

	Anciens arpens.	Boisselées.	Millièmes de boisselée.
1	0	0	313
2	0	0	627
3	0	0	940
4	0	1	253

ARES ou PERCHÈS MÉTRIQ.	Anciens arpens.	Boisselées.	Millièmes de boisselée.
5	0	1	566
6	0	1	880
7	0	2	193
8	0	2	506
9	0	2	820
10	0	3	133
20	0	6	266
30	0	9	398
40	0	12	531
50	0	15	664
60	1	2	797
70	1	5	930
80	1	9	063
90	1	12	195

Centiares ou Mètres carrés.

	Anciens arpens.	Boisselées.	Millièmes de boisselée.
1	0	0	003
2	0	0	006
3	0	0	009
4	0	0	013
5	0	0	016
6	0	0	019
7	0	0	022
8	0	0	025
9	0	0	028
10	0	0	031
20	0	0	063
30	0	0	094
40	0	0	125
50	0	0	157
60	0	0	188
70	0	0	219
80	0	0	251
90	0	0	282

En additionnant cette Table, on divisera les boisselées par 16 pour
les convertir en anciens arpens des eaux et forêts. On aura recours,
pour les millièmes de boisselée, à la 2.ᵉ Table générale, *page xxviij.*

ARPENS DES EAUX ET FORETS.

ARPENT DES EAUX ET FORETS
DIVISÉ EN 100 CHAINÉES OU EN 100 PERCHES CARRÉES.

PREMIÈRE TABLE, qui convertit en hectares, ares et centiares les arpens des eaux et foréts divisés en 100 chaînées ou en 100 perches carrées.

CHAINÉES OU PERCHES CARRÉES.

Voyez la conversion en nouvelle mesure des Perches carrées d'Oucques, page 440.

ARPENS.

Voyez la conversion en nouvelle mesure des Arpens ou Setiers d'Oucques, page 440.

MESURES AGRAIRES.

DEUXIEME TABLE, *qui convertit les hectares, ares et centiares en anciens arpens des eaux et forêts et en chaînées ou perches carrées.*

HECTARES ou Arpens métriques.	Arpens.	Chaînées ou Perches.	Centièmes de Perche.
1 équiv. à	1	95	80
2	3	01	60
3	5	87	41
4	7	83	21
5	9	79	01
6	11	74	81
7	13	70	61
8	15	66	42
9	17	62	22
10	19	58	02
20	39	16	04
30	58	74	06
40	78	32	08
50	97	90	10
60	117	48	12
70	137	06	14
80	156	64	17
90	176	22	19
100	195	80	21
200	391	60	41
300	587	40	62
400	783	20	83
500	979	01	04
600	1174	81	24
700	1370	61	45
800	1566	41	66
900	1762	21	86
1000	1958	02	07

ARES ou Perches métriques.	Arpens.	Chaînées ou Perches.	Centièmes de Perche.
1 équiv. à....	0	1	96
2	0	3	92
3	0	5	87
4	0	7	83
5	0	9	79
6	0	11	75
7	0	13	71
8	0	15	66
9	0	17	62
10	0	19	58
20	0	39	16
30	0	58	74
40	0	78	32
50	0	97	90
60	1	17	48
70	1	37	06
80	1	56	64
90	1	76	22

Centiares ou mètres carrés.

	Arpens.	Chaînées ou Perches.	Centièmes de Perche.
1	0	0	02
2	0	0	04
3	0	0	06
4	0	0	08
5	0	0	10
6	0	0	12
7	0	0	14
8	0	0	16
9	0	0	18
10	0	0	20
20	0	0	39
30	0	0	59
40	0	0	78
50	0	0	98
60	0	1	17
70	0	1	37
80	0	1	57
90	0	1	76

Nota. On additionnera cette Table comme les francs et centimes.

ARPENS DE BOIS D'USAGE.

BOIS D'USAGE
DANS LA FORÊT DE MARCHENOIR.
Perche linéaire de 22 pieds.

L'ARPENT connu sous le nom de bois d'usage de Saint-Laurent-des-Bois et de la colombe, dans la forêt de Marchenoir, ne contenait que 80 perches carrées : il se divisait en demi-arpent, quartier et demi-quartier.

	Perches carrées.	Toises carrées.	Pieds carrés.	Pieds carrés.
Ainsi, l'arpent était égal à..	80	1075	20	38,720
Les trois quartiers à........	60	806	24	29.040
Le demi-arpent à..........	40	537	28	19.360
Le quartier à...............	20	268	32	9,680
Le demi-quartier à.........	10	134	16	4,840
La perche carrée à..........	..	13	16	484

PREMIÈRE TABLE, qui convertit les arpens de bois d'usage, dans la forêt de Marchenoir, en hectares, ares et centiares.

PERCHES CARRÉES.	ARPENS D'USAGE.
Voyez la conversion en nouvelle mesure des Perches carrées d'Oucques, page 440.	*Voyez la conversion en nouvelle mesure des minées de terre de Souvigni et de Chaon,* pag. 471.

MESURES AGRAIRES.

DEUXIEME TABLE, qui convertit les hectares, ares et cen-tiares en arpens de bois d'usage dans la forêt de Marchenoir.

HECTARES ou ARPENS MÉTRIQ.	Arpens d'usage.	Anciennes perches.	Centièmes.	ARES ou PERCHES MÉTRIQ.	Arpens d'usage.	Anciennes perches.	Centièmes.
1 équiv. à	2	35	80	1 équivaut à	0	1	96
2......	4	71	60	2..........	0	3	92
3......	7	27	41	3..........	0	5	87
4......	9	63	21	4..........	0	7	83
5......	12	19	01	5..........	0	9	79
6......	14	54	81	6..........	0	11	75
7......	17	10	61	7..........	0	13	71
8......	19	46	42	8..........	0	15	66
9......	22	2	2	9..........	0	17	62
10......	24	38	02	10..........	0	19	58
20......	48	76	04	20..........	0	39	16
30......	73	34	06	30..........	0	58	74
40......	97	72	08	40..........	0	78	32
50......	122	30	10	50..........	1	17	90
60......	146	68	12	60..........	1	37	48
70......	171	26	14	70..........	1	57	06
80......	195	64	17	80..........	1	76	64
90......	220	22	19	90..........	2	16	22
100......	244	60	21				
200......	489	40	41				
300......	734	20	62				
400......	979	0	83				
500......	1223	61	04				
600......	1468	41	24				
700......	1713	21	45				
800......	1958	1	66				
900......	2202	61	86				
1000......	2447	42	07				

CENTIARES
ou
MÈTRES CARRÉS.

Voyez la conversion des cen-tiares en perches carrées et cen-tièmes, page 488.

Dans l'addition de cette Table, on divisera les anciennes perches par 80, pour les convertir en arpens d'usage.

A *tant* l'arpent d'usage, combien l'hectare? Voyez la 3.e Table de la mesure agraire de Souvigni et de Chaon, *page 477.*

A *tant* l'hectare, combien l'arpent de bois d'usage? Voyez la 1.re Table de la même mesure agraire, *page 478.*

SETIERS OU ARPENS DE DROUÉ.

Perche linéaire de 20 pieds.

A Droué, le setier ou l'arpent de terre était composé de 100 perches carrées.

Il se divisait en 2 mines, 4 minots et en 8 boisseaux.

La mine contenait 2 minots, le minot 2 boisseaux, et le boisseau 4 quartes.

Les prés et les vignes se mesuraient à l'arpent également de 100 perches; il se divisait comme le setier en 2 mines, 4 minots, 8 boisseaux et en 16 maillées. La maillée contenait un demi-boisseau.

Les bois s'arpentaient à la perche linéaire de 22 pieds; l'arpent était composé de 100 perches carrées; il était égal en superficie à l'arpent ou setier d'Oucques, et comme lui, il se divisait en 8 boisseaux.

	Boisseaux.	Perches carrées.	Toises carrées.	Pieds carrés.	Pieds carrés.
Ainsi, le setier ou l'arpent de terre était égal à.........	8	100	1111	4	40,000
Les 3 minots ou 3 quartiers à.	6	75	855	12	30,000
La mine ou le demi-arpent à..	4	50	555	20	20,000
Le minot ou le quartier à....	2	25	277	28	10,000
Le boisseau ou le demi-quartier à........................		12 1/2	138	32	5,000
Le demi-boisseau ou la maillée à....		6 1/4	69	16	2,500
La quarte à...................		3 1/8	34	26	1,250
La perche carrée à...........		......	11	4	400

MESURES AGRAIRES.

Arpentaient à cette mesure les communes qui suivent :

Droué.	Le Poislai.
Arville *en partie*. (1)	Prenouvellon.
Bouffri.	Ruan.
Boursai *en partie*. (2)	Saint-Avit.
Brévainville. (3)	St-Claude-Froidmentel (5).
Fontaine-Raoult.	Saint-Jean-Froidmentel *en*
La Fontenelle.	*partie*. (6)
Le Gault *en partie*. (4)	Semerville.
La Membrolle.	Tripleville.
Oigni.	Verdes.
Le Plessis-Dorin.	Villebout.

(1 et 4) La partie de la commune d'Arville et de celle du Gault, ci-devant régie par la coutume du Dunois, suivait la mesure agraire de Droué ; et la partie de ces deux communes, ci-devant régie par la coutume de Chartres, s'arpentait à la perche linéaire de 22 pieds ; l'arpent de toutes propriétés se divisait comme l'arpent de prés et de bois de Fréteval en 10 boisselées.

(2) La partie de la commune de Boursai, ci-devant régie par la coutume du Dunois, suivait la mesure agraire de Droué ; et l'autre partie, ci-devant régie par la coutume du Maine, s'arpentait à la perche linéaire de 25 pieds, et suivait la mesure agraire de Montoire.

(3 et 5) A Brévainville et à Saint-Claude-Froidmentel, le muid était usité pour les terres ; il contenait 12 setiers.

(4) Voyez ci-dessus la note 1.

(5) Voyez ci-dessus la note 5.

(6) Il n'y avait que la partie de la commune de Saint-Jean-Froidmentel, relevant anciennement du château de Montigny qui suivait la mesure agraire de Droué ; et la partie qui était enclavée dans le ci-devant fief de Rougemont s'arpentait à la perche linéaire de 22 pieds, et suivait la mesure agraire d'Oucques.

SETIERS OU ARPENS DE DROUÉ.

PREMIERE TABLE, qui convertit les setiers et boisseaux de Droué en hectares, ares et centiares.

PERCHES carrées de Droué.	Hectares ou Arpens métriq.	Ares ou Perches métriques.	Centiares ou mètres carrés.
1 équivaut à..	0	00	42
2..............	0	00	84
3..............	0	01	27
4..............	0	01	69
5..............	0	02	11
6..............	0	02	53
7..............	0	02	95
8..............	0	03	38
9..............	0	03	80
10..............	0	04	22
20..............	0	08	44
30..............	0	12	66
40..............	0	16	88
50..............	0	21	10
60..............	0	25	32
70..............	0	29	55
80..............	0	33	77
90..............	0	37	99

Centièmes de Perche.

	Hectares ou Arpens métriq.	Ares ou Perches métriques.	Centiares ou mètres carrés.
1..............	0	00	00
2..............	0	00	01
3..............	0	00	01
4..............	0	00	02
5..............	0	00	02
6..............	0	00	03
7..............	0	00	03
8..............	0	00	03
9..............	0	00	04
10..............	0	00	04
20..............	0	00	08
30..............	0	00	13
40..............	0	00	17
50..............	0	00	21
60..............	0	00	25
70..............	0	00	30
80..............	0	00	34
90..............	0	00	38

SETIERS OU ARPENS de Droué.	Hectares ou Arpens métriq.	Ares ou Perches métriques.	Centiares ou mètres carrés.
1 équivaut à.	0	42	21
2..............	0	84	42
3..............	1	26	62
4..............	1	68	83
5..............	2	11	04
6..............	2	53	25
7..............	2	95	46
8..............	3	37	67
9..............	3	79	87
10..............	4	22	08
20..............	8	44	17
30..............	12	66	25
40..............	16	88	33
50..............	21	10	41
60..............	25	32	50
70..............	29	54	58
80..............	33	76	66
90..............	37	98	74
100..............	42	20	83
200..............	84	41	65
300..............	126	62	48
400..............	168	83	30
500..............	211	04	13
600..............	253	24	95
700..............	295	45	78
800..............	337	66	60
900..............	379	87	43
1000..............	422	08	25

	Hectares ou Arpens métriq.	Ares ou Perches métriques.	Centiares ou mètres carrés.
Trois minots ou trois quartiers	0	31	66
Mine ou demi-arpent........	0	21	10
Minot ou quartier..........	0	10	55
Boisseau ou demi-quartier	0	05	28
Demi - boisseau ou maillée...	0	02	64
Quarte..........	0	01	32

MESURES AGRAIRES.

BOISSEAUX de Droué.	Hectares ou arpens métriques.	Ares ou perches métriques	Centiares ou mètres carrés.	MILLIÈMES de boisseau.	Hectares ou arpens métriques.	Ares ou perches métriques	Centiares ou mètres carrés.
1 équivaut à	0	05	28	1 équivaut à	0	00	01
2..........	0	10	55	2........	0	00	01
3..........	0	15	83	3........	0	00	02
4..........	0	21	10	4........	0	00	02
5..........	0	26	38	5........	0	00	03
6..........	0	31	66	6........	0	00	03
7..........	0.	36	93	7........	0	00	04
				8........	0	00	04
FRACTIONS USITÉES du boisseau,				9........	0	00	05
				10........	0	00	05
				20........	0	00	11
Huitième......	0	00	66	30........	0	00	16
Sixième.......	0	00	88	40........	0	00	21
Quart (ou 1 quarte).	0	01	32	50........	0	00	26
Tiers..........	0	01	76	60........	0	00	32
Demi (ou 2 quartes).	0	02	64	70........	0	00	37
Deux-tiers. ...	0	03	52	80........	0	00	42
Trois-quarts (ou 3 quartes).	0	03	96	90........	0	00	47
				100........	0	00	53
				200........	0	01	06
				300........	0	01	58
				400........	0	02	11
				500........	0	02	64
				600........	0	03	17
				700........	0	03	69
				800........	0	04	22
				900........	0	04	75

Nota. On additionnera cette table comme les francs et centimes.

SETIERS OU ARPENS DE DROUÉ.

*DEUXIEME TABLE, qui convertit les hectares ares et centiares en ancienne mesure agraire de **Droué**.*

HECTARES ou ARPENS MÉTRIQ.	Setiers ou arpens.	Boisseaux.	Millièmes.
1 équiv. à	2	2	954
2	4	5	907
3	7	0	861
4	9	3	815
5	11	6	768
6	14	1	722
7	16	4	675
8	18	7	629
9	21	2	583
10	23	5	536
20	47	3	073
30	71	0	609
40	94	6	146
50	118	3	682
60	142	1	218
70	165	6	755
80	189	4	291
90	213	1	828
100	236	7	364
200	473	6	728
300	710	6	092
400	947	5	456
500	1184	4	820
600	1421	4	184
700	1658	3	548
800	1895	2	912
900	2132	2	276
1000	2369	1	640

Ares ou perches métriques.	Setiers ou arpens.	Boisseaux.	Millièmes.
1	0	0	190
2	0	0	379
3	0	0	569
4	0	0	758

ARES ou PERCHES MÉTRIQ.	Setiers ou arpens.	Boisseaux.	Millièmes.
5	0	0	948
6	0	1	137
7	0	1	327
8	0	1	516
9	0	1	706
10	0	1	895
20	0	3	791
30	0	5	686
40	0	7	581
50	1	1	477
60	1	3	372
70	1	5	268
80	1	7	163
90	2	1	058

Centiares ou metres carrés.	Setiers ou arpens.	Boisseaux.	Millièmes.
1	0	0	002
2	0	0	004
3	0	0	006
4	0	0	008
5	0	0	009
6	0	0	011
7	0	0	013
8	0	0	015
9	0	0	017
10	0	0	019
20	0	0	038
30	0	0	057
40	0	0	076
50	0	0	095
60	0	0	114
70	0	0	133
80	0	0	152
90	0	0	171

En additionnant cette table, on divisera les boisseaux par 8 pour les réduire en setiers ou arpens de Droué. On aura recours pour les millièmes de boisseaux à la 2.ᵉ Table générale qui convertit les millièmes en fractions ordinaires, *page* xxviij.

MESURES AGRAIRES.

TROISIEME TABLE, qui donne le prix de l'hectare, comparativement au prix de l'arpent ou setier de Droué,

FRANCS.	Francs.	Centimes.	Centièmes.
à 1 franc le setier ou l'arpent de Droué, l'hectare vaut. .	2	36	92
2	4	73	84
3	7	10	76
4	9	47	68
5	11	84	60
6	14	21	52
7	16	58	44
8	18	95	36
9	21	32	28
10	23	69	21
20	47	38	41
30	71	07	62
40	94	76	82
50	118	46	03
60	142	15	23
70	165	84	44
80	189	53	64
90	213	22	85
100	236	92	05
200	473	84	10
300	710	76	15
400	947	68	20
500	1184	60	25
600	1421	52	30
700	1658	44	35
800	1895	36	40
900	2132	28	45
1000	2369	20	50
2000	4738	41	01
3000	7107	61	51

CENTIMES.	Francs.	Centimes.	Centièmes.
1	0	02	37
2	0	04	74
3	0	07	11
4	0	09	48
5	0	11	85
6	0	14	22
7	0	16	58
8	0	18	95
9	0	21	32
10	0	23	69
20	0	47	38
30	0	71	08
40	0	94	77
50	1	18	46
60	1	42	15
70	1	65	84
80	1	89	54
90	2	13	23

Centièmes de centime.

	Francs.	Centimes.	Centièmes.
1	0	00	02
2	0	00	05
3	0	00	07
4	0	00	09
5	0	00	12
6	0	00	14
7	0	00	17
8	0	00	19
9	0	00	21
10	0	00	24
20	0	00	47
30	0	00	71
40	0	00	95
50	0	01	18
60	0	01	42
70	0	01	66
80	0	01	90
90	0	02	13

SETIERS OU ARPENS DE DROUÉ.

QUATRIEME TABLE, qui donne le prix de l'ancien setier ou arpent de Droué, comparativement au prix de l'hectare.

FRANCS.	Francs.	Centimes.	Centièmes.
à 1 franc l'hectare, le setier ou l'arpent de Droué vaut...	0	42	21
2	0	84	42
3	1	26	62
4	1	68	83
5	2	11	04
6	2	53	25
7	2	95	46
8	3	37	67
9	3	79	87
10	4	22	08
20	8	44	17
30	12	66	25
40	16	88	33
50	21	10	41
60	25	32	50
70	29	54	58
80	33	76	66
90	37	98	74
100	42	20	83
200	84	41	65
300	126	62	48
400	168	83	30
500	211	04	13
600	253	24	95
700	295	45	78
800	337	66	60
900	379	87	43
1000	422	08	25
2000	844	16	50
3000	1266	24	75
4000	1688	33	00
5000	2110	41	25
6000	2532	49	50
7000	2954	57	75
8000	3376	66	00

CENTIMES.	Francs.	Centimes.	Centièmes.
1	0	00	42
2	0	00	84
3	0	01	27
4	0	01	69
5	0	02	11
6	0	02	53
7	0	02	95
8	0	03	38
9	0	03	80
10	0	04	22
20	0	08	44
30	0	12	66
40	0	16	88
50	0	21	10
60	0	25	32
70	0	29	55
80	0	33	77
90	0	37	99

Centièmes de centime.

	Francs.	Centimes.	Centièmes.
1	0	00	00
2	0	00	01
3	0	00	01
4	0	00	02
5	0	00	02
6	0	00	03
7	0	00	03
8	0	00	03
9	0	00	04
10	0	00	04
20	0	00	08
30	0	00	13
40	0	00	17
50	0	00	21
60	0	00	25
70	0	00	30
80	0	00	34
90	0	00	38

MESURES AGRAIRES.

ARPENS DE LA MOTTE-BEUVRON.
Perche linéaire de 20 pieds.

A LA MOTTE-BEUVRON, l'arpent était composé de 100 perches carrées; il était égal en superficie au setier ou arpent de Droué.

Il se divisait en six boisselées.

L'usage était d'arpenter les terres à la *septerée*. La septerée contenait un arpent et un tiers; elle se divisait en 2 minées, 4 minots et en 8 boisselées.

L'arpent de vignes se divisait en 12 *journaux*.

Les prés s'arpentaient à la *journée*. La journée de pré contenait un demi-arpent.

Les bois s'arpentaient à la perche linéaire de 22 pieds.

	Boisselées.	Perches carrées.	Toises carrées.	Pieds carrés.	Pouces carrés.	Pieds carrés.	Pouces carrés.
Ainsi, l'arpent était égal à	6	100	1111	4	»	40,000	»
Les trois quartiers à...	4 1/2	75	833	12	»	30,000	»
Le demi-arpent à......	3	50	555	20	»	20,000	»
Le quartier à..........	1 1/2	25	277	28	»	10,000	»
Le demi-quartier à......	3/4	12 1/2	138	52	»	5,000	»
La boisselée à..........	.....	16 2/3	185	6	96	6,666	96
La septerée de terre à..	8	133 1/3	1481	17	48	53,335	48
La minée à............	4	66 2/3	740	26	96	26,666	96
Le minot à............	2	53 1/3	370	13	48	13,333	48
Le journal de vignes à.		8 1/3	92	21	48	5,533	48
La perche carrée à....		......	11	4	»	400	»

Arpentaient á cette mesure les communes qui suivent:

LA MOTTE-BEUVRON.   VOUZON.
Chaumont-sur-Tharonne. YVOI.
Nouan-le-Fuselier.

ARPENS DE LA MOTTE-BEUVRON.

PREMIERE TABLE, qui convertit l'ancienne mesure agraire de *La Motte-Beuvron* en hectares, ares et centiares.

PERCHES CARRÉES
de La Motte-Beuvron.

Voyez la conversion en nouvelle mesure des Perches carrées de Droué, page 493.

ARPENS
de La Motte-Beuvron.

Voyez la conversion en nouvelle mesure des setiers ou arpens de Droué, page 493.

SEPTERÉES de La Motte-Beuvron

	Hectares ou arpens métriques.	Ares ou perches métriques.	Centiares ou mètres carrés.
1 équiv. à	0	56	28
2........	1	12	56
3........	1	68	83
4........	2	25	11
5........	2	81	39
6........	3	37	67
7........	3	93	94
8........	4	50	22
9........	5	06	50
10........	5	62	78
20........	11	25	55
30........	16	88	33
40........	22	51	11
50........	28	13	88
60........	33	76	66
70........	39	39	44
80........	45	02	21
90........	50	64	99
100........	56	27	77

SEPTERÉES de La Motte-Beuvron

	Hectares ou arpens métriques.	Ares ou perches métriques.	Centiares ou mètres carrés.
200 équiv. à	112	55	53
300........	168	83	30
400........	225	11	07
500........	281	38	85
600........	337	66	60
700........	393	94	37
800........	450	22	13
900........	506	49	90
1000........	562	77	67
3 minots équival. à	0	42	21
La minée à........	0	28	14
Le minot à........	0	14	07

BOISSELÉES de La Motte-Beuvron.

1........	0	07	03
2........	0	14	07
3........	0	21	10
4........	0	28	14
5........	0	35	17
6........	0	42	21
7........	0	49	24

FRACTIONS USITÉES de la boisselée.

Huitième......	0	00	88
Sixième.......	0	01	17
Quart.........	0	01	76
Tiers.........	0	02	34
Demie........	0	03	52
Deux-tiers....	0	04	69
Trois-quarts...	0	05	28

Kk.

MESURES AGRAIRES

MILLIÉMES de BOISSELÉE.	Hectares ou arpens métriques.	Ares ou perches métriques.	Centiares ou mètres carrés.
1 équivaut à..	0	00	01
2	0	00	01
3	0	00	02
4	0	00	03
5	0	00	04
6	0	00	04
7	0	00	05
8	0	00	06
9	0	00	06
10	0	00	07
20	0	00	14
30	0	00	21
40	0	00	28
50	0	00	35
60	0	00	42
70	0	00	49
80	0	00	56
90	0	00	63
100	0	00	70
200	0	01	41
300	0	02	11
400	0	02	81
500	0	03	52
600	0	04	22
700	0	04	92
800	0	05	65
900	0	06	55

JOURNAUX de vignes.	Hectares ou arpens métriques.	Ares ou perches métriques.	Centiares ou mètres carrés.
1 équivaut à...	0	03	52
2	0	07	05
3	0	10	55
4	0	14	07
5	0	17	59
6	0	21	10
7	0	24	62
8	0	28	14
9	0	31	66
10	0	35	17
11	0	38	69

FRACTIONS USITÉES du Journal de vignes.	Hectares ou arpens métriques.	Ares ou perches métriques.	Centiares ou mètres carrés.
Huitième	0	00	44
Sixième	0	00	59
Quart	0	00	88
Tiers	0	01	17
Demie	0	01	76
Deux-tiers	0	02	34
Trois-quarts	0	02	64

MILLIÉMES de Journal de vignes.	Hectares ou arpens métriques.	Ares ou perches métriques.	Centiares ou mètres carrés.
1 équivaut à..	0	00	00
2	0	00	01
3	0	00	01
4	0	00	01
5	0	00	02
6	0	00	02
7	0	00	02
8	0	00	03
9	0	00	03
10	0	00	04
20	0	00	07
30	0	00	11
40	0	00	14
50	0	00	18
60	0	00	21
70	0	00	25
80	0	00	28
90	0	00	32
100	0	00	35
200	0	00	70
300	0	01	06
400	0	01	41
500	0	01	76
600	0	02	11
700	0	02	46
800	0	02	81
900	0	03	17

On additionnera cette Table comme les francs et centimes.

ARPENS DE LA MOTTE-BEUVRON.

DEUXIÈME TABLE, qui convertit les hectares, ares, et centiares, 1.° *pour les terres*, en septerées et boisselées; 2.° en arpens et boisselées; 3.° et pour les vignes en arpens et journaux, ancienne mesure agraire de la Motte-Beuvron.

HECTARES ou ARPENS MÉTRIQUES.	1.ʳᵉ CONVERSION pour les terres.			2.ᵉ CONVERSION pour les terres.			3.ᵉ CONVERSION pour les vignes.		
	Septerées.	Boisselées.	Millièmes de boisselée.	Arpens.	Boisselées.	Millièmes de boisselée.	Arpens.	Journaux.	Millièmes de journal.
1 équiv. à.	1	6	215 *ou à*	2	2	215 *ou à*	2	4	430
2.........	3	4	430	4	4	430	4	8	861
3.........	5	2	646	7	0	646	7	1	291
4.........	7	0	861	9	2	861	9	5	722
5.........	8	7	076	11	5	076	11	10	152
6.........	10	5	291	14	1	291	14	2	583
7.........	12	3	507	16	3	507	16	7	013
8.........	14	1	722	18	5	722	18	11	444
9.........	15	7	937	21	1	937	21	3	874
10.........	17	6	152	23	4	152	23	8	305
20.........	35	4	305	47	2	305	47	4	609
30.........	53	2	457	71	0	457	71	0	914
40.........	71	0	609	94	4	609	94	9	218
50.........	88	6	762	118	2	762	118	5	523
60.........	106	4	914	142	0	914	142	1	828
70.........	124	3	066	165	5	066	165	10	132
80.........	142	1	218	189	3	218	189	6	437
90.........	159	7	371	213	1	371	213	2	741
100.........	177	5	523	236	5	523	236	11	046
200.........	355	3	046	473	5	046	473	10	092
300.........	533	0	569	710	4	569	710	9	138
400.........	710	6	092	947	4	092	947	8	184
500.........	888	3	615	1184	3	615	1184	7	230
600.........	1066	1	138	1421	3	138	1421	6	276
700.........	1243	6	661	1658	2	661	1658	5	322
800.........	1421	4	184	1895	2	184	1895	4	368
900.........	1599	1	707	2132	1	707	2132	3	415
1000.........	1776	7	230	2369	1	230	2369	2	461

MESURES AGRAIRES.

ARES ou PERCHES MÉTRIQUES.	1.re CONVERSION pour les terres.			2.e CONVERSION pour les terres.			3.e CONVERSION pour les vignes		
	Septerées.	Boisselées.	Millièmes de boisse.	Arpens.	Boisselées.	Millièmes de boisse.	Arpens.	Journaux.	Millièmes de journ.
1 équivaut à..	0	0	142 ou à 0	0	0	142 ou à 0	0	0	284
2.............	0	0	284	0	0	284	0	0	569
3.............	0	0	426	0	0	426	0	0	853
4.............	0	0	569	0	0	569	0	1	137
5.............	0	0	711	0	0	711	0	1	422
6.............	0	0	853	0	0	853	0	1	706
7.............	0	0	995	0	0	995	0	1	990
8.............	0	1	137	0	1	137	0	2	274
9.............	0	1	279	0	1	279	0	2	559
10............	0	1	422	0	1	422	0	2	843
20............	0	2	843	0	2	843	0	5	686
30............	0	4	265	0	4	265	0	8	529
40............	0	5	686	0	5	686	0	11	372
50............	0	7	108	1	1	108	1	2	215
60............	1	0	529	1	2	529	1	5	058
70............	1	1	951	1	3	951	1	7	901
80............	1	3	372	1	5	372	1	10	744
90............	1	4	794	2	0	794	2	1	587

CENTIARES ou mètres carrés.

	Septerées.	Boisselées.	Millièmes de boisse.	Arpens.	Boisselées.	Millièmes de boisse.	Arpens.	Journaux.	Millièmes de journ.
1 équivaut à.	0	0	001	0	0	001	0	0	003
2.............	0	0	003	0	0	003	0	0	006
3.............	0	0	004	0	0	004	0	0	009
4.............	0	0	006	0	0	006	0	0	011
5.............	0	0	007	0	0	007	0	0	014
6.............	0	0	009	0	0	009	0	0	017
7.............	0	0	010	0	0	010	0	0	020
8.............	0	0	011	0	0	011	0	0	023
9.............	0	0	013	0	0	013	0	0	026
10............	0	0	014	0	0	014	0	0	028
20............	0	0	028	0	0	028	0	0	057
30............	0	0	043	0	0	043	0	0	085
40............	0	0	057	0	0	057	0	0	114
50............	0	0	071	0	0	071	0	0	142
60............	0	0	085	0	0	085	0	0	171
70............	0	0	100	0	0	100	0	0	199
80............	0	0	114	0	0	114	0	0	227
90............	0	0	128	0	0	128	0	0	256

En additionnant cette Table, on divisera les boisselées par 8 pour les réduire en septerées, et par 6 pour les réduire en anciens arpens. On divisera les journaux de vignes par 12 pour les réduire en arpens. Quant aux millièmes de boisselée et de journal, on aura recours à la 2.e Table générale, qui convertit les millièmes en fractions ordinaires, *page* xxviij.

ARPENS DE LA MOTTE-BEUVRON.

Rapport des 1.re et 2.e Tables.

Opération.

PREMIÈRE TABLE.

	Hectares.	Ares.	Centiares.
Soit à convertir en nouvelle mesure agraire 34 septerées 6 boisselées et demie de terre, ancienne mesure de la Motte-Beuvron ;			
3o septerées équivalent à......................	16	88	53
4 *idem* à...............................	2	25	11
6 boisselées à...........................	o	42	21
Et la demi-boisselée à......................	o	o3	52
TOTAL...........................	19	59	17

Preuve.

DEUXIÈME TABLE.

1.re CONVERSION.

	Septerées.	Boisselées.	Millièmes.
A convertir en septerées et boisselées de terre de la Motte-Beuvron 19 hectares 59 ares 17 centiares ;			
1o hectares équivalent à......................	17	6	152
9 *idem* à...............................	15	7	937
5o ares à...............................	o	7	108
9 *idem* à...............................	o	1	279
1o centiares à............................	o	o	o14
7 *idem* à...............................	o	o	o10
TOTAL ÉGAL........................	34	6	5oo

En jetant les yeux sur la 2.e Table générale, qui convertit les millièmes en fractions ordinaires, *page xxviij*, on trouvera que 5oo millièmes équivalent à une demie.

MESURES AGRAIRES.

Opération.

PREMIÈRE TABLE.

A convertir en nouvelle mesure 14 arpens 9 journaux de vignes, ancienne mesure agraire de la Motte-Beuvron.

	Hectares.	Ares.	Centiares.
L'arpent de la Motte-Beuvron et le setier ou l'arpent de Droué étant les mêmes, voyez la première Table de la mesure agraire de Droué, *page* 193; et cherchez 10 setiers ou arpens de Droué, vous trouverez qu'ils valent...................	4	22	08
4 *idem*..........................	1	68	83
9 journaux de vignes, *page* 500.............	0	31	66
TOTAL..............................	6	22	57

Preuve.

DEUXIÈME TABLE.

5.ᵉ *CONVERSION.*

	Arpens.	Journaux.	Millièmes.
Soit à convertir en arpens et journaux de vignes de la Motte-Beuvron 6 hectares 22 ares 57 centiares ;			
6 hectares équivalent à.....................	14	2	583
20 ares à............................	0	5	686
2 *idem* à	0	0	569
50 centiares à........................	0	0	142
7 *idem* à............................	0	0	020
TOTAL ÉGAL........................	14	9	000

ARPENS DE LA MOTTE-BEUVRON.

TROISIÈME TABLE, qui donne le prix de l'hectare, comparativement au prix de la septerée de la Motte-Beuvron,

FRANCS à 1 franc la septerée de la Motte-Beuvron, l'hectare vaut	Francs.	Centimes.	Centiemes.	CENTIMES.	Francs.	Centimes.	Centiemes.
1	1	77	69	1	0	01	78
2	3	55	38	2	0	03	55
3	5	33	07	3	0	05	33
4	7	10	76	4	0	07	11
5	8	88	45	5	0	08	88
6	10	66	14	6	0	10	66
7	12	43	83	7	0	12	44
8	14	21	52	8	0	14	22
9	15	99	21	9	0	15	99
10	17	76	90	10	0	17	77
20	35	53	81	20	0	35	54
30	53	30	71	30	0	53	31
40	71	07	62	40	0	71	08
50	88	84	52	50	0	88	85
60	106	61	42	60	1	06	61
70	124	38	33	70	1	24	38
80	142	15	23	80	1	42	15
90	159	92	13	90	1	59	92
100	177	69	04	**Centiemes de centime.**			
200	355	38	08	1	0	00	02
3oo	533	07	11	2	0	00	04
400	710	76	15	3	0	00	05
5oo	888	45	19	4	0	00	07
600	1066	14	23	5	0	00	09
700	1243	83	27	6	0	00	11
8oo	1421	52	30	7	0	00	12
900	1599	21	34	8	0	00	14
1000	1776	90	38	9	0	00	16
2000	3553	80	76	10	0	00	18
3ooo	5330	71	14	20	0	00	36
4000	7107	61	51	30	0	00	53
				40	0	00	71
				50	0	00	89
				60	0	01	07
				70	0	01	24
				80	0	01	42
				90	0	01	60

MESURES AGRAIRES

QUATRIÈME TABLE, qui donne le prix de la septerée de la Motte-Beuvron, comparativement au prix de l'hectare.

FRANCS.	Francs.	Centièmes.	Centièmes.	CENTIMES.	Francs.	Centièmes.	Centièmes.
à 1 franc l'hectare, la septerée de la Motte Beuvron, vaut.....	0	56	28	1.............	0	00	56
2........	1	12	56	2............	0	01	13
3........	1	68	83	3............	0	01	69
4........	2	25	11	4............	0	02	25
5........	2	81	39	5............	0	02	81
6........	3	37	67	6............	0	03	38
7........	3	93	94	7............	0	03	94
8........	4	50	22	8............	0	04	50
9........	5	06	50	9............	0	05	06
10........	5	62	78	10............	0	05	63
20........	11	25	55	20............	0	11	26
30........	16	88	33	30............	0	16	88
40........	22	51	11	40............	0	22	51
50........	28	13	88	50............	0	28	14
60........	33	76	66	60............	0	33	77
70........	39	39	44	70............	0	39	39
80........	45	02	21	80............	0	45	02
90........	50	64	99	90............	0	50	65
100........	56	27	77	*Centièmes de centime.*			
200........	112	55	53	1.............	0	00	01
300........	168	83	30	2.............	0	00	01
400........	225	11	07	3.............	0	00	02
500........	281	38	83	4.............	0	00	02
600........	337	66	60	5.............	0	00	03
700........	393	94	37	6.............	0	00	03
800........	450	22	13	7.............	0	00	04
900........	506	49	90	8.............	0	00	05
1000........	562	77	67	9.............	0	00	05
2000........	1125	55	33	10.............	0	00	06
3000........	1688	33	00	20.............	0	00	11
4000........	2251	10	67	30.............	0	00	17
5000........	2813	88	34	40.............	0	00	23
				50.............	0	00	28
				60.............	0	00	34
				70.............	0	00	39
				80.............	0	00	45
				90.............	0	00	51

TABLE

Des Matières contenues dans cet ouvrage.

INSTRUCTION .... Page 1

1.re TABLE générale, qui convertit les fractions
ordinaires en millièmes de l'unité............. XXVI

2.e TABLE générale, qui convertit les millièmes de
l'unité en fractions ordinaires.................. XXVIII

3.e TABLE générale, qui convertit les fractions ordinaires en centièmes de l'unité................. XXX

4.e TABLE générale qui convertit les centièmes de
l'unité en fractions ordinaires XXXII

PREMIERE PARTIE.

Monnaies.................. Page 5

1.re TABLE, qui convertit les livres, sous et deniers
tournois en francs et centimes................ 7

2.e TABLE, qui convertit les francs et centimes en
livres, sous et deniers tournois 9

Titres des Matières et Ouvrages d'or et d'argent... 12

Titre de l'or.

1.re TABLE, qui convertit les karats et les trente-
deuxièmes en millièmes...................... 15

2.e TABLE, qui convertit les millièmes en karats
et trente-deuxièmes......................... 17

Titre de l'argent.

1.re TABLE, qui convertit les deniers et les grains
en millièmes............................... 19

2.e TABLE, qui convertit les millièmes en deniers
et grains.................................. 20

DEUXIEME PARTIE.

Mesures linéaires............ page 23

1.ere TABLE, qui convertit les toises, pieds, pouces et lignes en mètres, décimètres, centimètres, et millimètres......................... 26

2.e TABLE, qui convertit les mètres et divisions du mètre en toises, pieds, pouces et lignes 41

3.e TABLE, à *tant* la toise, le mètre vaut....... 44

4.e TABLE, à *tant* le mètre, la toise vaut...... 45

5.e TABLE, à *tant* le pied, le décimètre vaut... 47

6.e TABLE, à *tant* le décimètre, le pied vaut... 48

7.e TABLE, à *tant* le pouce, le centimètre vaut.. 49

8.e TABLE, à *tant* le centimètre, le pouce vaut.. 50

De l'Aune.................. 51

CONVERSION, en nouvelle mesure, de l'aune et de ses fractions réunies pour l'usage journalier...... 52

1.re TABLE, qui convertit les aunes en mètres, décimètres et centimètres.................... 57

2.e TABLE, qui convertit les mètres, décimètres et centimètres en aunes.................... 59

3.e TABLE, à *tant* l'aune, le mètre vaut......... 61

4.e TABLE, à *tant* le mètre, l'aune vaut......... 62

Mesures itinéraires.......... 63

Lieues de poste.

1.re TABLE, qui convertit les petites lieues de 2000 toises, ou lieues de poste, en myriamètres et en kilomètres.......................... 64

2.e TABLE, qui convertit les myriamètres et les kilomètres en petites lieues de 2000 toises, ou lieues de poste............................ 65

3.e TABLE, à *tant* par lieue de poste; c'est par myriamètre ou lieue nouvelle.................. 67

4.e TABLE, à *tant* par myriamètre ou lieue nouvelle; c'est par lieue de poste......................

Lieues communes.

1.re TABLE , qui convertit les lieues communes de 25 au degré en myriamètres et en kilomètres....... *page* 69

2.e TABLE , qui convertit les myriamètres et les kilomètres en lieues communes de 25 au degré..... 70

3.e TABLE , à *tant* par lieue commune; c'est par myriamètre................ 71

4.e TABLE , à *tant* par myriamètre; c'est par lieue commune................ 72

Lieues marines.

1.re TABLE , qui convertit les lieues marines de 20 au degré en myriamètres et en kilomètres......... 73

2.e TABLE , qui convertit les myriamètres et les kilomètres en lieues marines de 20 au degré....... 74

TROISIEME PARTIE.

Poids.................... 75

1.re TABLE , qui convertit les anciens poids de marc en poids nouveaux.................. 81

2.e TABLE , qui convertit les nouveaux poids en anciens poids de marc................. 91

3.e TABLE , à *tant* la livre ancienne, le kilogramme ou la livre nouvelle vaut................ 97

4.e TABLE , à *tant* le kilogramme, ou la livre nouvelle, la livre ancienne vaut................ 98

5.e TABLE , à *tant* l'once ancienne, l'hectogramme ou l'once nouvelle vaut................ 99

6.e TABLE , à *tant* l'hectogramme ou l'once nouvelle, l'once ancienne vaut................ 100

7.e TABLE , à *tant* le gros ancien, le décagramme ou le gros nouveau vaut................ 101

8.e TABLE , à *tant* le décagramme ou le gros nouveau, le gros ancien vaut................ 102

9.e TABLE , à *tant* le grain ancien , le décigramme ou le grain nouveau vaut................ 103

10.e TABLE , à *tant* le décigramme ou le grain nouveau , le grain ancien vaut................... *page* 104

TABLEAU indicatif des prix des divers poids qui peuvent composer une pesée , le prix du kilogramme étant connu......................... 107

QUATRIEME PARTIE.

MESURES CUBIQUES.

De la Toise cube........... 109

Toise cube divisée en toises-toises pieds.

1.re TABLE , qui convertit les toises cubes , toises-toises-pieds , toises-toises-pouces , toises-toises-lignes et toises-toises-points en mètres cubes et décimètres cubes.................... 112

2.e TABLE , qui convertit les mètres et décimètres cubes en toises cubes , toises-toises-pieds , toises-toises-pouces , toises-toises-lignes et toises-toises-points.. 114

Toise cube divisée en pieds cubes.

1.re TABLE , qui convertit les toises , pieds , pouces et lignes cubes en mètres , décimètres , centimètres et millimètres cubes.................. 117

2.e TABLE , qui convertit les mètres , décimètres , centimètres et millimètres cubes en toises , pieds , pouces et lignes cubes.................. 120

3.e TABLE , à *tant* la toise cube , le mètre cube vaut. 124

4.e TABLE , à *tant* le mètre cube , la toise cube vaut. 125

5.e TABLE , à *tant* le pied cube , le décimètre cube vaut.................... 126

6.e TABLE , à *tant* le décimètre cube , le pied cube vaut.................... 127

7.e TABLE , à *tant* le pouce cube , le centimètre cube vaut.................... 128

8.e TABLE , à *tant* le centimètre cube , le pouce cube vaut.................... 129

De la Solive...................... *page* 130

Ancienne solive divisée en pieds cubes.

1.re TABLE, qui convertit l'ancienne solive et les pieds,
pouces et lignes cubes en décistères ou solives métriques et en décimètres, centimètres et millimètres
cubes.. 133

2.e TABLE, qui convertit les décistères ou solives métriques et les décimètres, centimètres et millimètres
cubes en anciennes solives et en pieds, pouces et
lignes cubes.. 135

Ancienne solive divisée en pieds de solive.

1.re TABLE, qui convertit les anciennes solives et les
pieds, pouces et lignes de solive en décistères ou solives métriques et en décimètres, centimètres et millimètres de décistère.................................... 138

2.e TABLE, qui convertit les décistères ou solives métriques et les décimètres, centimètres et millimètres
de décistère en anciennes solives, et en pieds, pouces
et lignes de solive...................................... 140

3.e TABLE, à *tant* l'ancienne solive, le décistère ou la
solive métrique vaut.................................... 143

4.e TABLE, à *tant* le décistère ou la solive métrique
l'ancienne solive vaut.................................. 144

Bois de chauffage........... 145

Cordes de bois de 5 pieds.

1.re TABLE, qui convertit les cordes de bois de 5
pieds en stères de bois de même longueur...... 149

2.e TABLE, qui convertit les stères de bois de 5 pieds
en cordes de bois de même longueur............ 150

3.e TABLE, à *tant* la corde de bois de 5 pieds, le
stère de bois de 5 pieds vaut................... 152

4.e TABLE, à *tant* le stère de bois de 5 pieds, la
corde de bois de 5 pieds vaut................... 153

Cordes de bois de 4 pieds 6 pouces.

1.re TABLE, qui convertit les cordes de bois de 4 pieds 6 pouces en stères de bois de même longueur..... *page* 154

2.e TABLE, qui convertit les stères de bois de 4 pieds 6 pouces en cordes de bois de même longueur... 155

3.e TABLE, à *tant* la corde de bois de 4 pieds 6 pouces, le stère de bois de 4 pieds 6 pouces vaut....... 156

4.e TABLE, à *tant* le stère de bois de 4 pieds 6 pouces, la corde de bois de 4 pieds 6 pouces vaut... 157

Cordes de bois de 4 pieds 2 pouces.

1.re TABLE, qui convertit les cordes de bois de 4 pieds 2 pouces en stères de bois de même longueur.... 158

2.e TABLE, qui convertit les stères de bois de 4 pieds 2 pouces en cordes de bois de même longueur.... 159

3.e TABLE, à *tant* la corde de bois de 4 pieds 2 pouces, le stère de bois de 4 pieds 2 pouces vaut... 160

4.e TABLE, à *tant* le stère de bois de 4 pieds 2 pouces, la corde de bois de 4 pieds 2 pouces vaut.... 161

Cordes de bois de 4 pieds.

1.re TABLE, qui convertit les cordes de bois de 4 pieds en stères de bois de même longueur............ 162

2.e TABLE, qui convertit les stères de bois de 4 pieds en cordes de bois de même longueur........... 163

3.e TABLE, à *tant* la corde de 4 pieds, le stère de bois de 4 pieds vaut...................... 164

4.e TABLE, à *tant* le stère de bois de 4 pieds, la corde de bois de 4 pieds vaut.................... 165

Cordes des eaux et forêts, bois de 3 pieds 6 pouces.

1.re TABLE, qui convertit les cordes des eaux et forêts, bois de 3 pieds 6 pouces, en stères de bois de même longueur..................................... 166

2.e TABLE, qui convertit les stères de bois de 3 pieds

6 pouces en cordes de bois de même longueur ou cordes des eaux et forêts.................... *page* 167

3.e TABLE, à *tant* la corde des eaux et forêts, le stère de bois de 3 pieds 6 pouces vaut.............. 168

4.e TABLE, à *tant* le stère de bois de 3 pieds 6 pouces, la corde de bois de 3 pieds 6 pouces ou la corde des eaux et forêts vaut.................... 169

Cordes de bois de 2 pieds 6 pouces.

1.re TABLE, qui convertit les cordes de bois de 2 pieds 6 pouces en stères de bois de même longueur. 170

2.e TABLE, qui convertit les stères de bois de 2 pieds 6 pouces en cordes de bois de même longueur.... 171

3.e TABLE, à *tant* la corde de bois de 2 pieds 6 pouces, le stère de bois de 2 pieds 6 pouces vaut... 172

4.e TABLE, à *tant* le stère de bois de 2 pieds 6 pouces, la corde de bois de 2 pieds 6 pouces vaut... 173

Rottées de Saint-Aignan, bois de 3 pieds.

1.re TABLE, qui convertit les rottées de Saint-Aignan en stères de bois de 3 pieds.................. 174

2.e TABLE, qui convertit les stères de bois de 3 pieds en rottées de Saint-Aignan.................. 175

3.e TABLE, à *tant* la rottée de Saint-Aignan, le stère de bois de 3 pieds vaut.................... 176

4.e TABLE, à *tant* le stère de bois de 3 pieds, la rottée de Saint-Aignan vaut.................... 177

CINQUIEME PARTIE.

MESURES DE CAPACITE.

Grains et matières sèches.....

Grains et matières sèches..... 179

Grains du marché de Blois...

186

1.^r TABLE, qui convertit les anciens muids, setiers et boisseaux de Blois en kilolitres, hectolitres et décalitres.................... 187

2.e TABLE, qui convertit les kilolitres, hectolitres et décalitres en anciens muids, setiers et boisseaux de Blois.................... 189

3.ᵉ TABLE, à *tant* l'ancien muid de Blois, le kilolitre ou muid métrique vaut.................... page 193

4.ᵉ TABLE, à *tant* le kilolitre ou le muid métrique, l'ancien muid de Blois vaut.................... 194

5.ᵉ TABLE, à *tant* l'ancien setier de Blois, l'hectolitre ou le setier métrique vaut.................... 195

6.ᵉ TABLE, à *tant* l'hectolitre ou le setier métrique, l'ancien setier de Blois vaut.................... 196

7.ᵉ TABLE, à *tant* l'ancien boisseau de Blois, le décalitre ou le boisseau métrique vaut.............. 197

8.ᵉ TABLE, à *tant* le décalitre ou le boisseau métrique, l'ancien boisseau de Blois vaut.................... 198

Grains du marché de Mer.

1.ʳᵉ TABLE, qui convertit les anciens muids, setiers et boisseaux de Mer, en kilolitres, hectolitres et décalitres.................... 199

2.ᵉ TABLE, qui convertit les kilolitres, hectolitres et décalitres en anciens muids, setiers et boisseaux de Mer.................... 200

3.ᵉ TABLE, à *tant* l'ancien muid de Mer, le kilolitre ou le muid métrique vaut.................... 201

4.ᵉ TABLE, à *tant* le kilolitre ou le muid métrique, l'ancien muid de Mer vaut.................... 202

5.ᵉ TABLE, à *tant* l'ancien setier de Mer, l'hectolitre ou le setier métrique vaut.................... 203

6.ᵉ TABLE, à *tant* l'hectolitre ou le setier métrique, l'ancien setier de Mer vaut.................... 204

Grains des marchés de Vendôme et de Montrichard.

1.ʳᵉ TABLE, qui convertit les anciens muids de Vendôme, et les anciens setiers et boisseaux de Vendôme et de Montrichard en kilolitres, hectolitres et décalitres.................... 205

2.ᵉ TABLE, qui convertit les kilolitres, hectolitres et décalitres en anciens muids, setiers et boisseaux de Vendôme.................... 207

Suite de la 2.ᵉ TABLE, qui convertit les kilolitres, hectolitres et décalitres en anciens setiers et boisseaux de Montrichard.................... 208

3.ᵉ TABLE, à *tant* l'ancien muid de Vendôme, le kilolitre ou le muid métrique vaut.................... 209

4.º TABLE, à *tant* le kilolitre ou le muid métrique, l'ancien muid de Vendôme vaut.............. *page* 210

5.º TABLE, à *tant* l'ancien setier de Vendôme et de Montrichard, l'hectolitre ou le setier métrique vaut. 211

6.º TABLE, à *tant* l'hectolitre ou le setier métrique, l'ancien setier de Vendôme et de Montrichard vaut. 212

7.º TABLE, à *tant* l'ancien boisseau de Vendôme et de Montrichard, le décalitre ou le boisseau métrique vaut.................. 213

8.º TABLE, à *tant* le décalitre ou le boisseau métrique, l'ancien boisseau de Vendôme et de Montrichard vaut.................. 214

Grains de Droué.

1.ʳᵉ TABLE, qui convertit les anciens muids, setiers et boisseaux de Droué en kilolitres, hectolitres et décalitres................. 215

2.º TABLE, qui convertit les kilolitres, hectolitres et décalitres en anciens muids, setiers et boisseaux de Droué................ 216

3.º TABLE, à *tant* l'ancien muid de Droué, le kilolitre ou le muid métrique vaut........... 217

4.º TABLE, à *tant* le kilolitre ou le muid métrique, l'ancien muid de Droué vaut........... 218

5.º TABLE, à *tant* l'ancien setier de Droué, l'hectolitre ou le setier métrique vaut.......... 219

6.º TABLE, à *tant* l'hectolitre ou le setier métrique, l'ancien setier de Droué vaut.......... 220

Grains de la Ville-aux-Clercs.

1.ʳᵉ TABLE, qui convertit les anciens muids, setiers et boisseaux de la Ville-aux-Clercs en kilolitres, hectolitres et décalitres............... 221

2.º TABLE, qui convertit les kilolitres, hectolitres et décalitres en anciens muids, setiers et boisseaux de la Ville-aux-Clercs............ 222

3.º TABLE, à *tant* l'ancien muid de la Ville-aux-Clercs, le kilolitre ou le muid métrique vaut.......... 223

4.º TABLE, à *tant* le kilolitre ou le muid métrique, l'ancien muid de la Ville-aux-Clercs vaut........ 224

Grains du marché de Mondoubleau.

1.ʳᵉ TABLE, qui convertit les anciens setiers et bois-

seaux de Mondoubleau en kilolitres, hectolitres et
décalitres. . . . . *page* 225

2.ᵉ TABLE, qui convertit les kilolitres, hectolitres et
décalitres en anciens setiers et boisseaux de Mondou-
bleau. 227

3.ᵉ TABLE, à *tant* l'ancien setier de Mondoubleau,
l'hectolitre ou le setier métrique vaut. 228

4.ᵉ TABLE, à *tant* l'hectolitre ou le setier métrique,
l'ancien setier de Mondoubleau vaut. 229

5.ᵉ TABLE, à *tant* l'ancien boisseau de Mondoubleau,
le décalitre ou le boisseau métrique vaut. 230

6.ᵉ TABLE, à *tant* le décalitre ou le boisseau métrique, l'ancien boisseau de Mondoubleau vaut. 231

Grains du marché de Montoire.

1.ʳᵉ TABLE, qui convertit les anciens setiers et boisseaux de Montoire en kilolitres, hectolitres et déca-
litres. 232

2.ᵉ TABLE, qui convertit les kilolitres, hectolitres et
décalitres en anciens setiers et boisseaux de Montoire. 234

3.ᵉ TABLE, à *tant* l'ancien setier de Montoire, l'hectolitre ou le setier métrique vaut. 235

4.ᵉ TABLE, à *tant* l'hectolitre ou le setier métrique,
l'ancien setier de Montoire vaut. 236

5.ᵉ TABLE, à *tant* l'ancien boisseau de Montoire, le
décalitre ou le boisseau métrique vaut. 237

6.ᵉ TABLE, à *tant* le décalitre ou le boisseau métrique, l'ancien boisseau de Montoire vaut. 238

Grains du marché d'Oucques.

1.ʳᵉ TABLE, qui convertit les anciens muids, setiers
et boisseaux d'Oucques en kilolitres, hectolitres et décalitres. 239

2.ᵉ TABLE, qui convertit les kilolitres, hectolitres et décalitres en anciens muids, setiers et boisseaux d'Ouc-
ques. 241

3.ᵉ TABLE, à *tant* l'ancien muid d'Oucques, le kilolitre ou le muid métrique vaut. 242

4.ᵉ TABLE, à *tant* le kilolitre ou le muid métrique,
l'ancien muid d'Oucques vaut. 243

5.ᵉ TABLE, à *tant* l'ancien setier d'Oucques, l'hectolitre ou le setier métrique vaut. 244

6.ᵉ TABLE, à *tant* l'hectolitre ou le setier métrique, l'ancien setier d'Oucques vaut.................. *page* 245

7.ᵉ TABLE, à *tant* l'ancien boisseau d'Oucques, le décalitre ou le boisseau métrique vaut.......... 246

8.ᵉ TABLE, à *tant* le décalitre ou le boisseau métrique, l'ancien boisseau d'Oucques vaut.......... 247

Grains du marché d'Herbault.

1.ʳᵉ TABLE, qui convertit les anciens muids, setiers et boisseaux d'Herbault en kilolitres, hectolitres et décalitres................. 248

2.ᵉ TABLE, qui convertit les kilolitres, hectolitres et décalitres en anciens muids, setiers et boisseaux d'Herbault................. 249

3.ᵉ TABLE, à *tant* l'ancien setier d'Herbault, l'hectolitre ou le setier métrique vaut............. 250

4.ᵉ TABLE, à *tant* l'hectolitre ou le setier métrique, l'ancien setier d'Herbault vaut............. 251

Grains de Marchenoir.

1.ʳᵉ TABLE, qui convertit les anciens muids, setiers et boisseaux de Marchenoir en kilolitres, hectolitres et décalitres............. 252

2.ᵉ TABLE, qui convertit les kilolitres, hectolitres et décalitres en anciens muids, setiers et boisseaux de Marchenoir................. 253

3.ᵉ TABLE, à *tant* l'ancien muid de Marchenoir, le kilolitre ou le muid métrique vaut............. 254

4.ᵉ TABLE, à *tant* le kilolitre ou le muid métrique, l'ancien muid de Marchenoir vaut............. 255

Grains du marché de Contres et de Saint-Aignan.

1.ʳᵉ TABLE, qui convertit les anciens muids, setiers et boisseaux de Contres et de Saint-Aignan en kilolitres, hectolitres et décalitres................. 256

2.ᵉ TABLE, qui convertit les kilolitres, hectolitres et décalitres en anciens muids, setiers et boisseaux de Contres et de Saint-Aignan................. 258

3.ᵉ TABLE, à *tant* l'ancien muid de Contres et de Saint-Aignan, le kilolitre ou le muid métrique vaut. 259

4.e TABLE, à *tant* le kilolitre ou le muid métrique, l'ancien muid de Contres et de Saint-Aignan vaut.. *page* 260

5.e TABLE, à *tant* l'ancien setier de Contres et de Saint-Aignan, l'hectolitre ou le setier métrique vaut.. 261

6.e TABLE, à *tant* l'hectolitre ou le setier métrique, l'ancien setier de Contres et de Saint-Aignan vaut. 262

7.e TABLE, à *tant* l'ancien boisseau de Contres et de Saint-Aignan, le décalitre ou le boisseau métrique vaut............................... 263

8.e TABLE, à *tant* le décalitre ou le boisseau métrique, l'ancien boisseau de Contres et de Saint-Aignan vaut. 264

Grains des marchés de Romorantin et de Salbris.

1.re TABLE, qui convertit les anciens muids, setiers et boisseaux de Romorantin et de Salbris en kilolitres, hectolitres et décalitres.................. 265

2.e TABLE, qui convertit les kilolitres, hectolitres et décalitres en anciens muids, setiers et boisseaux de Romorantin et de Salbris.................. 267

3.e TABLE, à *tant* l'ancien muid de Romorantin et de Salbris, le kilolitre ou le muid métrique vaut.. 268

4.e TABLE, à *tant* le kilolitre ou le muid métrique, l'ancien muid de Romorantin et de Salbris vaut.... 269

5.e TABLE, à *tant* l'ancien setier de Romorantin et de Salbris, l'hectolitre ou le setier métrique vaut.. 270

6.e TABLE, à *tant* l'hectolitre ou le setier métrique, l'ancien setier de Romorantin et de Salbris vaut... 271

7.e TABLE, à *tant* l'ancien boisseau de Romorantin et de Salbris, le décalitre ou le boisseau métrique vaut. 272

8.e TABLE, à *tant* le décalitre ou le boisseau métrique, l'ancien boisseau de Romorantin et de Salbris vaut................................. 273

Grains du marché de Selles-sur-Cher.

1.re TABLE, qui convertit les anciens muids, setiers et boisseaux de Selles-sur-Cher en kilolitres, hectolitres et décalitres....................... 274

2.e TABLE, qui convertit les kilolitres, hectolitres et décalitres en anciens muids, setiers et boisseaux de Selles-sur-Cher........................ 276

3.e TABLE, à *tant* l'ancien muid de Selles-sur-Cher, le kilolitre ou le muid métrique vaut............ *page* 277

4.e TABLE à *tant* le kilolitre ou le muid métrique, l'ancien muid de Selles-sur-Cher vaut........... 278

5.e TABLE. à tant l'ancien setier de Selles-sur-Cher, l'hectolitre ou le setier métrique vaut........... 279

6.e TABLE, à *tant* l'hectolitre ou le setier métrique, l'ancien setier de Selles-sur-Cher vaut.......... 280

7.e TABLE, à *tant* l'ancien boisseau de Selles-sur-Cher, le décalitre ou le boisseau métrique vaut........ 281

8.e TABLE, à *tant* le décalitre ou le boisseau métrique, l'ancien boisseau de Selles-sur-Cher vaut..... 282

Liquides................. 283

Poinçons de Blois.

1.re TABLE, qui convertit les poinçons de Blois en hectolitres................................. 289

2.e TABLE, qui convertit les hectolitres en poinçons de Blois................................. 291

3.e TABLE, à *tant* le poinçon de Blois, l'hectolitre vaut. 295

4.e TABLE, à *tant* l'hectolitre, le poinçon de Blois vaut...................................... 296

5.e TABLE, à *tant* le poinçon de Blois, le double hectolitre vaut.................................. 297

6.e TABLE, à *tant* le double hectolitre, le poinçon de Blois vaut.................................. 298

7 e TABLE, à *tant* l'ancienne velte de Paris, le décalitre ou la velte métrique vaut................. 299

8.e TABLE, à *tant* le décalitre ou la velte métrique, l'ancienne velte de Paris vaut................. 300

Poinçons de Montrichard.

1.re TABLE, qui convertit les poinçons de Montrichard en hectolitres........................ 301

2.e TABLE, qui convertit les hectolitres en poinçons de Montrichard........................ 302

3.e TABLE, à *tant* le poinçon de Montrichard, l'hectolitre vaut.................................. 303

4.e TABLE, à *tant* l'hectolitre, le poinçon de Montrichard vaut.................................. 304

5.e TABLE, à *tant* le poinçon de Montrichard, le double hectolitre vaut.............................. 305

6.e TABLE, à *tant* le double hectolitre, le poinçon de
Montrichard vaut.. *page* 306

Pintes de Blois.

1.re TABLE, qui convertit les anciennes pintes de Blois
en litres ou pintes métriques................................ 307
2.e TABLE, qui convertit les litres ou pintes métriques en anciennes pintes de Blois........................... 308
3.e TABLE, à *tant* l'ancienne pinte de Blois, le litre
vaut.. 311
4.e TABLE, à *tant* le litre, l'ancienne pinte de Blois
vaut.. 312

Pintes de Vendôme.

1.re TABLE, qui convertit les anciennes pintes de Vendôme en litres... 313
2.e TABLE, qui convertit les litres en anciennes pintes
de Vendôme... 314
3.e TABLE, à *tant* l'ancienne pinte de Vendôme, le
litre vaut... 315
4.e TABLE, à *tant* le litre, l'ancienne pinte de Vendôme vaut... 316

Pintes de Mondoubleau.

1.re TABLE, qui convertit les anciennes pintes de Mondoubleau en litres.. 317
2.e TABLE, qui convertit les litres en anciennes pintes
de Mondoubleau.. 318
3.e TABLE, à *tant* l'ancienne pinte de Mondoubleau,
le litre vaut... 319
4.e TABLE, à *tant* le litre, l'ancienne pinte de Mondoubleau vaut... 320

Pintes de Montoire.

1.re TABLE, qui convertit les anciennes pintes de Montoire en litres... 321
2.e TABLE, qui convertit les litres en anciennes pintes
de Montoire... 322
3.e TABLE, à *tant* l'ancienne pinte de Montoire, le
litre vaut... 323
4.e TABLE, à *tant* le litre, l'ancienne pinte de Montoire vaut... 324

Pintes d'Oucques.

1.re TABLE, qui convertit les anciennes pintes d'Oucques en litres.. *page* 325

2.e TABLE, qui convertit les litres en anciennes pintes
d'Oucques.. 326

3.e TABLE, à *tant* l'ancienne pinte d'Oucques, le litre
vaut.. 327

4.e TABLE, à *tant* le litre, l'ancienne pinte d'Oucques vaut... 328

Pintes d'Onzain.

1.re TABLE, qui convertit les anciennes pintes d'Onzain en litres.. 329

2.e TABLE, qui convertit les litres en anciennes pintes
d'Onzain... 330

3.e TABLE, à *tant* l'ancienne pinte d'Onzain, le litre
vaut.. 331

4.e TABLE, à *tant* le litre, l'ancienne pinte d'Onzain
vaut.. 332

Pintes de Contres.

1.re TABLE, qui convertit les anciennes pintes de Contres en litres.. 333

2.e TABLE, qui convertit les litres en anciennes pintes
de Contres... 334

3.e TABLE, à *tant* l'ancienne pinte de Contres, le litre
vaut.. 335

4.e TABLE, à *tant* le litre, l'ancienne pinte de Contres vaut... 336

Pintes de Montrichard.

1.re TABLE, qui convertit les anciennes pintes de
Montrichard en litres.................................. 337

2.e TABLE, qui convertit les litres en anciennes pintes de Montrichard..................................... 338

3.e TABLE, à *tant* l'ancienne pinte de Montrichard,
le litre vaut... 339

4.e TABLE, à *tant* le litre, l'ancienne pinte de Montrichard vaut.. 340

(522)

Pintes de Romorantin.

1.re TABLE, qui convertit les anciennes pintes de Romorantin en litres............................... *page* 341

2.e TABLE, qui convertit les litres en anciennes pintes
de Romorantin............................... 342

3.e TABLE, à *tant* l'ancienne pinte de Romorantin, le
litre vaut................................... 343

4.e TABLE, à *tant* le litre, l'ancienne pinte de Romorantin vaut.............................. 344

Pintes de Selles-sur-Cher.

1.re TABLE, qui convertit les anciennes pintes de Selles-
sur-Cher en litres............................ 345

2.e TABLE, qui convertit les litres en anciennes pintes
de Selles-sur-Cher........................... 346

3.e TABLE, à *tant* l'ancienne pinte de Selles-sur-Cher,
le litre vaut................................. 347

4.e TABLE, à *tant* le litre, l'ancienne pinte de Selles-
sur-Cher vaut............................... 348

SIXIEME PARTIE.

MESURES DE SUPERFICIE.

De la toise carrée......... 349

Toise carrée divisée en pieds carrés.

1.re TABLE, qui convertit les toises, pieds, pouces
et lignes carrées en mètres, décimètres, centimètres
et millimètres carrés........................... 351

2.e TABLE, qui convertit les mètres, décimètres, centimètres et millimètres carrés en toises, pieds, pouces et lignes carrées........................... 353

3.e TABLE, à *tant* la toise carrée, le mètre carré vaut. 356

4.e TABLE, à *tant* le mètre carré, la toise carrée vaut. 357

5.e TABLE, à *tant* le pied carré, le décimètre carré
vaut....................................... 358

6.e TABLE, à *tant* le décimètre carré, le pied carré
vaut....................................... 359

7.ᵉ TABLE, à *tant* le pouce carré, le centimètre carré vaut.................................... *page* 360

8.ᵉ TABLE, à *tant* le centimètre carré, le pouce carré vaut.................................... 361

Toise carrée divisée en toises-pieds.

1.ʳᵉ TABLE, qui convertit les toises carrées, toises-pieds, toises-pouces, toises-lignes et toises-points en mètres, décimètres et centimètres carrés.......... 362

2.ᵉ TABLE, qui convertit les mètres, décimètres et centimètres carrés en toises carrées, toises-pieds, toises-pouces, toises-lignes et toises-points....... 364

Aunes carrées.

1.ʳᵉ TABLE, qui convertit les aunes carrées en mètres carrés.................................... 367

2.ᵉ TABLE, qui convertit les mètres carrés en aunes carrées.................................... 368

3.ᵉ TABLE, à *tant* l'aune carrée, le mètre carré vaut. 369

4.ᵉ TABLE, à *tant* le mètre carré, l'aune carrée vaut. 370

Lieues communes carrées.

1.ʳᵉ TABLE, qui convertit les anciennes lieues communes carrées en myriamètres et kilomètres carrés. 371

2.ᵉ TABLE, qui convertit les myriamètres et kilomètres carrés en anciennes lieues communes carrées...... 372

MESURES AGRAIRES.... 373

Perche linéaire de 28 pieds.

Arpens de Vendôme........ 375

1.ʳᵉ TABLE, qui convertit les arpens, septerées et boisselées de Vendôme en hectares, ares et centiares.................................... 377

2.ᵉ TABLE, qui convertit les hectares, ares et centiares 1.º en arpens et boisselées; 2.º et en septerées et boisselées, ancienne mesure agraire de Vendôme.................................... 380

3.ᵉ TABLE, à *tant* l'ancien arpent de Vendôme, l'hectare ou l'arpent métrique vaut................ 384

4.ᵉ TABLE, à *tant* l'hectare ou l'arpent métrique, l'ancien arpent de Vendôme vaut.............. *page* 385

5.ᵉ TABLE, à *tant* la septerée de Vendôme, l'hectare vaut.................................. 386

6.ᵉ TABLE, à *tant* l'hectare, la septerée de Vendôme vaut.................................. 387

Perche linéaire de 25 pieds.

Arpens de Montoire.......... 3 8

1.ʳᵉ TABLE, qui convertit l'ancienne mesure agraire de Montoire en hectares, ares et centiares....... 390

2.ᵉ TABLE, qui convertit les hectares, ares et centiares en ancienne mesure agraire de Montoire.... 393

3.ᵉ TABLE, à *tant* l'ancien arpent de Montoire, l'hectare vaut.................... 397

4.ᵉ TABLE, à *tant* l'hectare, l'ancien arpent de Montoire vaut.................... 398

Arpens de Mondoubleau...... 399

1.ʳᵉ TABLE, qui convertit l'ancienne mesure agraire de Mondoubleau, ainsi que les septerées de Marcuil et de Pouillé en hectares, ares et centiares....... 400

2.ᵉ TABLE, qui convertit les hectares, ares et centiares; 1.° en arpens et boisselées de Mondoubleau; 2.° pour Marcuil et Pouillé en septerées et boisselées. 402

Arpens de Montrichard...... 405

1.ʳᵉ TABLE, qui convertit l'ancienne mesure agraire de Montrichard en hectares, ares et centiares..... 406

2.ᵉ TABLE, qui convertit les hectares, ares et centiares en anciens arpens et boisselées de Montrichard. 407

Perche linéaire de 24 pieds.

Arpens de Blois............ 408

1.ʳᵉ TABLE, qui convertit les arpens, septerées et boisselées de Blois en hectares, ares et centiares..... 411

2.ᵉ TABLE, qui convertit les hectares, ares et centiares 1.º en arpens et boisselées de Blois; 2.º et en septerées et boisselées.................... *page* 414

3.e TABLE, à *tant* l'ancien arpent de Blois, l'hectare vaut................................ 417

4.e TABLE, à *tant* l'hectare, l'ancien arpent de Blois vaut.............................. 418

5.e TABLE, à *tant* la septerée, l'hectare vaut...... 419

6.e TABLE, à *tant* l'hectare, la septerée vaut...... 420

Arpens de Romorantin......... 421

1.re TABLE, qui convertit l'ancienne mesure agraire de Romorantin en hectares, ares et centiares..... 424

2.e TABLE, qui convertit les hectares, ares et centiares en ancienne mesure agraire de Romorantin.. 426

Arpens d'Herbault........... 430

1.re TABLE, qui convertit les arpens et boisselées d'Herbault en hectares, ares et centiares........ 431

2.e TABLE, qui convertit les hectares, ares et centiares en arpens et boisselées d'Herbault......... 432

Arpens d'Onzain.......... 433

1.re TABLE, qui convertit les arpens et boisselées d'Onzain en hectares, ares et centiares........... 434

2.e TABLE, qui convertit les hectares, ares et centiares en ancienne mesure agraire d'Onzain........... 435

Perche linéaire de 22 pieds.

Setiers ou arpens d'Oucques..... 437

1.re TABLE, qui convertit l'ancienne mesure agraire d'Oucques en hectares, ares et centiares......... 440

2.e TABLE, qui convertit les hectares, ares et centiares en ancienne mesure agraire d'Oucques...... 442

3.e TABLE, à *tant* le setier ou l'arpent d'Oucques, l'hectare vaut............................. 446

4.e TABLE, à *tant* l'hectare, le setier ou l'arpent d'Oucques vaut.......................... 447

Arpens de la Chapelle-Saint-Martin. page 448

1.re TABLE, qui convertit l'ancienne mesure agraire de la Chapelle-Saint-Martin en hectares, ares et centiares.. 449

2.e TABLE, qui convertit les hectares, ares et centiares en ancienne mesure agraire de la Chapelle - Saint-Martin... 450

Arpens de Fréteval......... 451

1.re TABLE, qui convertit l'ancienne mesure agraire de Fréteval en hectares, ares et centiares........ 453

2.e TABLE, qui convertit les hectares, ares et centiares en ancienne mesure agraire de Fréteval..... 455

3.e TABLE, à *tant* le setier de terre de Fréteval et la septerée de terre de la Ville-aux-Clercs, l'hectare vaut.. 458

4.e TABLE, à *tant* l'hectare, le setier de terre de Fréteval et la septerée de terre de la Ville-aux-Clercs valent... 459

Arpens de Neung-sur-Beuvron.. 460

1.re TABLE, qui convertit l'ancienne mesure agraire de Neung - sur - Beuvron en hectares, ares et centiares.. 461

2.e TABLE, qui convertit les hectares, ares et centiares en ancienne mesure agraire de Neung - sur-Beuvron... 464

3.e TABLE, à *tant* la septerée de terre de Neung, l'hectare vaut..................................... 466

4.e TABLE, à *tant* l'hectare, la septerée de terre de Neung vaut....................................... 467

5.e TABLE, à *tant* le journal ou la journée de pré de Neung, l'hectare vaut............................ 468

6.e TABLE, à *tant* l'hectare, le journal ou la journée de pré de Neung vaut............................. 469

Arpens de Souvigny et de Chaon.. 470

1.re TABLE, qui convertit l'ancienne mesure agraire de Souvigny et de Chaon en hectares, ares et centiares..................................... *page* 471

2.e TABLE, qui convertit les hectares, ares et centiares en ancienne mesure agraire de Souvigny et de Chaon.. 474

3.e TABLE, à *tant* la minée de Souvigny et de Chaon, l'hectare vaut.............................. 477

4.e TABLE, à *tant* l'hectare, la minée de Souvigny et de Chaon vaut.............................. 478

5.e TABLE, à *tant* la journée de pré de Souvigny et de Chaon, l'hectare vaut...................... 479

6 e TABLE, à *tant* l'hectare, la journée de pré de Souvigny et de Chaon vaut...................... 480

Arpens des eaux et forêts.... 481

Arpens des eaux et forêts divisés en 8, 10 et 12 boisselées........... 482

Arpens des eaux et forêts divisés en 9 boisselées.

1.re TABLE, qui convertit en hectares, ares et centiares les arpens des eaux et forêts divisés en 9 boisselées................................ 483

2.e TABLE, qui convertit les hectares, ares et centiares en arpens des eaux et forêts divisés en 9 boisselées................................ 484

Arpens des eaux et forêts divisés en 16 boisselées.

1.e TABLE, qui convertit en hectares, ares et centiares les arpens des eaux et forêts divisés en 16 boisselées................................ 485

2.e TABLE, qui convertit les hectares, ares et centiares en arpens des eaux et forêts divisés en 16 boisselées................................ 486

Arpens des eaux et forêts divisés en 100 chaînées ou en 100 perches carrees.

1.re TABLE, qui convertit en hectares, ares et centiares les arpens des eaux et forêts divisés en 100 chaînées ou en 100 perches carrées............ *page* 487

2.e TABLE . qui convertit les hectares, ares et centiares en arpens des eaux et forêts divisés en 100 chaînées ou en 100 perches carrées.............. 488

Bois d'usage dans la forêt de Marcheroir.

1.re TABLE. qui convertit les arpens de bois d'usage dans la forêt de Marchenoir en hectares, ares et centiares................................... 489

2.e TABLE, qui convertit les hectares, ares et centiares en arpens de bois d'usage dans la forêt de Marchenoir................................ 490

Perche linéaire de 20 pieds.

Setiers ou arpens de Droué..... 491

1.re TABLE, qui convertit les setiers et boisseaux de Droué en hectares, ares et centiares........... 493

2.e TABLE, qui convertit les hectares, ares et centiares en setiers et boisseaux de Droué.......... 495

3.e TABLE, à *tant* le setier ou l'arpent de Droué, l'hectare vaut............................. 496

4.e TABLE, à *tant* l'hectare, le setier ou l'arpent de Droué vaut............................... 497

Arpens de La Motte-Beuvron..... 498

1.re TABLE, qui convertit l'ancienne mesure agraire de La Motte-Beuvron en hectares, ares et centiares................................... 499

2.e TABLE, qui convertit les hectares, ares et centiares en ancienne mesure agraire de La Motte-Beuvron................................. 501

3.e TABLE, à *tant* la septerée de La Motte-Beuvron, l'hectare vaut............................. 505

4.e TABLE, à *tant* l'hectare, la septerée de La Motte-Beuvron vaut........................... 506

COMMUNES DU DÉPARTEMENT

DE LOIR ET CHER

Rangées par ordre alphabétique.

Nota. Pour faciliter les recherches dans les Tables de mesures agraires, j'ai rangé par ordre alphabétique toutes les Communes du Département ; le Lecteur trouvera à la première colonne le nom de la Commune ; à la seconde, la mesure à laquelle cette Commune arpentait, et les chiffres indiquent la page où cette mesure se trouve.

A

Ambloi arpentait à la mesure de Vendôme pag. 375, et Montoire p. 588
Augé . . . . Mondoubleau 599
Areines . . . . Vendôme. 375
Artins. . . . . Montoire 588
Arville. . . . . Fréteval 451, et Droué 491
Autainville. . . . . Oucques. 437
Authon.. . . . . Montoire. 388
Avarai. . . . . Oucques. 437
Averdon. . . . . Blois 408
Azé. . . . . Vendôme. 375

B

Baignaux. . . . . Vendôme. 375
Baillou. . . . . Mondoubleau.. 599
Bauzi. . . . . Blois 408, et Romorantin. . . 421
Beauchêne. . . . . Mondoubleau. 599
Beauvilliers.. . . . . Oucques. 437
Billi. . . . . Romorantin. 421
Binas. . . . . Oucques. 437
Blois.. . . . . Blois. 408
Boisseau. . . . . Blois. 408

(570)

Bonneveau.	Montoire.	*page* 388
Bonneville.	Neung-sur-Beuvron.	460
Bosse (la).	Oucques.	437
Boussri.	Droué.	491
Bourré.	Montrichard.	405
Boursai.	Montoire 388, et Droué.	491
Bracieux.	Blois.	408
Brevainville.	Droué.	491
Briou.	Oucques.	437
Busloup.	Vendôme.	375

C

Candé.	Blois.	408
Cellé.	Montoire 388, et Mondoubleau.	399
Cellettes.	Blois.	408
Chailles.	Blois.	408
Chambon.	Blois.	408
Chambord.	La Chapelle-Saint-Martin.	448
Champigni.	Blois.	408
Chaon.	Chaon.	470
Chapelle-Encherie (la).	Vendôme.	375
Chapelle-Mont-Martin (la).	Romorantin.	421
Chapelle-Saint-Martin (la).	La Chapelle-Saint-Martin.	448
Chapelle-Vendômoise (la).	Blois.	408
Chapelle-Vicomtesse (la).	Montoire.	388
Châteauvieux.	Romorantin.	421
Chatillon.	Romorantin.	421
Châtres.	Romorantin.	421
Chaumont-sur-Loire.	Onzain.	453
Chaumont-sur-Tharonne.	La Motte-Beuvron.	498
Chaussée-Saint-Victor (la).	Blois.	408
Chauvigni.	Montoire 388, et Fréteval.	451
Chemeri.	Romorantin.	421
Cheverni.	Blois.	408
Chissai.	Montrichard.	405
Chitenai.	Blois.	408
Chouë.	Mondoubleau.	399
Choussi.	Blois.	408
Chouzi.	Blois.	408
Colombe (la).	Oucques.	437

Commanderie (la) *ou* l'Hôpital	Romorantin.	*page*	421
Conan.	Blois.		408
Concriès.	Oucques.		437
Contres.	Blois.		408
Cormenon.	Mondoubleau.		399
Couddes.	Blois.		403
Couffi.	Romorantin.		421
Coulanges.	Blois.		408
Coulommiers.	Vendôme.		375
Courbouzon.	Oucques.		437
Cour-Cheverni.	Blois.		408
Cour-sur-Loire.	Blois.		408
Courmesmin.	Romorantin.		421
Coutures.	Montoire.		388
Croui (*).			
Crucherai.	Vendôme.		375

D

Danzé.	Vendôme.	375
D'Huison.	Neung-sur-Beuvron.	460
Doulçai.	Romorantin.	421
Droué.	Droué.	491

E

Ecoman.	Oucques.	437
Épiais.	Vendôme.	375
Épuisai.	Mondoubleau.	399
Espéreuse.	Vendôme.	375
Essards (les).	Montoire.	388

F

Faverolles.	Mondoubleau	399
Faye.	Vendôme	375
Feings.	Blois.	408
Ferté Beauharnais (la) ou la Ferté Avrain.	Neung-sur-Beuvron	460

(*) *Il n'a été donné aucuns renseignemens sur la mesure agraire de Croui.*

Ferté-St.-Aignan (la) ou la
   Ferté-Hubert. . . . . . . Neung-sur-Beuvron . . . *page* 460
Fontaines, en Beauce. . . . Montoire. 388
Fontaines, en Sologne. . . . Blois. 408
Fontaines Raoult. . . . . . Droué. 491
Fontenelle (la). . . . . . . Droué. 491
Fortan. . . . . Montoire 388
Fossé. . . . . Blois. 408
Fougères. . . . . Blois. 408
Françai. . . . . Herbault 430
Fresne. . . . . Blois. 408
Fréteval. . . . . Fréteval. 451

G

Gault (le). . . . . Fréteval, pag. 451, et Droué. pag. 491
Gy. . . . . Romorantin. 421
Gievres. . . . . Romorantin. 421
Gombergeant. . . . . Vendôme. 375

H

Hayes (les). . . . . Montoire. 388
Herbault. . . . . Herbault. 430
Herbilli. . . . . Blois. 408
Houssai. . . . . Montoire 388
Huisseau, en Beauce. . . . Vendôme. 375
Huisseau-sur-Cosson. . . . . Blois. 408

J

Josnes. . . . . Oucques. 437

L

Laleu . . . . Montrichard 405
Lancé . . . . Vendôme 375
Lancôme. . . . . Vendôme pag. 375, et Blois, pag. 408.
Landes . . . . Vendôme, pag. 375, et Blois, pag. 408
Langon . . . . Romorantin 421
Lanthenai . . . . Romorantin. 421
Lassai . . . . Romorantin. 421

Lavardin	Montoire *page*	388
Lestiou	Oucques	437
Lignieres	Vendôme, p. 375, et Fréteval, p. 451.	
Lisle	Vendôme	375
Longpré	Montoire	388
Loreux	Romorantin	421
Lorges	Oucques	437
Lunay	Montoire	388

M

Madelaine-Villefrouin (la)	Oucques	437
Marai	Romorantin	421
Marcé	Montoire	388
Marchenoir	Oucques	437
Marcilli	Vendôme	375
Marcilli-en-Gault	Romorantin	421
Mareuil	Mondoubleau	399
Marolle (la)	Neung-sur-Beuvron	460
Marolles	Blois	408
Maslives	Blois	408
Maves	Blois, pag. 408, la Chapelle-St.-Martin, pag. 448, Oucques, pag. 437.	
Mazangé	Vendôme	375
Mehers	Romorantin	421
Membrolle (la)	Droué	491
Menars	Blois	408
Mennetou	Romorantin	421
Mer	Blois	408
Mesland	Onzain	433
Meslai	Vendôme	375
Meusnes	Romorantin	421
Millançai	Romorantin	421
Moisi	Oucques,	437
Mondoubleau	Mondoubleau	399

Mont...............	Blois.............. *page*	408
Monteaux............	Onzain..............	433
Monthault...........	Romorantin..........	421
Monthou-sur-Bièvre......	Blois..............	408
Monthou-sur-Cher......	Blois..............	408
Mont'ls (les)..........	Blois..............	408
Montlivant...........	Blois..............	408
Montoire............	Montoire............	388
Montrichard..........	Montrichard..........	405
Montrieux...........	Neung-sur-Beuvron........	460
Montrouveau..........	Montoire............	388
Morée.............	Oucques.............	437
Motte-Beuvron (La)......	La Motte-Beuvron.......	498
Muides.............	Blois..............	408
Mulsans............	Blois *pag*, 408 et la-Chapelle Saint-Martin , *pag*.............	448
Mur..............	Romorantin..........	421

N

Naveil..............	Vendôme.............	375
Neung-sur-Beuvron........	Neung-sur-Beuvron.......	460
Neuvi..............	Blois *pag* 408 et Romorantin *pag.* 421.	
Nouan-le-fusellier.........	La Motte-Beuvron.........	498
Nouan-sur-Loire.........	Blois..............	408
Nourai.............	Vendôme.............	375
Noyers.............	Romorantin..........	421

O

Oigni..............	Droué..............	491
Oisli..............	Blois..............	408
Onzain.............	Onzain.............	433
Orçai.............	Romorantin..........	421
Orchaise............	Blois..............	408
Ouchamps............	Blois..............	408
Oucques............	Oucques.............	437

Ouzouer-le-Doyen . . . . Oucques . . . . *page* 437
Ouzouer-le-Marché . . . . Oucques 437

P

Perigni . . . . Vendôme 375
Pezou . . . . Vendôme 375
Pierrefite . . . . Romorantin 421
Plessis-Dorin (le) . . . . Droué 491
Plessis-l'Échelle (le) . . . . . Oucques 437
Poislai (le) . . . . Droué 491
Pontlevoi . . . . Blois 408
Pouillé . . . . Mondoubleau 399
Prai . . . . Vendôme 375
Prenouvellon . . . . Droué 491
Prunai . . . . Montoire 388
Pruniers . . . . Romorantin 421

R

Renai . . . . Vendôme 375
Rhodon . . . . Vendôme 375
Rilli . . . . Blois 408
Rocé . . . . Vendôme 375
Roches . . . . Oucques 437
Roches (les) . . . . Montoire 388
Romilli . . . . Montoire 388
Romorantin . . . . Romorantin 421
Rougeou . . . . Romorantin 421
Rouillis (le) . . . . Vendôme 375
Ruan . . . . Droué 491

S. Agil . . . . Mondoubleau 399
S. Aignan . . . . Romorantin 421
S. Amand . . . . Vendôme, *p.* 375, et Montoire, *p.* 388.

Sainte Anne	Vendôme	page	375
S. Arnoult	Montoire		388
S. Avit	Droué		491
S. Bohaire	Blois		408
S. Claude	Blois		408
S. Claude Froidmentel	Droué		491
S. Cyr-du-Gault	Montoire		388
S. Cyr-Semblcci	Neung-sur-Beuvron		460
S. Denis-sur-Loire	Blois		408
S. Dyé	Blois		408
S. Étienne des Guerêts	Herbault		430
S. Firmin	Vendôme		375
Sainte Gemmes	Vendôme		375
S. Georges-sur-Cher	Montrichard		405
S. Gervais	Blois		408
S. Gourgon	Montoire		388
S. Hilaire-la-Gravelle	Fréteval		451
S. Jacques des Guerêts	Montoire		388
S. Jean Froidmentel	Oucques, *pag.* 457, et Droué, *p.* 491.		
S. Julien de Chedon	Mondoubleau		399
S. Julien-sur-Cher	Romorantin		421
S. Laurent-des-Bois	Oucques		437
S. Laurent-des-eaux	Oucques		437
S. Leonard	Oucques		437
S. Loup	Romorantin		241
S. Lubin-des-Prés	Fréteval		451
S. Lubin en Vergonois	Blois		408
S. Marc du Cor	Mondoubleau		399
S. Martin-des-Bois	Montoire		388
S. Ouen	Vendôme		375
S. Pierre-des-Bois	Montoire		388
S, Quentin	Montoire		388
S. Rimai	Montoire		388
S. Romain	Romorantin		421

S. Secondin............. Blois............. *page* 408
S. Sulpice............. Blois............. 408
Salbris............. Romorantin............. 421
Sambin............. Blois............. 408
Santenai............. Herbault............. 430
Sargé............. Mondoubleau............. 390
Sasnieres............. Montoire............. 388
Sassai............. Blois............. 408
Savigni............. Mondoubleau............. 390
Seigi............. Romorantin............. 421
Seillac............. Onzain............. 432
Selles-sur-Cher............. Romorantin............. 421
Selles-Saint-Denis............. Romorantin............. 421
Selommes............. Vendôme............. 375
Sémerville............. Droué............. 401
Séris............. Oucques............. 437
Seur............. Blois............. 408
Soings............. Romorantin............. 421
Soudai............. Mondoubleau............. 390
Souesmes............. Romorantin............. 421
Sougé............. Montoire............. 388
Souvigni............. Souvigni............. 470
Suevres............. Blois, *pag.* 408, et la Chapelle-Saint-Martin, *pag.* 448.

T

Talci............. Oucques, *pag.* 437, la Chapelle-Saint-Martin, *pag.* 448.
Temple (le)............. Mondoubleau............. 390
Ternai............. Montoire............. 388
Theillai-le-Pailleux............. Romorantin............. 421
Thenai............. Blois............. 408
Thésée............. Blois............. 408
Thoré............. Vendôme............. 375

Thouri.................... Neung-sur-Beuvron.... *page* 460
Tour en Sologne.......... Blois.................... 408
Fourailles............... Vendôme................. 375
Trehet.................. Montoire................ 388
Tripleville .... Droué 491
Troo.................... Montoire................ 388

V

Valaire.................. Blois.................... 408
Vallieres-les-Grandes..... Blois.................... 408
Veilleins............... Romorantin.............. 421
Vendôme................. Vendôme................. 375
Verdes.................. Droué.................. 491
Vernou................. Romorantin.............. 421
Veuves................. Onzain................ 433
Viévi-le-Rayé............ Oucques................ 437
Villavard............... Montoire................ 388
Ville-aux-Clercs (la)..... Vendôme, *p.* 375, et Fréteval *p.* 451.
Villebarou .... Blois.................... 408
Villebout............... Droué.................. 491
Villechauve............. Montoire................ 388
Villedieu en Beauce...... Montoire................ 388
Villedieu en Sologne...... Romorantin.............. 421
Villefranche............ Romorantin.............. 421
Villefrancœur............ Vendôme, *pag.* 375, et Blois, *p.* 408.
Villeherviers........... Romorantin.............. 421
Villemardi.............. Vendôme................. 375
Villeneuve.............. Neung-sur-Beuvron........ 460
Villeneuve-Frouville...... Oucques................ 437
Villeni................. Neung-sur-Beuvron........ 460
Villeporcher............ Montoire................ 388
Villerable.............. Vendôme................. 375
Villerbon............... Blois.................... 408
Villermain.............. Oucques................ 437

Villeromain	Vendôme	*page*	375
Villetrun	Vendôme		375
Villexanton	La Chapelle-Saint-Martin		448
Villiers	Vendôme		375
Villiersfaux	Vendôme		375
Vineuil	Blois		408
Vouzon	La Motte-Beuvron		498

Y

Yvoi	La Motte-Beuvron	498

F I N.

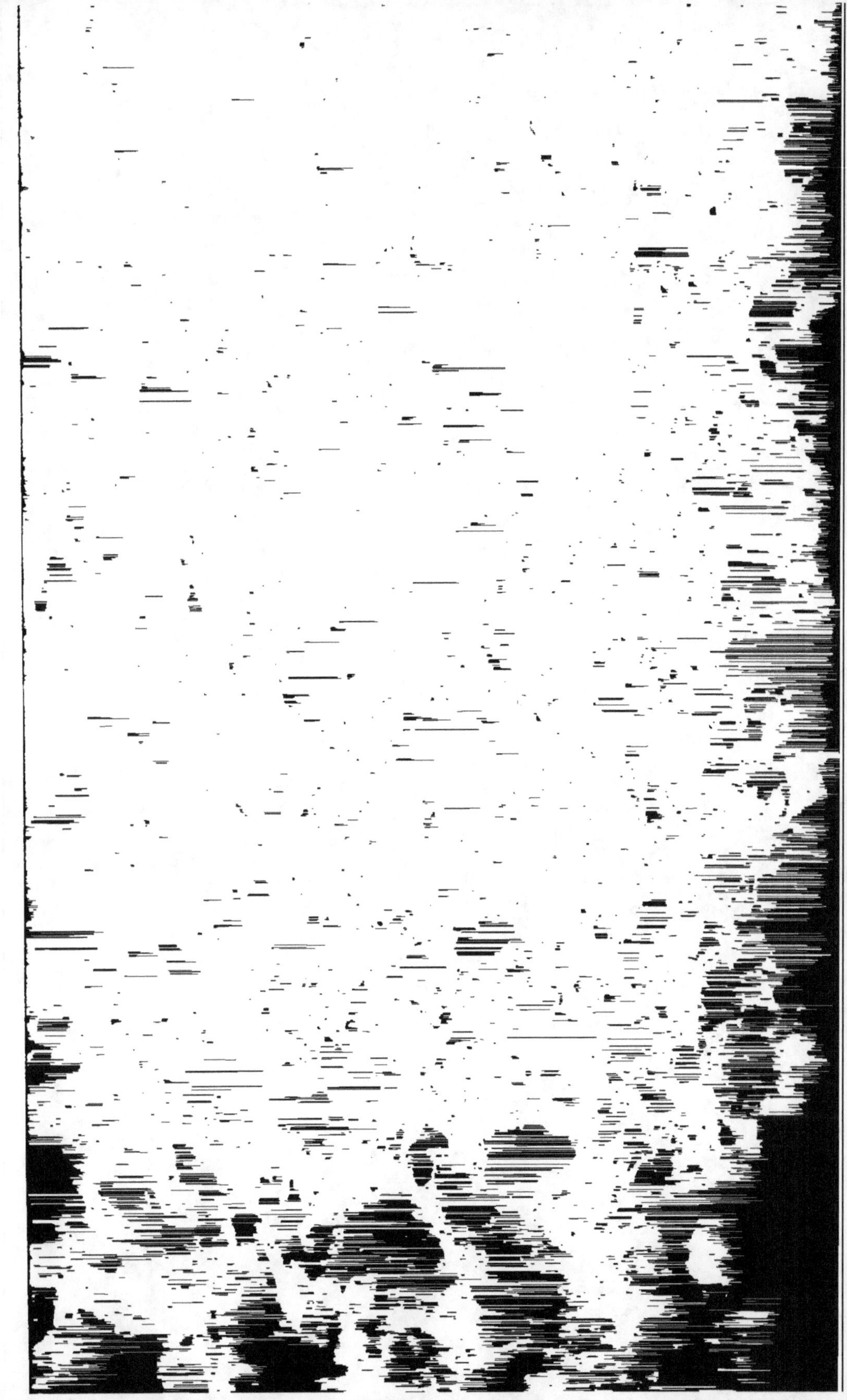